“十二五”普通高等教育本科国家级规划教材

河南省“十四五”普通高等教育规划教材

河南省普通高等教育优秀教材建设奖

工程测量技术与应用

（第六版）

GONGCHENG CELIANG JISHU YU YINGYONG

主编　宋建学

郑州大学出版社

图书在版编目(CIP)数据

工程测量技术与应用 / 宋建学主编．— 6版．— 郑州：郑州大学出版社，2022．8
(2024．1 重印)
河南省"十四五"普通高等教育规划教材
ISBN 978-7-5645-8977-6

Ⅰ．①工…　Ⅱ．①宋…　Ⅲ．①工程测量 - 高等学校 - 教材　Ⅳ．①TB22

中国版本图书馆 CIP 数据核字(2022)第 144133 号

工程测量技术与应用
GONGCHENG CELIANG JISHU YU YINGYONG

策划编辑	崔青峰　祁小冬	封面设计	苏永生
责任编辑	刘　开	版式设计	凌　青
责任校对	李　蕊	责任监制	李瑞卿

出版发行	郑州大学出版社	地　　址	郑州市大学路 40 号(450052)
出 版 人	孙保营	网　　址	http://www.zzup.cn
经　　销	全国新华书店	发行电话	0371-66966070
印　　刷	河南龙华印务有限公司	印　　张	18.5
开　　本	787 mm×1 092 mm　1 / 16	字　　数	429 千字
版　　次	2006 年 8 月第 1 版 2022 年 8 月第 6 版	印　　次	2024 年 1 月第 16 次印刷

书　　号	ISBN 978-7-5645-8977-6	定　　价	49.00 元

编写指导委员会

The compilation directive committee

本书作者

Authors

主　　编　宋建学

副 主 编　谢晓杰　王汉雄　白翔宇

编　　委　（以姓氏笔画为序）

马玉林　王汉雄　白翔宇

闫振林　宋建学　张庆伟

陈　哲　章后甜　谢晓杰

序

Preface

近年来，我国高等教育事业快速发展，取得了举世瞩目的成就。随着高等教育改革的不断深入，高等教育工作重心正在由规模发展向提高质量转移，教育部实施了高等学校教学质量与教学改革工程，进一步确立了人才培养是高等学校的根本任务，质量是高等学校的生命线，教学工作是高等学校各项工作的中心的指导思想，把深化教育教学改革，全面提高高等教育教学质量放在了更加突出的位置。

教材是体现教学内容和教学要求的知识载体，是进行教学的基本工具，是提高教学质量的重要保证。教材建设是教学质量与教学改革工程的重要组成部分。为加强教材建设，教育部提倡和鼓励学术水平高、教学经验丰富的教师，根据教学需要编写适应不同层次、不同类型院校，具有不同风格和特点的高质量教材。郑州大学出版社按照这样的要求和精神，组织土建学科专家，在全国范围内，对土木工程、建筑工程技术等专业的培养目标、规格标准、培养模式、课程体系、教学内容、教学大纲等，进行了广泛而深入的调研，在此基础上，分专业召开了教育教学研讨会、教材编写论证会、教学大纲审定会和主编人会议，确定了教材编写的指导思想、原则和要求。按照以培养目标和就业为导向，以素质教育和能力培养为根本的编写指导思想，科学性、先进性、系统性和适用性的编写原则，组织包括郑州大学在内的五十余所学校的学术水平高、教学经验丰富的一线教师，吸收了近年来土建教育教学经验和成果，编写了本、专科系列教材。

教育教学改革是一个不断深化的过程，教材建设是一个不断推陈出新、反复锤炼的过程，希望这些教材的出版对土建教育教学改革和提高教育教学质量起到积极的推动作用，也希望使用教材的师生多提意见和建议，以便及时修订、不断完善。

王光远

前 言

Preface

《教育部 国家发展改革委 财政部关于引导部分地方普通本科高校向应用型转变的指导意见》(教发〔2015〕7 号)要求高校创新应用型技术技能型人才培养模式,建立以提高实践能力为引领的人才培养流程,建立产教融合、协同育人的人才培养模式。2022 年 5 月 1 日,新修订的《中华人民共和国职业教育法》施行,突显职业教育在国家战略中的重要地位,表明中国未来仍决心以制造业强国姿态屹立于世界民族之林。

工程测量是实践性和技术性很强的土木工程类专业基础课。本书适应土木工程类应用型本科教学,在"十二五"普通高等教育本科国家级规划教材、高等教育融媒体创新教材/省级文化产业项目规划教材《工程测量技术与应用》(ISBN 978-7-5645-6337-0)基础上修订编写。本书于 2020 年获河南省本科高等学校"十四五"规划教材立项。

本次修订主要内容如下:

第一,顺应应用型人才培养需要,增加国家技术标准体系及工程测量规范标准体系内容。技术标准在制造产业中处于灵魂地位。本书增加 1.7 节简要介绍中国技术标准体系及工程测量领域最新技术标准,强化技术标准在行业中的基础地位。

第二,为凸显工程测量技术的实践性和技术性,选择 CCTV 新址及郑州绿地中央广场双子塔项目作为工程监测实例,增强读者专业自信心。

第三,将原第 14 章"GPS 全球定位系统"修订为"卫星定位测量"。在综述全球各种卫星导航定位系统的基础上,重点介绍中国北斗卫星导航定位系统,以促进北斗卫星定位技术的推广应用,提升读者的民族自豪感。

本书由郑州大学宋建学任主编,郑州工业应用技术学院谢晓杰、黄淮学院王汉雄、新乡学院白翔宇任副主编。本书第 1 章、第 13 章由宋建学编写;第 2 章及名词解释由郑州工业应用技术学院马玉林编写,第 3 章、第 4 章由白翔宇编写,第 5 章、第 7 章由洛阳理工学院章后甜编写,第 6 章由信阳师范学院陈哲编写,第 8 章、第 9 章、第 10 章由谢晓杰编写,第 11 章由河南财政金融学院闫振林编写,第 12 章由安阳师范学院张庆伟编写,第 14 章由王汉雄编写。全书由宋建学统稿并最终定稿。

除作为土木工程类应用型本科、专科教材之外，本书可供土木工程类各专业学生及施工、监理、监测等工程技术人员参考。

恳请读者对书中谬误提出宝贵意见，以利作者进步。

编　者

2022年5月

目录 CONTENTS

第 1 章　绪论

1.1　工程测量

土木工程中的测量工作通常是在半径 10 km 以内的地球表面进行的，由于测区相对于整个地球的尺度很小，一般既不考虑地球曲率对距离和角度测量结果的影响（但必须考虑对高程成果的影响），也不顾及地球重力场的微小影响。这种条件下的测量理论和技术学科，称为普通测量学。

各项经济建设和国防工程建设的规划设计、施工和部分建筑物的运营管理，都需要一定的测量资料，并利用测量手段来指导工程施工或监测工程结构物的变形。这些测量工作往往要根据具体工程的要求，采取专门的测量方法，有时还需要特定的高精密度或使用特种测量仪器。针对工程结构物建设不同阶段勘察、设计、施工、运营管理需要的测量理论和技术学科，称为工程测量学。

土木工程测量属于普通测量学和工程测量学的范畴。土木工程测量是将点的空间位置数字化及其逆过程的全部理论与技术体系。从测量目的和技术特征来看，它包括两个互逆的过程，即测定和测设。测定是将空间点位数字化的过程，可以是测图、测值等，这是测绘专业的主要任务。测设是把具有数字特征（坐标、高程、方位角等）的拟建工程结构物在实际地面上（也包括水下、空中等）标定出来，作为工程建设的依据，这是土木工程各专业测量工作的核心内容。

1.2　工程测量的应用

工程测量贯穿于土木工程建设的全过程，自始至终，其主要内容包括工前勘测、工中控制、工后监测三部分。

工前勘测主要是综合利用各种方法和手段测图或测值，测绘工程设计需要的地形图，这是总体规划与方案设计的基础。

工中控制测量主要是按照设计要求，在实地准确地标定出建筑物各部分的平面位置和高程，作为施工放线和构件安装的依据（图 1.1）。

图 1.1　地铁施工中的测量

工后监测是在工程结构物运营阶段进行周

期性的重复观测,即变形观测,并与设计阶段有关计算成果进行对比分析,判断建筑物的安全状态,防止灾难性事故发生(图 1.2)。

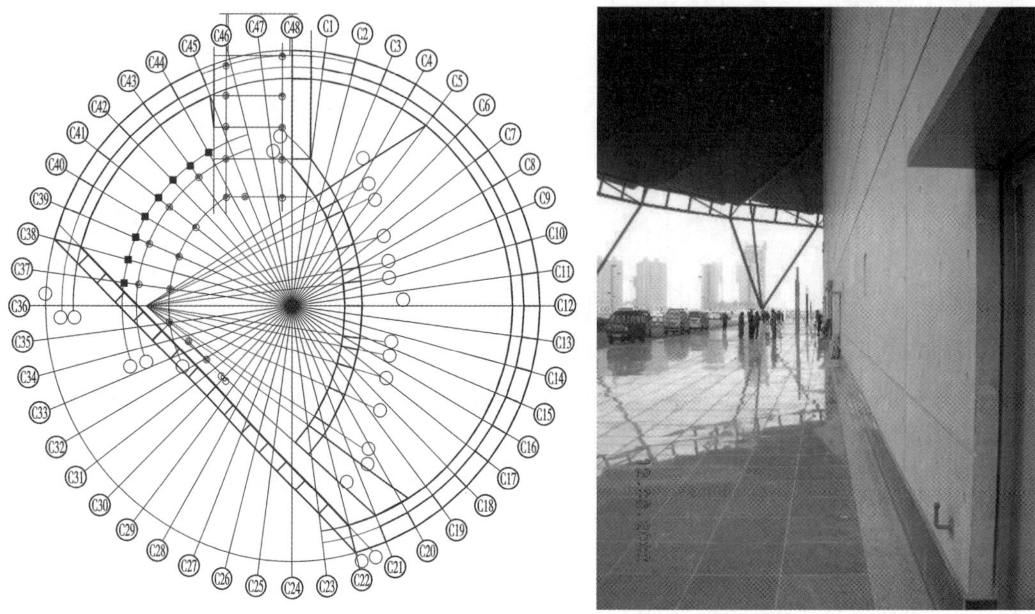

图 1.2 郑州国际会展中心沉降监测点位

工程测量的应用与实例

1.3 测量坐标系

中学地理讲过,可以通过经纬度来确定一个物体在地球表面的位置,但这种表示方法精度不能满足工程建设的需要,不适用于工程测量(图 1.3)。

工程测量通常是通过点位的三维坐标来确定其空间位置。坐标系统按照发展历史,又可以分为平面坐标系统加高程的表示方法和地心三维坐标系统两大类。

1.3.1 1954 北京坐标系

该坐标系统始建于 1953 年,在具体的建设中以苏联 1942 年普尔科沃平面坐标系作为起算数据并向我国延伸,原点在苏联普尔科沃天文台圆柱大厅中央,经过扩展和加密形成覆盖全国的坐标系统。这一时期全国高程基准为 1956 年青岛验潮站求出的黄海平均海水面。1954 北京坐标系是新中国成立后全国范围内第一个统一的坐标系统,具有重要的历史意义。例如,以 1954 北京坐标系为基础测绘的全国 1∶1 万、1∶5 万及 1∶10 万地形图在我国经济建设和国防建设中曾发挥过巨大的作用。

然而,该系统坐标原点不在北京,而在苏联的普尔科沃,取名为北京坐标系名不副实。实际上,由于椭球定位定向有较大偏差,该系统与我国大地水准面存在着自西向东明显的系统性倾斜,最大倾斜量达 65 m。

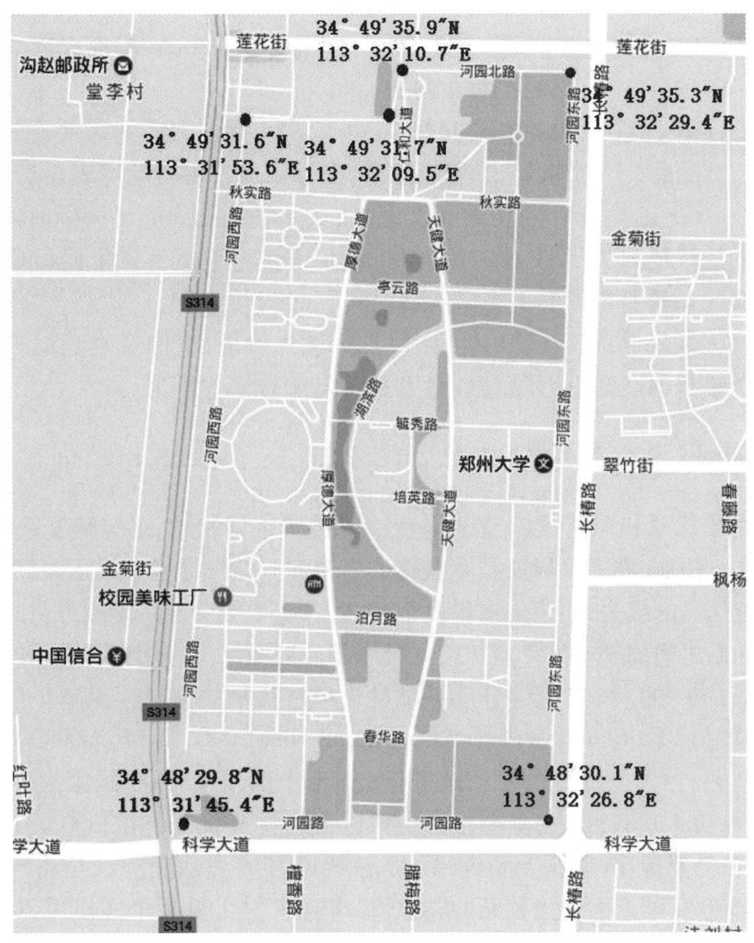

图 1.3　地面点位的经纬度精度不满足工程测量要求

1.3.2　1980 西安坐标系

西安坐标系始建立于 1978 年，同样属于参心大地坐标系，在该坐标系中采用的大地原点设在陕西省泾阳县永乐镇，位于西安市西北方向约 60 km，因此得名西安坐标系。其原点大体位于全国的中心，地质构造稳定，地形平坦，其坐标为东经 108°55′、北纬 34°32′，海拔高度为 417.20 m。

该坐标系统的椭球模型采用国际大地测量学和地球物理学联合会（IUGG）1975 年第 16 届大会推荐参数，使坐标系在国际化方面有很大进步。该坐标系统能实现多点定位，并仍以 1956 年青岛验潮站求出的黄海平均海水面为大地高程的基准。

1.3.3　1984 世界大地坐标系

20 世纪 80 年代，空间技术、卫星测量技术的进步使测量对象从地球表面的局部区域跨越到全球范围。在这种背景下,国际工程测量界一个重大需求就是在全球范围内形成统一的坐标系,以方便测量数据的交流和共享,这也是建立 1984 世界大地坐标系(World Geodetic System-1984,WGS-84)的根本目的。

与 1954 北京坐标系和 1980 西安坐标系不同,1984 世界大地坐标系是一个全球范围内统一的地心坐标系。1984 世界大地坐标系的坐标原点不再是地球表面某一点,而是地球质心,同时 x、y、z 轴均具有确切的天文意义,其 z 轴指向 BIH (国际时间服务机构) 1984.0 定义的协议地球极(CTP)方向,x 轴指向 BIH 1984.0 的零子午面和 CTP 赤道的交点,y 轴与 z 轴、x 轴垂直构成右手坐标系。

1984 世界大地坐标系具有通用性、国际性等领先特征,美国开发建设的全球卫星定位系统 GPS 所播报的广播星历即以 1984 世界大地坐标系为依据。

1.3.4 2000 国家大地坐标系

1954 北京坐标系和 1980 西安坐标系受当时技术条件制约,定位精度偏低,无法满足新技术的要求。比如,将卫星导航技术获得的高精度点位三维坐标表示在二维地图上,不仅会造成点位信息的损失,还将造成精度上的损失,其中最突出的是三维空间位置信息与经典二维坐标系之间的根本性矛盾。空间技术的发展与广泛应用迫切要求国家提供高精度、地心、动态、统一的大地坐标系作为各项社会经济活动的基础性保障。在这种背景下 2000 国家大地坐标系(China Geodetic Coordinate System 2000,CGCS 2000)应运而生。

2008 年 3 月,由国土资源部上报国务院《关于中国采用 2000 国家大地坐标系的请示》,并于 2008 年 4 月获得国务院批准。按照国务院关于推广使用 2000 国家大地坐标系的有关要求,自然资源部(原国土资源部)确定 2018 年 6 月底前完成全系统各类国土资源空间数据向 2000 国家大地坐标系的转换,2018 年 7 月 1 日起全面使用 2000 国家大地坐标系。

2000 国家大地坐标系的原点为包括海洋和大气的整个地球质量中心。同时,x、y、z 轴均具有确切的天文意义,国际化程度高。其 z 轴由原点指向历元 2000.0 的地球参考极方向;x 轴由原点指向格林尼治参考子午线与地球赤道面(历元 2000.0)的交点,y 轴与 z 轴、x 轴构成右手正交坐标系(图 1.4,详细参数见表 1.1)。

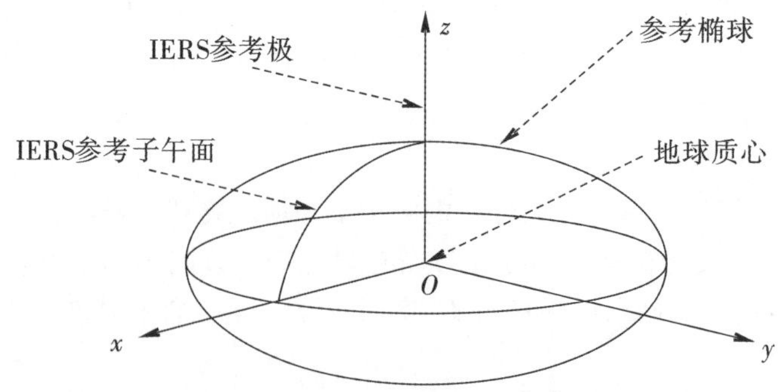

图 1.4 2000 国家大地坐标系示意

2000 国家大地坐标系的推广应用尚需要一个过程。

1.4　点位信息传统表达样式

工程测量领域中空间点位信息的传统表达样式是二维平面坐标,再加上点位的高程信息,即首先通过在基准面上建立平面坐标系,通过一定的投影方式获得空间点位的二维平面坐标,再测定点位到基准面的距离(高程),最终以三个独立坐标来实现空间点位的确定。

以下介绍工程测量中传统的基准面选取和坐标系建立。

1.4.1　大地水准面

大地水准面

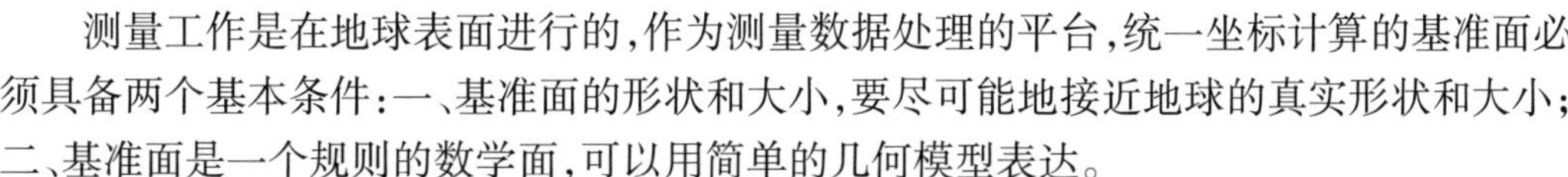

测量工作是在地球表面进行的,作为测量数据处理的平台,统一坐标计算的基准面必须具备两个基本条件:一、基准面的形状和大小,要尽可能地接近地球的真实形状和大小;二、基准面是一个规则的数学面,可以用简单的几何模型表达。

自由静止的水面称为水准面,它是受地球重力影响而形成的一个处处与重力方向垂直的连续曲面,并且是重力场的一个等位面。与水准面相切的平面称为水平面。由于水面可高可低,水准面有无数多个。测量上,定义与平均海水面吻合并向大陆、岛屿内延伸而形成的闭合曲面为大地水准面(geoid)[图 1.5(a)]。

大地水准面包围的实体称为大地体。大地水准面同地球表面形状十分接近,又具有明显的物理意义,因此把大地水准面作为地球形状的研究对象。然而,由于地球内部质量分布不均匀,引起铅垂线方向的不规则变化,致使大地水准面成为一个复杂的曲面,不便于在其上直接进行测量和数据处理。

根据不同轨道卫星长期观测的成果,近似选用旋转椭球体(ellipsoid of revolution)这个数学模型代替真实的大地体[图 1.5(b)]。测量上把概括地球总体形状的旋转椭球面称为地球椭球面;把适合一个国家领土等的区域性旋转椭球面称为参考椭球面。大地水准面与地球椭球面极为近似,大地水准面到地球椭球面间的距离,最大数值在±100 m 左右。

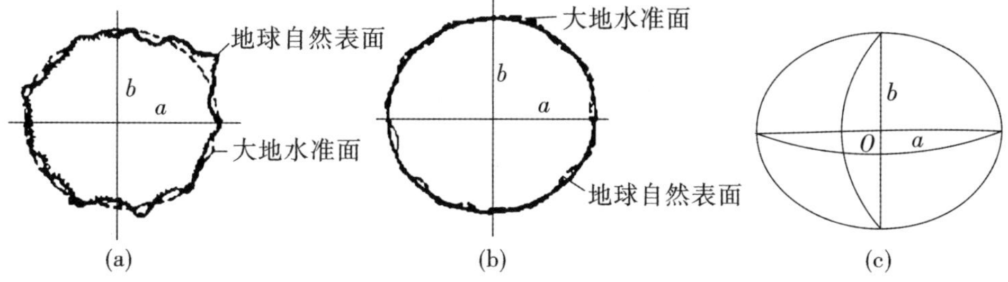

图 1.5　大地水准面和地球椭球面

我国工程测量领域中长期使用的1954北京坐标系和1980西安坐标系均以一定的参考椭球面为基准；而2000国家大地坐标系则以地球椭球面为基准，详细参数见表1.1。

表1.1 地球椭球的基本几何参数

项目	地球椭球		参考椭球	
	2000国家大地坐标系	1984世界大地坐标系	1980西安坐标系	1954北京坐标系
长半轴 a/m	6 378 137	6 378 137	6 378 140	6 378 245
短半轴 b/m	6 356 752.314 2	6 356 752.314 2	6 356 755.288 2	6 356 863.018 8
扁率 $\alpha=\frac{(a-b)}{a}$	$\frac{1}{298.257\ 2}$	$\frac{1}{298.257\ 2}$	$\frac{1}{298.257}$	$\frac{1}{298.3}$

在工程测量实践中，不同坐标系下的测量成果应根据需要进行坐标转换，然后在统一的坐标系下开展工作。各坐标系的地球椭球和参考椭球基本参数见图1.5(c)和表1.1。

1.4.2 确定地面点位的方法

确定任一空间点位需要三个相互独立的坐标。如图1.6所示，测量中常将地面点沿铅垂线投影到大地水准面上，得到其在大地水准面上的坐标及其到大地水准面的铅垂距离，即高程。这样，测量中可以用点的平面坐标和高程来确定空间点位。

大地水准面是测量工作的基准面，铅垂线是测量工作的基准线。

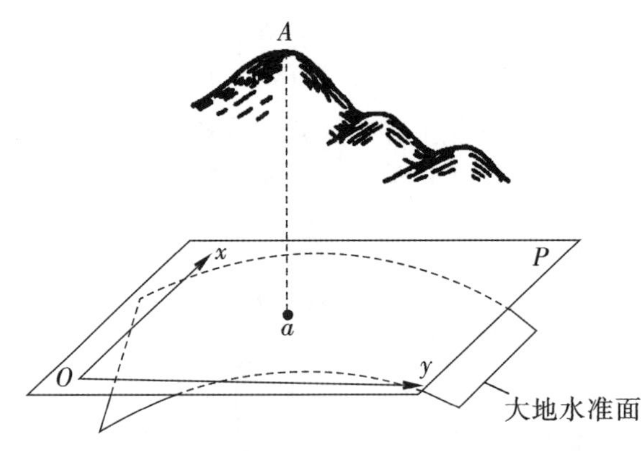

图1.6 点的空间位置确定

高程高差

1.4.3 高程

地面点到大地水准面的铅垂距离即高程(height)，又称为绝对高程或海拔。

当施工地区引用绝对高程有困难时，可采用假定高程系统，即采用适当假定的水准面作为起算高程的基准面。

地面两点间的高程差值即为高差。设 A、C 两点的高程分别是 H_A 、H_C ，则定义 A、C 两点高差 $h_{AC}=H_C-H_A$ 。显然，两点间的高差与高程起算面的位置无关（图1.7）。

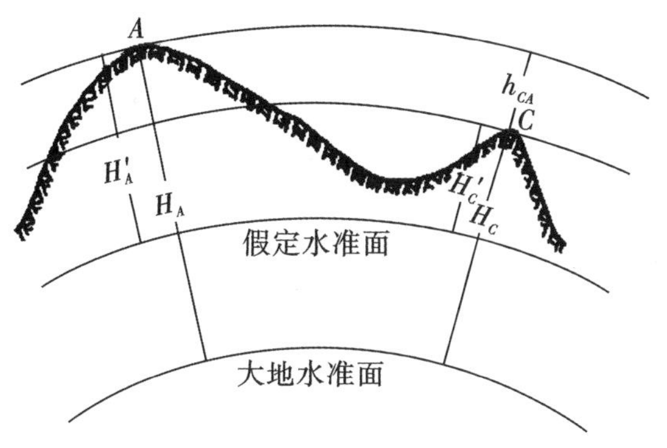

图1.7　高差与高程起算面无关

1.4.4　坐标

高斯直角坐标系

工程上常采用平面直角坐标（coordinate）系作为确定地面点位的基础。当把地球椭球面上的图形展绘到平面上时，必然产生变形。测量工程中常采用高斯投影法，这种方法造成的误差较小，且已成传统，最常用的坐标系统是高斯平面直角坐标系（Gauss coordinate system）。

高斯投影的具体方法是将地球表面划分成若干带，然后用中心投影的方法将每个带投影到平面上。显然，划分的带尺度越小，则误差越小，但工作越复杂。以下以6°为例，具体说明高斯投影法。

首先，从本初子午线起，自西向东，每隔经度6°划分一个带（称为6°带），这样将地球椭球面共划分为60个带，其带号分别是1，2，3，…，60。位于各带中央的子午线（meridian）称为该带的中央子午线。带号为 N 的6°带的中央子午线经度为

$$L=6N-3$$

如图1.8（a）所示，设想某一6°带在中央子午线上内切于一个椭圆柱面，以地球椭球体的中心为光源，按中心投影的方法将6°带上各点投影到椭圆柱面上。将椭圆柱面展开即得6°带在平面上的投影。这样，在中央子午线处投影误差为零，距离中央子午线越远则投影误差越大。

将6°带投影到平面上以后，以赤道位置为 y 轴且规定向东为正，以中央子午线为 x 轴且规定向北为正，这样建立起来的坐标系统即为高斯平面直角坐标系，见图1.8（b）。

我国位于北半球，纵坐标全部为正；横坐标则有正有负，中央子午线以东为正，以西为负。这种以中央子午线为纵轴确定的坐标值称为自然值，见图1.9（a）。

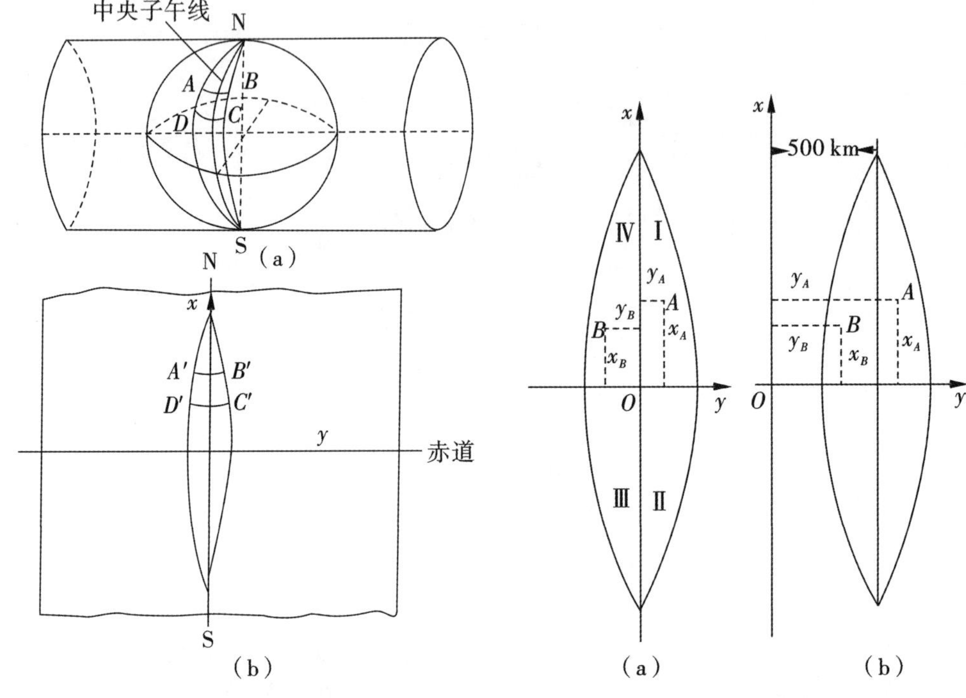

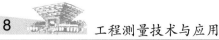

图 1.8 高斯中心投影

图 1.9 y 坐标自然值与通用值的比较

为了使横坐标不出现负值,规定每带坐标原点向西平移 500 km。6°带内赤道处的纬线长为$\frac{1}{60}\times 2\pi\times 6371\approx 667$ km。

因此,横坐标应在-333.5 ~ +333.5 km。纵轴向西平移 500 km 后带内所有点横坐标必为正值。

当以米(m)作为计量单位时,x 坐标值均在 8 位以下,而 y 坐标均在 6 位以下。

为了根据横坐标能够确定该点位于哪一个 6°带内,规定在横坐标前冠以 2 位数的带号。经过这种处理后得到的点的横坐标称为横坐标的通用值,见图 1.9(b)。我国境内 6°带带号在 13 至 23 之间。

【例 1.1】 我国某一点 P 的 6°带通用坐标为(x_P = 3 276 000,y_P = 19 438 000),问该点在哪一个 6°带内?距其中央子午线距离是多少?在其中央子午线以东还是以西?

解 该点在第 19 带内,在中央子午线以西,距离为 62 000 m。

独立平面直角坐标系的意义

1.4.5 独立平面直角坐标系

虽然大地水准面是曲面,但当测区范围较小时,可以用测区中心点的切平面(水平面)来代替曲面。建筑工程测量中的测区范围通常满足上述要求(如半径不大于 10 km)。在这种情况下,地面点在大地水准面上的投影就可以用在水平面上的投影来代替。于是,可以采用平面直角坐标系来确定点的平面位置。

工程测量中采用的平面直角坐标系与数学中的坐标系规定有所不同。测量中规定以南北方向为纵轴,并记为 x 轴,x 轴向北为正,向南为负;以东西方向为横轴,并记为 y 轴,y 轴向东为正,向西为负。象限规定按顺时针方向编号。测量中的这种规定是为了照顾直线定向的习惯。

上述测量坐标系中点的位置关系,可以直接采用平面解析几何中的公式来分析计算,公式形式不需要做任何变更。

在建筑工程的设计和施工中,为了工作上的方便,常采用独立坐标系统,称为施工坐标系。施工坐标系的纵轴通常用 A 表示,横轴通常用 B 表示,施工坐标也叫 AB 坐标。通常坐标系的原点选在施工场区的西南角,以使所有点的坐标均为正值,见图1.10。

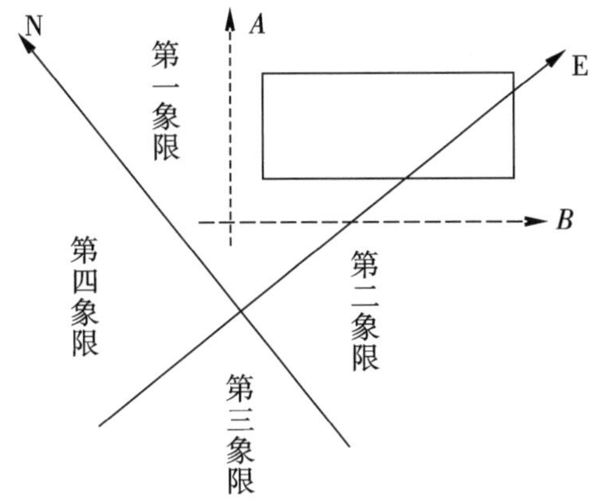

图1.10　测量坐标系和施工坐标系

1.5　用水平面代替水准面的尺度限制

用水平面代替水准面,可以大大简化测量工作,但这种替代只能在一定的尺度范围内才是可行的。

1.5.1　对距离的影响

水平面代替水准面对距离的影响

如图1.11所示,设 A、B、C 是地面点,它们在大地水准面上的投影分别是 a、b 和 c,用该区域中心点的切平面代替大地水准面后,它们在水平面上的投影分别是 a、b'和 c',以下分析由此对距离的影响。设 A、B 两点在水准面的弧长为 D,投影在水平面的距离为 D',两者之差 ΔD 就是用水平面代替水准面时,地球曲率对距离的影响。

可以近似地将大地水准面视为半径为 R(R=6 371 km)的球面,故

$$\Delta D = D' - D = R(\tan\theta - \theta)$$

$$\tan\theta = \theta + \frac{1}{3}\theta^3 + \frac{2}{15}\theta^5 + \cdots$$

$$\Delta D \cong R\cdot\frac{1}{3}\theta^3 = R\cdot\frac{1}{3}(D/R)^3$$

$$\frac{\Delta D}{D} = \frac{D^3}{3R^2}$$

由上述推导结果可知,当 $D=10$ km 时,所产生的绝对误差只有约 8 mm,而相对误差只有 1∶1 200 000,这对于精密量距来说也是容许的。因此,在 10 km 为半径的范围之内进行距离测量时,可以把水准面当作水平面看待,而不必考虑地球曲率对距离的影响。

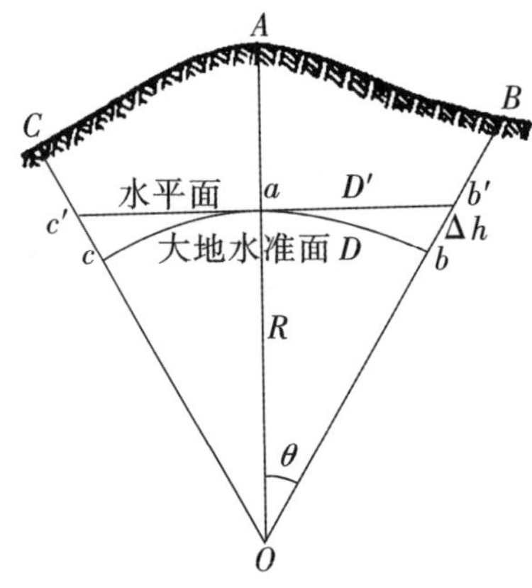

图 1.11　用水平面代替水准面对距离的影响

水平面代替水准面对高程的影响

1.5.2　对高程的影响

仿照上述方法,可以得到以水平面代替水准面时对高程测量结果的影响:

$$\Delta h = \frac{D^2}{2R}$$

根据上式,列出地球曲率对高程的影响见表 1.2。

表 1.2　用水平面代替水准面时对高程测量结果的影响

D/km	0.1	0.2	0.5	1	10
Δh/mm	0.8	3.1	19.6	78.5	7 848.1

由上述结果可以看出,用水平面代替水准面,对高程的测量结果影响很大,这种差错是工程测量不能容许的。因此,对于高程测量而言,即使距离很短,也必须考虑地球曲率对高程的影响(具体方法见第 2 章)。

1.5.3　对水平角的影响

由球面三角学可知，一个空间多边形在球面上投影的各内角和，比在平面上投影的各内角和要大，这一差值称为球面角超值（ε''），则

$$\varepsilon'' = \rho'' \frac{A}{R^2}$$

式中：ρ'' ——一弧度的秒值，$\rho'' = 206\ 265''$；

A ——球面多边形的面积；

R ——地球半径。

根据上式，对于面积为 400 km^2 的多边形，其角度误差仅有 $2''$，因此，在 10 km 为半径的范围之内进行角度测量时，可以把水准面当作水平面看待，而不必考虑地球曲率对角度的影响。

测量工作的原则

1.6　测量工作的原则

测量环境、仪器和测量者都会给测量结果带来误差。在测量实践中，误差是不可避免的。如何控制误差、减小误差是工程测量要解决的核心问题。工程测量中处理误差的基本思想是：对测量结果进行科学的检核，以确知误差在一定的范围内，只要测量结果能满足工程精度要求，就是可以接受的。为了减少误差，工程测量建立了两条经典的工作原则：从整体到局部，先控制后碎部；前一步测量工作未做检核，不进行下一步测量。

（1）从整体到局部，先控制后碎部。先在测区范围选定一些对测量全局具有控制作用的点（控制点，control node），用高一级精度的仪器和方法测定其空间位置信息。然后，再以这些控制点为后视点（已知点）进行细部点的测定。

本原则的根本目的是减少误差积累，同时，在大测区内建立控制后，即可多小组分别工作，从而加快测量速度。

控制点所组成的几何图形称为控制网。建立平面控制网，测定控制点位置信息的工作称为平面控制测量。在全国范围内建立的平面控制网称为国家平面控制网，国家平面控制测量网按精度不同分为一、二、三、四共四个等级的三角网，其中一等网精度最高，二、三、四等逐级降低，并按由高级到低级的原则逐级加密布设。

建立高程控制网，测定控制点高程信息的工作，称为高程控制测量。国家高程控制采用一、二、三、四等水准测量。

国家和城市控制点的已知数据可以作为精度等级低的测量工作的起始数据。

（2）前一步测量工作未做检核，不进行下一步测量。当控制点数据有错误时，以此为基础测定的碎部点（detail node）位置就必然有错误。因此，测量实践中必须进行严格的检核，以防止错误发生，保证测量成果的正确性。

第 1 章习题集

测量中的检核并不是简单地重复前一步工作，而必须采用不同的仪器、方法或技术措施对已得到的测量结果进行检核，以确保误差在一定的范围内。如果测量误差的范围未

知，则测量结果将会失去意义。

1.7 工程测量技术规范与标准

根据我国技术法规体系要求，包括工程测量在内的所有技术工作必须符合国家有关规范和标准的规定。

为适应国际技术法规与技术标准通行规则，2016 年以来住房和城乡建设部陆续印发《关于深化工程建设标准化工作改革的意见》等文件，提出政府制定强制性标准、社会团体制定自愿采用性标准的长远目标，明确了逐步用全文强制性标准取代现行标准中分散的强制性条文的改革任务，逐步形成由法律、行政法规、部门规章中的技术性规定与全文强制性工程建设规范构成的“技术法规”体系（图 1.12）。

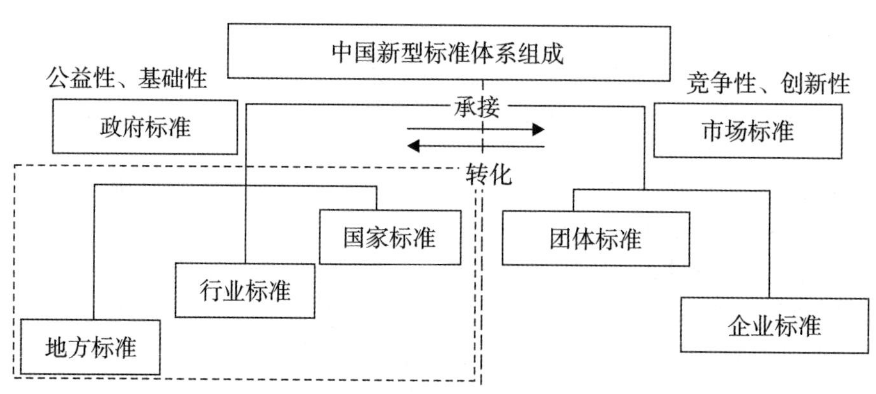

图 1.12 中国新型标准体系

1.7.1 规范种类

强制性工程建设规范体系覆盖工程建设领域各类建设工程项目，分为工程项目类规范（简称项目规范）和通用技术类规范（简称通用规范）两种类型（图 1.13）。项目规范以工程建设项目整体为对象，以项目的规模、布局、功能、性能和关键技术措施等五大要素为主要内容。通用规范以实现工程建设项目功能、性能要求的各专业通用技术为对象，以勘察、设计、施工、养护、维修等通用技术要求为主要内容。在全文强制性工程建设规范体系中，项目规范为主干，通用规范是对各类项目共性的、通用的专业性关键技术措施的规定。

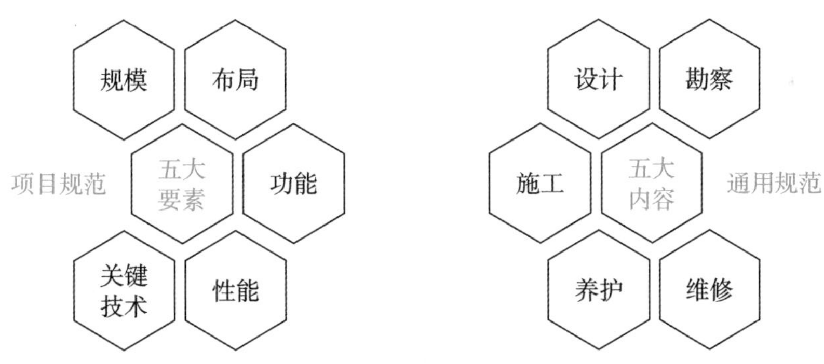

图 1.13　项目规范与通用规范

1.7.2　规范实施

强制性工程建设规范具有强制约束力，是保障人民生命财产安全、人身健康、工程安全、生态环境安全、公众权益和公众利益，以及促进能源资源节约利用、满足经济社会管理等方面的控制性底线要求。工程建设项目的勘察、设计、施工、验收、养护、维修、拆除等建设活动全过程中必须严格执行，其中，对于既有建筑改造项目（指不改变现有使用功能），当条件不具备、执行现行规范确有困难时，应不低于原建造时的标准。

与强制性工程建设规范配套的推荐性工程建设标准是经过实践检验的、保障达到强制性规范要求的成熟技术措施，一般情况下也应当执行。在满足强制性工程建设规范规定的项目功能、性能要求和关键技术措施的前提下，可合理选用相关团体标准、企业标准，使项目功能、性能更加优化或达到更高水平。推荐性工程建设标准、团体标准、企业标准要与强制性工程建设规范协调配套，各项技术要求不得低于强制性工程建设规范的相关技术水平。

强制性工程建设规范实施后，现行相关工程建设国家标准、行业标准中的强制性条文同时废止。现行工程建设地方标准中的强制性条文应及时修订，且不得低于强制性工程建设规范的规定。现行工程建设标准（包括强制性标准和推荐性标准）中有关规定与强制性工程建设规范的规定不一致的，以强制性工程建设规范的规定为准。

1.7.3　《工程测量通用规范》

《工程测量通用规范》（GB 55018—2021）（以下简称《通用规范》）已于 2022 年 4 月 1 日起实施，这是工程测量方面全文强制性技术规范，是其他工程测量标准的基本依据。《通用规范》包括总则、基本规定、控制测量、现状测量、工程放样和变形监测等基本内容。

《通用规范》“基本规定”主要要求节选如下。

（1）工程测量空间基准应符合下列规定：

1）大地坐标系统应采用 2000 国家大地坐标系；当确有必要采用其他坐标系统时，应与 2000 国家大地坐标系建立联系。

2）高程基准应采用1985国家高程基准；当确有必要采用其他高程基准时，应与1985国家高程基准建立联系。

（2）对同一工程的地上地下测量、隧道洞内洞外测量、水域陆地测量，应采用统一的空间基准和时间系统。对同一工程的不同区段测量或不同期测量，应采用或转换为统一的空间基准和时间系统。

（3）工程测量所用仪器设备和软件系统应符合下列规定：

1）需计量检定的仪器设备，应按有关技术标准规定进行检定，并应在检定的有效期内使用。

2）仪器设备应进行校准或检验。当仪器设备发生异常时，应停止测量。

3）软件系统通过测评或试验验证。

（4）工程测量过程应进行质量控制，并应符合下列规定：

1）观测作业和平差计算应采用项目技术设计或所用技术标准规定的方法。

2）原始观测数据应现场记录，并应安全可靠地存储。原始观测数据不得修改。

3）对观测数据应进行检查校核和平差计算，并应对存在的粗差和系统误差进行处理。当观测限差或所需中误差超出项目技术设计或所用技术标准的规定时，应立即返工处理。

4）当前一工序成果未达到规定的质量要求时，不得转入下一工序。

1.7.4 《工程测量标准》

《工程测量标准》（GB 50026—2020）（以下简称《测量标准》）主要内容包括总则，术语、符号和缩略语，平面控制测量，高程控制测量，地形测量，线路测量，地下管线测量，施工测量，竣工总图的编绘与实测，变形监测等内容。

《测量标准》在“总则”中界定了其适用范围，即适用于工程建设领域的通用性测量工作。

“平面控制测量”规定，平面控制网可按精度划分为等与级两种规格，由高向低依次宜为二、三、四等和一、二、三级。

“高程控制测量”规定，高程控制测量精度等级宜划分为二、三、四、五等。各等级高程控制宜采用水准测量，四等及以下等级也可采用电磁波测距三角高程测量，五等还可采用卫星定位高程测量。

“线路测量”适用于铁路、公路、架空索道、各种自流和压力管线及架空输电线路工程的通用性测绘工作。线路的平面控制宜采用卫星定位测量或导线测量方法，并应沿线路布设。线路的高程控制宜采用水准测量、电磁波测距三角高程测量或卫星定位高程测量方法，并应沿线路布设。

“施工测量”适用于工业与民用建筑、水工建筑物、桥梁、核电厂、隧道及综合管廊的施工测量。建筑物施工控制网应根据场区控制网进行定位、定向和起算，控制网的坐标轴应与工程设计所采用的主副轴线一致，建筑物的±0高程面应根据场区水准点测设。

“竣工总图的编绘与实测”要求，建设工程项目施工完成后，应根据工程需要编绘或实测竣工总图。竣工总图应采用数字竣工图。竣工总图的比例尺，厂区宜选用1∶500，线状工程宜选用 1∶2000;坐标系统、高程基准、图幅大小、图上注记、线条规格,应与原设计图一致;图例符号应符合现行国家标准《总图制图标准》(GB/T 50103—2010)有关规定。

“变形监测”适用于工业与民用建(构)筑物、建筑场地、地基基础、水工建筑物、地下工程建(构)筑物、桥梁、滑坡、核电厂等的变形监测。重要的工程建(构)筑物,在工程设计时,应对变形监测的内容和范围做出要求,并应由有关单位制订变形监测技术设计方案。首次观测宜获取监测体初始状态的观测数据。

第 2 章　水准测量

珠穆朗玛峰高程测量

高程是工程测量中三个基本量之一，具有重要的意义。如房屋的室内地坪测设、构件的安装测设、建筑沉降观测以及道路纵坡的测设等都是以高程测量为依据的。高程测量按使用仪器和施测方法不同可分为水准测量、三角高程测量、气压高程测量和 GPS 拟合高程测量，其中水准测量(leveling survey)是高程测量中最基本的和精度较高的一种测量方法，在国家高程控制测量、土木工程勘测和施工测量中普遍采用。

2.1　水准测量原理

水准测量是用水准仪和水准尺测定两固定点间高差，进而求得待测点高程。

如图 2.1 所示，在 A、B 两点竖立水准尺，利用水准仪提供一条水平视线，水准尺上读数分别为 a、b。若 A 点高程 H_A 已知，则将 A 称为后视点，a 为后视读数；未知高程点 B 称为前视点，b 为前视读数。则 A、B 两点高差为后视读数减前视读数，即

$$h_{AB} = a - b = H_B - H_A \tag{2.1}$$

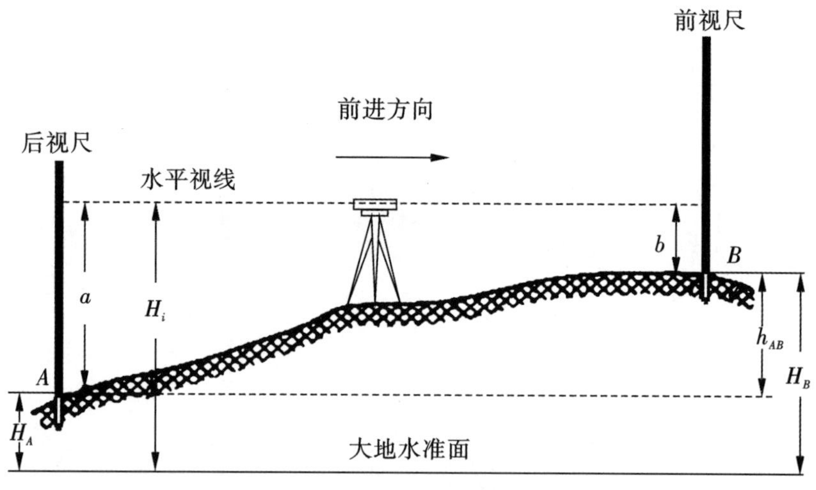

图 2.1　水准测量原理

2.1.1　高差法

依据两点高差求待定点 B 高程，称为高差法，即

$$H_B = H_A + h_{AB} \tag{2.2}$$

2.1.2 仪高法

利用视线高求高程的方法,称为仪高法或视线高法。假设仪器的视线(视准轴)高程为 H_i,则

$$H_i = H_A + a = H_B + b$$
$$H_B = H_i - b \tag{2.3}$$

在同一测站上,需要观测多个前视点的高程时,用仪高法是比较方便的。

DS3 级水准仪及其使用

2.2 水准测量的仪器和工具

水准测量所用的仪器为水准仪,工具有水准尺和尺垫。

2.2.1 DS3 水准仪

我国水准仪(level)系列分为 4 个等级,即 DS05、DS1、DS3、DS10,其中 D、S 分别为"大地测量"和"水准仪"的汉语拼音字头,05、1、3、10 表示仪器精度,DS3 表示水准仪每千米往返测高差中偶然误差不大于 3 mm。

水准仪主要由望远镜、水准器、基座三部分构成,见图 2.2。

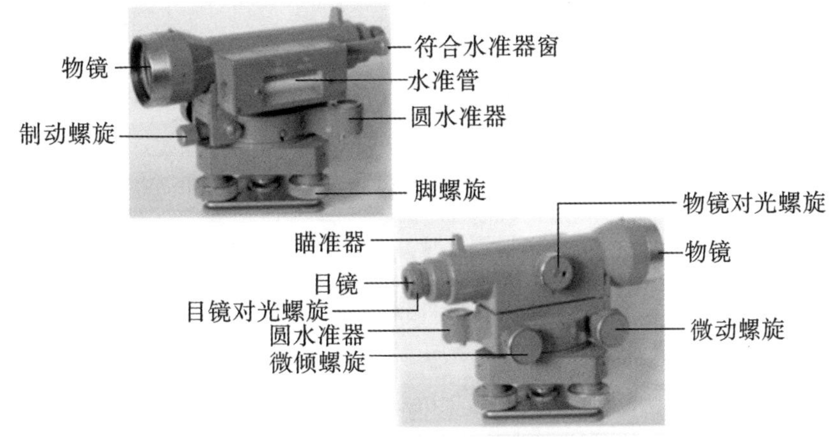

图 2.2 DS3 水准仪构造

2.2.1.1 望远镜

望远镜(telescope)由物镜、目镜、调焦透镜和十字丝分划板组成。目标成像于十字丝平面内(图 2.3),横丝称为中丝,其位置上的读数用于计算高差。上、下丝称为视距丝,与水准尺配合,用于测量距离。十字丝交点与物镜光心的连线,称为视准轴。DS3 望远镜的放大率为 28 倍。

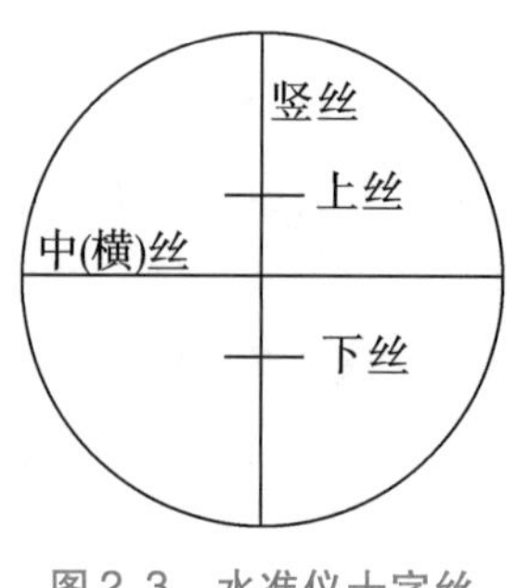

图2.3 水准仪十字丝

2.2.1.2 水准器

水准仪的水平视线是应用水准器而获得的。水准器是利用液体受重力作用后气泡居最高处的特性,使水准器的一条特定的直线位于水平或竖直位置的一种装置。水准器有管水准器(简称水准管,图2.4)和圆水准器(图2.5)两种。

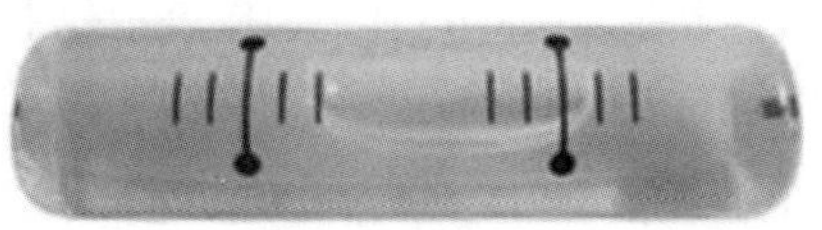

图2.4 管水准器

图2.5 圆水准器

管水准器的纵向内壁为圆弧形,刻有2 mm间隔的分划线,分划线的对称中点O称为水准管零点。过零点与内壁圆弧相切的直线LL称为管水准器轴(简称水准管轴),见图2.6。当管水准器气泡中心与零点O重合时,称气泡居中,此时管水准器轴处于水平位置;若气泡不居中,则管水准器轴处于倾斜位置。管水准器2 mm的内壁弧长所对的圆心角τ称为管水准器分划值(图2.6),或称水准管分划值,即气泡每移动一格,管水准器轴所倾斜的角值。DS3水准仪的水准管分划值为20″,记作20″/2 mm。

圆水准器顶面内壁是一个球面,球面中央有一分划圈,其圆心称为圆水准器零点。通过零点的球面法线$L'L'$称为圆水准器轴,当圆水准器气泡居中时,圆水准器轴处于竖直位置。DS3水准仪的圆水准器分划值为8′/2 mm。

圆水准器用于使仪器粗略水平,确定仪器竖轴是否垂直;管水准器用于精确整平,使水准仪视准轴水平。

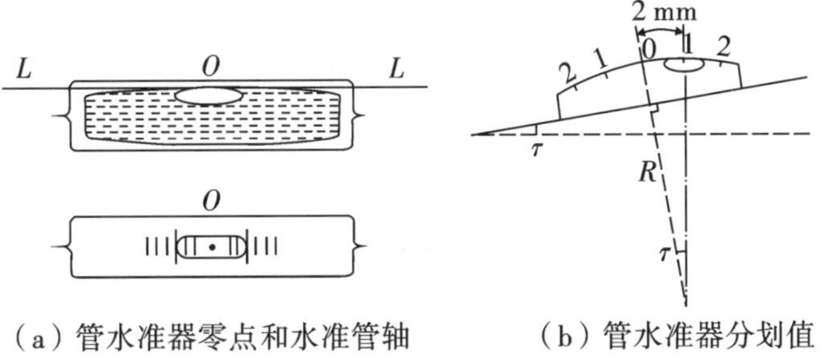

（a）管水准器零点和水准管轴　　（b）管水准器分划值

图 2.6　管水准器轴与管水准器分划值

2.2.1.3　基座

基座由轴座、3 个脚螺旋和连接板组成。调整 3 个脚螺旋可使圆水准器气泡居中，供粗略整平仪器用。整个仪器通过连接螺旋、连接板与三脚架连接。

2.2.2　水准尺

常见水准尺（staff）有塔尺和直尺两种，由木材、铝合金等材料制成，见图 2.7。塔尺多用于图根水准测量，直尺多用于精度较高的水准测量。

塔尺多由 3 节尺段套接而成，其长度有 3 m、5 m 两种。尺面分划为 5 mm 或 10 mm，黑（红）白相间。

直尺有单面尺、双面尺之分，尺长 3 m，尺面分划为 10 mm。双面尺两根为一对，成对使用，每根各有黑、红两面，黑面为基本分划，底端起点为零；红面为辅助分划，底端起点不为零，与黑面相差一个常数 K，两红面常数 K 分别为 4.687 m、4.787 m。两根双面尺红面起点不同，配合使用，以免习惯性读数造成粗差。

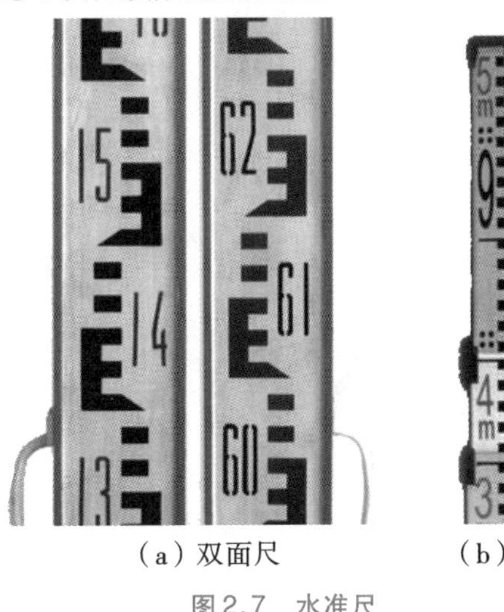

（a）双面尺　　（b）塔尺

图 2.7　水准尺

2.2.3 尺垫

尺垫(foot pin)由生铁铸成,下面有3个脚尖,能稳定地立于地上或踏入土中,上部中央有一凸起的半球体,供立尺之用(图2.8)。尺垫只限于用在转点上,以防水准尺下沉。

图2.8 尺垫

2.3 水准仪的使用

水准仪的使用按以下5个步骤进行:安置仪器→粗平→瞄准→精平→读数。

2.3.1 安置仪器

在测站安置三脚架,使其高度适中,架头大致水平,然后调整水准仪3个脚螺旋大致等高,用连接螺旋将其安装在架头上。

2.3.2 粗略整平(粗平)

借助圆水准器气泡居中,仪器竖轴铅直,从而使视准轴粗略水平。调整步骤如图2.9所示。粗平分两步进行,在整平过程中,圆水准器气泡的移动方向与左手大拇指运动方向一致。

水准仪
粗平

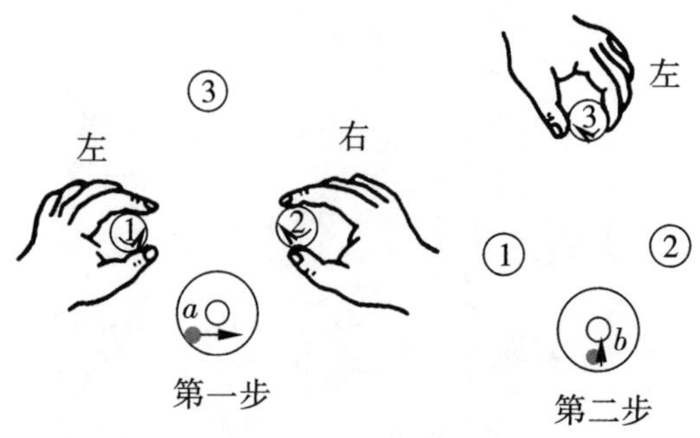

图2.9 粗平仪器

2.3.3 瞄准

调整目镜对光螺旋,使十字丝清晰;调整物镜对光螺旋,使水准尺清晰,并消除视差(图2.10)。

水准仪调焦照准

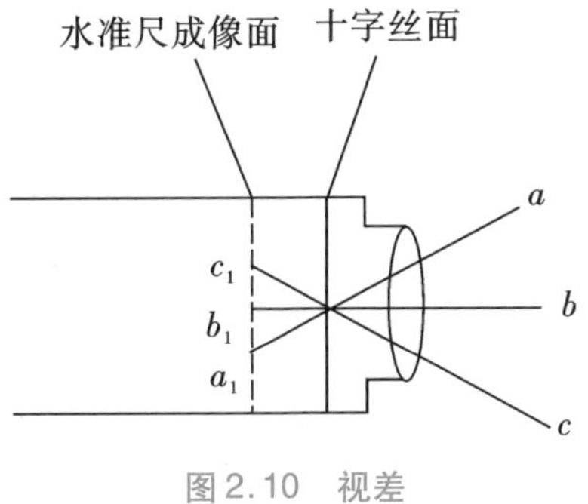

图2.10 视差

2.3.4 精确整平(精平)

调整微倾螺旋,使符合水准器气泡的两个半边影像符合(图2.11),此时视准轴精确水平。在调整过程中,符合水准器左侧影像移动方向与右手大拇指转动的方向相同。

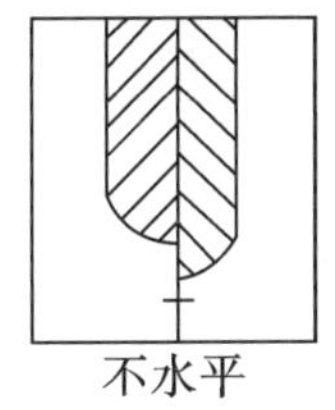

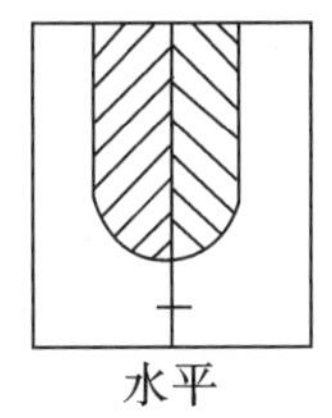

图2.11 符合水准器

2.3.5 读数

读数就是在视准轴精确水平时,用十字丝中丝在水准尺上读数。读数后,应立即查看符合水准器气泡的两个半边影像是否仍然符合,如不符合,应重新使气泡符合后再读数。读数时,先估读毫米数,然后报出全部读数。如读数为1.234 m,习惯上只念“1234”四位数而不读小数点,即以毫米为单位。

水准仪读数

2.4 水准测量外业

2.4.1 水准点

用水准测量方法测定,并且高程达到一定精度的高程控制点就称为水准点(bench

mark,BM),其埋设方式见图 2.12。埋设水准点后,应绘制水准点与附近固定物的关系图,在图上还要注明水准点的编号和高程,称为点之记,以便于日后寻找水准点位置之用。

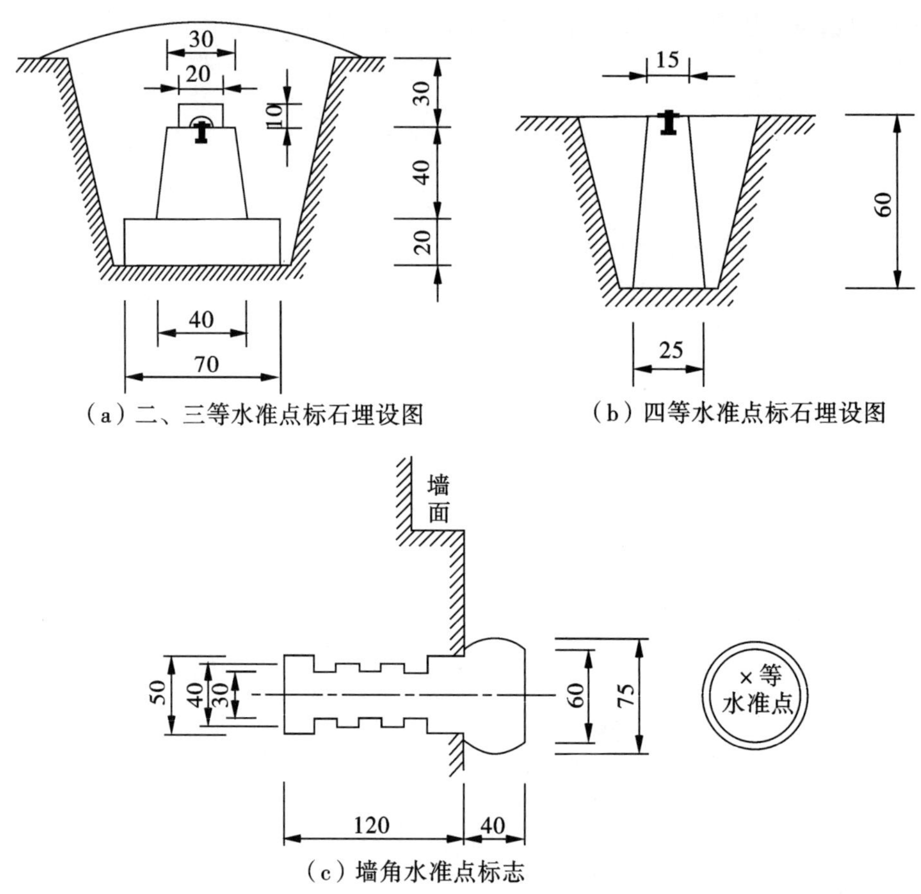

图 2.12 水准点标石埋设(单位:cm)

2.4.2 水准测量的实施

当欲测的高程点距水准点较远或高差很大时,就需要多次安置仪器以测出两点的高差。此时设置转点(turning point,TP),见图 2.13,连续观测并将数据记录在水准测量手簿中(表 2.1)。施测过程中应注意前、后视水准尺交替移动(测量中称为“倒尺”)。

水准测量的程序如下。

2.4.2.1 架设设备

将水准尺立于已知高程的水准点上作为后视,水准仪安置于水准路线附近的适当位置。于施测路线的前进方向上,在与后视距大致相等的地方放置尺垫作为 TP,并在尺垫上竖立水准尺作为前视。

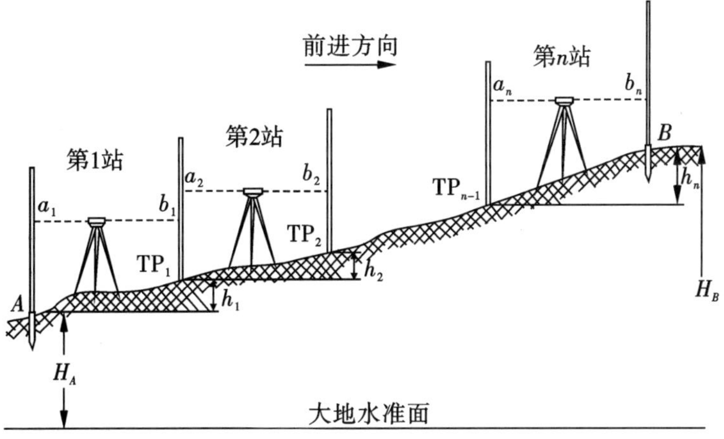

图 2.13　水准测量施测

表 2.1　水准测量手簿

测站	测点	水准尺读数/mm 后视(a)	水准尺读数/mm 前视(b)	高差/m +	高差/m −	高程/m
1	A	1234		0.427		90.000
	TP_1	1678	0807			
2				0.994		
	TP_2	1523	0684			
3				0.235		
	TP_3	1065	1288			
4					0.783	
	B		1848			90.873
计算检核	$\sum$	5500	4627	1.656	0.783	
	$\sum a - \sum b$ = 873 m=0.873 km			+0.873		

2.4.2.2 第一测站施测

测量员将水准仪粗平后，瞄准后视尺，调整微倾螺旋使管水准器气泡居中。用中丝读取后视读数 a_1，读至毫米。转动望远镜瞄准前视尺，精平后读取中丝读数 b_1，并由记录员立即计算本次高差 $h_1=a_1-b_1$。此为第一测站的全部工作。有

$$H_{\mathrm{TP}_1}=H_A+h_1$$

2.4.2.3 转站

第一测站施测结束后，记录员示意后尺手沿水准路线向前转移，在适当位置设置下一个转点，然后将水准仪迁至第二测站位置。此时，第一测站的前视点成为第二测站的后视点，重复第一测站上的工作，可以完成第二测站的测量，得到本站高差 $h_2=a_2-b_2$，此步施测程序称为转站。重复转站工作，直至完成全部水准路线的观测为止，并得到各测站高差 h_3，h_4，…，h_n。则终点高程为

$$H_{\mathrm{TP}_2}=H_{\mathrm{TP}_1}+h_2=H_A+h_1+h_2$$

$$H_B=H_{\mathrm{TP}_{n-1}}+h_n=H_A+h_1+h_2+h_3+\cdots+h_n=H_A+\sum h$$

$$H_{终}=H_{始}+\sum h \tag{2.4}$$

2.4.3 水准测量的检校

测量工作的一项基本原则是“前一步测量工作未做检核，不进行下一步测量”，以保证观测精度。测量结果检核有三种常用方法。

2.4.3.1 测站检核

为了避免离开测量现场后才发现不可弥补的错误，在每一个测站都必须进行测站检核。具体方法有变仪高法和双面尺法两种。

(1)变仪高法。在同一测站位置上，采用两种不同的仪高测量高差。两次仪高通常相差10 cm以上。当两次结果符合一定的误差限值时(四等水准测量，两次高差之差的绝对值不超过5 mm)，取平均值作为最终结果。

水准仪的检验与校正

(2)双面尺法。采用双面尺，分别以黑面和红面进行测量。黑面为主尺，起点均为零，后视与前视读数之差即为高差。红面尺起点不一致(分别为4.787 m和4.687 m)。当前尺起点读数大时，计算结果加上100 mm为实际高差；当前尺起点读数小时，计算结果减去100 mm为实际高差。

当两次结果误差小于一定限值时(如四等测量中为5 mm)，取平均值作为最终结果。

2.4.3.2 计算检核

起、终点高差等于各段高差的代数和，且等于测量行程中水准尺后视读数总和减去前视读数总和。计算检核只能检核计算过程中的错误，不能发现观测和记录时发生的错误。

2.4.3.3 成果检核

测站检核只能检核一个测站上误差不超限,不能保证全部测程上误差不会积累。为解决测站误差积累的问题,还必须对整个水准路线进行成果检核,以保证测量成果满足使用要求。成果检核有以下方法。

(1)闭合水准路线(closed leveling route)。起止于同一已知水准点的封闭水准路线,称为闭合水准路线,如图 2.14 所示。整个测程从起点回到终点,高差之和必等于零,即

$$\sum h_{理} = 0 \tag{2.5}$$

由于存在测量误差,一般情况下高差之和 $\sum h_{测}$不等于零,则称 $\sum h_{测}$为高差闭合差(简称闭合差)f_h ,即

$$f_h = \sum h_{测} \tag{2.6}$$

当闭合差f_h 小于某一限值时(由对应等级的精度指标控制),即为合格。但需要采用相应方法进行闭合差调整,最后得到各水准点的高程。

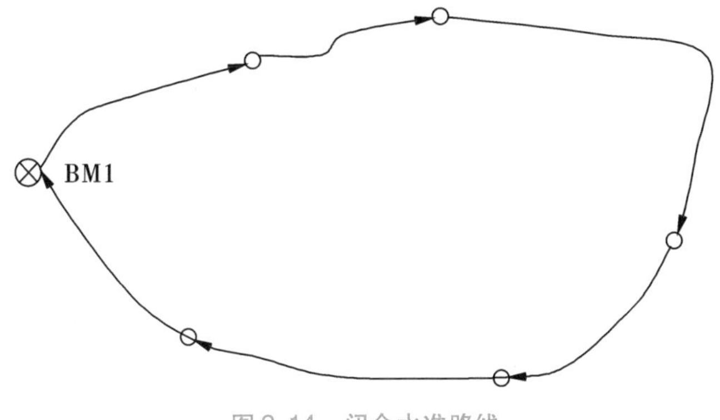

图 2.14 闭合水准路线

(2)附合水准路线(connecting leveling route)。起止于两个已知水准点间的水准路线,称为附合水准路线,如图 2.15 所示。各段高差之和应等于终点高程减去起点高程,即

$$\sum h_{理} = H_{终} - H_{始} \tag{2.7}$$

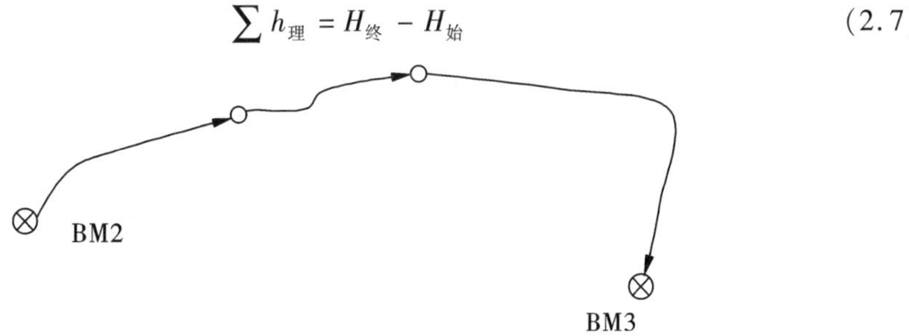

图 2.15 附合水准路线

如果 $\sum h_{测}$与 $\sum h_{理}$不相等,则高差闭合差f_h 为

$$f_h = \sum h_{测} - (H_{终} - H_{始}) \tag{2.8}$$

当高差闭合差小于某一限值时，即为合格，但需要进行调整，最后得到各水准点的高程。

(3)支水准路线(spur leveling route)。从一已知水准点出发，终点不附合也不闭合于另一已知水准点的水准路线，称为支水准路线，如图 2.16 所示。支水准路线应进行往返观测，以资检核。

$$f_h = \sum h_{往} + \sum h_{返} \tag{2.9}$$

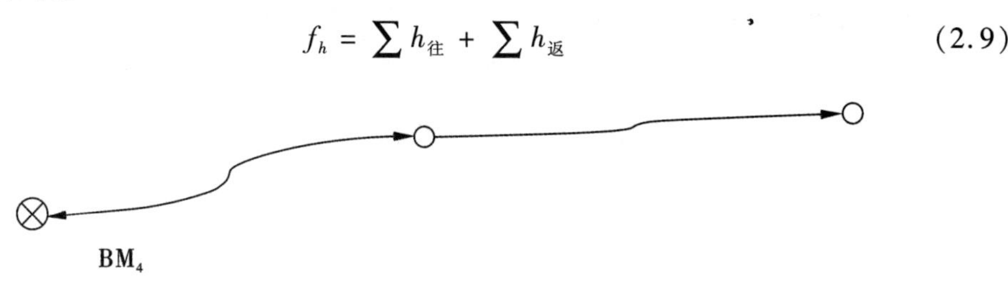

图 2.16 支水准路线

2.5 水准测量内业

整理野外测量结果，计算高差闭合差，若闭合差在容许值范围内，则调整闭合差，最后计算各点高程，此项工作称为水准测量的内业。

四等水准测量高差闭合差容许值：

平地 $[f_h] = \pm 20\sqrt{L}$ (mm)

山地 $[f_h] = \pm 6\sqrt{n}$ (mm)

图根水准测量高差闭合差容许值：

平地 $[f_h] = \pm 40\sqrt{L}$ (mm)

山地 $[f_h] = \pm 12\sqrt{n}$ (mm)

式中：L——水准路线长度(km)；

n——水准路线的测站数。

2.5.1 附合水准路线的计算

【例 2.1】 如图 2.17 所示，进行图根水准测量。已知 A、B 两点高程 $H_A = 90.000$ m、$H_B = 91.754$ m，各测段高差与测站数如下：$h_{A1} = +0.624$ m、8 站；$h_{12} = +0.763$ m、9 站；$h_{23} = -0.505$ m、7 站；$h_{3B} = +0.831$ m、10 站。求 1、2、3 点高程。

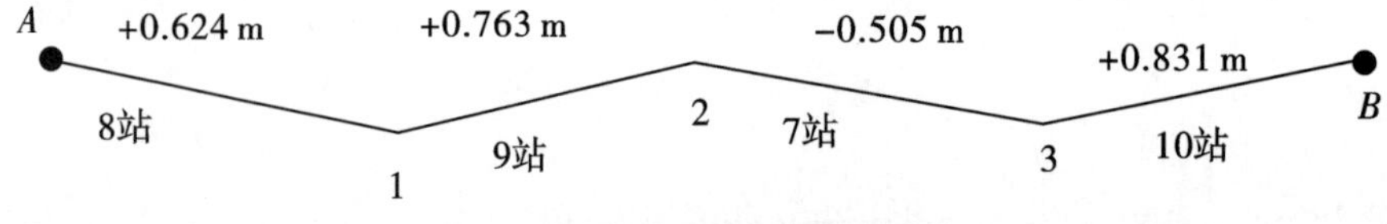

图 2.17 附合水准路线计算例图

解　(1)将已知数据填入计算表格(表 2.2)。

表 2.2　例 2.1 计算列表

点号	测站数	实测高差/m	改正数/mm	改正后高差/m	高程/m
A					90.000
	8	+0.624	+10	+0.634	
1					90.634
	9	+0.763	+11	+0.774	
2					91.408
	7	-0.505	+8	-0.497	
3					90.911
	10	+0.831	+12	+0.843	
B					91.754
$\sum$	34	+1.713	+41	+1.754	

(2)计算高差闭合差:

$$\begin{aligned} f_h &= \sum h_{测} - (H_{终} - H_{始}) \\ &= (0.624+0.763-0.505+0.831)-(91.754-90) \\ &= 1.713-1.754 \\ &= -0.041(\mathrm{m}) \\ &= -41(\mathrm{mm}) \end{aligned}$$

(3)计算容许闭合差:

$$[f_h] = \pm 12\sqrt{n} = \pm 12\sqrt{34} = \pm 70(\mathrm{mm})$$

$$|f_h| = 41\ \mathrm{mm} < |[f_h]| = 70\ \mathrm{mm} \quad \text{观测成果符合要求}$$

(4)闭合差的调整。在同一条水准路线中,假定各测站产生误差的机会是相等的,则各测段产生误差的机会与其对应的距离或测站数成正比。

闭合差的调整原则:将闭合差反号,按上述假定分配到各测段或测站上。则各测段改正数 V_i 为

$$V_i = -\frac{f_h}{\sum n_i} n_i \tag{2.10}$$

或

$$V_i = -\frac{f_h}{\sum L_i} L_i \tag{2.11}$$

式中:n_i 、L_i ——第 i 段的测站数和距离;

$\sum n_i$ 、$\sum L_i$ ——线路总测站数和总长。

将各测段改正数 V_i 与高差测量值 $h_{i测}$ 相加，即得各测段改正后高差 $h_{i改}$，调整后计算的高差应该没有闭合差。

$$h_{i改} = h_{i测} + V_i \tag{2.12}$$

每一站的改正数为 $-\frac{f_h}{n} = -\frac{-41}{34} = +1.2(\text{mm})$

各测段的改正数分别为

$$V_1 = 1.2\times8 = 9.6 = +10(\text{mm})$$
$$V_2 = 1.2\times9 = 10.8 = +11(\text{mm})$$
$$V_3 = 1.2\times7 = 8.4 = +8(\text{mm})$$
$$V_4 = 1.2\times10 = 12 = +12(\text{mm})$$
$$\sum V_i = +41(\text{mm}) = -f_h = 41(\text{mm})$$

说明计算无误。将各测段实测高差加上相应的改正数，便得到改正后的高差。改正后的高差总和应与 A、B 两点高差相等。

(5)计算待定点高程：

$$H_i = H_{i-1} + h_i \tag{2.13}$$

2.5.2 闭合水准路线的计算

其闭合差为 $f_h = \sum h_测$，如在容许范围内，则计算步骤同附合水准路线。

2.5.3 支水准路线的计算

支水准路线高差闭合差为

$$f_h = h_往 + h_返 \tag{2.14}$$

容许闭合差计算公式同前，n 应为往测与返测测站数的平均值，L 为往、返距离平均值。

调整后高差为

$$|h| = \frac{|h_往| + |h_返|}{2} \tag{2.15}$$

符号与往测高差符号相同。

2.6 精密水准仪和水准尺

采用高精度的仪器、工具和测量方法所进行的每千米高差偶然中误差小于 1 mm 的水准测量，称为精密水准测量。精密水准测量主要用于国家一、二等水准测量和高精度的工程测量中，如建筑物沉降观测、大型精密设备安装等测量工作。

2.6.1 光学精密水准仪 DS05、DS1

精密水准仪的构造与 DS3 水准仪基本相同，也是由望远镜、水准器和基座三部分组成。两者不同之处是：

(1)水准管分划值较小，一般为 10″/2 mm。

(2)望远镜放大率较大，一般不小于 40 倍。望远镜的亮度好，仪器结构稳定，受温度变化影响小。

(3)为了提高读数精度，精密水准仪上设有光学测微器，最小读数可达 0.05 mm。

(4)精密水准仪配有精密水准尺，即因瓦合金尺(invar staff)。这种水准尺一般都是在木质尺身的槽内，引张一根因瓦合金带，在因瓦带上标有分划，数字注在木尺上。精密水准尺的分划值有1 cm和 0.5 cm 两种，与之相适应，精密水准仪的测微尺范围也有 1 cm 和 0.5 cm 两种。光学测微器中的测微分划尺有 100 个分格，与精密水准尺上的分划值 1 cm或 0.5 cm 相对应，则测微尺能直接读到 0.1 mm 或 0.05 mm。

DS1 级光学水准仪如图 2.18 所示。

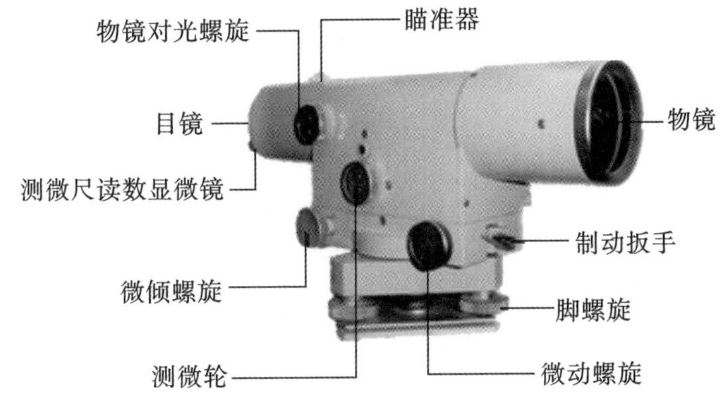

图 2.18　DS1 级光学水准仪

图 2.19 所示为因瓦精密水准尺的一种，其分划值为 1 cm，水准尺全长 3.2 m。因瓦合金带上有两排分划：右边一排的注记数字自 0 cm 至 300 cm，称为基本分划；左边一排注记数字自 300 cm 至 600 cm，称为辅助分划。基本分划和辅助分划有一个常数差 $K=3.01\ 550$ m，称为基辅差，其作用类似于双面尺，可以进行水准测量的测站校核。

目前应用较为普遍的精密水准仪有瑞士生产的威特 N3、德国生产的蔡司 Ni004 和我国北京测绘仪器厂生产的 DS1。精密水准仪的操作方法与一般水准仪基本相同，也需要在仪器精确整平后读数(用微倾螺旋使目镜视场左面的符合水准气泡半像吻合)，但读数方法有所不同。当光学测微器测出不足一个分格的数值，即十字丝横丝不会恰好对准水准尺上某一整分划线时，就要转动测微轮使视线上下平行移动(实际视线高度并未变化，仅光路改变)，使十字丝的楔形丝正好夹住一个整分划线，读取整厘米，毫米及以下位数由测微尺读出。图 2.20 所示为 N3 水准仪的视场图，楔形丝夹住的读数为1.48 m，测微尺的读数为 6.50 mm，全读数为 1.486 50 m。

电子水准仪的基本原理及特点

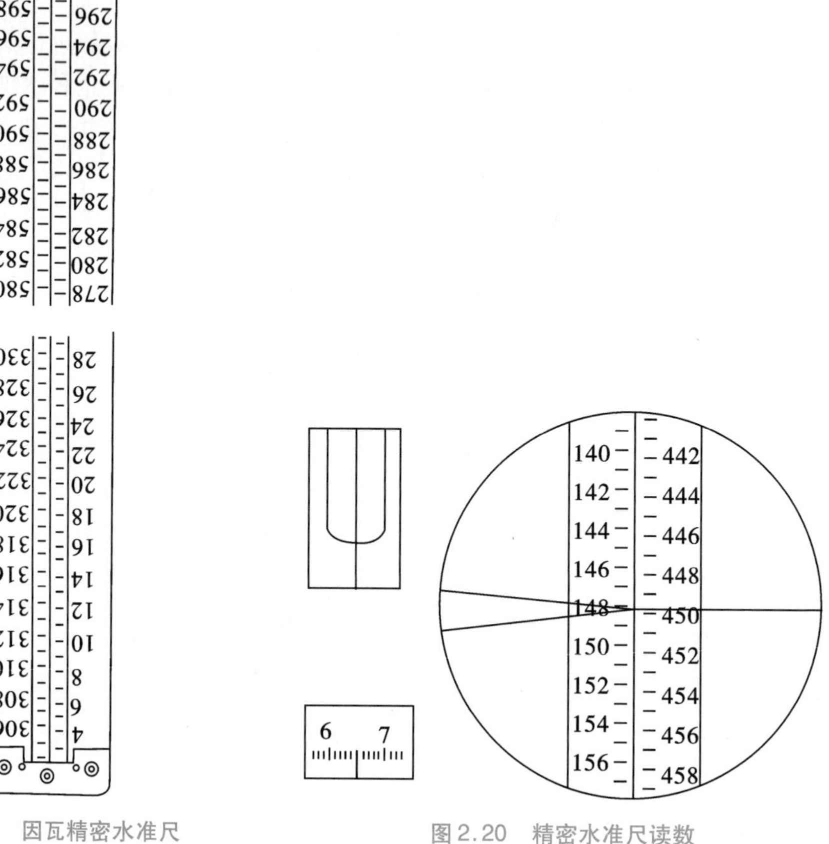

图 2.19　因瓦精密水准尺　　图 2.20　精密水准尺读数

2.6.2　电子水准仪

2.6.2.1　电子水准仪测量原理

20 世纪 90 年代,德国徕卡公司首次推出了利用影像处理技术自动读取高差和距离,并自动进行数据记录的全数字化电子水准仪(图 2.21)。电子水准仪使用的标尺与传统的标尺不同,它采用条形码尺,条形码印制在因瓦合金条或玻璃钢的尺身上(图 2.22)。观测时,标尺上的条形码由望远镜接收后,探测器将采集到的标尺编码光信号转换成电信号,并与仪器内部储存的标尺编码信号进行比较。若两者信号相同,则读数就可以确定。标尺和仪器的距离不同,条形码在探测器内成像的"宽窄"也不同,转换成的电信号也随之不同。这就需要处理器按一定的步距改变一次电信号的"宽窄",与仪器内部储存的标尺编码信号进行比较,直至相同为止。为此在仪器中安置一传感器,由传感器通过调焦使标尺成像清晰。这一过程采集到调焦镜的移动量,对编码电信号进行缩放,使其接近仪器内部储存的信号,因此可以在较短的时间内确定读数。

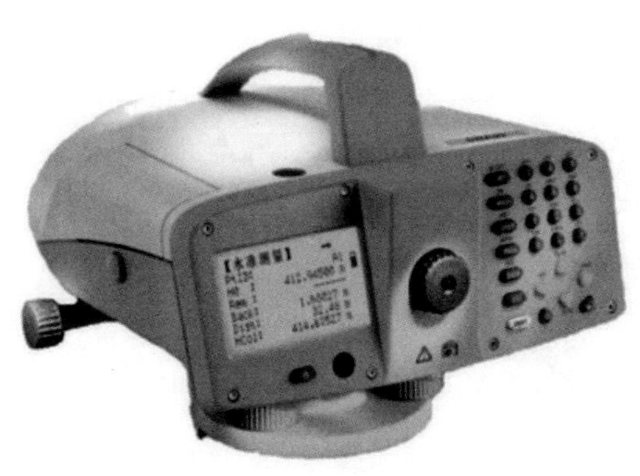

图 2.21　DNA03 水准仪

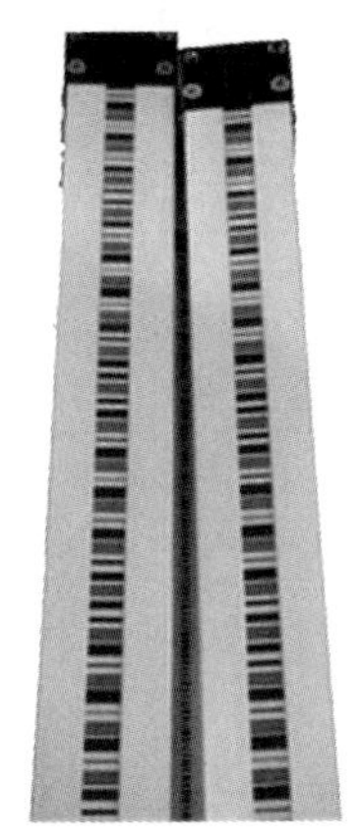

图 2.22　因钢条码水准尺

2.6.2.2　电子水准仪的特点

(1)无疲劳观测及操作,只要照准标尺,调焦后按动测量键即可完成标尺读数和视距测量。

(2)采用 REC 模块自动记录和存储数据或直接连接电脑操作。

(3)能自动计算高差。

(4)能快速量测并提取成果,可见测尺 30 cm 即可测量。

(5)含有用户测量程序、视准差检测改正程序及水准网平差程序。

(6)全自动高精度以电子方式量测条形码标尺,能保证最佳精度。

2.6.2.3　徕卡 DNA03 电子水准仪主要性能指标

精度(1 km 往返误差):标准水准尺 1.0 mm;因钢尺 0.3 mm。

测量范围:电子测量 1.8 ~ 100 m;光学测量>0.6 m。

测距精度:1 cm/20 m(500 mm/km)。

最小读数:0.01 mm。

单次测量时间:3 s。

数据记录:内存 6 000 个测量数据或 1 650 组测站数据。

望远镜放大倍率:×24。

补偿器:磁性阻尼补偿器。

补偿范围和精度:±10′ / 0.2″。

2.7　自动安平水准仪

自动安平水准仪(图 2.23)用设置在望远镜内的自动补偿装置代替水准管,观测时,只需将水准仪上的圆水准器气泡居中,仪器借助于自身的补偿功能使视准轴水平,故不必精平便可通过中丝读到水平视线在水准尺上的读数。由于仪器不必进行精确整平这项操作,从而简化了观测过程,提高了观测速度。

自动安平水准仪的使用按以下四个步骤进行:安置仪器→粗略整平→瞄准水准尺→读数。其仪器操作和读数方式与普通 DS3 水准仪相同。

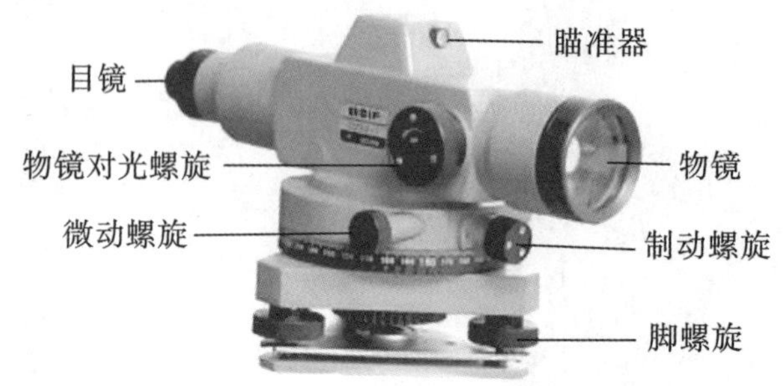

图 2.23 自动安平水准仪

2.8 水准测量的误差分析

2.8.1 水准仪应满足的条件

水准仪有四条主要轴线:圆水准器轴 $L'L'$ 、仪器竖轴 VV、管水准器轴(水准管轴)LL 和视准轴 CC(图 2.24)。为了保证仪器提供一条水平视线,它们应满足以下条件:

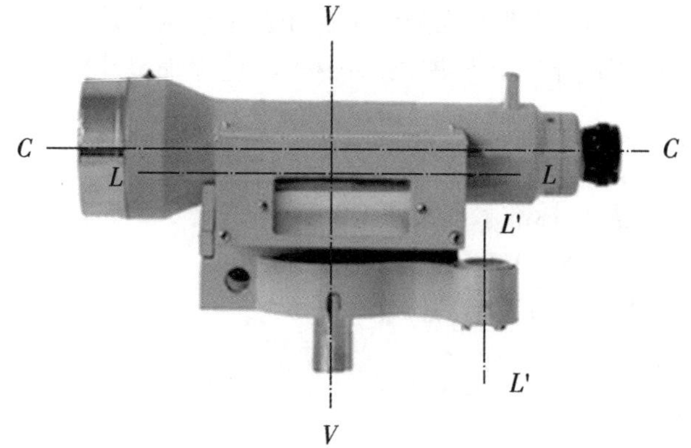

图 2.24 DS3 水准仪主要轴线

(1)圆水准器轴应平行于仪器竖轴,即 $L'L' /\!/ VV$。

(2)十字丝中丝应垂直于竖轴。

(3)水准管轴应平行于视准轴,即 $LL /\!/ CC$。

水准测量,其误差来源可分为 3 类:仪器误差、观测误差、外界条件影响。

2.8.2 仪器误差

2.8.2.1 仪器校正后的残余误差

条件 $LL /\!/ CC$ 若不满足(图 2.25),精确整平后,视准轴不水平,倾角为 i ,读数误差

x_1、x_2 与距离成正比。消除方法:使测站前后视距相等,即 $D_{前} = D_{后}$。

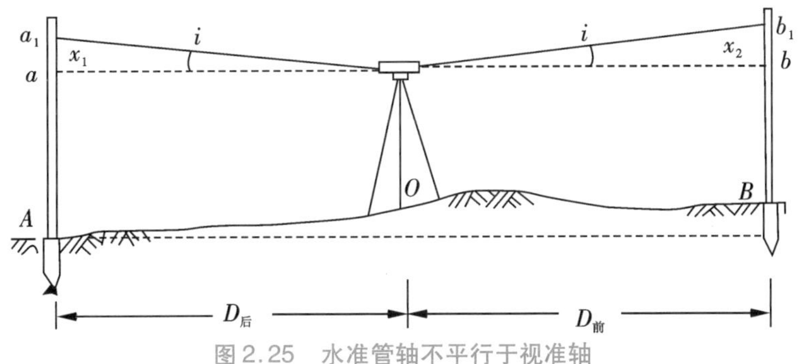

图 2.25　水准管轴不平行于视准轴

DS3 水准仪的倾角 i 不得大于 20″,否则,仪器应进行校正。

2.8.2.2　水准尺误差

水准尺误差包括刻画误差、尺长误差和零点误差,因此,水准尺须经过检验才能使用。零点误差指前、后两水准尺的零点不一致,是由于尺子的磨损等原因造成的。水准尺零点误差可在水准测段中采取使测站数为偶数的方法予以消除,也可以使用同一把水准尺来消除。

2.8.3　观测误差

2.8.3.1　气泡居中误差

居中误差一般为 $\pm 0.15\tau$,采用符合式水准器时,气泡居中精度可提高一倍,故居中误差为

$$m_\tau = \pm \frac{0.15\tau''}{2 \cdot \rho''} \cdot D \qquad (2.16)$$

式中:D——水准仪到水准尺的距离。

2.8.3.2　读数误差

$$m_v = \frac{60''}{V} \cdot \frac{D}{\rho''} \qquad (2.17)$$

式中:V——望远镜的放大倍率;

60″——人眼的极限分辨能力。

2.8.3.3　视差影响

由于对光不完善而引起的误差称为视差。测量中要认真做好对光工作,消除视差。

2.8.3.4　水准尺倾斜影响

如图 2.26 所示,水准尺倾斜,使读数偏大,产生误差。要减少此项影响,须水准尺立正,视线不要太高。

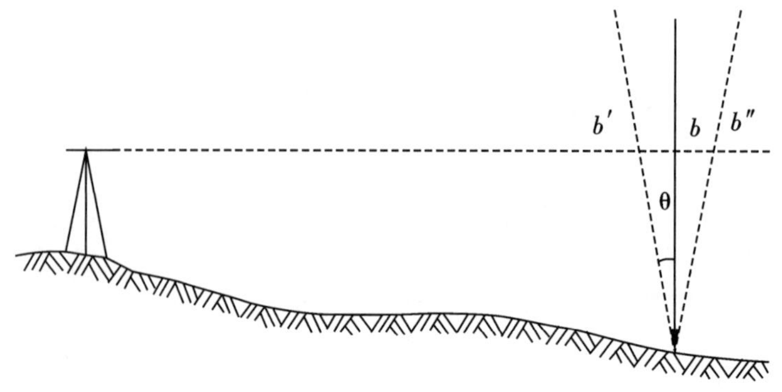

图2.26　水准尺倾斜误差

2.8.4　外界条件影响产生的误差

2.8.4.1　仪器下沉

如图2.27所示,采用后—前—前—后的观测方法可削弱其影响。

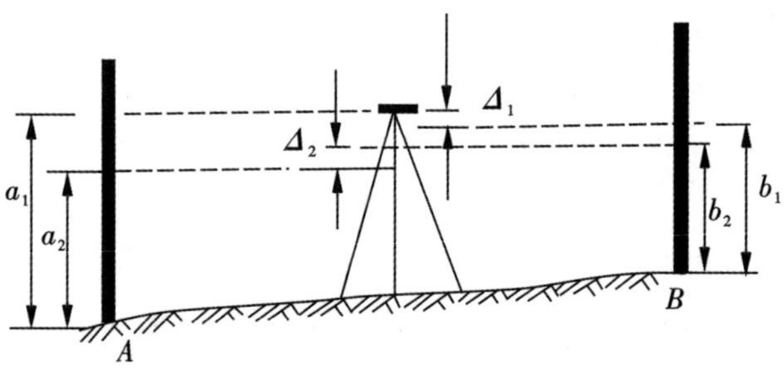

图2.27　水准仪下沉影响

2.8.4.2　尺垫下沉

采用往返观测,取高差平均值的方法,可减弱其影响。

为了防止水准仪和尺垫下沉,测站和转点应选在土质实处,并踩实三脚架和尺垫,使其稳定,不要松动,观测要迅速。

2.8.4.3　地球曲率与大气折光影响

如图2.28所示,A、B为地面上两点,大地水准面是一个曲面,如果水准仪的视线$a'b'$平行于大地水准面,则A、B两点的正确高差为

$$h_{AB} = a' - b'$$

但是,水准仪的水平视线在水准尺上的读数分别为a''、b''。a'、a''之差与b'、b''之差,就是地球曲率对读数的影响,称为地球曲率差(简称球差),用c表示,即

$$c = \frac{D^2}{2R} \tag{2.18}$$

式中:D——水准仪到水准尺的距离(km);

R——地球的平均半径,R=6 371 km。

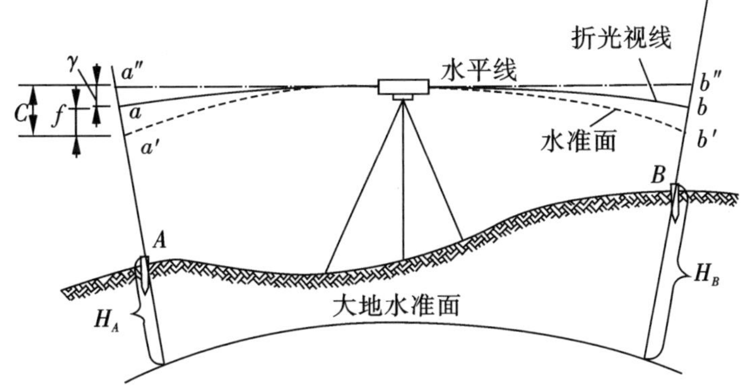

图 2.28　地球曲率与大气折光影响

由于地面空气密度不同，水准仪视线通过不同密度空气层时，视线呈曲线状，在水准尺上的读数分别为 a、b。a、a''之差与 b、b''之差，就是大气折光对读数的影响，称为大气折光差，简称气差，用 r 表示。在稳定的气象条件下，r 约为 c 的 1/7，即

$$r=\frac{1}{7}c=0.07\frac{D^2}{R} \tag{2.19}$$

为减少大气折光的影响，在水准测量中，前后视地表状况应大致一样。视线应尽可能避免跨越河流、塘堰等水面，选择合适的天气（如阴天、晚上、无风等），避开不利的环境（如日出后和日落前半小时、中午、大风等）。在晴天，由于地面温度高，地表空气较为稀薄，光线向上折射，所以水准仪视线不能太接近地面，高度应在 0.2 m 以上。

地球曲率差和大气折光差是同时存在的，两者统称为球气差，用 f 表示，即

$$f=c-r=0.43\frac{D^2}{R} \tag{2.20}$$

水准测量中，采用使前、后视距离相等的方法，可以消除或减弱球气差对高差的影响。

2.8.4.4　温度影响

温度的变化不仅引起大气折光的变化，而且当烈日照射水准管时，由于水准管本身和管内液体温度的升高，气泡向温度高的方向移动，从而影响仪器水准管轴的水平，产生气泡居中误差。所以，观测时应注意为仪器撑伞遮阳。

第 2 章
习题集

第 3 章　角度测量

角度测量分为水平角(horizontal angle)测量与竖直角(vertical angle)测量。常用仪器是光学经纬仪(theodolite)、电子经纬仪(electronic theodolite,ET)及全站仪(total station,TS)等。水平角测量用于求算点的平面坐标,竖直角测量用于测定高差或将倾斜距离换算成水平距离等。

3.1　水平角测量原理

地面上一点至两目标的两条方向线在水平面上投影的夹角,称为水平角。工程测量中水平角通常用β表示,其取值范围为0°~360°。

如图3.1所示,为了测出地面上一点O与两目标A和B所夹的水平角,以过O点的铅垂线上任一点O'为中心,水平地放置一个带有刻度的圆盘,通过OA、OB,各作一竖直面,设这两个竖直面在刻度盘上截取的读数分别为m和n,则所求水平角之值为$\beta = n - m$。

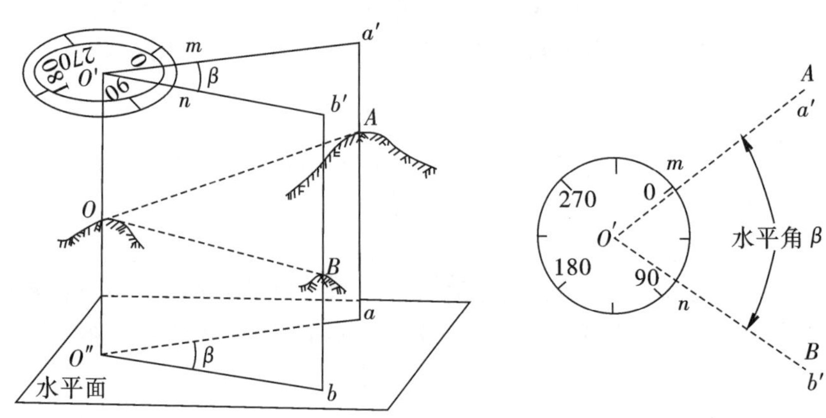

图3.1　水平角测量原理

DJ 6 级经纬仪的使用

3.2　DJ6 级光学经纬仪

经纬仪的种类繁多,如按工作原理区分,可以分成光学经纬仪和电子经纬仪。我国对经纬仪编制了系列标准,分为DJ07、DJ1、DJ2、DJ6等级别。其中,D、J分别为“大地测量”和“经纬仪”的汉语拼音第一个字母,07、1、2、6等数字表示该仪器所能达到的精度指标,如DJ6表示一测回水平方向中误差不超过6″。

3.2.1　DJ6 级光学经纬仪构造

DJ6 级光学经纬仪是目前工程上使用最为广泛的经纬仪。如图 3.2 所示，它由基座，度盘和照准部三部分组成。

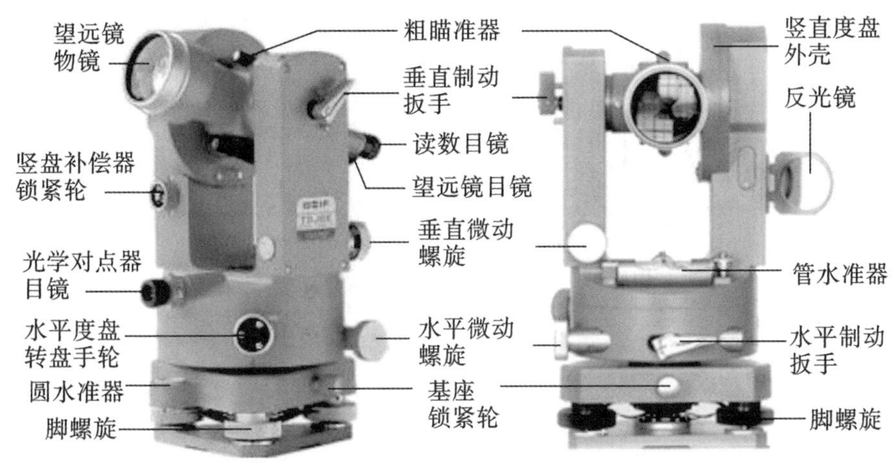

图 3.2　DJ6 光学经纬仪

3.2.1.1　基座

基座上有 3 个脚螺旋，用来整平仪器，操作方法与水准仪粗略整平基本相同。

3.2.1.2　度盘

度盘是光学玻璃制成的圆环，用来测量角度。其上刻有从 0°～360°的分划线，顺时针方向注记，相邻两分划线间的格值一般为 1°。经纬仪上有水平和竖直两块度盘，分别用于测量水平角和竖直角。

经纬仪上通常设有复测系统，常用的有复测扳手和转盘手轮两种。复测的目的是多次变换起始目标在水平度盘上的位置，重复测角，以减少度盘分划不均匀对测量结果的影响。采用转盘手轮的经纬仪，可以在照准部不动的情况下，拨动水平度盘，从而改变起始目标的读数。

3.2.1.3　照准部

照准部包括望远镜及其支架、测微装置、照准部水准管、竖轴等。

如图 3.3 所示，望远镜（提供视准轴 *CC*）与装在支架上的横轴（几何轴线为 *HH*）固结，可绕横轴俯仰；竖轴（几何轴线为 *VV*）插在轴套内，可使整个照准部绕竖轴做水平方向回转；管水准器可提供水准管轴（*LL*）。

经纬仪的构造确保 $CC \perp HH$、$HH \perp VV$、$VV \perp LL$。于是，当望远镜绕横轴旋转时，其视线将扫过一个铅垂面，这是经纬仪能够进行工程结构物竖直度校正的基础。

测微装置用来读取水平度盘和竖直度盘的数值，可以估读到 0.1′，即 6″。

另外,在经纬仪上还设有光学对点器,以便将经纬仪的竖轴安置在测角顶点的垂线上。

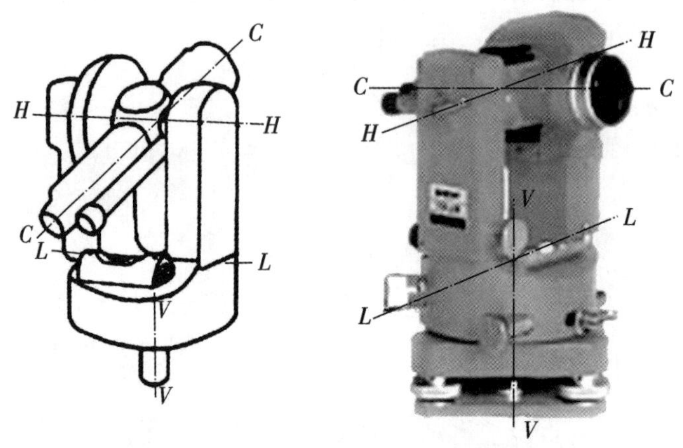

图 3.3　经纬仪的轴线

3.2.2　读数方法

读数的主要设备为读数窗内的分微尺,如图 3.4 所示。上面的窗格里是水平度盘及分微尺的影像,用"水平"或"H"表示;下面的窗格里是竖直度盘和分微尺的影像,用"竖直"或"V"表示。水平度盘与竖直度盘上 1° 的分划间隔,成像后与分微尺的全长相等,分微尺分成 60 等分,每格表示 1′,可估读到 0.1′,即 6″。因此,这类 DJ6 级经纬仪读到的秒值必是 6″的整数倍。

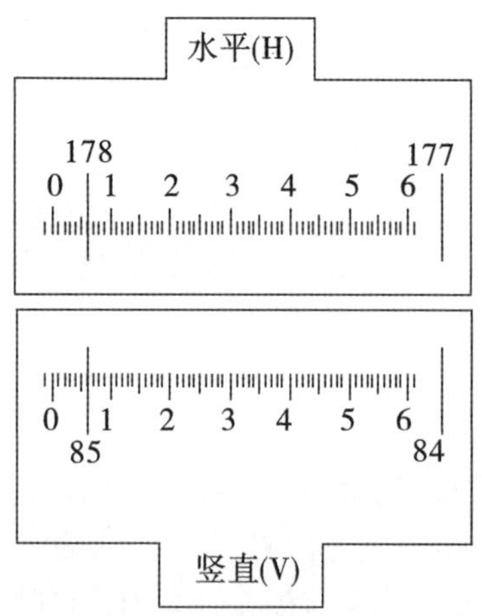

图 3.4　DJ6 光学经纬仪的读数

读数时,首先由落在分微尺上的度盘分划值读出整度数,再由分微尺读出其零线至该度盘刻画线间的整分值及估读的秒值,最后将两者相加,即得最终读数值。图 3.4 中,水

平度盘的读数值是 178°05′54″，而竖盘的读数是 85°06′06″（工程测量中要求分和秒的值必须写成两位，以减少错误）。

3.3　DJ2 级光学经纬仪

随着建设工程项目的高度及规模增大，工程测量中角度测量的精度逐渐提高，DJ2 级光学经纬仪（图 3.5）有取代 DJ6 级光学经纬仪的趋势。

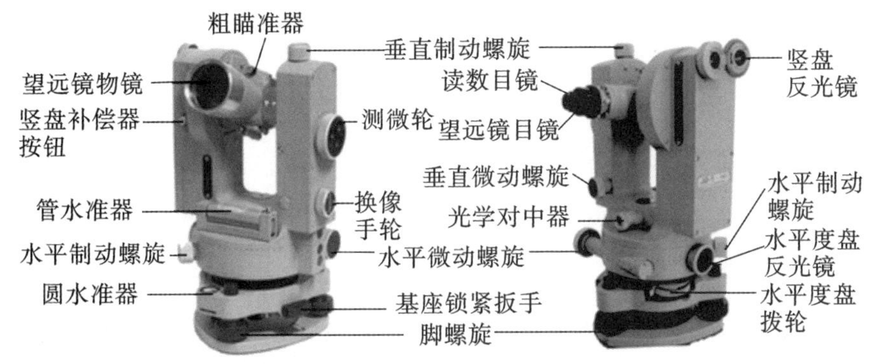

图 3.5　DJ2 级光学经纬仪

在结构上，除望远镜的放大倍数稍大（30 倍）、照准部水准管灵敏度较高（分划值为 20″/2 mm）、度盘格值更精细外，两者差别主要表现为读数设备的不同。DJ2 级光学经纬仪的读数设备有如下两个特点：

（1）DJ6 级光学经纬仪采用单指标读数，受度盘偏心的影响。DJ2 级经纬仪采用对径重合读数法，相当于利用度盘上相差 180°的两个指标读数并取其平均值，可消除度盘偏心的影响。

（2）DJ2 级光学经纬仪在读数显微镜中只能看到水平度盘或竖直度盘中的一种，读数时，必须通过转动换像手轮，选择所需要的度盘影像。

以下简介 DJ2 经纬仪的读数方法。瞄准目标后，分划线未对齐，此时不能读数，如图 3.6（a）所示。调节经纬仪上的测微轮（此时照准部已固定），使度盘正倒像精确吻合，分划线对齐，如图 3.6（b）所示，可以读数：首先从读数窗中读取整度数 150，再从“分”读数的十位和个位得到整分数 01，最后从“秒”读数的十位和分划线得到秒的整数值及估计值 54.0，最终读数即为 150°01′54.0″。显然，这种经纬仪可以估读的最小值是 0.1″，如图 3.6（c）所示，读数为 74°47′16.1″。

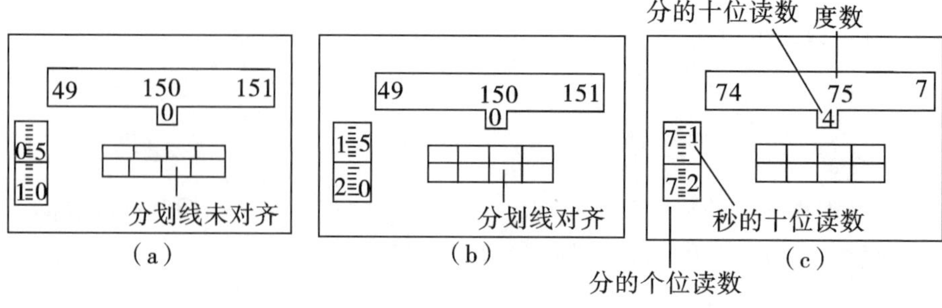

图 3.6 DJ2 级光学经纬仪读数

水平角测量技术

3.4 水平角观测

3.4.1 经纬仪安置

经纬仪安置

经纬仪安置粗平

用经纬仪观测水平角，应先将经纬仪安置在角的顶点上，安置仪器包括对中和整平两项内容，现分述如下。

3.4.1.1 对中

对中(centering)可以采用垂球(suspended weight)和光学对中器(optical plummet)。

垂球通常悬挂在三脚架上，用垂球对中时，悬挂垂球的线长要调节合适，对中误差一般可小于 3 mm。

要求精确对中时，应使用光学对中器，其对中误差不应大于 1 mm。使用光学对中器时，将仪器固定在三脚架上，摆放在测站上，目估大致对中后，踩稳一条架脚。旋转对中器的目镜使分划板的刻画圈清晰，再推进或拉出对中器的目镜管，使地面点标志成像清晰。然后用双手各提一条架脚前后、左右摆动，眼观对中器使十字丝交点与测站点重合，放稳并踩实架脚。伸缩三脚架腿长整平圆水准器。在架头上平移经纬仪，直到地面标志中心与光学对中器刻画圈中心重合。

3.4.1.2 整平

整平(leveling-up)是利用基座上 3 个脚螺旋(或称整平螺旋)使照准部水准管气泡居中，从而使经纬仪竖轴竖直。

整平时，先转动照准部，使照准部水准管与任一对脚螺旋的连线平行，两手同时向内或向外转动这两个脚螺旋，使水准管气泡居中。气泡运动方向与左手大拇指运动方向一致。然后将照准部旋转 90°，只转动第 3 个脚螺旋，使水准管气泡居中。将照准部转回原位置，检查气泡是否仍然居中，若不居中，则按以上步骤反复进行，直到照准部转至任意位置气泡皆居中为止(图 3.7)。整平后气泡的偏离量称为整平误差，其最大不应超过一格。

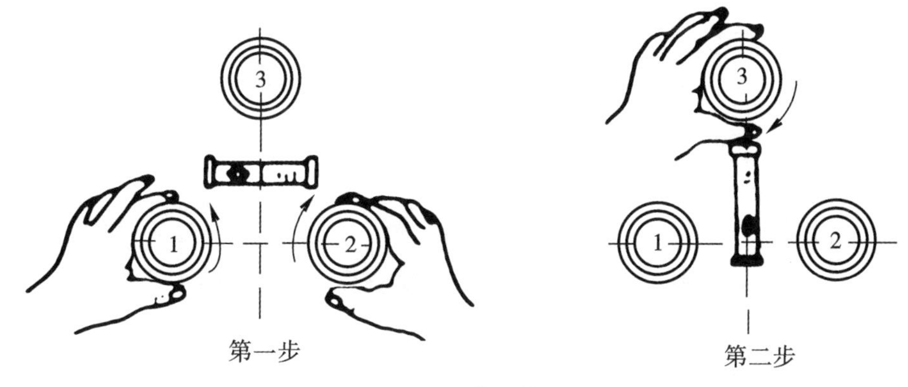

图 3.7　经纬仪整平

整平与对中这两步工作须反复交替进行,才能满足安置仪器的精度要求。

3.4.1.3　瞄准目标

经纬仪调焦照准

先松开望远镜竖直制动螺旋和照准部水平制动螺旋,将望远镜指向天空,调节目镜使十字丝清晰(因为测量员的视力基本稳定,这项工作无须每次瞄准都做)。然后通过粗瞄准器瞄准目标(alignment),使目标成像在望远镜中近于中央的部位(图 3.8),旋紧照准部和望远镜制动螺旋。转动物镜对光螺旋,使目标成像清晰并注意消除视差。最后,用望远镜垂直微动螺旋和照准部水平微动螺旋精确瞄准目标。瞄准时应尽量瞄准目标位置固定的底部,以减少目标偏心差。

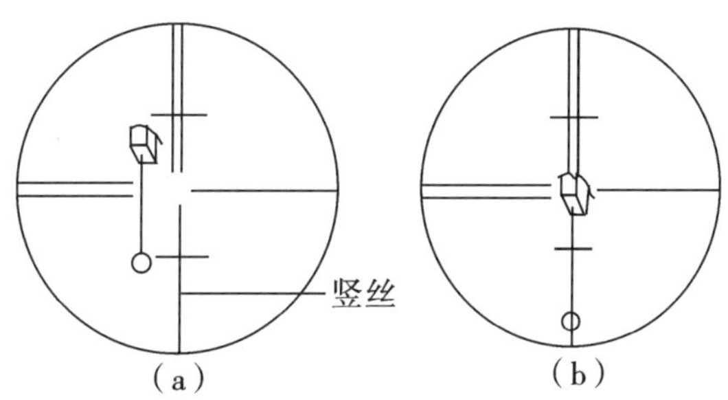

图 3.8　经纬仪瞄准目标

经纬仪读数

3.4.1.4　读数

打开反光镜,调整其位置,使读数窗内进光明亮均匀;然后进行读数目镜调焦,使读数窗内分划清晰;最终读数并记录。

测回法观测水平角

3.4.2　测回法观测水平角

测回法常用于测量两个方向之间的单角,下面以图 3.9 测量 $\angle\beta$ 为例,说明其步骤。

图 3.9 测回法测水平角

(1)在角的顶点 2 上安置经纬仪,对中、整平。

(2)将经纬仪安置成盘左位置(竖盘在望远镜左侧,又称正镜)。转动照准部并俯仰望远镜,精确瞄准左侧目标点 1,读取水平度盘读数 $a_L = 0°12'42''$,记入测回法观测手簿(表 3.1)。

表 3.1 测回法观测手簿

测站	竖盘位置	目标	水平度盘读数	半测回角值	一测回角值	各测回平均角值
2 (1)	左	1	0°12′42″	38°35′24″	38°35′33″	38°35′34″
		3	38°48′06″			
	右	1	180°12′54″	38°35′42″		
		3	218°48′36″			
2 (2)	左	1	90°08′12″	38°35′42″	38°35′36″	
		3	128°43′54″			
	右	1	270°08′30″	38°35′30″		
		3	308°44′00″			

(3)松开照准部水平制动螺旋,顺时针转动照准部至右侧目标 3,读取水平度盘读数 $b_L = 38°48'06''$,记入手簿,则角值 $\beta_L = b_L - a_L = 38°35'24''$,记入手簿中“半测回角值”栏中。至此,完成上半测回的观测,β_L 为上半测回得的角值。

(4)松开制动螺旋,倒转望远镜成盘右位置(竖盘在望远镜右侧,又称倒镜)。首先转动照准部瞄准右侧目标 3,读取水平度盘读数 $b_R = 218°48'36''$,记入手簿。

(5)逆时针转动照准部,瞄准左侧目标 1,读取水平度盘读数 $a_R = 180°12'54''$,记入手簿,则角值 $\beta_R = 38°35'42''$。

上、下半测回合为一个测回(observation set)。当用 DJ6 级光学经纬仪观测时,β_L 与 β_R 之差的绝对值应不大于 40″。如符合要求,取两个半测回角值的平均值作为该测回的最后结果：

$$\beta=\frac{1}{2}(\beta_L+\beta_R) \tag{3.1}$$

本例中 $\beta=\frac{1}{2}(\beta_L+\beta_R)=38°35'33''$，记入手簿中“一测回角值”栏中。

为了提高测角精度，往往要观测多个测回。为了减少度盘分划误差的影响，各测回之间应根据测回数 n，按下式变换水平度盘位置：

$$a=\frac{180°}{n}\cdot(j-1) \tag{3.2}$$

式中：n ——测回数；

j——测回序号。

例如，欲观测两个测回，则第一测回的起始方向读数可安置在略大于 0°处，第二测回的起始方向读数应安置在 90°附近处。

安置水平度盘起始方向读数为某一指定值的方法，按仪器构造的不同而异。对于装有复测扳钮的经纬仪，先扳上复测扳钮，转动照准部，使水平度盘置于所需要的读数，然后扳下复测扳钮。此时转动照准部，水平度盘读数保持不变，当瞄准目标后，再将复测扳钮往上扳，即可继续进行观测。

对于安装有水平度盘拨轮的经纬仪，先转动照准部，用望远镜瞄准目标，然后转动水平度盘拨轮，使水平度盘读数为所需要的度盘读数，随即关上水平度盘拨轮的护罩，以防在观测过程中碰动该拨轮。有些经纬仪的水平度盘转盘手轮装有弹簧保护装置，使用时将手轮推压进去，转动手轮，使水平度盘转到所需要的读数，然后按下杠杆使手轮自动弹回，即可继续进行观测。

当观测两个或两个以上测回时，各测回所测得的角值之差，对于 DJ6 级经纬仪应不大于 24″。经检验合格后，取各测回角值的平均值作为最后结果，记入观测手簿中“各测回平均角值”栏内（表 3.1）。

3.4.3　方向观测法观测水平角

在一个测站上，当观测方向超过两个时，常采用方向观测法。用此方法观测时，在依次观测所需的各个目标之后，应再次观测起始方向（称为归零），故这种方法也称为全圆方向法。

如图 3.10 所示，O 为测站点，A、B、C、D 为目标点，欲测定 O 到各目标及各目标之间的水平角，观测步骤如下：

(1) 将经纬仪安置于 O 点，对中、整平。

(2) 选择距离较远的点作为起始方向，称为零方向，本例中选择 A 为起始方向。用盘左位置瞄准 A 点，按式(3.2)设置水平度盘位置(0°01′06″)，记入表 3.2。

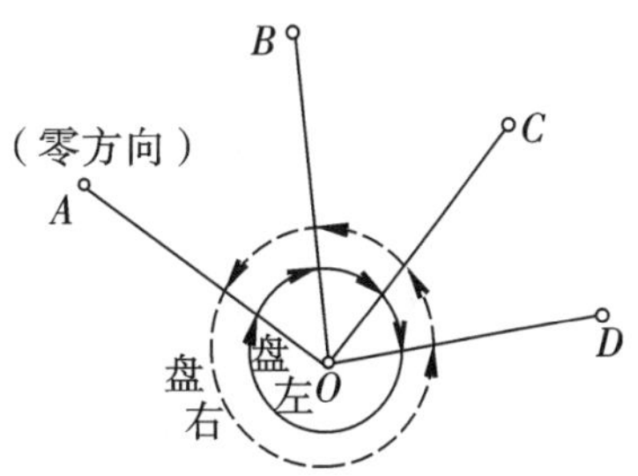

图 3.10　方向观测法测角

(3) 松开水平制动螺旋，顺时针方向转动照准部，依次瞄准 B、C、D 三个目标点，并读数、记录。继续顺时针方向转动照准部，再次瞄准 A 点，称为归零，并读数(0°01′18″)、记录。至此，完成上半测回的观测。A 目标两次读数之差称为半测回归零差，其限值见表 3.3。

表 3.2　方向观测法记录手簿

测站	测回数	目标	读数		2c	平均读数	归零后的方向值	各测回归零后的方向值的平均值
			盘左	盘右				
O	1	A	0°01′06″	180°01′00″	+06″	(0°01′08″) 0°01′03″	0°00′00″	0°00′00″
		B	45°40′54″	225°40′42″	+12″	45°40′48″	45°39′40″	45°39′44″
		C	92°48′54″	272°48′36″	+18″	92°48′45″	92°47′37″	92°47′47″
		D	136°39′00″	316°38′48″	+12″	136°38′54″	136°37′46″	136°37′54″
		A	0°01′18″	180°01′06″	+12″	0°01′12″		
	2	A	90°00′30″	270°00′12″	+18″	(90°00′30″) 90°00′21″	0°00′00″	
		B	135°40′24″	315°40′12″	+12″	135°40′18″	45°39′48″	
		C	182°48′30″	2°48′24″	+06″	182°48′27″	92°47′57″	
		D	226°38′42″	46°38′24″	+18″	226°38′33″	136°38′03″	
		A	90°00′48″	270°00′30″	+18″	90°00′39″		

表 3.3　水平角方向观测法的技术要求

等级	仪器型号	光学测微器两次重合读数之差/(″)	半测回归零差/(″)	一测回中 2c 变动范围/(″)	同一方向各测回较差/(″)
四等及以上	DJ1	1	6	9	6
	DJ2	3	8	13	9
一级及以下	DJ2	—	12	18	12
	DJ6	—	18	—	24

(4)倒转望远镜成盘右位置，瞄准 A 点并读数(180°01′06″)、记录，然后逆时针方向转动照准部，依次瞄准 D、C、B、A 各目标点，并读数、记录。至此，完成下半测回的观测。上、下半测回合为一个测回。

无论采用测回法或方向观测法，在同一测回内均不能第二次改变水平度盘位置，须测多个测回时，各测回间按式(3.2)设置起始目标点水平度盘位置。

(5)方向观测法成果计算。

1)归零差的计算。分别计算上、下半测回归零差，应符合表 3.3 要求。一旦超限，应及时重测。如本例中，第一测回上半测回时，零方向归零差为

$$0°01'06''-0°01'18''=-12''$$

2)两倍照准差 $2c$ 计算。同一方向盘左、盘右的读数差值称为两倍照准差 $2c$,应符合表3.3要求。

$$2c=\text{盘左读数}-(\text{盘右读数}\pm180°) \tag{3.3}$$

如本例中,第一测回 OA 方向两倍照准差为

$$2c=0°01'06''-(180°01'00''\pm180°)=+6''$$

3)计算各方向平均读数。

$$\text{平均读数}=\frac{1}{2}[\text{盘左读数}+(\text{盘右读数}\pm180°)] \tag{3.4}$$

如本例中,第一测回 OA 方向的平均读数为

$$\frac{1}{2}[0°01'06''+(180°01'00''\pm180°)]=0°01'03''$$

由于起始方向有两个平均读数,故将这两个值再取平均值记入"平均读数"一栏上方的括号内:

$$\frac{1}{2}(0°01'03''+0°01'12'')=0°01'08''$$

4)计算归零后的方向值。将各方向的平均读数减去括号内的起始方向平均读数,即得各方向归零后的方向值。起始方向归零后的方向值均化为0°00′00″,如本例中,第一测回 OB 方向归零后的方向值为

$$45°40'48''-0°01'08''=45°39'40''$$

5)计算各测回归零后的方向值之平均值。先检验各测回归零后的方向值之间的较差,其限差见表3.3。如符合要求,则计算平均值作为最后的观测结果。如本例中,OB 方向平均值为

$$\frac{1}{2}(45°39'40''+45°39'48'')=45°39'44''$$

6)计算水平角。将各方向值之平均值相减,即可求得各方向间的水平角值。如本例中:

$$\angle BOC=92°47'47''-45°39'44''=47°08'03''$$

3.4.4　水平角观测规定

(1)水平角观测所用经纬仪,在作业前,应进行检定。

(2)水平角观测宜用方向观测法。当方向数不多于3个时,可不归零。

(3)水平角观测过程中,气泡中心位置偏离整置中心不宜超过一格。如超出上述规定,宜在测回间重新整置气泡位置。

(4)水平角方向观测法的技术要求,应执行表3.3的规定。

(5)水平角观测误差超限时,应在原来度盘位置上进行重测,并应符合下列规定:

1)两倍照准差变动范围或各测回较差超限时,应重测超限方向,并联测零方向。

2)下半测回归零差或零方向的两倍照准差变动范围超限时,应重测该测回。

3)若一测回中重测方向数超过总方向数的 1/3 时,应重测该测回。当重测的测回数超过总测回数的 1/3 时,应重测该站。

3.5 竖直角观测

3.5.1 竖直角测量原理

竖直角是同一竖直面内视线与水平线间的夹角,取值范围为-90°~90°。视线向上倾斜,竖直角为仰角,符号为正;视线向下倾斜,竖直角为俯角,符号为负(图 3.11)。

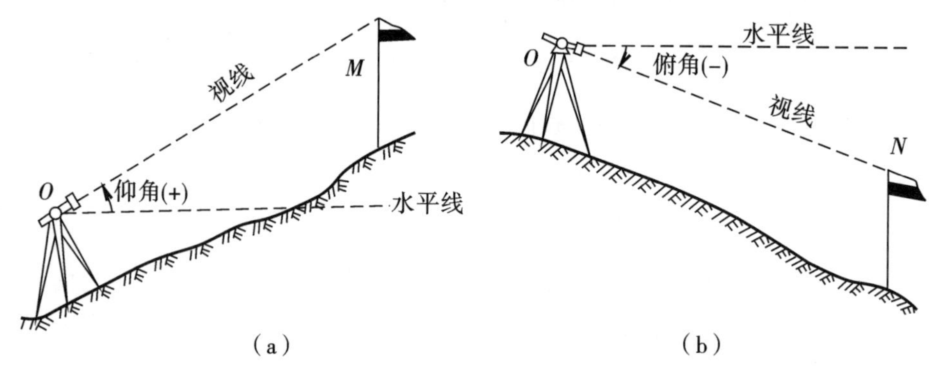

图 3.11 竖直角测量原理

竖直角与水平角一样,其角值也是度盘上两个方向读数之差。不同的是竖直角的两个方向中必有一个是水平方向。工程中常用的经纬仪,当望远镜视准轴水平时,其竖盘读数是一个固定值(90°或 270°),称为始读数。因此,在观测竖直角时,只要观测目标点一个方向并读取竖盘读数,便可算得该目标点的竖直角,而不必观测水平方向。

3.5.2 竖直度盘

光学经纬仪竖盘装置包括竖直度盘、竖盘指标、竖盘指标水准管、竖盘指标水准管微动螺旋。

竖盘固定在望远镜旋转轴的一侧,当望远镜在竖直面内上下转动时,竖盘也随之转动,而用来读取竖盘读数的指标则永远竖直向下,不随望远镜转动。

竖盘指标与指标水准管连接在一个微动架上,转动竖盘水准管微动螺旋,可使指标在竖直面内做微小移动。当竖盘水准管气泡居中时,指标就处于正确位置。

常用光学经纬仪的竖盘由一个光学玻璃圆环制成,上面有 0°~360°的顺时针分划注记。当竖盘水准管气泡居中且望远镜视线水平时,盘左位置的竖盘读数为 90°,盘右应为 270°。

3.5.3 竖直角的观测和计算

以图 3.11 为例,讨论竖直角的观测方法。

3.5.3.1　观测

(1)仪器安置于测站点 O 上,盘左使十字丝瞄准目标点 M。

(2)旋转竖盘指标水准管微动螺旋,使竖盘指标水准管气泡居中(有竖盘指标自动归零装置时,本步可省略)。读取竖盘读数 $L=71°55'06''$,记入表 3.4 所示的竖直角观测手簿。

(3)盘右位置测量,读取竖盘读数 $R=288°05'06''$,记入手簿。

(4)重复以上步骤,可测量出目标点 N 处数据,记入手簿。

表 3.4　竖直角观测手簿

测站	目标	竖盘位置	竖盘读数	半测回竖直角	指标差	一测回竖直角
O	M	左	71°55′06″	+18°04′54″	+6″	+18°05′00″
		右	288°05′06″	+18°05′06″		
	N	左	125°12′36″	−35°12′36″	−3″	−35°12′39″
		右	234°47′18″	−35°12′42″		

3.5.3.2　竖直角计算

如图 3.12 所示,竖直角 α 是始读数与观测目标的读数之差。盘左、盘右时,始读数分别为 90°和 270°。

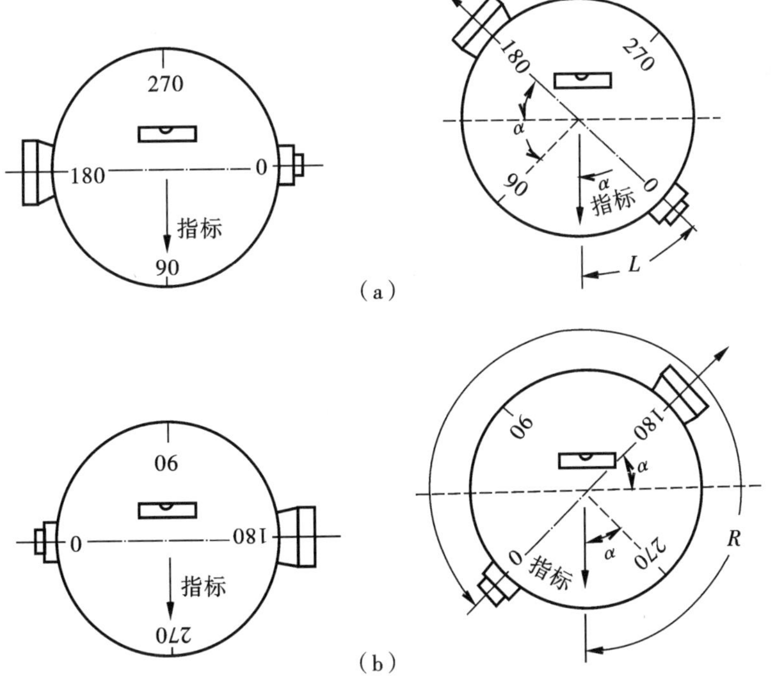

图 3.12　竖直角测量原理

当盘左测竖角时：
$$\alpha_L = 90° - L \tag{3.5}$$
当盘右测竖角时：
$$\alpha_R = R - 270° \tag{3.6}$$
由于存在测量误差，实测值 α_L 与 α_R 不相等，取其平均值为一测回竖直角：
$$\alpha = \frac{1}{2}(\alpha_L + \alpha_R) \tag{3.7}$$

3.5.4 竖直度盘指标差

当望远镜视线水平、竖盘指标水准管气泡居中时，其竖盘指标不指在90°或270°的位置，而与正确位置(90°或270°)相差一个小角度 x，x 称为竖盘指标差。指标差 x 有正、负之分，规定：当竖盘指标偏于正确位置左侧时，x 为正；当竖盘指标偏于正确位置右侧时，x 为负。

如图3.13所示，当 x 为正时，盘左时始读数应为 $90° + x$，则正确的竖直角应为

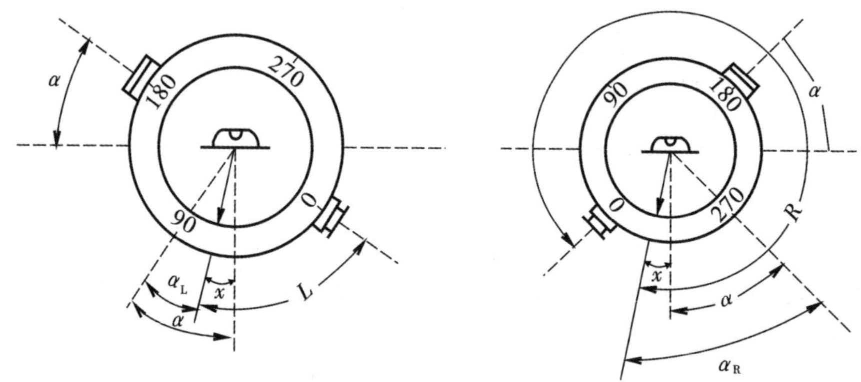

图3.13 竖直度盘指标差

$$\alpha = (90° + x) - L$$
同样，盘右时始读数应为 $270° + x$，则正确的竖直角应为
$$\alpha = R - (270° + x)$$
则可推导出
$$\alpha = \alpha_L + x \tag{3.8}$$
$$\alpha = \alpha_R - x \tag{3.9}$$
$$\alpha = \frac{1}{2}(\alpha_L + \alpha_R) \tag{3.10}$$
$$x = \frac{1}{2}(\alpha_R - \alpha_L) = \frac{1}{2}(L + R - 360°) \tag{3.11}$$

由式(3.10)可知，不论经纬仪是否存在指标差，只要用盘左、盘右取平均的方法观测竖直角，总能得到正确的竖直角值。这种观测方法适用于待观测的竖直角数目有限的情况。当有大量的竖直角需要测量时，可以首先由盘左和盘右观测得到 L 和 R，再按照式(3.11)求得指标差 x，然后仅用正镜(或倒镜)测量，最后根据式(3.8)或式(3.9)对直接测量结果进行修正，得到正确的竖直角值。

指标差 x 可用来检查观测质量。同一测站上观测不同目标时，对 DJ6 级经纬仪来说，指标差的变动范围不应超过 25″。

3.5.5　竖盘指标自动归零的补偿装置

竖盘指标差自动归零补偿装置的原理与自动安平水准仪中的自动安平补偿原理基本相同。它在指标和竖盘间悬吊一透镜，当视线水平时，指标处于铅垂位置，通过透镜读出正确读数，如 90°。当仪器产生一微小倾斜后，由于透镜被悬吊，它在重力作用下会摆动至平衡位置，此时指标通过透镜的边缘部分折射，仍能读出 90°的正确读数，从而达到竖盘指标自动归零的目的。

使用这种经纬仪观测竖直角时，免除了调节竖盘指标水准管气泡居中的操作，从而能简化作业程序，提高工作效率。竖盘指标自动归零的补偿范围一般为 2′。

3.6　角度测量的误差

有许多因素会引起水平角观测误差，研究这些误差的成因及性质从而找出控制误差的方法，以提高观测质量，是测量工作的一个重要内容。

3.6.1　经纬仪应满足的条件

如图 3.3 所示，经纬仪的主要轴线有照准部水准管轴 LL、仪器的竖轴 VV、望远镜视准轴 CC、望远镜的旋转轴（即横轴）HH。各轴线应满足的几何条件是：

(1) 照准部水准管轴垂直于仪器的竖轴（$LL \perp VV$）。

(2) 十字丝竖丝垂直于横轴 HH。

(3) 望远镜视准轴垂直于横轴（$CC \perp HH$）。

(4) 横轴垂直于竖轴（$HH \perp VV$）。

除以上条件外，经纬仪还需要观测竖直角，其竖盘指标差也应检验和校正。

经纬仪整平后，竖轴处在竖直状态，横轴处于水平位置，视准轴垂直于横轴。

3.6.2　仪器误差

3.6.2.1　视准轴误差（照准差）

望远镜视准轴 CC 不垂直于横轴 HH 时，其偏离垂直位置的角值 c 称视准误差或照准差。此时望远镜旋转时将扫出圆锥面，当望远镜水平时水平角误差最小。

照准差正、倒镜相反，其影响可以用正、倒镜观测取平均值的方法来消除。

3.6.2.2　横轴误差（支架差）

横轴与竖轴不垂直时，望远镜俯仰时将扫出斜平面，当望远镜水平时水平角误差为零。

支架差正、倒镜相反,其影响可以用正倒镜观测取平均值的方法来消除。

3.6.2.3 竖轴倾斜误差

在使用经纬仪时是以调平水准管轴 *LL* 来实现 *VV* 轴竖直的。当 *LL* 与 *VV* 不垂直时,即使 *LL* 水平,*VV* 也不在铅垂位置上。观测角度时,仪器竖轴不处于铅垂方向,而偏离一个角度 δ,称为竖轴误差。

竖轴误差无法用盘左、盘右取平均值的观测方法消除,因此,在观测前应严格检验仪器,观测时仔细整平,并始终保持照准部水准管气泡居中(照准部水准管气泡偏离不超过1格)。

当经纬仪存在竖轴差时,只能通过检修仪器的方法消除其影响。

3.6.2.4 度盘偏心差

照准部旋转中心与水平度盘分划中心不重合,使读数指标所指的读数含有误差,称为度盘偏心差。

采用对径分划符合读数可以消除度盘偏心差的影响(如 DJ2)。对于单指标读数的仪器(如 DJ6),可通过盘左、盘右取平均值的方法来消除偏心误差。

3.6.2.5 度盘刻画不均匀误差

由于仪器加工工艺不完善,度盘的刻画总是或多或少存在误差,这项误差一般很小。为了提高测角精度,在观测水平角时,利用复测器扳手或水平度盘位置变换手轮在多个测回之间按一定方式($180°/n$)变换水平度盘起始位置的读数,可以有效地减小度盘刻画误差的影响。

3.6.2.6 竖盘指标差

竖盘指标差对竖直角观测产生影响,可用盘左、盘右取平均的方法进行观测,得到正确的竖直角值。也可先求得指标差 x,然后仅用正镜(或倒镜)测量,最后根据式(3.8)或式(3.9)对直接测量结果进行修正,得到正确的竖直角值。

3.6.3 观测误差

3.6.3.1 对中误差

观测水平角时,对中不准确,使得仪器中心与测站点的标志中心不在同一铅垂线上会产生对中误差,也称测站偏心差。

如图 3.14 所示,设待测角为 $\angle ABC$,对中偏差 e,实测角为 $\angle AB'C$,两者之差即对中误差。由图 3.14 可知

$$\beta = \beta' + (\varepsilon_1 + \varepsilon_2)$$
$$\Delta\beta = \beta - \beta' = \varepsilon_1 + \varepsilon_2 = \varepsilon$$

$$\varepsilon_1 \approx \frac{\rho}{D_1} \cdot e \cdot \sin\theta \qquad \varepsilon_2 \approx \frac{\rho}{D_2} \cdot e \cdot \sin(\beta' - \theta)$$

$$\varepsilon = \varepsilon_1 + \varepsilon_2 = \rho \cdot e\left[\frac{\sin\theta}{D_1} + \frac{\sin(\beta' - \theta)}{D_2}\right] \tag{3.12}$$

式中 ρ 以秒计。

由式(3.12)可知，对中误差的影响 ε 与偏心距成正比，与边长成反比。当 $\beta=180°$、$\theta=90°$时，ε 角值最大。如假定此时 $e=3$ mm，$D_1=D_2=100$ m，则对中误差 $\varepsilon=12.4''$。

这项误差不能通过观测方法消除，因此，测水平角时要仔细对中，在短边测量时更要严格对中。

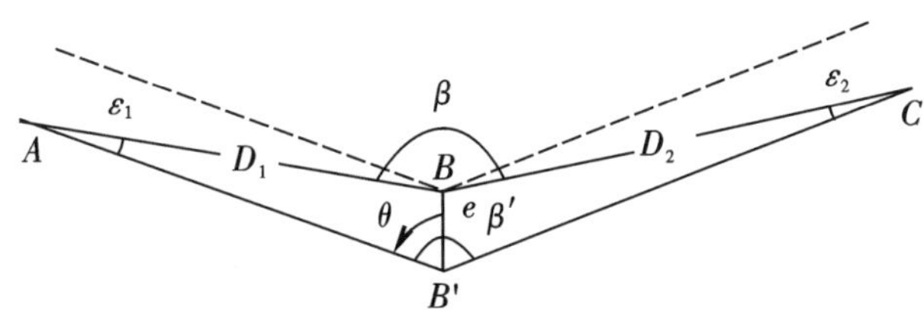

图3.14　对中误差

3.6.3.2　目标偏心误差

目标偏心误差是由于标杆倾斜引起的。当标杆杆长为 d，杆倾角为 α 时，目标偏心差为

$$e = d \cdot \sin\alpha \tag{3.13}$$

目标倾斜对水平角影响为

$$\varepsilon = \frac{e}{D} \cdot \rho = \frac{d \cdot \sin\alpha}{D} \cdot \rho \tag{3.14}$$

从式(3.14)可见，目标偏心误差对水平角影响与 e 成正比，与边长 D 成反比。为了减少这项误差，测角时标杆应竖直，并尽可能瞄准标志底部。

3.6.3.3　瞄准误差

测角时由人眼通过望远镜瞄准目标产生的误差称为瞄准误差。人眼最小分辨视角60″，J6 望远镜放大率 $V=26$，则使用 J6 经纬仪时的瞄准误差为

$$m_v = \pm\frac{60''}{V} = \pm\frac{60''}{26} = \pm 2.3'' \tag{3.15}$$

瞄准误差无法消除，它取决于望远镜的放大率(V)，人眼的分辨能力，目标的形状、大小、颜色、亮度等。因此，在水平角观测时，除适当选择经纬仪外，还应尽量选择适宜的标志、有利的气候条件和观测时间，并仔细瞄准以减小误差。

3.6.3.4　读数误差

读数误差与读数设备、照明情况和观测者的经验有关，其中主要取决于读数设备。人

眼可估读到读数装置最小格值(t)的1/10,以此作为读数误差:

$$m_0 = \pm 0.1t \tag{3.16}$$

对DJ6经纬仪,读数误差为 ±6″。

3.6.4 外界条件的影响

角度观测在一定的外界条件下进行,外界条件对观测质量有直接影响。如松软的土壤和大风影响仪器的稳定,日晒和温度变化影响水准管气泡的运动,大气层受地面热辐射会引起目标影像的跳动等,这些都会给角度测量带来误差。因此,应选择有利的观测条件,尽量避免不利因素对角度测量的影响。

3.6.5 角度观测注意事项

(1)观测前应检校仪器。

(2)仪器安置的高度应合适,脚架应踩实,中心螺旋拧紧,观测时手不扶脚架,转动照准部及使用各种螺旋时,用力要轻。

(3)观测目标的高度相差较大时,特别要注意仪器整平。

(4)对中要准确。测角精度要求越高,或边长越短,则对中要求越严格。

(5)观测时要消除视差,尽量用十字丝交点照准目标底部。

(6)严格遵守各项操作规定和限差要求,按观测顺序记录度盘读数,当场计算,如有错误或超限,应立即重测。

(7)观测前应仔细对中和整平,一测回内不得再对中、整平。一测回过程中如气泡偏离中心超过一格时,应再次对中、整平,重测该测回。

(8)选择有利的观测时间和避开不利的外界条件。

3.7 电子经纬仪

电子经纬仪与光学经纬仪的根本区别,在于它用微机控制的电子测角系统代替光学读数系统,如图3.15所示。电子经纬仪主要有以下特点:

(1)使用电子测角系统,能将测量结果自动显示出来,实现了读数的自动化和数字化,大大降低了错误读数的概率。

(2)采用积木式结构,可与光电测距仪组合成全站型电子速测仪,配合适当的接口,可将电子手簿记录的数据输入计算机,以进行数据处理和绘图。

电子经纬仪自1968年面世以来,以其方便、快捷、精确等显著优势占领市场,发展很快,有不同的设计原理和众多的型号,最高精度已达方向测回中误差小于0.5″。

电子测角的度盘主要有编码度盘、光栅度盘和动态测角度盘3种形式。因此,电子经纬仪的测角方法也就有编码度盘测角、光栅度盘增量法测角、光栅度盘测角和编码度盘结合测角,以及动态测角等形式。

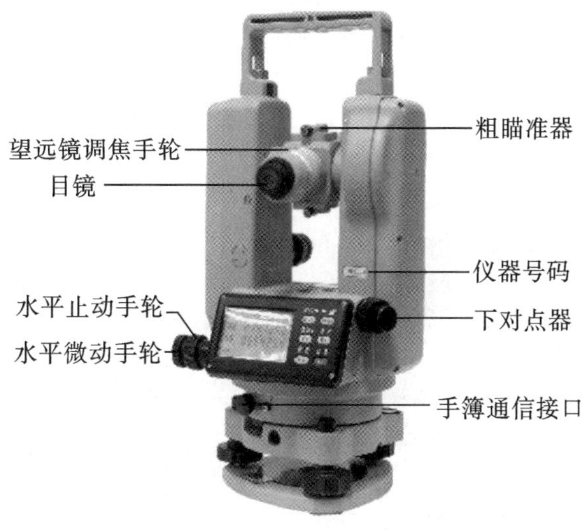

图3.15 电子经纬仪

3.8 激光经纬仪

激光经纬仪是在经纬仪上安装激光装置,将激光器发出的激光束导入经纬仪望远镜内,使之沿着视准轴方向射出一条可见的激光束,如图3.16所示。

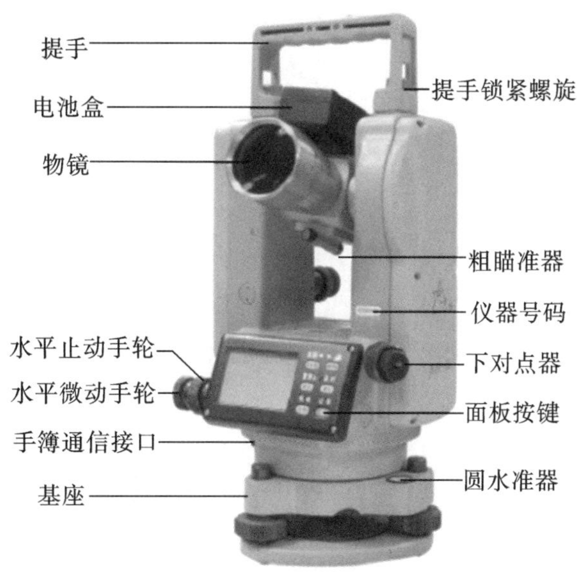

图3.16 激光经纬仪

激光经纬仪提供的红色激光束可以传播相当远的距离,而光束的直径不会有显著变化,是理想的定位基准线。因此,激光经纬仪已广泛地应用于各种施工测量中。它既可用于一般准直测量,又可用于竖向准直测量,特别适合于高层建筑竖向传递轴线控制点(图3.17)。

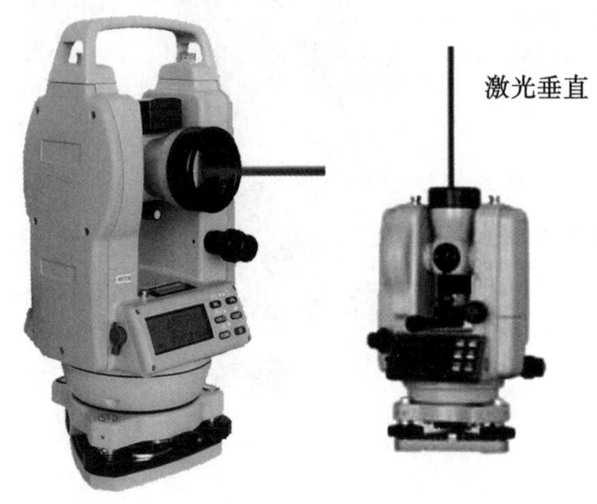

图3.17 激光经纬仪使用

第3章
习题集

第 4 章　距离测量与直线定向

距离测量就是测量地面两点之间的水平距离。依所用仪器不同,测量方法有视距测量、钢尺量距和光电测距仪测距。由于视距测量精度低,在工程测量中应用较少,本章主要介绍钢尺量距和光电测距仪测距。

直线定向就是测量直线与标准方向(真北、磁北、坐标纵轴北)之间的水平夹角,为坐标推算提供条件。

4.1　钢尺量距的一般方法

4.1.1　钢尺量距的工具

4.1.1.1　钢尺

钢尺是钢制的带状尺,宽 10 ~ 15 mm,厚 0.2 ~ 0.4 mm,其长度通常有 20 m、30 m、50 m 等几种。钢尺的基本分划为毫米,在每米及每分米、厘米处有数字注记。

由于钢尺零点的位置不同,可分为端点尺和刻线尺两种(图 4.1)。端点尺是以尺的最外端点作为尺长的零点,刻线尺是以尺前端的某一刻线作为尺的零点。使用时应特别注意钢尺零点的位置,以免发生错误。

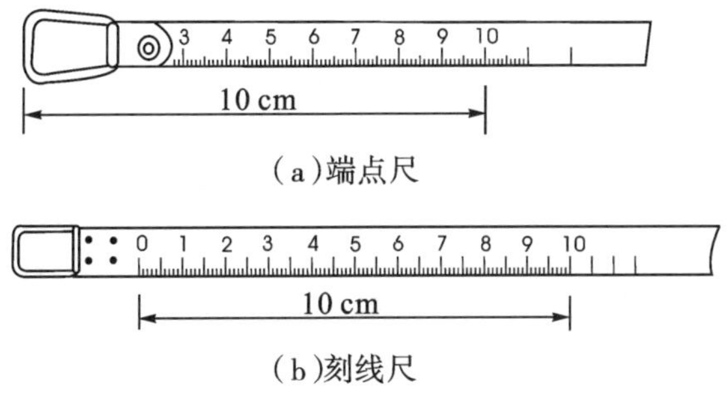

图 4.1　端点尺和刻线尺

4.1.1.2　皮尺

皮尺是用麻布织入金属丝制成的,伸缩性较大,只能用于较低精度的量距工作,常用皮尺有 20 m、30 m、50 m 三种,全尺刻画到厘米。

4.1.1.3　标杆

标杆长 2 ~ 3 m,直径 3 ~ 4 cm,杆上涂以 20 cm 间隔的红、白油漆(故也称花杆),以使远处清晰可见,用于标定直线。

4.1.1.4 测钎

测钎用粗铁丝制成,长 30 ~ 40 cm,一般 6 或 11 根为一组,套在一个圆环上。测钎主要用来标定尺段的起、止点和计算已量过的整尺段数。

4.1.1.5 垂球

垂球是上端系有细绳的倒圆锥形金属锤,主要用来对点、标点和投点。

4.1.1.6 弹簧秤

弹簧秤又叫弹簧测力计,用来控制钢尺的拉力。

4.1.1.7 温度计

温度计可以连续自动记录温度变化,用来测定量距时的环境温度。

4.1.2 直线定线

在测量中,当直线距离不能由一尺段丈量完成时,需要在直线方向内标定若干中间点,以便分段丈量。这种把多根标杆标定在已知直线上的工作称为直线定线。一般量距用目视定线,定线时应注意将标杆竖直,方法如下:

设 A、B 为待测距离的两个端点,先在 A、B 点上竖立标杆,测量员甲立于 A 点后 1 ~ 2 m处,由 A 瞄向 B,使视线与标杆边缘相切,并指挥测量员乙持一支标杆左右移动,直到三支标杆的同侧在一条直线上,再令乙将标杆竖直地插在地上,得出第一个点。用同样的方法由远到近,标定出其余各点。一般定线时,点与点的距离宜稍短于一整尺长。

钢尺量距技术

4.1.3 量距方法

工程测量中,钢尺量距通常仅限在平坦地面进行。丈量工作一般由两人进行,后尺手甲持钢尺零端站在起点 A 处,前尺手乙持钢尺末端沿直线方向前进,至一尺段处停下。甲指挥乙将钢尺拉在直线 AB 上,甲把钢尺的零端对准起点 A,甲、乙两人同时用力(30 m 钢尺用 100 N 拉力,50 m 钢尺用 150 N 拉力),将钢尺抖直、拉紧、拉平,乙将测钎对准钢尺末端刻画,并垂直插入地面(在坚硬地面处,可用铅笔在地面画线作标记)。量完第一尺段后,甲、乙举尺前进,同法丈量第二尺段。依此丈量,直到最后不足一整尺段时,在钢尺上读取余长 q,将丈量数据填入表 4.1。A、B 两点间的距离为

$$D=nl+q \tag{4.1}$$

式中:n——整尺段数;

l——钢尺整尺段长度;

q——不足一整尺的余长。

为了防止丈量中发生错误和提高丈量精度,需要往、返丈量距离,取平均值作为最后结果。量距精度以相对误差 K 表示,通常化成分子为 1 的分数形式。相对误差用下式表示:

$$K=\frac{|D_{往}-D_{返}|}{D_{平均}}=\frac{1}{\frac{D_{平均}}{|D_{往}-D_{返}|}} \tag{4.2}$$

表 4.1　一般量距手簿

测线		测量值/m			平均值/m	相对精度
		整尺段	零尺段	总值		
AB	往	5×30	13.509	163.509	163.487	$\frac{1}{3\,716}$
	返	5×30	13.465	163.465		

如表 4.1 中，*AB* 的往测距离为 163.509 m，返测距离为 163.465 m，则距离平均值为 163.487 m，故其相对误差为

$$K=\frac{|D_{往}-D_{返}|}{D_{平均}}=\frac{1}{\frac{D_{平均}}{|D_{往}-D_{返}|}}=\frac{1}{\frac{163.487}{|163.509-163.465|}}=\frac{1}{3\,716}$$

在平坦地区，钢尺量距的相对误差一般不应大于$\frac{1}{3\,000}$；在量距较困难的地区，其相对误差也不应大于$\frac{1}{1\,000}$。

4.2　钢尺量距的精密方法

用一般方法量距，精度只能达到$\frac{1}{5\,000}$ ~ $\frac{1}{3\,000}$，当量距精度要求更高时，如$\frac{1}{40\,000}$ ~ $\frac{1}{10\,000}$，就需要用精密的方法进行丈量。

4.2.1　钢尺精密量距的方法

4.2.1.1　直线定线

欲精密丈量直线 *AB* 的距离，首先清除直线上的障碍物，然后安置经纬仪于 *A* 点，瞄准 *B* 点，用经纬仪进行直线定线。然后在 *AB* 的视线上用钢尺进行概量，依次定出比钢尺一整尺略短的各尺段，在各尺段的端点打下大木桩，桩顶高出地面 3 ~ 5 cm。在桩顶钉一白铁皮，在各白铁皮上刻画十字线，其中一条线是在 *AB* 方向，另一条线垂直于 *AB* 方向，以其交点作为钢尺读数的标志，如图 4.2 所示。

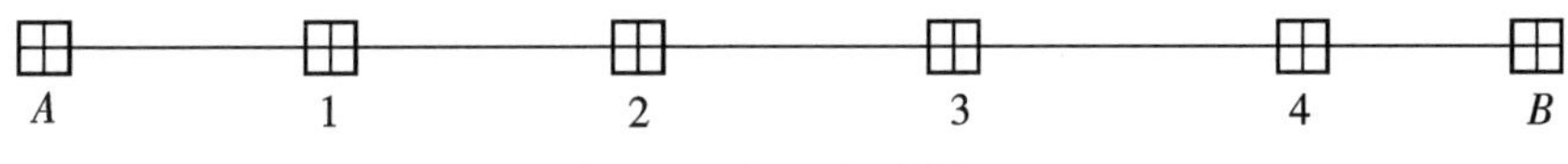

图 4.2　钢尺精密量距

4.2.1.2 量距

精密量距需5人完成,其中两人读数,两人拉尺,一人记录及观测温度。量距时,后尺手将弹簧秤挂在钢尺零端扣环上,施以钢尺检定时的拉力(30 m钢尺标准拉力为100 N,50 m钢尺标准拉力为150 N),使钢尺紧贴A点木桩顶,拉紧、拉稳。前端尺也紧贴1点的木桩顶,当后尺手拉力至100 N时,发出“预备”口令,前尺读数人员迅速注意前尺厘米分划,当分划对准木桩顶的十字线时,发出读数口令“好”,前、后尺读数人员同时读数,估读至0.5 mm。记录员将读数记入表4.2,两端读数相减,即为该尺段的长度。为了检核和提高精度,每尺段要移动钢尺不同位置丈量三次。三次丈量的结果,其互差不应超过3 mm,最后取三次长度的平均值作为该尺段的最后结果。依次丈量至B点,完成一次往测,随即用相同方法进行返测。每量一尺段均应读取并记录温度,温度估读至0.5 ℃,记入表4.2中。

4.2.1.3 测量桩顶间高差

以上所丈量的是桩顶间的倾斜距离,为了改算为水平距离,要用水准测量的方法测出相邻桩顶之间的高差。为了校核,水准测量也应进行往、返观测,相邻桩顶的高差之差不得超过10 mm;如在限差之内,取其平均值作为观测成果,记入表4.2中。

4.2.1.4 尺段长度的计算

精密量距中,每一尺段长须进行尺长改正、温度改正和倾斜改正,求出改正后的尺段长度。以表4.2中A–1尺段为例,各项改正数如下。

(1)尺长改正(Δl_d)。钢尺在标准拉力、标准温度下的检定长度l',与钢尺的名义长度l_0往往不一致,其差值$\Delta l=l'-l_0$,即为整尺段的尺长改正。

显然,每量1 m的尺长改正数为$\frac{\Delta l}{l_0}$。若实测所得长度为l时,则应加的尺长改正数Δl_d为

$$\Delta l_d=\frac{\Delta l}{l_0}l=\frac{l'-l_0}{l_0}l \tag{4.3}$$

【例4.1】 表4.2中A–1段的尺段长$l=29.510\ 0$ m,钢尺在标准拉力(100 N)、标准温度($t_0=20$ ℃)下的检定长度$l'=29.995\ 0$ m,钢尺名义长度$l_0=30$ m,故

$$\Delta l=l'-l_0=29.995\ 0-30.000\ 0=-0.005\ 0(\mathrm{m})$$

尺长改正数为

$$\Delta l_d=\frac{\Delta l}{l_0}l=\frac{-0.005\ 0}{30}\times 29.510\ 0=-0.004\ 9(\mathrm{m})$$

(2)温度改正(Δl_t)。钢尺在检定时的温度为t_0℃,丈量时的温度为t ℃,钢尺的线膨胀系数为α[一般为$(1.15\sim1.25)\times10^{-5}$/℃]。如果所量距离为$l$,则应加的温度改正数$\Delta l_t$为

$$\Delta l_t=\alpha(t-t_0)l \tag{4.4}$$

表 4.2　精密量距记录计算表

日期：　　　　钢尺编号：　　　　记录者：　　　　计算者：

钢尺检定时温度：20 ℃　　　　钢尺检定时拉力：100 N

尺长方程式：$l_t=30.000\ 0-0.005\ 0+1.2\times10^{-5}\times30(t-20)$（m）

尺段编号	实测次数	前尺读数/m	后尺读数/m	尺段长度/m	温度/℃	高差/m	尺长改正数/m	温度改正数/m	倾斜改正数/m	改正后尺段长/m
A—1	1	29.777 0	0.267 0	29.510 0	+28.5	+0.412	−0.004 9	+0.003 0	−0.002 9	29.505 2
	2	29.741 5	0.232 5	29.509 0						
	3	29.766 0	0.255 0	29.511 0						
	平均			29.510 0						
1—2	1	29.813 5	0.036 0	29.777 5	+28.0	+0.091	−0.005 0	+0.002 8	−0.000 1	29.774 9
	2	29.845 0	0.068 5	29.776 5						
	3	29.815 5	0.038 0	29.777 5						
	平均			29.777 2						
⋮	⋮	⋮	⋮	⋮	⋮	⋮	⋮	⋮	⋮	⋮
4—B	1	26.713 5	0.479 5	26.234 0	+27.5	+0.225	−0.004 4	+0.002 4	−0.001 0	26.230 3
	2	26.884 0	0.651 5	26.232 5						
	3	26.729 0	0.495 5	26.233 5						
	平均			26.233 3						
B—4	1	26.239 0	0.007 0	26.232 0	+27.0	−0.225	−0.004 4	+0.002 2	−0.001 0	26.227 8
	2	26.295 0	0.064 0	26.231 0						
	3	26.296 0	0.066 0	26.230 0						
	平均			26.231 0						
⋮	⋮	⋮	⋮	⋮	⋮	⋮	⋮	⋮	⋮	⋮
2—1	1	29.792 0	0.012 5	29.779 5	+27.5	−0.091	−0.005 0	+0.002 7	−0.000 1	29.776 6
	2	29.801 5	0.021 5	29.780 0						
	3	29.820 5	0.043 0	29.777 5						
	平均			29.779 0						

续表 4.2

日期：　　钢尺编号：　　记录者：　　计算者：

钢尺检定时温度：20 ℃　　钢尺检定时拉力：100 N

尺长方程式：$l_t=30.0000-0.0050+1.2\times10^{-5}\times30(t-20)$ (m)

尺段编号	实测次数	前尺读数/m	后尺读数/m	尺段长度/m	温度/℃	高差/m	尺长改正数/m	温度改正数/m	倾斜改正数/m	改正后尺段长/m
1-A	1	29.580 0	0.071 5	29.508 5	+28.0	-0.412	-0.004 9	+0.002 8	-0.002 9	29.503 0
	2	29.605 0	0.096 0	29.509 0						
	3	29.646 0	0.139 5	29.506 5						
	平均			29.508 0						

计算结果：$D_{往}=142.8370$　　相对误差：

$D_{返}=142.8315$　　$K=\frac{|142.8370-142.8315|}{142.8342}\approx\frac{1}{26000}$

$D_{平均}=142.8342$

【例4.2】 表4.2中 $A-1$ 段 $l=29.5100$ m，钢尺在检定时的温度为 $t_0=20$ ℃，丈量时的温度 $t=28.5$ ℃，钢尺的线膨胀系数为 1.2×10^{-5}/℃，故

$$\Delta l_t=\alpha(t-t_0)l=1.2\times10^{-5}\times(28.5-20.0)\times29.510=+0.0030(\text{m})$$

(3)倾斜改正(Δl_h)。由于尺段两端有高差 h，所得 l 为倾斜长度，现要将 l 改算成水平距离 d，故应加倾斜改正数 Δl_h(图4.3)：

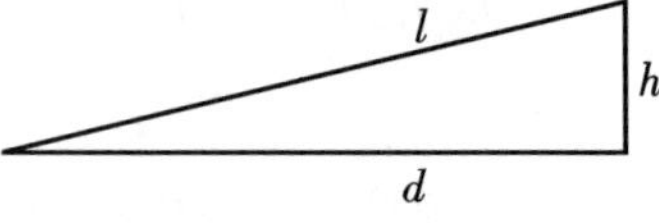

图4.3 倾斜改正

$$\Delta l_h=d-l=\sqrt{l^2-h^2}-l=l\left(1-\frac{h^2}{l^2}\right)^{\frac{1}{2}}-l$$

将 $\left(1-\frac{h^2}{l^2}\right)^{\frac{1}{2}}$ 展成级数后代入上式得

$$\Delta l_h=l\left(1-\frac{h^2}{2l^2}-\frac{h^4}{8l^4}-\cdots\right)-l=-\frac{h^2}{2l}-\frac{h^4}{8l^3}-\cdots$$

因 h 一般较小，故可仅取上式的第一项得

$$\Delta l_h=-\frac{h^2}{2l} \tag{4.5}$$

倾斜改正数永远为负值。

【例4.3】 表4.2中 $A-1$ 段 $l=29.5100$ m，两端高差为 $h=0.412$ m，故得倾斜改正数为

$$\Delta l_h=-\frac{h^2}{2l}=-\frac{0.412^2}{2\times29.5100}=-0.0029(\text{m})$$

(4)计算尺段长度。综合上述三项计算改正数，若实际量得的距离为 l，经过改正的

水平距离为 D,则

$$D=l+\Delta l_d+\Delta l_t+\Delta l_h \tag{4.6}$$

故表4.2中 A-1 段的水平距离 D_{A-1} 为

$$\begin{aligned} D_{A-1} &= 29.510\,0+(-0.004\,9)+0.003\,0+(-0.002\,9) \\ &= 29.510\,0-0.004\,9+0.003\,0-0.002\,9 \\ &= 29.505\,2(\text{m}) \end{aligned}$$

填入表4.2。

(5)全长计算。将改正后的各尺段长度加起来,就得到所测距离的全长。如表4.2中算得的往测结果为142.837 0 m,返测结果为142.831 5 m,故 AB 的平均水平距离为

$$D_{AB}=\frac{142.837\,0+142.831\,5}{2}=142.834\,2(\text{m})$$

其相对误差

$$K\approx\frac{1}{26\,000}$$

钢尺量距精度较高,但丈量长距离时工作量大,这种方法比较适合于平坦地区且总长在一尺段范围内的测量。大尺度的距离测量一般采用光电测距仪完成。

4.2.2　钢尺的检定

4.2.2.1　尺长方程式

由于制造误差、拉力不同及外界条件变化等因素的影响,使钢尺的实际长度与尺面标记的名义长度不相等。因此,精密量距前应将钢尺送交国家计量单位进行检定,求出它在标准拉力和标准温度下的实际长度。尺长随温度变化的函数式称为尺长方程式,其一般形式为

$$l_t=l_0+\Delta l+\alpha l_0(t-t_0) \tag{4.7}$$

式中:l_t——钢尺在温度 t ℃时的长度;

l_0——钢尺的名义长度;

Δl——钢尺全长改正,即实际检定长与名义长之差;

α——钢尺的线膨胀系数,一般取为 1.2×10^{-5}/℃;

t_0——检定钢尺时的温度;

t——量距时的实测温度。

钢尺经过长期使用,钢尺全长改正 Δl 是会起变化的,故钢尺使用一定时期后必须重新进行检定,给出新的尺长方程式。

4.2.2.2　钢尺检定的方法

选用经过国家计量单位检定过、具有尺长方程的钢尺作为标准尺,当认定检定尺的膨胀系数与标准尺相同时,可按下述方法进行。

钢尺比长应在实验室严格的环境条件下进行。将标准尺与检定尺并列展开在比长台上,然后每根尺挂上弹簧秤,按标准拉力将钢尺拉直。当两尺的末端刻画线对齐时,读出

两零刻画线的差值 Δ_0。如检定尺比标准尺长，Δ_0 取正号，反之取负号。这时就可以根据标准尺的尺长方程式推算检定尺的尺长方程式。

【例 4.4】 标准尺的尺长方程为

$$l_{t1}=30+0.004+1.2\times10^{-5}\times30(t-20)$$

检定时，检定尺比标准尺短 0.009 m，即 $\Delta_0=-0.009$ m，则检定尺的尺长方程可由此求得

$$l_{t2}=l_{t1}+\Delta_0=l_{t1}-0.009=30-0.005+1.2\times10^{-5}\times30(t-20)$$

通常检定单位给出两种方式检定的方程：一为悬空检定，一为平铺检定。用时可根据丈量方式选用尺长方程式。

4.3 钢尺量距的误差分析

4.3.1 定线误差

如图 4.4 所示，AB 为直线正确位置，$A'B'$ 为钢尺位置，它使得量距结果偏大。设定线误差为 $\varepsilon=AA'=BB'$，由此而引起的一个尺段 l 的量距误差 $\Delta\varepsilon$ 为

$$\Delta\varepsilon=\sqrt{l^2-(2\varepsilon)^2}-l\approx-\frac{2\varepsilon^2}{l} \tag{4.8}$$

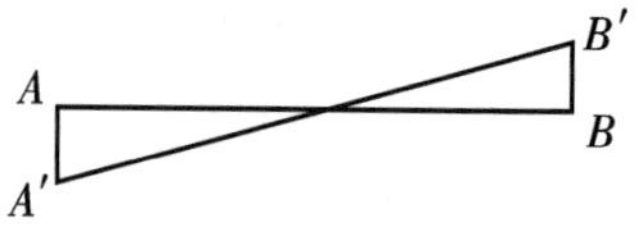

图 4.4 定线误差

当 l 为 30 m 时，若要求 $\Delta\varepsilon\leqslant\pm3$ mm，则应使定线误差 ε 小于 0.21 m，这时采用目估定线是容易达到的。精密量距时用经纬仪定线，可使 ε 和 $\Delta\varepsilon$ 更小。如设 ε 为 2 cm，$\Delta\varepsilon$ 仅为 0.03 mm。

4.3.2 尺长误差

钢尺必须经过检定以求得其尺长改正数。尺长误差具有系统累计性，所量距离越长，误差越大。

4.3.3 温度误差

钢尺的长度随温度变化，但用温度计测定的是空气的温度，而不是钢尺本身的温度，在夏季阳光曝晒下，此两者温度之差可大于 5 ℃。因此，量距宜在阴天进行，并尽可能测出钢尺温度。点温计就是用来测定尺温的一种温度计。

4.3.4 拉力误差

丈量时钢尺施加的拉力与检定的拉力不符，产生拉力误差。大于标准拉力时，量出的距离偏短，反之偏大。根据虎克定律，若拉力误差为 100 N，对于 30 m 的钢尺将产生 3.8 mm的误差。故对一般距离丈量拉力误差不超过±100 N，精密丈量不超过±10 N，就可以忽略拉力误差对距离的影响。

4.3.5　尺子不水平的误差

钢尺一般量距时，如果钢尺不水平，将使所量距离偏大。对于 30 m 的钢尺，目估尺子水平的误差约为 0.44 m，由此产生的量距误差为

$$30\ \text{m}-\sqrt{30^2-0.44^2}\ \text{m}=3\ \text{mm}$$

4.3.6　钢尺垂曲和反曲误差

钢尺悬空丈量时，中间下垂，称为垂曲。所以，钢尺检定时应分悬空与平放两种情况进行，得出各自的检定长度。计算时若按实际作业情况采用相应的检定长度，则这项误差可不予考虑。

在凸凹不平的地面量距时，凸起部分将使钢尺产生上凸现象，称为反曲。应将钢尺拉平丈量，以消除反曲影响。

4.3.7　丈量本身的误差

丈量本身的误差包括钢尺刻线对点的误差、插测钎的误差及钢尺读数误差等。这些误差是由人的感官能力所限而产生的，误差有正有负，在丈量结果中可以互相抵消一部分，但仍是量距工作的一项主要误差来源。因而在丈量时应尽量认真操作，以减少丈量误差。

4.4　直线定向

确定待测直线与标准方向之间的水平角度称为直线定向。

4.4.1　标准方向的种类

4.4.1.1　真子午线方向

通过地球表面某点的真子午线的切线方向，称为该点的真子午线方向，是用天文测量方法或陀螺经纬仪(gyro-theodolite)测定的。

4.4.1.2　磁子午线方向

磁子午线方向是指磁针在地球磁场的作用下，磁针自由静止时其轴线所指的方向。磁子午线方向可用罗盘仪测定。

4.4.1.3　坐标纵轴方向

我国采用高斯平面直角坐标系，每一 6°带内都以该带的中央子午线作为坐标纵轴，因此，该带内直线定向，就用该带的坐标纵轴方向作为标准方向。如采用假定坐标系，则用假定的坐标纵轴(X 轴)作为标准方向。

4.4.2 方位角

由标准方向的北端起，沿顺时针方向量到某直线的水平夹角，称为该直线的方位角（azimuth），其取值范围是0°～360°。

因标准方向的北端有真北（true north）、磁北（magnetic north）和坐标纵轴北（coordinate north）三个方向，对应的方位角分别为真方位角（用A表示）、磁方位角（用A_m表示）和坐标方位角（用α表示）。

4.4.3 三种方位角之间的关系

4.4.3.1 真方位角与磁方位角之间的关系

由于地磁南北极与地球的南北极并不重合，因此，过地面上某点的真子午线方向与磁子午线方向常不重合。两者之间的夹角δ称为磁偏角。磁针北端偏于真子午线以东称为东偏，δ取正值；磁针北端偏于真子午线以西称为西偏，δ取负值。真方位角与磁方位角关系如下式所示：

$$A=A_m+\delta \tag{4.9}$$

4.4.3.2 真方位角与坐标方位角之间的关系

中央子午线在高斯平面上是一条直线，作为该带的坐标纵轴，而其他子午线投影后为收敛于两极的曲线。某点的真子午线方向与中央子午线之间的夹角γ，称为子午线收敛角（图4.5）。收敛角γ有正有负。在中央子午线以东地区，各点的坐标纵轴偏在真子午线的东边，γ为正值；在中央子午线以西地区，γ为负值。某点的子午线收敛角γ是由该点的空间位置唯一确定的，可按下式计算：

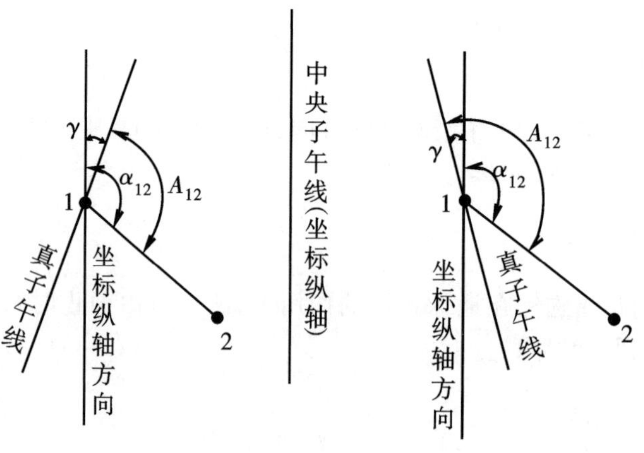

图4.5 子午线收敛角

$$\gamma=(L-L_0)\sin B \tag{4.10}$$

式中：L、B——某点的经纬度；

L_0——中央子午线经度。

直线的坐标方位角和真方位角，可以通过下式相互转换：

$$A=\alpha+\gamma \tag{4.11}$$

4.4.3.3　坐标方位角与磁方位角的关系

坐标方位角与磁方位角的关系见下式：

$$\alpha=A_m+\delta-\gamma \tag{4.12}$$

三个标准方向之间的相互关系见图 4.6。

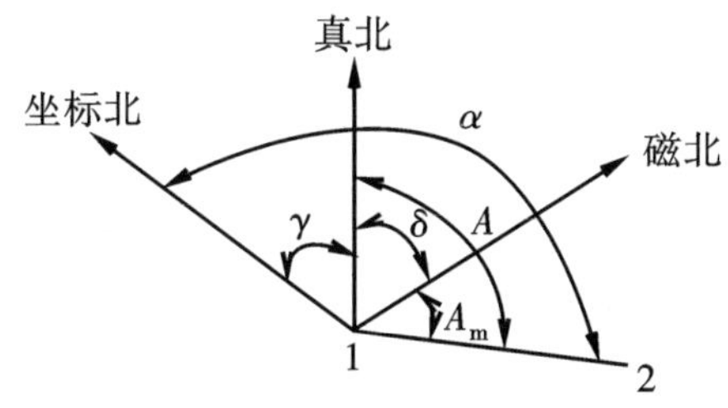

图 4.6　三轴关系图

4.4.4　正反坐标方位角

如图 4.7 所示，直线 1、2 的两个端点中，1 是起点，2 是终点，α_{12}称为直线 1-2 的正方位角，α_{21}称为直线1-2 的反方位角。正、反坐标方位角之间关系如下式所示：

$$\alpha_{21}=\alpha_{12}+180° \tag{4.13}$$

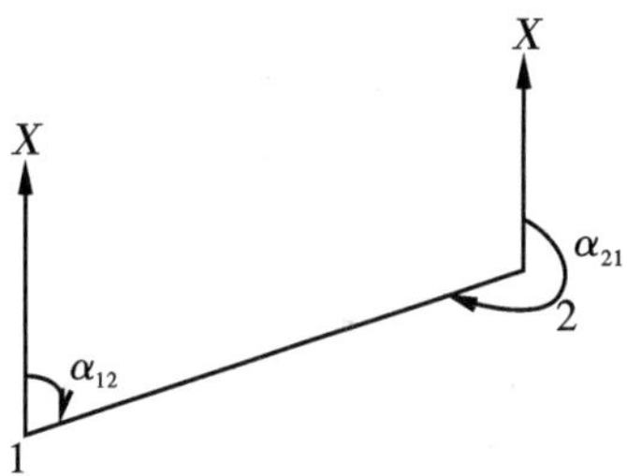

图 4.7　正、反坐标方位角

由于地面各点的真子午线（或磁子午线）之间互不平行，所以直线正、反真方位角（或正、反磁方位角）并不刚好相差 180°。因此，使用真方位角或磁方位角来表示直线方向会给计算工作带来不便，所以在一般工程测量中均采用坐标方位角进行直线定向。

4.4.5　坐标方位角的推算

为了整个坐标系统统一，测量工作中并不直接测定每条边的坐标方位角，而是通过与已知坐标方位角的直线联测后，推算后续边的坐标方位角。如图 4.8 所示，已知直线 1-2 的坐标方位角为 α_{12}，观测了水平角 β_2、β_3 可推算出：

$$\alpha_{23}=\alpha_{21}-\beta_2=\alpha_{12}+180°-\beta_2 \tag{4.14}$$

$$\alpha_{34}=\alpha_{32}-(360°-\beta_3)=\alpha_{23}-180°+\beta_3 \tag{4.15}$$

β_2 在路线前进方向的右侧，称为右折角；β_3 在路线前进方向的左侧，称为左折角。为了统一公式的形式，在式（4. 15）右边加上 360°，故可归纳出坐标方位角推算的一般公式为

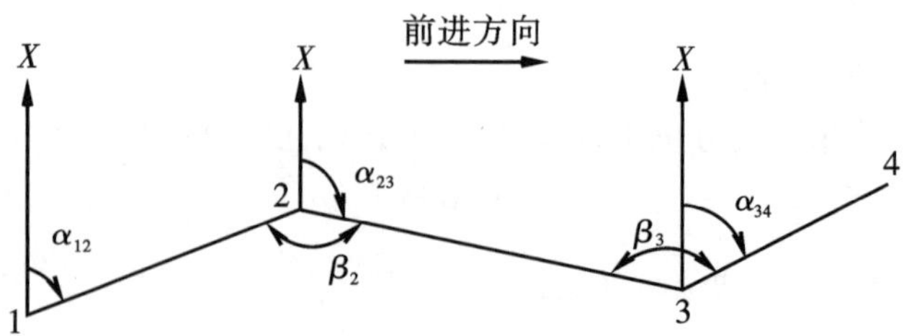

图 4.8 坐标方位角推算

$$\alpha_{前}=\alpha_{后}+180°+\beta_{左} \tag{4.16}$$

$$\alpha_{前}=\alpha_{后}+180°-\beta_{右} \tag{4.17}$$

计算过程中,如果 $\alpha_{前}>360°$,应减去 360°;如果 $\alpha_{后}+180°<\beta_{右}$,应先加 360°再减 $\beta_{右}$。

4.5 罗盘仪和陀螺经纬仪

用罗盘仪(compass)可测得直线的磁方位角,用陀螺经纬仪可测得直线的真方位角。

4.5.1 罗盘仪

4.5.1.1 罗盘仪的构造

(1)磁针。罗盘盒的指针用人造磁铁制成,其中心装有镶着玛瑙的圆形窝,在刻度盘的中心装有顶针,磁针球窝在顶点上。为了减轻顶针尖的磨损,装置了杠杆和螺旋,指针不用时,用杠杆略微将针升起,使它与顶针分离,把磁针压在玻璃盖下。

(2)刻度盘。刻度盘为铜或铝制的环,最小分划为 1°或 30′,按逆时针方向从 0°注记到 360°。

(3)瞄准设备。罗盘仪的瞄准设备,现在大都采用望远镜。

4.5.1.2 用罗盘仪测定直线的磁方位角

观测时,先将罗盘仪安置在直线的起点,对中,整平(罗盘盒内一般均设有水准器,指示仪器是否水平),旋松螺旋,放下磁针,然后转动仪器,通过瞄准设备去瞄准直线另一端的观测标志。待磁针停止后,读出磁针北端所指的读数,即为该直线的磁方位角。使用罗盘仪时,要避开铁磁性物质和其他强磁场的影响。

第 4 章
习题集

4.5.2 陀螺经纬仪

陀螺经纬仪是陀螺仪和经纬仪相结合的定向仪器。陀螺仪内悬挂有三向自由旋转的陀螺,利用陀螺的特性定出真北方向,再用经纬仪测至直线的水平夹角,即可确定其真方位角。陀螺经纬仪测定真方位角简单迅速,且不受时间制约,常用于公路、铁路、隧道和矿山等的测量。

第 5 章　全站仪测量

5.1　概　述

全站仪是一种兼有电子测角、电子测距、计算和数据自动记录及传输功能的自动化、数字化的三维坐标测量系统，因安置一次仪器就可完成该测站上全部测量工作，所以称之为全站仪(total station)。

全站仪可高效、快捷、可靠地完成各种测量工作。目前广泛用于控制测量、数字测图、地籍与房地产测量、施工放样和变形监测等领域。

5.1.1　全站仪的结构组成

5.1.1.1　全站仪基本构成

不同型号的全站仪其基本原理和构成都是相同的，区别在于操作系统和按键分布不同(图 5.1)。全站仪集测角、测距和常用测量软件与一身，其整个系统主要包括：

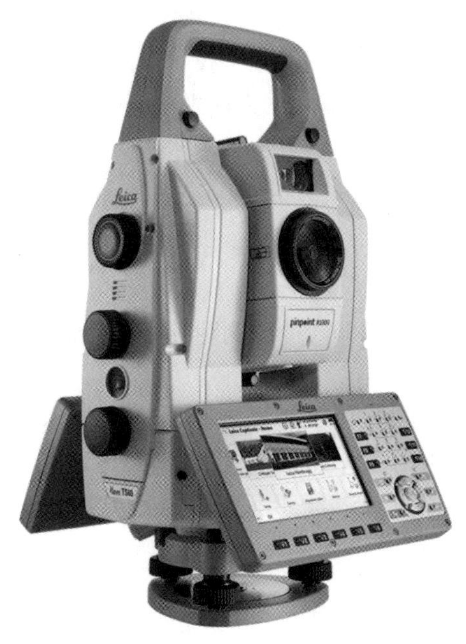

图 5.1　全站仪

(1)电子测角系统。能够同时测量水平角和竖直角,相当于电子经纬仪。

(2)电子测距系统。一般采用红外光源,测定测站点(安置仪器点)至目标点(通常需要置棱镜)的距离,相当于测距仪。

(3)中央处理及其存储单元。将电子经纬仪和测距仪测量的数据,通过其内置的计算程序进行处理,并将计算结果存储到存储器中,相当于计算机。中央处理及存储单元是全站仪的大脑,负责测量过程的控制、数据采集、误差补偿、数据计算、存储和通信传输等。

5.1.1.2 全站仪的发展

1968 年,德意志联邦共和国奥普托(Opton)公司生产了一种兼有光电测距、电子测角和测量数据自动记录的世界上第一台全站型电子速测仪 Reg Eltal4。Reg Eltal4 的测距标准差为 5~10 mm,一测回水平和垂直方向观测标准差为 3″和 4.5″,用纸带记录观测值,质量达到 21.5 kg。

20 世纪 70 年代是全站仪生产相对稳定、探索的阶段,应用还不是十分广泛。在这一时期,典型的全站仪有 1977 年美国惠普公司生产的 3820A 型全站仪,其测距标准差为 $5\ mm+5\times10^{-6}\cdot D$,一测回水平和垂直方向观测标准差为 2″和 4″,质量为(含电池)9.1 kg。3820A 型全站仪基本具有现代全站仪的主要特征:体积小、测量速度快和操作方便。

早期的全站仪只能依靠反射棱镜进行距离、角度测量,仅具有对测量数据进行存储和处理等基本功能。现代的全站仪则拥有众多新功能,如自动目标识别、无棱镜测量、与 GNSS 结合以及与数码相机结合等,同时现代的全站仪的测角、测距精度和速度都较早期的全站仪有了较大的提高,且能通过有线网络、无线网络、蓝牙等方式进行测量数据传输,以实现实时处理和分析。

在全站仪数十年的发展历程中,随着电子技术以及计算机技术的发展,全站仪一直朝着小型化、智能化、自动化和功能集成化的方向发展,测量速度、存储能力和测量精度都有了极大提高。

5.1.2 全站仪的分类

全站仪按测程可分为以下 3 类。

(1)短程全站仪。测程小于 3 km,一般测距标准差为 $5\ mm+5\times10^{-6}\cdot D$,主要用于普通工程测量和城市测量。

(2)中程全站仪。测程为 3~15 km,一般测距标准差为 $(5\ mm+2\times10^{-6}\cdot D)\sim 2\ mm+2\times10^{-6}\cdot D$,通常用于一般等级的控制测量。

(3)长程全站仪。测程大于 15 km,一般测距标准差为 $5\ mm+1\times10^{-6}\cdot D$,通常用于国家三角网及特级导线的测量。

5.1.3 全站仪的主要性能指标

全站仪主要由电子经纬仪及测距仪组成,因此衡量一台全站仪的主要性能指标有一

测回测角标准差、测距标准差、补偿范围、测距时间等。

目前工程中常用的全站仪的一测回测角精度为 2″，测距标准差为 2 mm+$2\times10^{-6}\cdot D$。在一些精密工程中，需要用到高精度全站仪，如徕卡 TS30 全站仪，测角标准差可达 0.5″，测距标准差为 0.6 mm+$1\times10^{-6}\cdot D$。

5.2　全站仪基本测量

本节以 KTS-460R4 型全站仪为例介绍其使用方法。

5.2.1　基本设置

在使用全站仪进行测量之前，需要根据具体情况进行基本参数设置，若参数设置不正确，会影响测量精度。一般来说，仪器参数一旦被设置，将被保存到再次修改为止。KTS-460R4 型全站仪开机后，显示界面如图 5.2 所示。该仪器的"F1"键对应于"测量"键，"F2"键对应于"菜单"键，"F3"键对应于"内存"键，"F4"键对应于"设置"键。

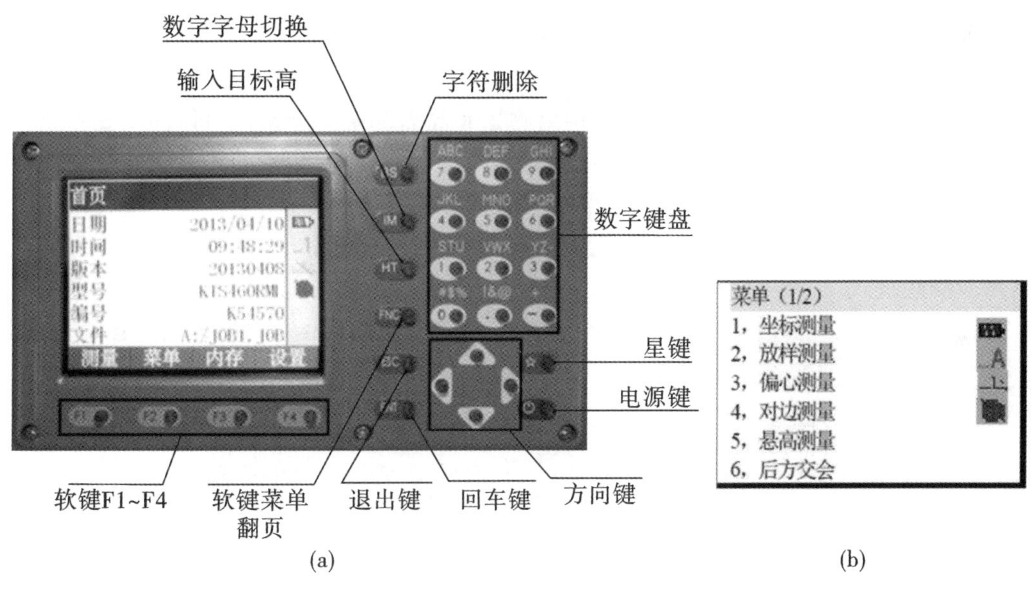

(a)　　(b)

图 5.2　KTS-460R4 全站仪开机界面及菜单项

开机后在状态屏幕下按"F4"键进入设置屏幕，如图 5.3所示。通过"▲"或"▼"键将光标移到相应的位置后按"ENT"键(也可直接按数字键"1")进入相应设置。

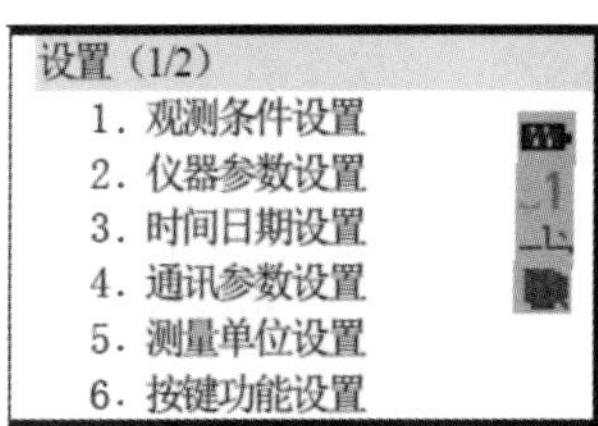

图 5.3　设置界面

5.2.2　角度测量

角度测量包括水平角测量和竖直角测量。在测站点安置仪器后，精确照准后视点，在测量模式第 1 页菜单下按

“置零”键,“置零”出现闪烁时,再按一次“置零” ,将后视点方向置成零,如图 5.4(a)所示,精确照准前视点,所显示的 HAR 为两点间的水平角,VA 为天顶角(在同一竖起面内,视线与天顶方向之间的夹角,称为天顶角。90°减去天顶角为竖直角),如图 5.4(b)所示。

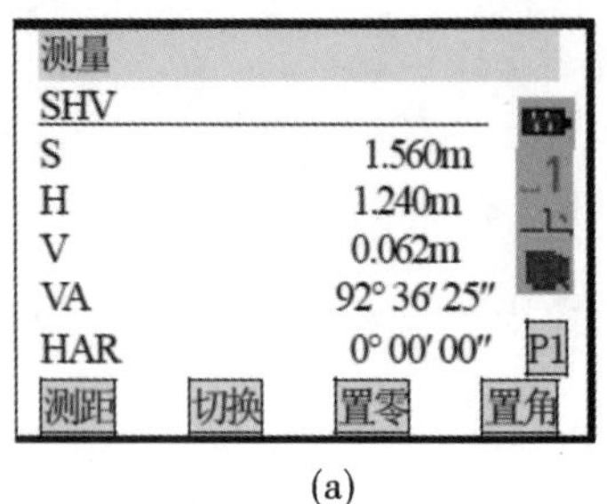

(a)

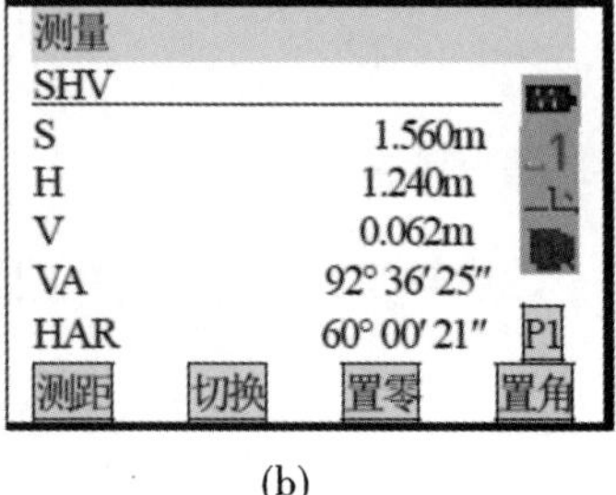

(b)

图 5.4 水平角测量

也可以在瞄准后视点后,按“置角”键将后视点方向设置成需要的度数。还可以通过按“切换”键使用 “锁定”功能将后视点方向设置成需要的度数。

5.2.3 距离测量

距离测量包括倾斜距离测量、水平距离测量和高差测量。全站仪可以同时测量这三个距离。实际上全站仪仅仅是测量倾斜距离,然后根据全站仪测量的竖直角将倾斜距离改算成水平距离和高差。距离测量是全站仪的基本功能之一。

在距离测量之前,应设置好以下几项参数:测量时的气温和气压、反射器类型和棱镜常数及测距模式。

如图 5.5(a)所示,在常用设置菜单下,按“EDM”键进入距离测量参数设置屏幕,如图 5.5(b)所示。

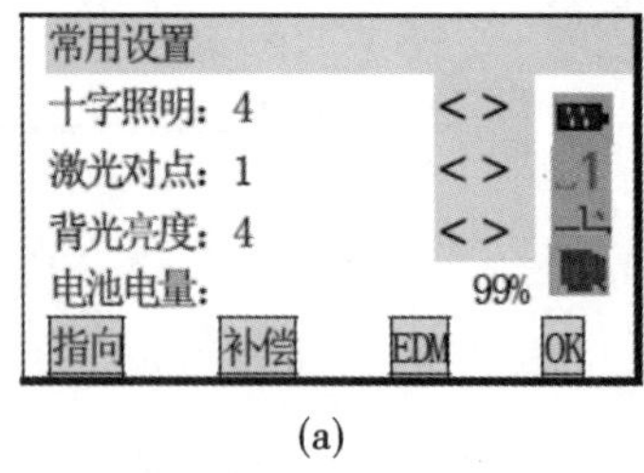

(a)

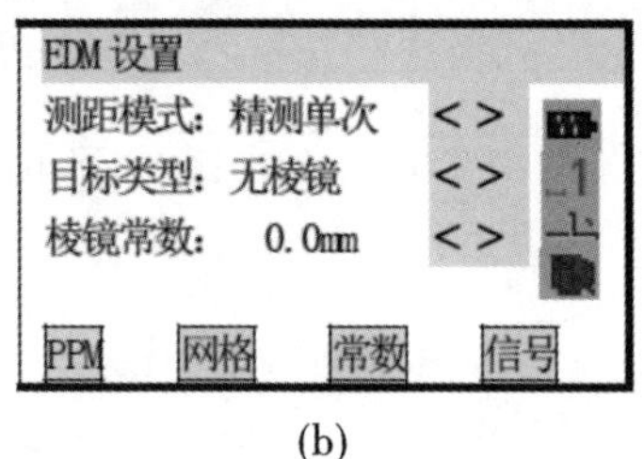

(b)

图 5.5 距离测量参数设置

参数设置的名称及选项如下:

(1) 温度和气压。测量距离时大气温度用温度计测量,并输入仪器中;大气压用气压计测出,并输入仪器中。温度输入范围为-40 ~ +60 ℃;气压输入范围为 560 ~ 1 066 kPa。全站仪所发射的红外光的光速随着大气温度和气压的改变而改变,仪器一旦设置了大气改正值(也称大气改正数,简称 PPM),即可自动对测距结果实施大气改正。另外,也可以直接输入大气改正数，此时温度、气压值将被清除。

(2)反射器类型和棱镜常数。KTS-460R4型全站仪可选用的反射体有无棱镜、棱镜及反射片，在图5.5(b)中通过"◀"或"▶"键进行选择。如选棱镜作为反射体，光在反射棱镜中传播所用的超量时间会使所测距离增大某一数值，也就是说光在玻璃中的传播速度要比空气中慢，通常我们称这种增大的数值为棱镜常数。棱镜常数分为两种，通常国产棱镜的棱镜常数为-30 mm，进口棱镜的棱镜常数为0 mm。在图5.5(b)所示界面中通过直接输入进行设置。

(3)测距模式。KTS-460R4型全站仪的测距模式有重复精测、N次精测、单次精测、跟踪测量，在图5.5(b)中通过"◀"或"▶"键进行选择。在重复精测模式下，仪器重复循环测量，直到使用者按"停止"键后结束测量；在N次精测模式下，首先输入观测次数N，仪器在连续测量N次距离后结束测量；在单次精测模式下，仪器对该距离测量一次；在跟踪测量模式下，仪器对棱镜进行跟踪测量，但不会严格对准棱镜中心。

在测量模式下，按"测距"键，即可进行距离测量。

角度和距离的最新一次测量值将被存储在寄存器中，直到关闭电源才消失。这些存储于寄存器中的距离、垂直角、水平角和坐标值可以被调阅，使之显示在显示屏上，而且距离测量值可以通过按"切换"键使之在斜距、平距、高差间进行转换。

5.2.4　坐标测量

全站仪坐标测量主要用于地形测量的数据采集。根据测站点和后视点坐标(实质是计算方位角)，完成测站的定位和定向，然后按照极坐标法测定测站至目标点的方位角和距离，按三角高程测量法测定测站点与目标点的高差，据此计算目标点的三维坐标。坐标测量的主要步骤有选定工作文件、测站点设置(建站)、定向、坐标测量。

5.2.4.1　选定工作文件

在进行坐标测量之前需要选定或新建当前工作文件，之后的测量数据都将存储在当前工作文件中；若没有选定或新建当前工作文件，测量数据将存储在上次测量的工作文件中，直到修改当前工作文件为止。

在图5.2所示界面，按"内存"键进入图5.6(a)所示界面，在内存模式下，可以进行与工作文件和内存有关的操作。

在5.6(a)所示的内存模式下选择"1.工作文件"后按"ENT"键(或直接按数字键"1")，进入工作文件管理屏幕，如图5.6(b)所示。选择"1.选择工作文件"后按"ENT"键(或直接按数字键"1")，进入选择工作文件模式，如图5.7(a)所示。KTS-460R4型全站仪有两个磁盘供选择，磁盘A是仪器自带的存储磁盘，磁盘B是使用者插入SD卡(两磁盘均不支持中文文件名和中文目录)，在SD卡内进行文件操作过程当中不能拔取SD卡，否则会导致数据丢失或者损坏。在使用仪器时，使用者可以根据需要选择合理的存储磁盘。在图5.7(a)所示的界面中，"JOB1"是当前工作文件，若无须修改当前工作文件，直接按"OK"键。可以直接输入要调用的工作文件名，或按"浏览"键进入文件列表中，如图5.7(b)所示，按"▲"或"▼"将光标移至欲选择的工作文件名上，并按"ENT"键，调用文件。

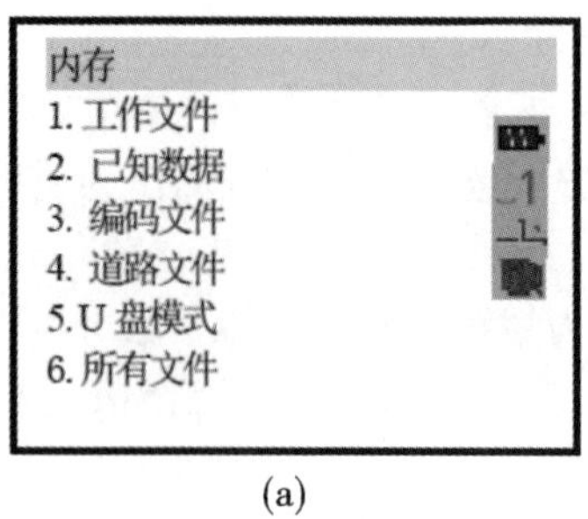

(a)

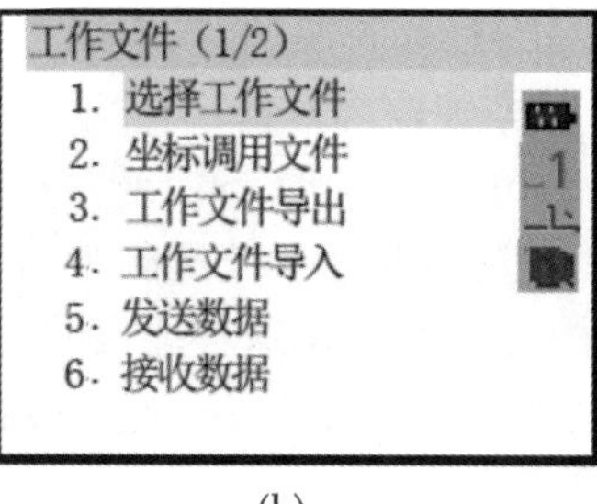

(b)

图 5.6 工作文件

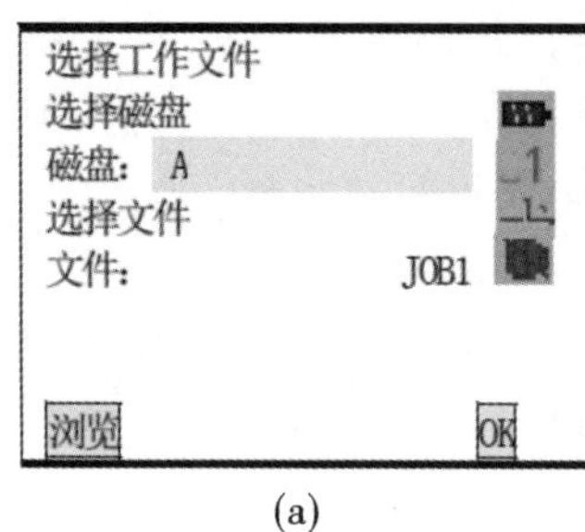

(a)

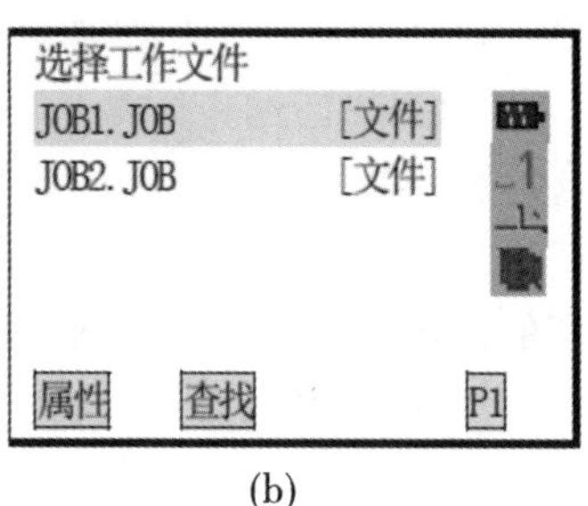

(b)

图 5.7 选择工作文件

也可以新建工作文件，在图 5.7(b)所示界面中按“P1”键进入图 5.8(a)所示界面，按“新建”键进入图 5.8(b)所示界面，按数字键“2”选中“新建工作文件”，进入新建工作文件名输入屏幕。输入新的工作文件名后按“确定”键，创建文件成功，返回文件列表。新建文件可以建在仪器自带的存储磁盘上，也可以建在 SD 卡上。

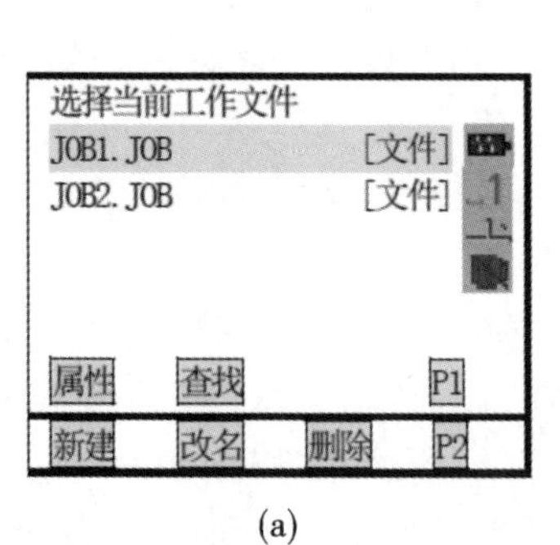

(a)

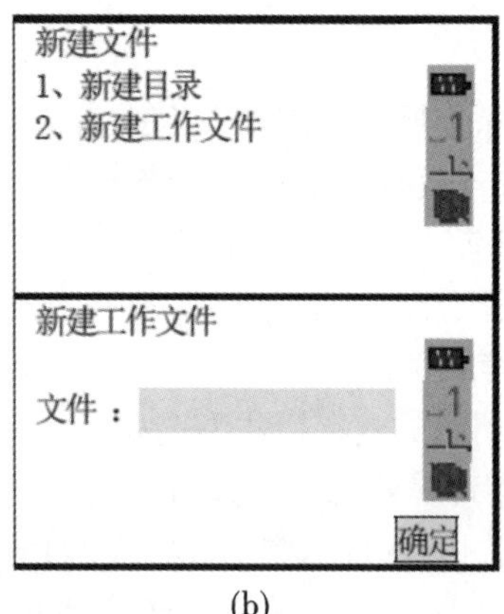

(b)

图 5.8 新建工作文件

5.2.4.2 测站点设置

在一个已知点上安置仪器，该点即为测站点。在测站点设置时，需要用到测站点的坐标。可以在设站前将测站点的坐标存储到当前文件中,也可以在设站时直接输入并存储测站点坐标。

在图 5.6(a)所示的界面中选择“2. 已知数据”后按“ENT”键(或直接按数字键“2”),进入坐标管理屏幕,如图 5.9(a)所示;选择“1. 输入坐标”后按“ENT”键进入坐标数据点名列表,按“添加”键,进入坐标数据输入屏幕,如图 5.9(b)所示。输入下列数据项:N、E、Z 的坐标值及(点)名、编码,每输入完一数据项后按“▼”键,一条记录输入完成以后按“记录”将坐标数据存入当前工作文件中。按同样方法输入其他坐标数据。完成所有坐标数据的输入后按“ESC”键,返回已知数据菜单屏幕。

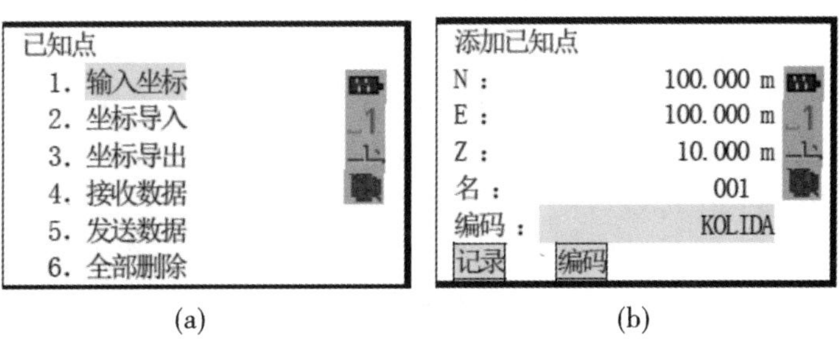

图 5.9　输入已知数据

在图 5.2 所示界面中按“菜单”键,选取“1. 坐标测量”后按“ENT”键(或直接按数字键“1”),进入坐标测量菜单,如图 5.10(a)所示。选取“2. 设置测站”后按“ENT”键(或直接按数字键“2”),进入输入测站数据菜单,如图 5.10(b)所示。输入下列各数据项:N0、E0、Z0(测站点坐标)及测站高、仪器高。每输入一项数据项后按“ENT”键,一条记录输入完成按“记录”键,存储测站数据。再按“ENT”键结束测站数据输入操作,显示返回坐标测量菜单屏幕。

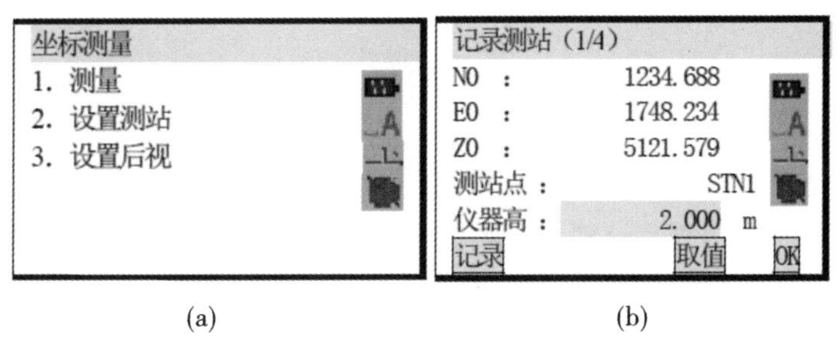

图 5.10　坐标测量

若测站数据已经存储在当前工作文件中,则在图 5.10(b)所示界面中按“取值”键,出现坐标数据列表,如图 5.11(a)所示,其中,测站和坐标,表示已存储在指定工作文件中的坐标数据对应点的点号。按“▲”或“▼”键使光标位于待读取点的点号上;也可在按“查找”键后,直接输入待读取点的点号,如图 5.11(b)所示。按“OK”键,返回坐标测量菜单屏幕。

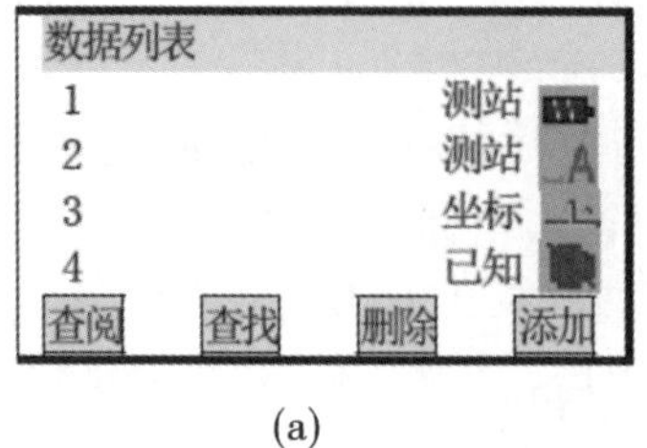

(a)

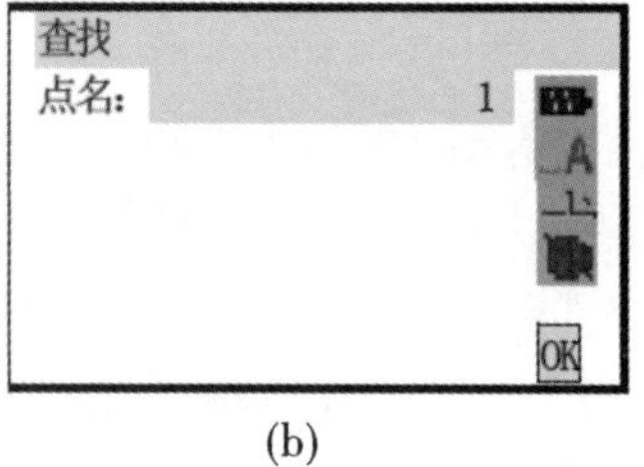

(b)

图 5.11 读取已知数据

5.2.4.3 定向

测站点设置完成以后,即进入定向阶段。在图 5.10(a)所示界面,用"▲"或"▼"键选取"3. 设置后视"后按"ENT"键(或直接按数字键"3"),进入定向界面,如图 5.12 所示。定向分为角度定后视和坐标定后视。

在图 5.12 所示界面中选择"1. 角度定后视",进入角度定后视界面,如图 5.13 所示,输入测站点到后视点的坐标方位角,将仪器精确瞄准后视点后按"OK"键,完成角度定后视。

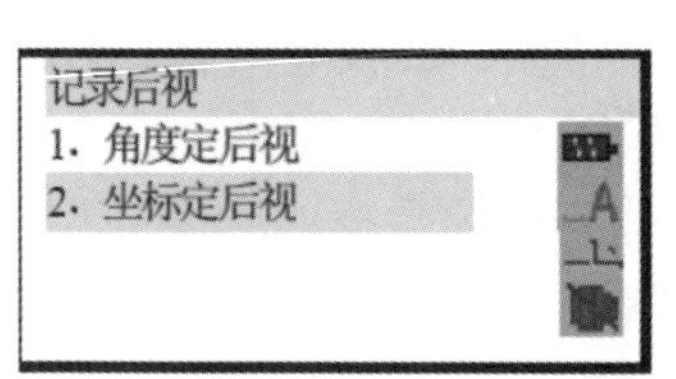

图 5.12 定向

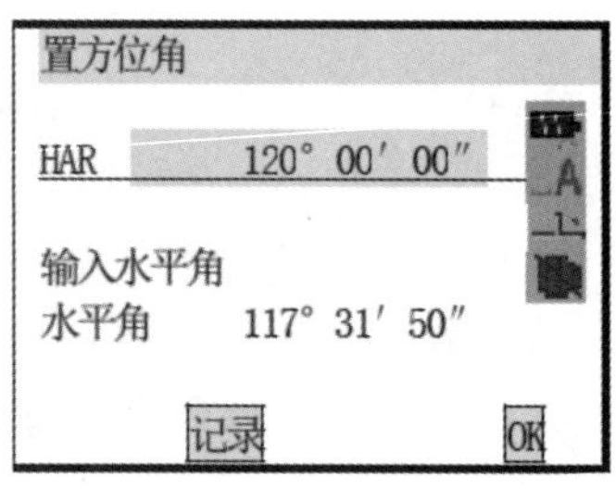

图 5.13 角度定后视

在图 5.12 所示界面中选择"2. 坐标定后视",进入坐标定后视界面,如图 5.14(a)所示,输入后视点坐标,也可以通过"取值"键调用已经存储在当前工作文件中的后视点坐标;系统根据设置的测站点和后视点坐标计算出后视方位角,并显示在屏幕上,如图 5.14(b)所示的 HAR;照准后视点,按"是"键,结束坐标定后视设置,返回坐标测量菜单屏幕。

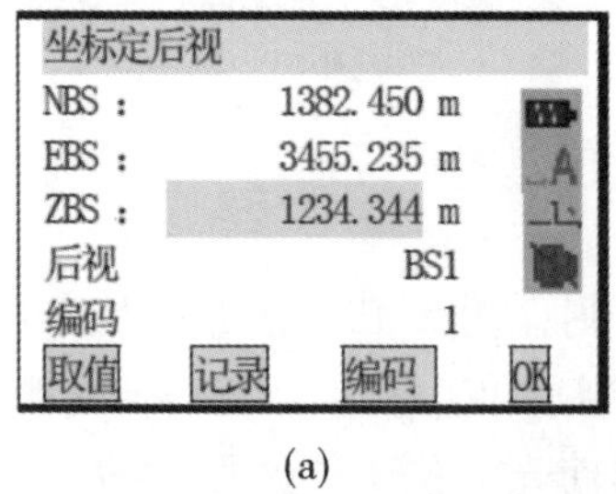

(a)

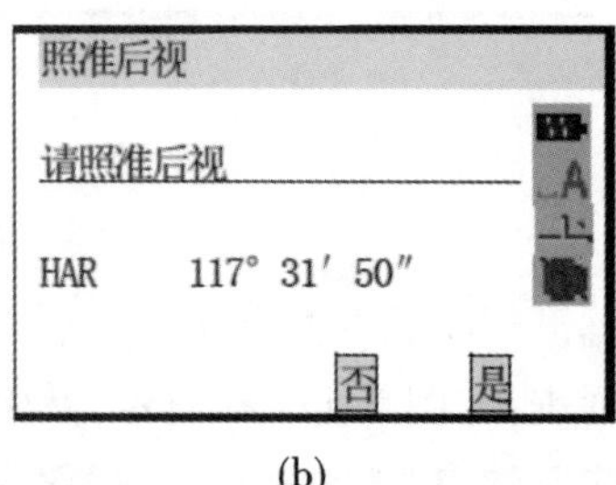

(b)

图 5.14 坐标定后视

5.2.4.4 坐标测量

在完成了测站点数据的输入和后视方位角设置后,通过测量距离和测量角度便可确定目标点的坐标。

在图5.10(a)所示界面,精确照准目标棱镜中心后,选择“1.测量”后按“观测”键,进行坐标测量。测量完成后,显示出目标点的坐标值以及到目标点的垂直角和水平角,如图5.15(a)所示。按“记录”键,将坐标数据记录于工作文件,如图5.15(b)所示,输入点号及编码后按“储存”键,将坐标数据储存在当前工作文件中。

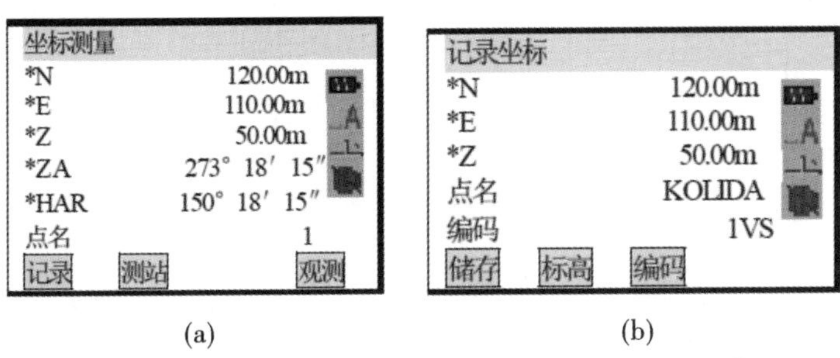

图5.15 测量和记录

5.3 高级测量

5.3.1 放样测量

放样即使用测量仪器和工具,按照设计要求,把图纸上设计好的建筑物或构筑物的特征点的平面位置和高程标定到施工作业面上,作为施工的依据。全站仪放样测量基本原理是根据测站点坐标、后视点(方位角)坐标和待放样点坐标,自动计算并显示出待放样点与照准点的坐标方位角差和距离差。如图5.16所示,据此差值移动目标棱镜,使坐标方位角差和距离差为零或在容许范围以内。

(1)在图5.2所示界面中按“菜单”键,选取“2.放样测量”后按“ENT”键(或直接按数字键“2”),进入放样测量菜单,如图5.17(a)所示。设置测站点和设置后视点(方法同坐标测量)后,选择“2.放样”后按“ENT”键,在Np、Ep、Zp中分别输入待放样点的三个坐标值;也可按“取值”键调用已储存在当前工作文件中的数据。完成放样点坐标设定后,按“OK”键,仪器自动计算出放样所需距离和水平角,并显示在屏幕上,如图5.17(b)所示。

(2)按“OK”键进入放样观测屏幕,按照屏幕提示旋转照准部,直到角度差dHA为0,如图5.17(c)所示。指挥立镜员移动棱镜到望远镜视准轴方向上,上仰或下俯望远镜使其瞄准棱镜中心。

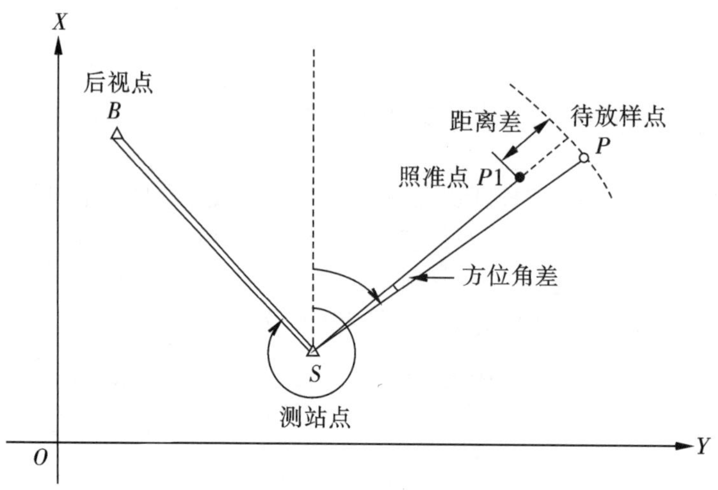

图 5.16　放样原理

(3)按“平距”键后在屏幕上显示待放样点与目标棱镜点的各种差值,如图 5.17(d)所示,也可以按“<-->”键使之显示放样引导屏幕,如图 5.17(e)所示,测站观测员将屏幕显示的“向左”“靠近”和“向下”值报给立镜员,立镜员根据接收到的数据移动棱镜;按“平距”键或“坐标”键后,在屏幕上显示待放样点与目标棱镜点的各种差值;再根据这些数值指挥立镜员移动棱镜,再次进行测量。

(4)重复步骤(3),直到显示的差值为零或在容许范围以内,如图 5.17(f)所示。

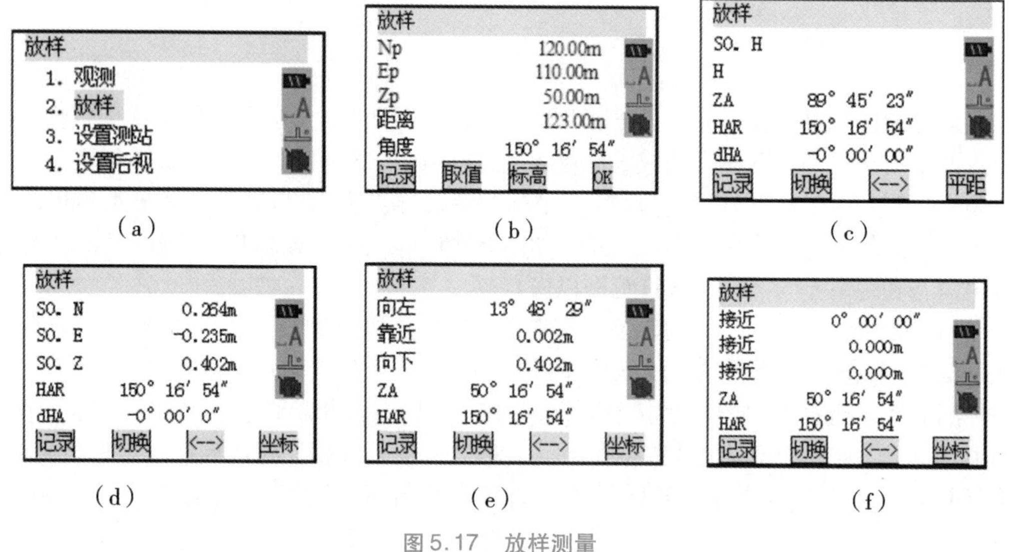

图 5.17　放样测量

5.3.2　偏心测量

偏心测量用于测定测站点至通视但无法设置棱镜的点或测站点至不通视点间的距离

和角度。测量时,将棱镜(偏心点)设在待测点(目标点)附近,通过对测站点至棱镜(偏心点)间距离和角度的测量,求出测站点至待测点(目标点)间的距离和角度(图 5.18)。

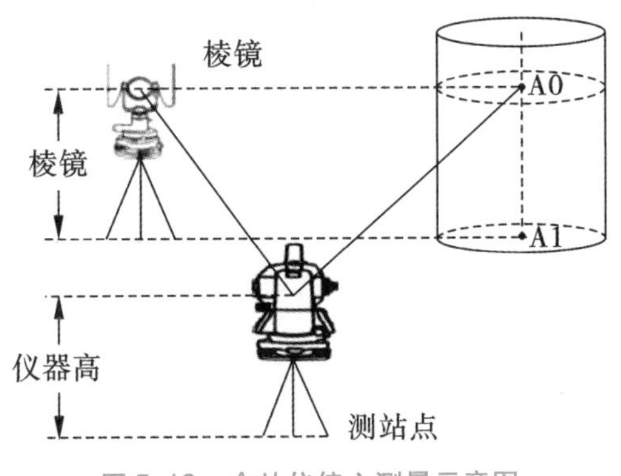

图 5.18　全站仪偏心测量示意图

KTS-460R4 型全站仪提供三种偏心测量方法:距离偏心、角度偏心和双距偏心。以下以距离偏心为例。

距离偏心测量是将偏心点(棱镜)设在目标点的左侧或右侧,或者前侧或后侧。当偏心点设在目标点的左侧或右侧时,应使偏心点和目标点的连线与偏心点和测站点的连线间的夹角大致为 90°;当偏心点设在目标点的前侧或后侧时,应使之位于测站点与目标点的连线上,如图 5.19(a)所示。

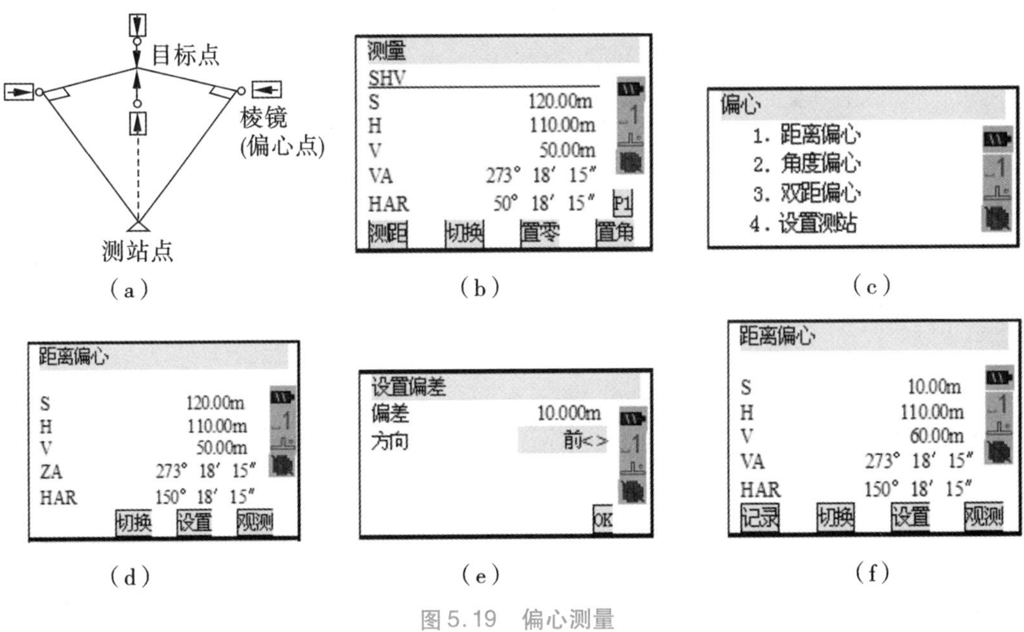

图 5.19　偏心测量

(1)在测量模式下,照准偏心点按“测距”键开始测量,测量之后显示出测站点至偏心点的斜距、垂直角和水平角,如图 5.19(b)所示。

(2)按“偏心”键进入偏心测量菜单屏幕,如图5.19(c)所示。

(3)选择“1.距离偏心”后按“ENT”键,显示单距偏心测量屏幕,如图5.19(d)所示。

(4)按“设置”键可以设置各项数据,如图5.19(e)所示。

(5)按“OK”键显示偏心测量结果,如图5.19(f)所示。

5.3.3 对边测量

对边测量用于在不搬动仪器的情况下,直接测量某一起始点(P_1)与任何一个目标点(P_2 或 P_3)的斜距、平距和高差,如图5.20(a)所示。在测量两点间高差时,将棱镜安置在测杆上,并使所有各点的目标高相同。

(1)在“菜单”模式下选择“4.对边测量”进入对边测量,如图5.20(b)所示。

(2)照准起始点 P_1 后,按“观测”键,之后界面就会出现对边的选项,然后就可以进行对边测量,如图5.20(c)所示。其中 S 为起始点 P_1 与测站点间的斜距,H 为起始点 P_1 与测站点间的平距,V 为起始点 P_1 与测站点间的高差,HAR 为测站点与起始点 P_1 间的水平角。

(3)照准目标点 P_2 后按“对边”键开始对边测量。测量停止后显示起始点与目标点间的斜距、平距和高差,如图5.20(d)所示,其中 S 为起始点 P_1 与目标点 P_2 间的斜距,H 为起始点 P_1 与目标点 P_2 间的平距,V 为起始点 P_1 与目标点 P_2 间的高差,HAR 为测站点与目标点 P_2 间的水平角。

(4)用同样的方法,可以测量起始点与其他任一点间的斜距、平距和高差。

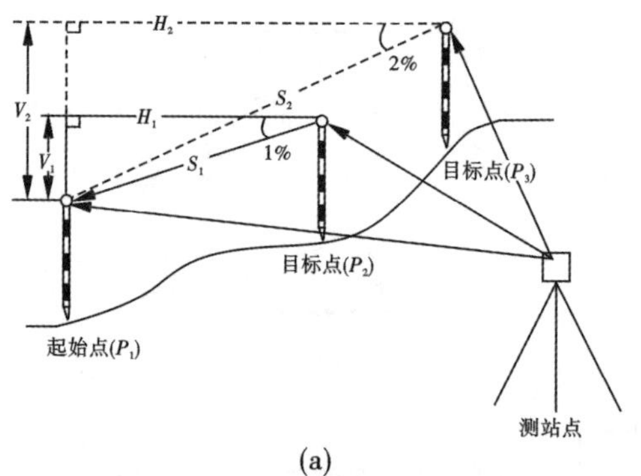

(a)

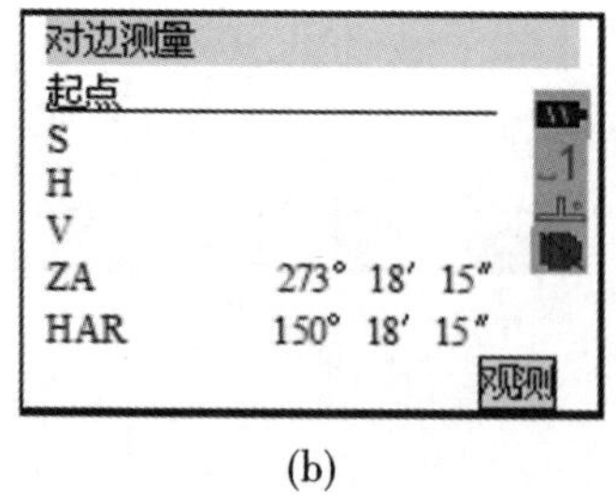

(b)

(c)

(d)

图5.20 对边测量

5.3.4　悬高测量

悬高测量用于对不能设置棱镜的目标(如高压输电线、桥梁等)高度的测量。如图 5.21(a)所示,目标的计算公式为

$$H = S \times \cos \alpha_1 \times \tan \alpha_2 - S \times \sin \alpha_1 + V \tag{5.1}$$

(1)将棱镜置于被测目标的正上方或者正下方,用卷尺量取棱镜高(测点至棱镜中心的距离)。在"菜单"模式下选择"5. 悬高测量"进入仪器高、目标高设置屏幕,输入相应数值后,按"确认"键进入悬高测量界面,如图 5.21(b)所示。

(2)照准棱镜后按"观测"键,显示测站点与目标棱镜的测量值,如图 5.21(c)所示。

(3)旋转望远镜,将其瞄准目标点,屏幕上显示的"Ht."就是目标点的高度,如图 5.21(d)所示。

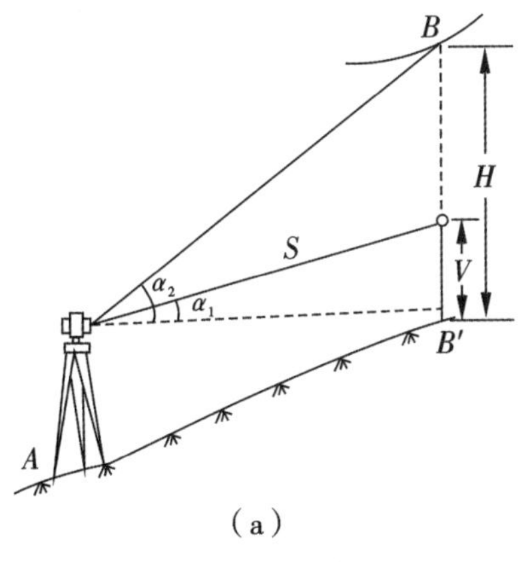

(a)

悬高测量	
Ht.	0.442m
S	10.00m
H	110.00m
V	60.00m
ZA	273° 18′ 15″
HAR	150° 18′ 15″
	观测

(b)

悬高测量	
Ht.	0.000m
S	10.00m
H	110.00m
V	60.00m
VA	273° 18′ 15″
HAR	150° 18′ 15″
	观测

(c)

悬高测量	
Ht.	0.305m
S	10.00m
H	110.00m
V	60.00m
VA	273° 18′ 15″
HAR	150° 18′ 15″
	观测

(d)

图 5.21　悬高测量

5.3.5　后方交会测量

在实际测量过程中,当两相邻控制点不通视或两相邻控制点相距较远从而需要在两控制点间增加控制点等情况时,可使用全站仪的后方交会测量。后方交会测量即在合适

的位置架设仪器,通过与已知点联测,得到设站点三维坐标,把该设站点当作已知点,以此来进行其他测量工作。

KTS-460R4 型全站仪通过观测 2 ~ 8 个已知点计算设站点的坐标。可测距时,最少观测 2 个已知点;无法测距时,最少观测 3 个已知点。

后方交会测量操作如下(图 5.22):

(1)在“菜单”模式下选择“6. 后方交会”进入后方交会测量模式,输入第一个已知点的坐标,或者通过“取值”方式获得第一个已知点后,按“OK”键,进入下一个已知点坐标输入界面,如图 5.22(a)所示。

(2)重复第(1)步输入全部已知点各点的坐标。全部已知点坐标输入完毕后按“ENT”键,屏幕显示如图 5.33(b)所示。

(3)照准第一个已知点,按“测角”键只进行角度测量,按“测距”键进行角度距离测量。当按“测距”键后,输入第一个已知点的目标高后按“OK”键。随之屏幕提示进入下一已知点的观测,如图 5.22(c)所示。

(4)重复第(3)步进行第二个及其他已知点的测量。当计算测站点坐标所需的最少观测值数量得到满足后,屏幕上将显示出测量结果,如图 5.22(d)所示。

(5)完成对全部已知点的测量后,按“计算”键仪器自动开始坐标计算。计算完成后显示计算结果,如图 5.22(e)所示。

(6)按“OK”键,采用所计算结果,该结果被作为测站坐标进行记录。显示恢复方位角设置屏幕,如图 5.22(f)所示。

(7)按“是”键设置方位角定向,返回测量屏幕。

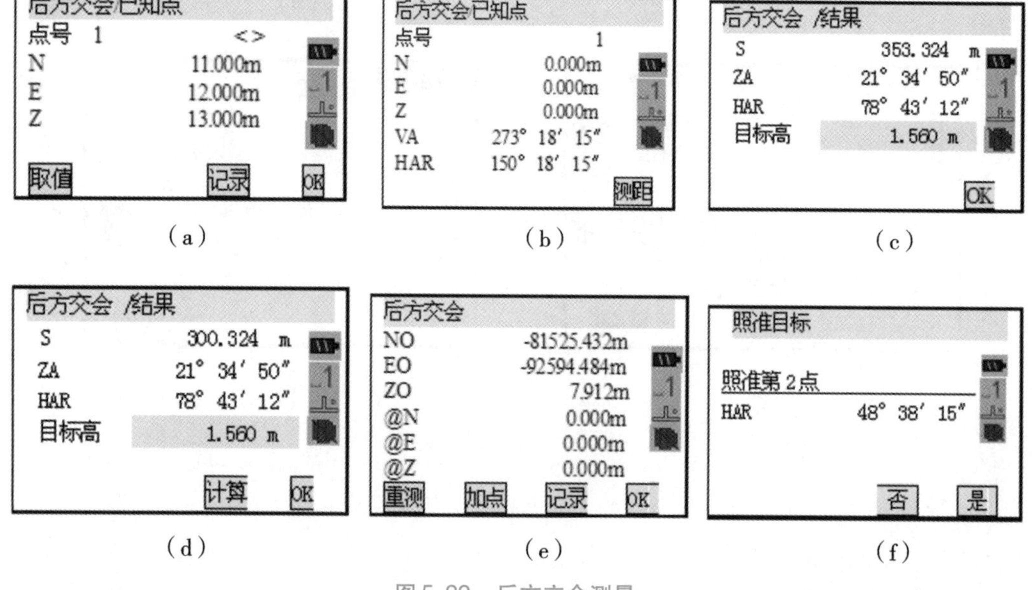

图 5.22 后方交会测量

在后方交会测量时,要避免设站点位于已知点的外接圆上。

第 6 章　测量误差基础知识

6.1　测量误差分类

在测量工作中，大量实践表明，当对某一观测量进行多次观测时，不论测量仪器多么精密，观测进行得多么仔细，也不论外界的环境条件多么有利，观测值之间总是存在着差异，这些现象说明测量结果不可避免地存在误差(error)。

测量误差的产生，主要是由于仪器不可能绝对准确，观测者的鉴别能力有限，以及观测受到一定的外界条件(如风力、温度、气压、照度等)影响。通常把仪器、观测者和外界条件三个方面综合起来，称为观测条件。观测条件相同的各次观测称为等精度观测(equal precision observations)，其误差出现的规律相同；观测条件不同的各次观测称为非等精度观测。

在观测结果中，有时还会出现错误，如读数错误或记录错误等，统称为粗差。粗差在观测结果中是不允许出现的。为了杜绝粗差，除认真仔细作业外，还必须采取必要的检核措施。例如，对距离进行往、返测量，对角度进行多测回观测等，这是测量的基本原则。

观测误差按其自身规律性，可分为系统误差和偶然误差。

6.1.1　系统误差

对某量进行一系列观测，如误差出现的符号和大小均相同或按一定的规律变化，或者说误差的来源已确切地掌握，则这种误差就称为系统误差(systemic error)。例如，若水准仪视准轴与水准管轴之间存在不平行的残余 i 角，观测时在水准尺上的读数就会产生 $D \cdot i$ 的误差，它与水准仪至水准尺之间的距离成正比。

系统误差具有积累性，无法用多次观测取平均的方法消除，对测量结果的影响很大。但是，由于系统误差的符号和大小有一定的规律，可以用以下方法进行处理。

(1)用计算的方法加以改正。例如，尺长误差、温度误差和倾斜误差对距离测量的影响均有对应的计算公式。

(2)用一定的观测程序加以消除。例如，在水准测量中用前后视距相等的方法可以消除 i 角的影响；在经纬仪测角中，用盘左、盘右取平均值的方法可以消除照准差、支架差和竖盘指标差等的影响。

(3)将系统误差限制在工程实践允许范围内。有的系统误差既不便于计算改正，又不能采用一定的观测程序加以消除，如光电测距仪中的固定误差等。对于这种情况，只要测量结果能满足工程的精度要求即可。

6.1.2 偶然误差

在相同的观测条件下，对某量进行一系列观测，若误差出现的符号和大小均不一定，或者说误差的来源尚没有被人们认识到，则这种误差称为偶然误差(random error)，如测量中的估读误差等。实践证明，偶然误差不能用计算改正或用一定的观测程序简单地加以消除。对于单个偶然误差，观测前人们不能预知其出现的符号和大小，但就大量偶然误差总体来看，则具有一定的统计规律，而且随着观测次数的增加，其统计规律愈加明显。大量的测量实践表明，偶然误差具有如下统计特性：

(1)在一定的观测条件下，偶然误差有界，或者说，超出该限值的误差出现的概率趋于零。

(2)绝对值小的误差比绝对值大的误差出现的概率大。

(3)绝对值相等的正、负误差出现的概率相同。

(4)同一量的等精度观测，其偶然误差的算术平均值，随着观测次数的无限增加而趋于零，即

$$\lim \frac{\sum \Delta_i}{n} = 0 \tag{6.1}$$

高斯(Gauss)在实验数据处理方面，发展了概率统计中的误差理论，发明最小二乘法，引入高斯误差曲线，根据偶然误差的 4 个特性，推导出偶然误差分布的概率密度函数为

$$f(\Delta) = \frac{1}{\sqrt{2\pi}\sigma} e^{-\frac{\Delta^2}{2\sigma^2}} \tag{6.2}$$

式(6.2)表明，偶然误差的出现服从标准正态分布(图 6.1)，这就为偶然误差的处理奠定了坚实的理论基础。测量实践中可以根据偶然误差的特性合理地处理观测数据，以减少偶然误差对测量成果的影响。

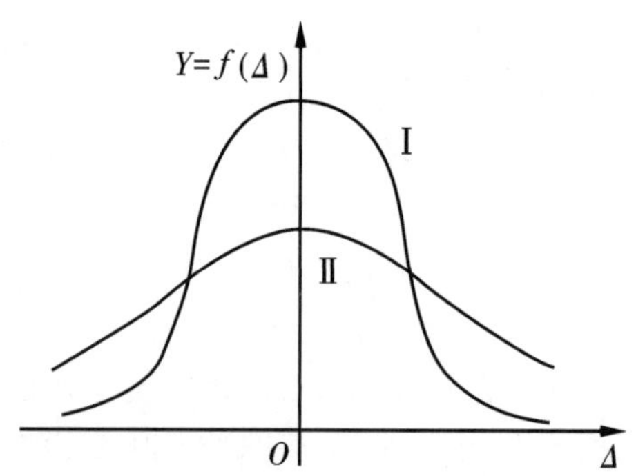

图 6.1 偶然误差的概率密度函数

6.2　观测值精度评价指标

在相同观测条件下,对某一量所进行的一组观测,对应着同一种误差分布。因此,这一组中的每一个观测值,都具有同样的精度。然而,在不同的观测条件下,对同一量所进行的观测必然具有不同的精度。下面介绍几种常用的衡量精度的指标。

6.2.1　中误差

设对某一未知量进行了 n 次等精度观测,未知量的真值为 X,其观测值为 $l_1, l_2, \cdots, l_n$,相应的真误差为

$$\Delta_1 = l_1 - X$$
$$\Delta_2 = l_2 - X$$
$$\cdots\cdots$$
$$\Delta_n = l_n - X$$

则定义该组观测值的方差 D 为

$$D = \lim_{n \to \infty} \frac{\sum \Delta_i^2}{n} \tag{6.3}$$

以式(6.1)为基础,由数理统计理论可以证明 $D=\sigma^2$,即

$$\sigma = \lim_{n \to \infty} \sqrt{\frac{\sum \Delta_i^2}{n}} \tag{6.4}$$

工程测量中将 σ 称为中误差(mean square error),并常以符号 m 表示,这只是一种传统,而从工程实践的角度来看,中误差的数学实质就是数理统计中的标准偏差,即

$$m = \pm \sqrt{\frac{\sum \Delta_i^2}{n}} \tag{6.5}$$

特别需要说明的是,根据式(6.5)计算中误差的前提是真值 X 是已知的,而这个条件在工程实践中通常是无法保证的。

由图6.1可见,偶然误差概率密度函数中的参数 σ 反映着误差分布的密集或离散程度,即反映其离散度的大小,可以作为衡量精度的指标。σ 越小,偶然误差分布越集中,则测量精确度越高(如图6.1中曲线Ⅰ所示);σ 越大,偶然误差分布越分散,则测量精确度越低(如图中曲线Ⅱ所示)。

6.2.2　相对误差

真误差和中误差都是指绝对误差的大小,与被测值的大小没有建立关系,仅用这两种精度指标显然无法完全表达精度的水平。为了在精度指标中考虑被测值本身的大小,引入相对误差的概念:

$$K = \frac{|m|}{X} \times 100\% = \frac{1}{\frac{X}{|m|}} \tag{6.6}$$

式中：K——相对中误差，也简称相对误差；

m——中误差；

X——观测量的真值。

由式(6.6)可见，相对误差有两种形式，其一是以百分数表示，其二是以分子为1、分母圆整为整数的真分数表示，这两种形式表示的相对误差都是一个无量纲的比值。

由于观测量的真值通常无法确定，工程实践中也常用观测量的算术平均值代替真值计算相对误差。例如，在距离测量中，通常是往、返各测量一次，以式(4.2)来评定测量精度。

$$K=\frac{|D_{往}-D_{返}|}{D_{平均}}=\frac{1}{\dfrac{D_{平均}}{|D_{往}-D_{返}|}}$$

从实质上看，上式的计算结果是"较差率"，而非"相对误差"，但工程中也常将它称为距离测量的相对误差。

特别需要指出的是，由于角度测量的误差与角度大小无关，因此不能用相对误差来评定测角精度。

6.2.3 极限误差

偶然误差的第一特性表明，在一定的观测条件下，偶然误差的绝对值不超过一定的界限。如果观测值的误差超过了这个界限，则被认为观测有错，应舍去重测，这个限值称为极限误差或容许误差(allowable error)。误差理论表明，在实际观测中，绝对值大于1倍中误差的偶然误差出现的概率为30%，绝对值大于2倍中误差的偶然误差出现的概率为5%，而绝对值大于3倍中误差的偶然误差出现的概率仅为0.3%。根据上述结果，工程测量中取2倍中误差作为偶然误差的限值，即

$$\Delta_{限}=2m \tag{6.7}$$

当对测量结果要求宽松时，也可取3倍中误差作为偶然误差的限值。一般认为，大于3倍中误差的偶然误差是不可接受的，应舍去重测。

6.3 误差传播定律

在实际工作中，某些未知量不可能或不便于直接进行观测，而需要由其他一些直接观测值按照一定的函数关系计算出来，而这些作为自变量的直接观测值是包含测量误差的，这必然引起函数值的误差。本节讨论自变量误差和函数值误差间的关系，根据自变量的误差来分析确定函数值的误差，阐述这种函数关系的定律即称为误差传播定律。

设有一般函数

$$y=f(x_1,x_2,\cdots,x_n) \tag{6.8}$$

式中：x_i——可以直接观测的值($i=1,2,\cdots,n$)；

y——函数值。

设对各个相互独立的自变量 x_i 分别进行了 k 次观测，其观测值分别是 l_i，而相应的中

误差分别是 m_i，且记 $\left(\dfrac{\partial f}{\partial x_i}\right)_{x_i=l_i}=f_i$，则当 k 足够大时，可以推导出：

$$m_y^2=f_1^{\,2}m_1^2+f_2^{\,2}m_2^2+\cdots+f_n^{\,2}m_n^2 \tag{6.9}$$

式(6.9)就是误差传递的一般公式，在误差理论中占有重要地位。

【例 6.1】　设在 $\triangle ABC$ 中，直接观测 $\angle A$、$\angle B$，且已知其中误差分别为 $m_A=\pm3''$，$m_B=\pm4''$。当由 $\angle A$、$\angle B$ 的观测值计算 $\angle C$ 大小时，相应的中误差 m_C 等于多少？

解　建立函数关系

$$y=180-x_1-x_2$$

则
$$f_1=\frac{\partial y}{\partial x_1}=-1,\quad f_2=\frac{\partial y}{\partial x_2}=-1$$

于是
$$m_C^2=(-1)^2\times(\pm3)^2+(-1)^2\times(\pm4)^2=25$$

即
$$m_C=\pm5''$$

【例 6.2】　证明：对某一量 X 进行 n 次等精度观测，观测值分别是 $l_1,l_2,\cdots,l_n$。若单次观测中误差为 m，则其算术平均值 $\bar{x}$ 的中误差为 $M_{\bar{x}}=\pm\dfrac{m}{\sqrt{n}}$。

证明　建立函数关系

$$y=\frac{1}{n}(x_1+x_2+\cdots+x_n)$$

则
$$f_1=f_2=\cdots=f_n=\frac{1}{n}$$

$$M_{\bar{x}}=\sqrt{\sum_{i=1}^{n}f_i^{\,2}m_i^2}=\sqrt{n\cdot\left(\frac{1}{n}\right)^2\cdot m^2}=\pm\frac{m}{\sqrt{n}} \tag{6.10}$$

图 6.2 是根据式(6.10)得到的算术平均值的中误差与观测次数的关系曲线。图6.2 表明，增加观测次数可以提高算术平均值的精度，例如，假定单次观测中误差为 1.0，则 10 次观测平均值的中误差将减到 0.316。但图 6.2 同时显示，当观测次数达到一定数值后（如 $n=10$），通过增加观测次数提高观测精度的效果就不太明显了。因此，不能仅依靠增加观测次数来提高测量成果的精度，而必须采取使用精度较高的仪器、提高观测技能及在良好的外界条件下进行观测等方式。

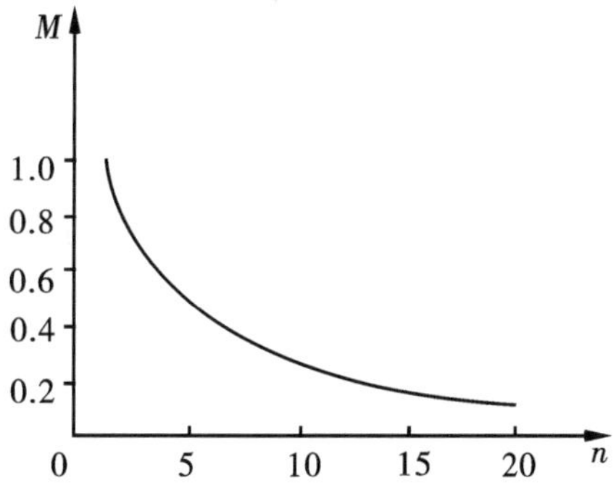

图 6.2　算术平均值中误差与观测次数关系曲线

【例 6.3】　在三角高程测量中，高差计算公式为 $\Delta y=L\sin\alpha$，其中 L 为斜长，α 为竖角。现已知观测值 $L=225.85\ \text{m}\pm0.06\ \text{m}$，$\alpha=157°00'30''\pm20''$。试求 Δy 的中误差 $m_{\Delta y}$。

解　根据误差传递的一般公式有

$$\frac{\partial f}{\partial L}=\sin\alpha,\quad \frac{\partial f}{\partial \alpha}=L\cos\alpha$$

$$m_{\Delta y}=\pm\sqrt{\left(\frac{\partial f}{\partial L}\right)^2 m_L^2+\left(\frac{\partial f}{\partial \alpha}\right)^2 m_\alpha^2}$$

$$=\pm\sqrt{\sin^2\alpha\cdot m_L^2+(L\cos\alpha)^2\left(\frac{m''_\alpha}{\rho''}\right)^2}$$

$$=\pm 31(\text{mm})$$

【例 6.4】 试讨论水准测量中的高差中误差与测站数及测线长度的关系。

设水准测量测定 A、B 两点间高差，观测中间共设 n 个测站，A、B 间高差就等于各测站高差之和，即有

$$h_{AB}=h_1+h_2+\cdots+h_n$$

设每测站高差中误差均为 μ，则有

$$m_{h_{AB}}=\pm\sqrt{n}\cdot\mu \tag{6.11}$$

即水准测量高差中误差与测站数的平方根成正比。

若水准路线设在平坦地区，测站间距离 S 大致相等，设 A、B 间的距离为 L，则测站数 $n=L/S$，代入上式可得

$$m_{h_{AB}}=\pm\sqrt{\frac{L}{S}}\cdot\mu=\pm\frac{\mu}{\sqrt{S}}\cdot\sqrt{L}$$

如果 $L=1$ km，则测站数 $n=1/S$，故每千米水准测量中误差 $m_0=\pm\mu/\sqrt{S}$，因此

$$m_{h_{AB}}=\pm m_0\cdot\sqrt{L} \tag{6.12}$$

即水准测量高差中误差与距离平方根成正比（L 以千米为单位）。

6.4 无真值条件下的最大似然值

6.4.1 最大似然值

在工程实践中，经常遇到的情况是某一未知量无法得到其真值，则无法利用式（6.5）求观测中误差。本节讨论在无真值条件下有关参数的计算问题。

设对某未知量进行了一组等精度观测，其真值为 X，观测值分别为 $l_1,l_2,\cdots,l_n$，相应的真误差为 $\Delta_1,\Delta_2,\cdots,\Delta_n$，则

$$\Delta_1=l_1-X$$
$$\Delta_2=l_2-X$$
$$\cdots\cdots$$
$$\Delta_n=l_n-X$$

将上述各式求和，等号两边再同除以 n，得

$$\frac{\sum_{i=1}^{n}\Delta_i}{n}=\frac{\sum_{i=1}^{n}l_i}{n}-X$$

设 L 为观测值的算术平均值，则有

$$L = \frac{\sum_{i=1}^{n} \Delta_i}{n} + X$$

根据偶然误差的第 4 条特性,当观测次数足够大时,有

$$\lim_{n \to \infty} L = X \tag{6.13}$$

从式(6.13)可以看出,当观测次数足够大时,观测值的算术平均值就趋向于未知量的真值。当 n 有限时,则说算术平均值 L 是真值 X 的“最大似然值”(maximum likelihood value),也称为似真值。

6.4.2　观测值的改正数

观测值与观测值的算术平均值之差称为观测值的改正数,用 v 表示。设对某未知量进行了一组等精度观测,观测值分别为 $l_1, l_2, \cdots, l_n$,其算术平均值为 L,相应的改正数为 $v_1, v_2, \cdots, v_n$,则

$$v_1 = l_1 - L$$
$$v_2 = l_2 - L$$
$$\cdots\cdots$$
$$v_n = l_n - L$$

将上述各式两端相加得

$$\sum_{i=1}^{n} v_i = \sum_{i=1}^{n} l_i - n \cdot L$$

由于算术平均值 $L = \frac{\sum_{i=1}^{n} l_i}{n}$,则可得

$$\sum_{i=1}^{n} v_i = 0 \tag{6.14}$$

由式(6.14)可知,一组观测值的改正数代数和应为零,利用这一特性可以检核计算过程是否正确。

6.4.3　用观测值的改正数计算中误差

运用误差理论可以证明,观测值的中误差 m 为

$$m = \pm \sqrt{\frac{\sum_{i=1}^{n} v_i^2}{n-1}} \tag{6.15}$$

算术平均值的中误差为

$$m_{\bar{x}} = \pm \frac{m}{\sqrt{n}} = \pm \sqrt{\frac{\sum_{i=1}^{n} v_i^2}{n(n-1)}} \tag{6.16}$$

第 6 章
习题集

第 7 章　小地区测图

全国范围、地域范围或城市范围的地形图测绘,可以为工程建设规划、设计提供技术依据。由于测区面积大,这种测量需要考虑地球曲率的影响,同时需要采用复杂的理论对测量过程中的误差进行分析和处理,通常属于大地测量学的内容。一般来说,城市及以上规模测图是由测绘专业工程技术人员完成。土木工程专业工程测量的主要任务是施工放样,通常不涉及测图任务。施工场区内测图工作可以为施工测量创造条件,其测区范围通常在数百米的尺度上。

在小于 25 km^2 范围内建立的控制网称为小地区控制网,这是土木工程测量经常面对的问题。本章仅介绍小地区测图相关知识。

国家控制网

7.1　控制网

在工程测量中,为了限制误差的传播范围,满足测定和测设的精度要求,也为了使分区的测量能够拼接成整体或使整体的工程能够分区放样,就必须遵循"从整体到局部,先控制后碎部"的原则,先在测区内选定一些对整体具有控制作用的点(称为控制点),并依此建立控制网。用较精密的仪器和方法测定各控制点的平面位置和高程,然后根据控制网进行碎部测定和测设。控制网分为平面控制网和高程控制网两种。测定控制点平面位置(x,y)的工作,称为平面控制测量;测定控制点高程(H)的工作,称为高程控制测量。

在全国范围内建立的控制网,称为国家控制网,它是全国各种比例尺测图的基本控制,并为确定地球的形状和大小提供研究资料。国家控制网是用精密测量仪器和方法,按一、二、三、四共四个精度等级建立的,它的低级点受高级点逐级控制。

建立国家平面控制网,主要采用三角测量的方法。三角测量(triangulation survey)就是在地面上布设一系列连续三角形,采用测角及量边的方式测定各三角形顶点水平位置方法, 于 1617 年由荷兰的 W. 斯涅耳首创。水平角观测是三角测量的关键性工作,除此之外,还要选择一些三角形的边作为起始边,测量其长度和方位角。起始边的长度过去用基线尺丈量,20 世纪 50 年代后改用电磁波测距仪直接测量。起始边的方位角用天文测量方法测定。从一个起始点和起始边出发,利用观测的角度值和边长,逐一推算各边的长度和方位角,再进一步推算各三角形顶点在大地坐标系中的水平位置。三角测量的特点是测角工作量大,而量边工作量小,适用于通视条件好但地形复杂,测距不便的环境。如图 7.1(a)所示,一等三角锁是国家平面控制网的骨干。二等三角网布设于一等三角锁环内,是国家平面控制网的全面基础。三、四等三角网为二等三角网的进一步加密。

图 7.1(b)是国家高程控制网布设示意图,一等水准网是国家高程控制网的骨干。二

等水准网布设于一等水准环内，是国家高程控制网的全面基础。三、四等水准网为国家高程控制网的进一步加密。建立国家高程控制网，采用精密水准测量方法。

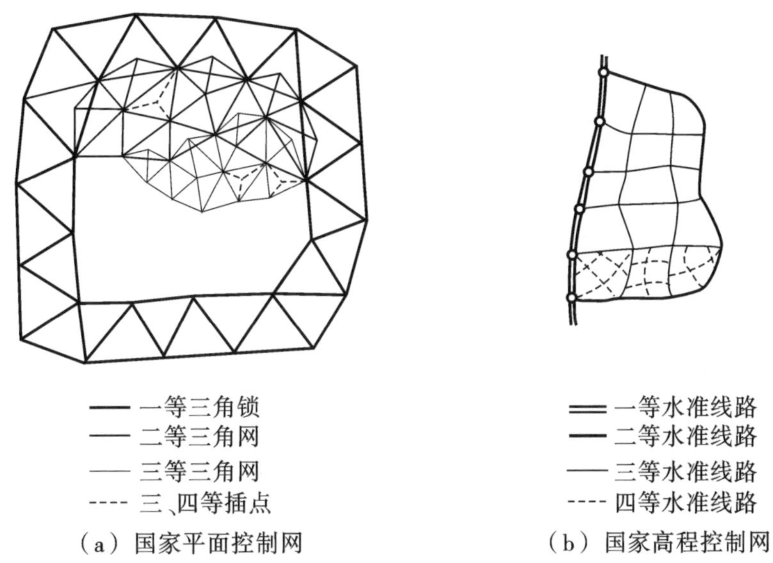

图 7.1　国家控制网布网示意

在小地区控制网范围内，水准面可近似为水平面，不需要将直接测量结果化算到高斯平面上，可以采用直角坐标系，直接在平面上进行坐标的正算和反算（由实测的边角值推算点位坐标称为坐标正算；由已知的点位坐标推算各点间的距离和方位角称为坐标反算）。建网时应尽可能与测区高级控制点连测。当不便连测时，也可建立独立控制网（独立网），独立控制网的起点坐标可以假定，用测区中央的磁方位角代替坐标方位角。

工程测量中常用导线测量方法建立小地区平面控制网，用三、四等水准测量方法建立小地区高程控制网。

7.2　导线测量

7.2.1　导线网

将测区内相邻控制点连接从而构成的折线，称为导线（traverse）。这些控制点，称为导线点。导线测量就是依次测定各导线边的长度和各转折角值，根据起算数据，推算各边的坐标方位角，从而求出各导线点的坐标。

导线测量

用经纬仪测量转折角，用钢尺测定边长的导线，称为经纬仪导线。若用光电测距仪测定导线边长，则称为电磁波测距导线。

导线测量是建立小地区平面控制网惯用的一种方法，特别适用于城市范围内地物分布较复杂的建筑区、视线障碍较多的隐蔽区和带状地区等。根据测区的不同情况和要求，导线可布设成下列三种形式：

(1)闭合导线。起讫于同一已知点的导线,称为闭合导线。如图7.2(a)所示,导线从已知高级控制点 *B* 和已知方向 *AB* 出发,经过1、2、3、4点,最后仍回到起点 *B*,形成一闭合多边形。构建闭合导线是因为它本身存在着严密的几何条件,具有检核功能。

(2)附合导线。布设在两已知点间的导线,称为附合导线。如图7.2(b),导线从一高级控制点 *A* 和已知方向 *BA* 出发,经过1、2、3、4点,最后附合到另一已知高级控制点 *C* 和已知方向 *CD*。此种布设形式,也具有检核观测成果的作用。

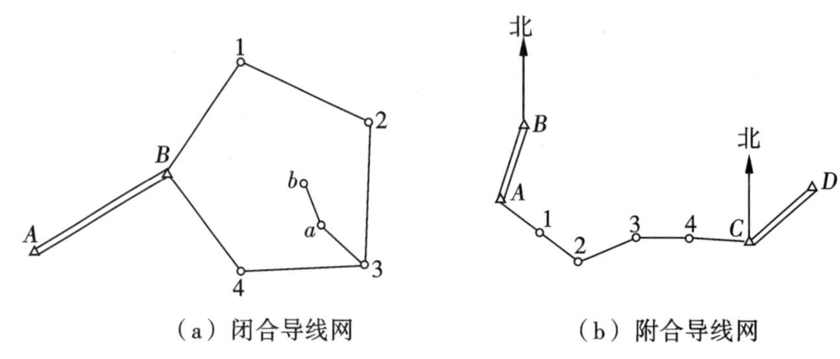

(a) 闭合导线网　　(b) 附合导线网

图7.2　常见导线布网形式

(3)支导线。由一已知点和一已知方向出发,既不能附合到另一已知点和方向,也不便回到起始点的导线,称为支导线。因支导线缺乏检核条件,故其边数不应超过4条。

用导线测量方法建立小地区平面控制网,通常分为一级导线、二级导线、三级导线和图根导线等几个等级。导线测量的主要技术要求见表7.1。

7.2.2　导线测量的外业工作

导线测量的外业工作包括踏勘选点及建立标志、量边、测角和连测等。

7.2.2.1　踏勘选点及建立标志

导线外业

选点前,应调查搜集测区已有地形图和高一级的控制点成果资料,把控制点展绘在地形图上,然后在地形图上拟定导线的布设方案,最后到野外去踏勘,实地核对,修改、落实点位和建立标志。如果测区没有地形图资料,则需详细踏勘现场,根据已知控制点的分布、测区地形条件及测图和施工需要等具体情况,合理地选定导线点的位置。

实地选点时,应注意下列几点:

(1)相邻点间通视良好,地势较平坦,便于测角和量距。

(2)点位应选在土质坚实处,便于保存标志和安置仪器。

(3)视野开阔,便于施测碎部。

(4)导线各边的长度应大致相等,除特殊情形外,应不大于350 m,平均边长符合表7.1的规定。

(5)导线点应有足够的密度,分布较均匀,便于控制整个测区。

表 7.1　导线测量的主要技术要求

等级	导线长度/km	平均边长/km	测角中误差/(″)	测距中误差/mm	测距相对中误差	测回数			方位角闭合差/(″)	相对闭合差
						DJ1	DJ2	DJ6		
三等	14	3	1.8	20	$\leqslant\frac{1}{150\,000}$	6	10	—	$3.6\sqrt{n}$	$\leqslant\frac{1}{55\,000}$
四等	9	1.5	2.5	18	$\leqslant\frac{1}{80\,000}$	4	6	—	$5\sqrt{n}$	$\leqslant\frac{1}{35\,000}$
一级	4	0.5	5	15	$\leqslant\frac{1}{30\,000}$	—	2	4	$10\sqrt{n}$	$\leqslant\frac{1}{15\,000}$
二级	2.4	0.25	8	15	$\leqslant\frac{1}{14\,000}$	—	1	3	$16\sqrt{n}$	$\leqslant\frac{1}{10\,000}$
三级	1.2	0.1	12	15	$\leqslant\frac{1}{7\,000}$	—	1	2	$24\sqrt{n}$	$\leqslant\frac{1}{5\,000}$
图根	$\leqslant 1.0M$	≤1.5 测图最大视距	30	—	$\leqslant\frac{1}{4\,000}$	—	—	1	$60\sqrt{n}$	$\leqslant\frac{1}{2\,000}$

注：M 为测图比例尺的分母。

导线点选定后，要在每一个点位上打一大木桩，其周围浇灌一圈混凝土，桩顶钉一小钉，作为临时性标志。若导线点需要保存较长时间，就要埋设混凝土桩，桩顶刻“十”字，作为永久性标志。导线点应统一编号。为了便于寻找，应量出导线点与附近固定而明显的地物点的距离，绘一草图，注明尺寸，称为点之记(node description)。

7.2.2.2　量边

导线边长可用光电测距仪测定，测量时要同时观测竖直角，供倾斜改正之用。若用钢尺丈量，钢尺必须经过检定。对于一、二、三级导线，应按钢尺量距的精密方法进行丈量。对于图根导线，可用一般方法往返丈量或同一方向丈量两次，当尺长改正数大于 1/10 000 时，应加尺长改正；当量距时平均尺温与检定时温度相差±10 ℃时，应进行温度改正；当尺面倾斜大于 2% 时，应进行倾斜改正。取其往返丈量的平均值作为成果，并要求较差率不大于 1/4 000。

7.2.2.3　测角

对于闭合导线，用测回法施测导线内角；对于附合导线，测量导线左折角。不同等级的导线的测角技术要求已列入表 7.1 中。图根导线，一般用 DJ6 级光学经纬仪测一个测回。若盘左、盘右测得角值的较差不超过 40″，则取其平均值作为成果。

7.2.2.4　连测

导线与高级控制点连接，必须观测连接角和连接边，作为传递坐标方位角和坐标之用，此项工作称为连测。如果附近无高级控制点，则应用仪器施测导线起始边的方位角，并假定起始点的坐标作为起算数据。

参照第3、4章角度和距离测量的记录格式，做好导线测量的外业记录，并要妥善保存。

7.2.3 导线测量的内业计算

导线测量的内业计算的目的就是计算各导线点的坐标。

计算之前，应全面检查导线测量外业记录，数据是否齐全，有无记错、算错，成果是否符合精度要求，起算数据是否准确。然后绘制导线略图，把各项数据注于图上相应位置。

7.2.3.1 内业计算中数字取位的要求

内业计算中数字的取位，对于一级及以下的导线，角值取至秒，边长及坐标均取至毫米(mm)。

7.2.3.2 闭合导线坐标计算

现以图7.3中的实测数据为例，说明闭合导线坐标计算的步骤。

【例7.1】已知1点坐标为(831.584 m,521.744 m)，坐标方位角 $\alpha_{12} = 92°14'30''$，角度及边长测量结果见图7.3。

(1)准备工作。将校核过的外业观测数据及起算数据填入表7.2中，起算数据用双线标明。

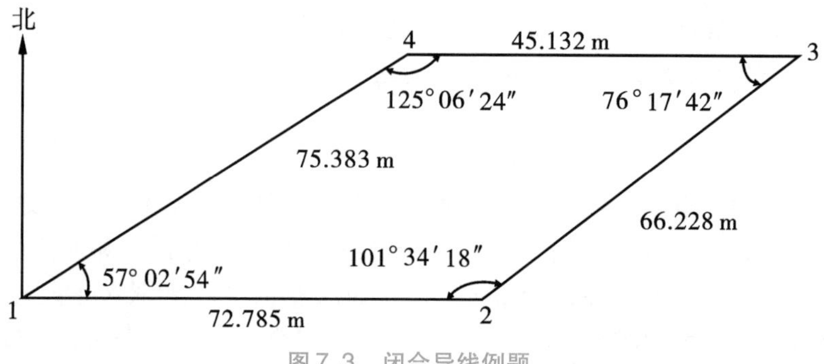

图7.3 闭合导线例题

(2)角度闭合差的计算与调整。n 边形闭合导线内角和的理论值为

$$\sum \beta_{theory} = (n-2) \times 180° \tag{7.1}$$

由于观测角不可避免地存在着误差，导致产生角度闭合差：

$$f_\beta = \sum \beta_{measure} - \sum \beta_{theory} \tag{7.2}$$

表 7.2.2　闭合导线坐标计算表

点号	观测角	改正数/(″)	改正角	坐标方位角	距离/m	坐标增量计算与调整				改正后坐标增量		坐标值	
						Δx/m	v_x/mm	Δy/m	v_y/mm	Δx/m	Δy/m	x/m	y/m
1												831.584	521.744
				92°14′30″	72.785	-2.847	16	72.729	14	-2.831	72.743		
2	101°34′18″	-20	101°33′58″									828.753	594.487
				13°48′28″	66.228	64.314	14	15.806	12	64.328	15.818		
3	76°17′42″	-19	76°17′23″									893.081	610.305
				270°05′51″	45.132	0.077	10	-45.132	9	0.087	-45.123		
4	125°06′24″	-20	125°06′04″									893.168	565.182
				215°11′55″	75.383	-61.600	16	-43.452	14	-61.584	-43.438		
1	57°02′54″	-19	57°02′35″									831.584	521.744
				92°14′30″									
2													
总和	360°01′18″	-78	360°00′00″		259.528	-0.056	56	-0.049	49	0	0		

辅助计算：

$\alpha_{测}=360°01'18''$

$-)\ \alpha_{理}=360°00'00''$

$f_\beta=78''$　　$f_{\beta容}=\pm60\sqrt{n}=\pm60\sqrt{4}=\pm120''$

$f_x=\sum\Delta x_i=-0.056$　　$f_y=\sum\Delta y_i=-0.049$

$f_D=\sqrt{f_x^2+f_y^2}=0.074$　　$K=\dfrac{f_D}{\sum D}=\dfrac{0.074}{259.528}\approx\dfrac{1}{3\ 507}$

$K_{容}=\dfrac{1}{2\ 000}$

各级导线角度闭合差的容许值见表 7.1。若角度闭合差超过限值，则说明所测角度不符合要求，应重新检测角度。若 f_β 不超过限值，可将闭合差反符号平均分配到各观测角中。改正后的内角和应与理论值相等。

内业-角度闭合差

(3)推算各边的坐标方位角。根据起始边已知坐标方位角及改正后的导线转折角，按下列公式推算其他各导线边的坐标方位角：

$$\alpha_{前} = \alpha_{后} + 180° + \beta_{左}(适用于测左折角) \tag{7.3}$$

$$\alpha_{前} = \alpha_{后} + 180° - \beta_{右}(适用于测右折角) \tag{7.4}$$

闭合导线各边坐标方位角的推算，从已知起始边开始，逐边进行，最后推算出起始边坐标方位角，它应与原有的已知坐标方位角值相等，否则应重新检查计算。

内业-方位角坐标

(4)坐标增量计算及其闭合差调整。

1)坐标增量的计算。如图 7.4 所示，设点 1 点坐标 (x_1, y_1) 和 1-2 边的坐标方位角 α_{12} 均为已知，边长 D_{12} 也已测得，则点 2 的坐标为

$$x_2 = x_1 + \Delta x_{12} \tag{7.5}$$

$$y_2 = y_1 + \Delta y_{12} \tag{7.6}$$

$$\Delta x_{12} = D_{12}\cos\alpha_{12} \tag{7.7}$$

$$\Delta y_{12} = D_{12}\sin\alpha_{12} \tag{7.8}$$

式中 Δx_{12}、Δy_{12} 称为坐标增量，也就是直线两端点的坐标值之差。

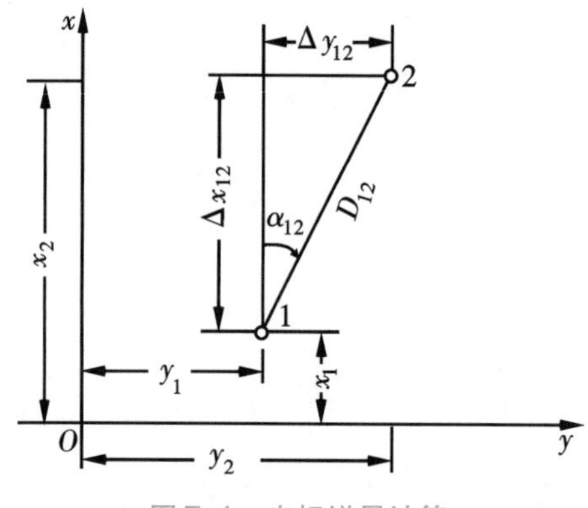

图 7.4　坐标增量计算

本例按式(7.5)～式(7.8)计算，将结果填入表 7.2 中的对应位置。

2)坐标增量的闭合差及其调整。对于闭合导线来说，其纵、横坐标增量代数和的理论值应为零。实际上，由于量边的误差和角度闭合差调整后的残余误差，使得纵、横坐标增量代数和不等于零，这就是纵、横坐标增量的闭合差：

$$f_x = \sum \Delta x_i \tag{7.9}$$

$$f_y = \sum \Delta y_i \tag{7.10}$$

由于 f_x 和 f_y 的存在，使得导线不能闭合，起点实际位置与推算位置之间的距离称为导线全长闭合差，并用下式计算：

$$f_D=\sqrt{f_x^2+f_y^2} \tag{7.11}$$

仅从f_D的大小还不能显示导线测量的精度，应当将f_D与导线全长$\sum D$相比，以分子为1的分数来表示导线全长相对闭合差，即

$$K=\frac{f_D}{\sum D}=\frac{1}{\frac{\sum D}{f_D}} \tag{7.12}$$

可以用导线全长相对闭合差K来衡量导线测量的精度。不同等级导线全长相对闭合差的容许值已列入表7.1中。若K超过限值，则说明成果不合格，首先应检查内业计算有无错误，然后检查外业观测成果，必要时重测。若K不超过限值，则说明符合精度要求，可以进行调整，即将f_x和f_y反其符号，按与边长成正比分配到各边的纵、横坐标增量中去。以ν_{xi}、ν_{yi}分别表示第i边的纵、横坐标增量改正数：

$$\nu_{xi}=-\frac{f_x}{\sum D}\cdot D_i \tag{7.13}$$

$$\nu_{yi}=-\frac{f_y}{\sum D}\cdot D_i \tag{7.14}$$

改正后纵、横坐标增量的代数和均应为零，即

$$\sum \nu_x=-f_x \tag{7.15}$$

$$\sum \nu_y=-f_y \tag{7.16}$$

式(7.15)、式(7.16)可以作为计算校核的依据。

(5)导线点坐标计算。根据起点的已知坐标及改正后的增量值，可以依次用下式推算各导线点的坐标：

内业-坐标增量和闭合差

$$x_{前}=x_{后}+\Delta x_{改} \tag{7.17}$$

$$y_{前}=y_{后}+\Delta y_{改} \tag{7.18}$$

对于闭合导线，其起点和终点是同一个已知点，即导线的起算坐标与终致坐标应完全相等，这可以作为闭合导线校核的一个条件。

例题中的全部计算见表7.2。

内业-导线点坐标计算

7.2.3.3 附合导线坐标计算

附合导线的坐标计算与闭合导线基本相同，但由于附合导线两端与已知导线相连，在角度闭合差及坐标增量闭合差的计算上都略有不同。

(1)角度闭合差的计算。设角度闭合差为f_β：

$$f_\beta=\alpha_{终测}-\alpha_{终} \tag{7.19}$$

如每个导线转折角的改正数为ν，则有：

当导线转折角β为左角时 $$\nu_L=-\frac{f_\beta}{n} \tag{7.20}$$

当导线转折角β为右角时 $$\nu_R=\frac{f_\beta}{n} \tag{7.21}$$

式中：n ——实测导线转折角的个数。

(2)坐标增量闭合差的计算。按附合导线的要求，各边坐标增量代数和应等于终、始两点的已知坐标值之差，即

$$\sum \Delta x_{理} = x_{终} - x_{始} \tag{7.22}$$

$$\sum \Delta y_{理} = y_{终} - y_{始} \tag{7.23}$$

则坐标增量闭合差按下式计算：

内业-附合导线坐标计算

$$f_x = \sum \Delta x_{测} - (x_{终} - x_{始}) \tag{7.24}$$

$$f_y = \sum \Delta y_{测} - (y_{终} - y_{始}) \tag{7.25}$$

附合导线的导线全长闭合差、全长相对闭合差和容许相对闭合差的计算，以及坐标测量闭合差的调整，与闭合导线相同。

7.3 三、四等水准测量

三、四等水准测量除用于国家高程控制网的加密外，还用于建立小地区首级高程控制网，以及建筑施工区内工程测量及变形观测的基本控制。三、四等水准点的高程应从附近的一、二等水准点引测。独立测区可采用闭合水准路线。三、四等水准点应选在土质坚硬、便于长期保存和使用的地方，并应埋设水准标石(参阅有关规范条文)，亦可利用埋石的平面控制点作为水准点。为了便于寻找，水准点应绘制点之记。三、四等水准测量的技术要求见表7.3。

图根水准测量是用于测定图根点的高程，直接为工程测定和测设提供高程基准的。因为图根测量的精度低于四等水准测量，故又称为等外水准测量，其测量技术要求见表7.3。

表7.3 水准测量的主要技术要求

等级	每千米高差全中误差/mm	路线长度/km	水准仪级别	水准尺	观测次数		往返较差、附合或环线闭合差	
					与已知点联测	附和或环线	平地/mm	山地/mm
三等	6	≤50	DS1、DSZ1	条码式因瓦、线条式因瓦	往返各一次	往一次	$\pm 12\sqrt{L}$	$\pm 4\sqrt{n}$
			DS3、DSZ3	条码式玻璃钢、双面		往返各一次		

续表7.3

等级	每千米高差全中误差/mm	路线长度/km	水准仪级别	水准尺	观测次数		往返较差、附合或环线闭合差	
					与已知点联测	附和或环线	平地/mm	山地/mm
四等	10	≤16	DS3、DSZ3	条码式玻璃钢、双面	往返各一次	往一次	$\pm 20\sqrt{L}$	$\pm 6\sqrt{n}$
五等	15	—	DS3、DSZ3	条码式玻璃钢、单面	往返各一次	往一次	$\pm 30\sqrt{L}$	—
图根	20	≤5	DS10	单面	往返各一次	往一次	$\pm 40\sqrt{L}$	$\pm 12\sqrt{n}$

注:1. 结点之间或结点与高级点之间的路线长度不应大于表中规定的70%。
2. L 为往返测段、附合或环线的水准路线长度(km),n 为测站数。
3. 数字水准测量和同等级的光学水准测量精度要求相同,作业方法在没有特指的情况下均称为水准测量。
4. DSZ1 级数字水准仪若与条码式玻璃钢水准尺配套,精度降低为 DSZ3 级。
5. 条码式因瓦水准尺和线条式因瓦水准尺在没有特指的情况下均称为因瓦水准尺。

三、四等水准测量的观测应在通视良好、成像清晰稳定的情况下进行。下面介绍双面尺法的观测程序。

7.3.1 每一测站的观测顺序

三、四等水准测量施测程序详解

后视水准尺黑面,使圆水准器气泡居中,读取下、上丝读数(1)和(2),转动微倾螺旋,使符合水准气泡居中,读取中丝读数(3)。

前视水准尺黑面,读取下、上丝读数(4)和(5),转动微顿螺旋,使符合水准气泡居中,读取中丝读数(6)。

前视水准尺红面,转动微倾螺旋,使符合水准气泡居中,读取中丝读数(7)。

后视水准尺红面,转动微倾螺旋,使符合水准气泡居中,读取中丝读数(8)。以上(1)~(8)表示观测与记录的顺序,这样的观测顺序简称为后—前—前—后,其优点是可以有效地减弱仪器下沉误差的影响。四等水准测量每站观测顺序也可为后—后—前—前,以提高工作效率。

7.3.2 测站计算与检核

每一测站的观测数据应符合表7.4、表7.5的要求。

表 7.4　光学水准仪观测的主要技术要求

等级	水准仪的级别	视线长度/m	前后视距差/m	任一测站上前后视距差累积/m	视线离地面最低高度/m	基、辅分化或黑、红面读数较差/mm	基、辅分化或黑、红面所测高差较差/mm
三等	DS1、DSZ1	100	3.0	6.0	0.3	1.0	1.5
	DS3、DSZ3	75				2.0	3.0
四等	DS3、DSZ3	100	5.0	10.0	0.2	3.0	5.0
五等	DS3、DSZ3	100	近似相等	—	—	—	—
图根	DS10	100	近似相等	—	—	—	—

注:1. 二等光学水准测量观测顺序,往测时,奇数站应为后—前—前—后,偶数站应为前—后—后—前;返测时,奇数站应为前—后—后—前,偶数站应为后—前—前—后。

2. 三等光学水准测量观测顺序应为后—前—前—后;四等光学水准测量观测顺序应为后—后—前—前。

3. 二等水准视线长度小于 20 m 时,视线高度不应低于 0.3 m。

4. 三、四等水准采用变动仪器高度观测单面水准尺时,所测两次高差较差,应与黑面、红面所测高差之差的要求相同。

表 7.5　数字水准仪观测的主要技术要求

等级	水准仪的级别	水准尺类别	视线长度/m	前后视距差/m	前后视距差累积/m	视线离地面最低高度/m	测站两次观测的高差较差/mm	数字水准仪重复测量次数
三等	DSZ1	条码式因瓦尺	100	2.0	5.0	0.45	1.5	2
四等	DSZ1	条码式因瓦尺	100	3.0	10.0	0.35	3.0	2
	DSZ1	条码式玻璃钢尺	100	3.0	10.0	0.35	5.0	2
五等	DSZ3	条码式玻璃钢尺	100	近似相等	—	—	—	—

注:1. 二等数字水准测量观测顺序,奇数站应为后—前—前—后,偶数站应为前—后—后—前。

2. 三等数字水准测量观测顺序应为后—前—前—后;四等数字水准测量观测顺序应为后—后—前—前。

3. 水准观测时,若受地面振动影响时,应停止测量。

(1)视距计算。

后视距离:(9)=[(1)-(2)]×100。

前视距离:(10)= [(4)-(5)]×100。

前、后视距差(11)=(9)-(10),三等水准测量不得超过 3 m;四等水准测量不得超过 5 m。

前、后视距差累积(12)=上站之(12)+本站之(11),三等水准测量不得超过 6 m;四等水准测量,不得超过 10 m。

(2)同一水准尺红、黑面中丝读数的检核。同一水准尺红、黑面中丝读数之差,应等于该尺红、黑面的常数差 K(4.687 m 或4.787 m)。红、黑面中丝读数差按下式计算:

$(13)=(6)+K-(7)$

$(14)=(3)+K-(8)$

(13)和(14)的大小,三等水准测量不得超过 2 mm,四等水准测量不得超过 3 mm。

(3)计算黑面、红面的高差(15)和(16):

$(15)=(3)-(6)$

$(16)=(8)-(7)$

$(17)=(15)-(16)\pm 0.100=(14)-(13)$,可以用来检核测量成果。三等水准测量(17)不得超过 3 mm;四等水准测量(17)不得超过 5 mm。

(4)计算平均高差(18):

$$(18)=\frac{1}{2}\{(15)+[(16)\pm 0.100]\}$$

7.3.3　每页记录的计算校核

三、四等水准测量计算校核

(1)高差部分。当测站数为偶数时有

$$\sum[(3)+(8)]-\sum[(6)+(7)]=\sum[(15)+(16)]=2\sum(18)$$

当测站数为奇数时有

$$\sum[(3)+(8)]-\sum[(6)+(7)]=\sum[(15)+(16)]=2\sum(18)\pm 0.100$$

(2)视距部分。后视距离总和减前视距离总和应等于末站视距累积差:

$$\sum(9)-\sum(10)=\text{末站}(12)$$

校核无误后,算出总视距:

$$\text{总视距}=\sum(9)+\sum(10)$$

用双面尺法进行四等水准测量的记录、计算与校核可参见表 7.6。

7.3.4　成果计算

四等水准测量

计算方法参见第 2 章水准测量有关内容。

表 7.6 三、四等水准观测记录

往测自BM1 至水准点 *A*　　　观测者:××　　　记录者:××

××年×月×日　　　天气:晴　　　仪器型号:DS3

开始时间:×时　结束时间:×时　　　成像:清晰稳定

测站编号	点号	后尺 下丝 / 上丝 后视距 视距差	前尺 下丝 / 上丝 前视距 累积差	方向及尺号	水准尺读数 黑面	水准尺读数 红面	*K*+黑-红/mm	平均高差/m	备注
		(1)	(4)		(3)	(8)	(14)	(18)	K006 = 4687
		(2)	(5)		(6)	(7)	(13)		K007 = 4787
		(9)	(10)		(15)	(16)	(17)		
		(11)	(12)						
1	BM1-TP1	1526	0901	后 007	1311	6098	0	+0.625 0	
		1095	0471	前 006	0686	5373	0		
		43.1	43.0	后—前	+0.625	+0.725	0		
		+0.1	+0.1						
2	TP1-TP2	1912	0670	后 006	1654	6341	0	+1.243 5	
		1396	0152	前 007	0411	5197	+1		
		51.6	51.8	后—前	+1.243	+1.144	-1		
		-0.2	-0.1						
3	TP2-TP3	0989	1813	后 007	0798	5586	-1	-0.824 5	
		0607	1433	前 006	1623	6310	0		
		38.2	38.0	后—前	-0.825	-0.724	-1		
		+0.2	+0.1						
4	TP3-*A*	1791	0658	后 006	1608	6295	0	+1.134 0	
		1425	0290	前 007	0474	5261	0		
		36.6	36.8	后—前	+1.134	+1.034	0		
		-0.2	-0.1						

每页校核：

$\sum(9) = 169.5$　　$\sum[(3)+(8)] = 29.691$　　$\sum[(15)+(16)] = +4.356$

$-)\ \sum(10) = 169.6$　　$-)\ \sum[(6)+(7)] = 25.335$　　$2\sum(18) = +4.356$

-0.1　　$+4.356$

总视距 $\sum(9)+\sum(10) = 339.1$

7.4　全站仪三角高程测量

高精度全站仪三角高程测量成果在一定条件下也可以作为小地区高程控制测量

手段。

7.4.1 全站仪三角高程测量原理

全站仪三角高程测量的方法有单向观测和对向观测两种。

三角高程测量

7.4.1.1 单向观测

如图7.5所示，A为已知高程点，B为未知高程点，现要求B点高程，必须观测A、B两点间的高差。将全站仪安置于A点，量测仪器高i；将反射棱镜置于B点，量取棱镜高度v。由图中几何关系可得

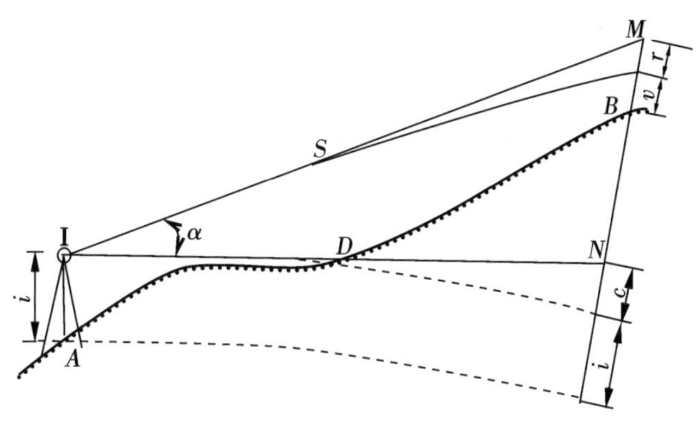

图7.5 三角高程测量原理

$$h_{AB} = S \cdot \sin\alpha + c + i - r - v \tag{7.26}$$

式中：S——A、B两点间的斜长；

α——棱镜照准点的竖直角；

c——地球曲率的影响值，$c = \dfrac{(S \cdot \cos\alpha)^2}{2R}$；

r——大气折光的影响值，$r = \dfrac{(S \cdot \cos\alpha)^2}{2R'}$；

R——地球半径；

R'——折光曲线的曲率半径。

设$K = \dfrac{R}{R'}$，并称之为大气折光系数，则

$$r = \frac{K(S \cdot \cos\alpha)^2}{2R}$$

将以上各参数代入式(7.26)，得

$$h_{AB} = S \cdot \sin\alpha + \frac{1-K}{2R}(S \cdot \cos\alpha)^2 + i - v$$

令$e = \dfrac{1-K}{2R}$，e称为地球曲率及大气折光改正系数，于是

$$h_{AB} = S \cdot \sin \alpha + e \cdot (S \cdot \cos \alpha)^2 + i - v \tag{7.27}$$

式(7.27)是单向观测计算高差的基本公式。

7.4.1.2 对向观测

对向观测是将全站仪置于 A 点观测 B 点，测取高差；再将仪器置于 B 点观测 A 点，测取高差；然后取两高差绝对值的中数作为观测结果。由式(7.27)可知，由 A 点观测 B 的高差为

$$h_{AB} = S_{AB} \cdot \sin \alpha_{AB} + e_{AB} \cdot (S_{AB} \cdot \cos \alpha_{AB})^2 + i_A - v_B$$

由 B 点观测 A 的高差为

$$h_{BA} = S_{BA} \cdot \sin \alpha_{BA} + e_{BA} \cdot (S_{BA} \cdot \cos \alpha_{BA})^2 + i_B - v_A$$

式中：S_{AB}、α_{AB}、i_A、v_B——全站仪在 A 点时测得的斜长、竖直角、仪器高和棱镜高；

S_{BA}、α_{BA}、i_B、v_A——全站仪在 B 点时测得的斜长、竖直角、仪器高和棱镜高。

由于对向观测一般是在相同的大气条件下进行的，故可近似认为地球曲率及大气折光改正系数 e 在两式是中相同的，即 $e_{AB} = e_{BA}$，于是可以近似取

$$e_{AB} \cdot (S_{AB} \cdot \cos \alpha_{AB})^2 \cong e_{BA} \cdot (S_{BA} \cdot \cos \alpha_{BA})^2$$

将往、返高差取平均得

$$\bar{h}_{AB} = \frac{1}{2}[(S_{AB} \cdot \sin \alpha_{AB} - S_{BA} \cdot \sin \alpha_{BA}) + (i_A - v_B) + (i_B - v_A)] \tag{7.28}$$

式(7.28)是对向观测计算高差的基本公式。从式中可以看出，对向观测可以消除地球曲率和大气折光的影响，因此，精确的三角高程测量应采用对向观测。

7.4.2 大气折光系数

提高三角高程测量精度的最大障碍是大气折光问题。多年来，世界各国测绘部门对大气折光系数 K 值进行了大量的试验研究。但由于大气折光受所在地区的高程、地形条件、气象、季节、时间、地面覆盖物以及光线离地面的高度等等诸多因素的影响，要精确确定光线经过时的折光系数是难以做到的。因此，工程测量中，通常是根据所在地区的观测条件取一个平均的 K 值来计算高差。

目前的研究资料表明，K 值在晴朗的白天取 0.13 ~ 0.15，阴天白天和夜间取 0.16 ~ 0.20，晴朗的夜间取 0.26 ~ 0.30 为宜。

由于大气折光对三角高程测量的精度影响极大，因此对精密高程测量来说，一方面应实地测出适合该地区情况的 K 值；另一方面，在实际测量中应采取适当的施测方案，如对向观测、选择有利时间段观测、以短视线传递高程等。

误差分析

7.4.3 误差分析

全站仪三角高程测量误差来源主要有以下四个方面：

(1)测距误差的影响。全站仪测距中误差 m_D 对高差的影响与竖直角 α 的大小有关，但理论计算和实践表明，这种影响通常很小。工程测量中常用的全站仪测距精度不低于

±(5+5ppm·S)mm(注:ppm 为百万分之一),由于测距精度很高,因此测距误差对高程测量的影响很小。

(2)测角误差的影响。测角误差包括观测误差、仪器误差及外界条件影响。观测误差中有照准误差、读数误差及竖盘指标水准管气泡居中的误差等。仪器误差中有单指标竖盘偏心误差及竖盘分划误差等。外界条件影响主要是大气折光,但空气对流、空气能见度等也影响照准精度。目前全站仪竖盘指标设有自动归零补偿装置,从而提高了测角精度。分析表明,竖直角观测中误差 m_α 对高差的影响随边长的增长而增大,这项影响比测距误差的影响要大得多。

为了减小这项影响,一是边长不要太长,一般不能超过 1 km;二是增加竖直角的测回数,提高测角精度,使 m_α 在 $\pm 2''$ 之内。对于相当于 J2 级的全站仪,一测回方向的中误差为 $\pm 2''$,则一测回竖直角的中误差亦为 $\pm 2''$。若观测竖直角二测回,可使 m_α 在 $\pm 1.5''$ 之内,因而适当增加测回数可以减少测角误差对高差的影响。

(3)大气折光的影响。大气折光影响主要决定于空气的密度。空气密度在一日内从早到晚不停地变化着,一般认为早、晚变化较大,中午比较稳定,阴天与夜间空气的密度亦较稳定,所以折光系数是个变数,通常采用其平均值来计算大气折光的影响,故计算中采用的系数值是有误差的。

若全站仪采用对向观测而且又在尽可能短的时间完成,则大气折光系数的变化是相当小的。这种情况下,对向观测可以大幅度削弱大气折光的影响。但实际上无论采用何种措施,大气折光系数不可能完全一样。《工程测量标准》(GB 50026—2020)指出,大气折光影响的中误差可以按下式确定:

对向观测时　$m_K = 0.42D^2$

单向观测时　$m_K = 0.42 \cdot \sqrt{2}D^2 = 0.59D^2$

式中:中误差单位是 mm,D 的单位是 km。

(4)量高误差。仪器高 i 一般容易精确测量,而目标高 v 在有些情况下不易测量,而量高误差对高程的影响是直接的。作业时量仪器高 i 和棱镜高 v 各两次并精确到 1 mm,然后取平均值,可以使 $m_i = m_v = 2$ mm。对于单向半测回观测,一般多采用杆棱镜,读取杆棱镜高本身就有 2 mm 的误差,而立杆棱镜时杆身倾斜是常有的。假设棱镜杆倾斜 3°,棱镜杆的高度为 2 m,将会使棱镜的实际高比量得的高减小 3 mm,这项误差将直接进入高差测量结果中。

7.5　地形图基本知识

7.5.1　地形图

7.5.1.1　地形图比例尺

地物(ground object)是地面上天然或人工形成的物体,如湖泊、河流、房屋、道路等。

地貌(relief)是指地球表面的高低起伏状态,包括山地、丘陵和平原等。地形图(relief map)是按一定的比例尺,用规定的符号表示地物、地貌平面位置和高程的正射投影图。

地形图上任意一线段的长度与地面上相应线段的实际水平长度之比,称为地形图的比例尺(scale)。比例尺的大小是由比例尺的比值来衡量的,分数值越大(即分母 M 越小)时,比例尺越大。比例尺通常有数字比例尺和图示比例尺两种形式。国家基本比例尺地图系列,是按照国家规定的测图技术标准(规范)、编图技术标准、图式和比例尺系统,测量和编制的若干特定规格比例尺的地图系列。我国的国家基本比例尺地图系列包括1∶500、1∶1 000、1∶2 000、1∶5 000、1∶1 万、1∶2.5 万、1∶5 万、1∶10 万、1∶20 万、1∶50 万、1∶100 万比例尺地图。其中比例尺大于1∶1 万的地形图称为大比例尺地形图,是土木工程各类专业常用的地形图。

通常把图上0.1 mm 所对应的实地水平长度称为比例尺的精度,据此可以确定在测图时量距应准确到什么尺度。例如,当要求图上能分辨的最小长度为0.5 m 时,则采用的比例尺应不小于1∶5 000。

为了实现对地形图的科学检索,工程上将各种不同比例尺的地图按照不同的方法进行分幅和编号。小比例尺地形图通常按经纬线划分的梯形分幅法编号;大比例尺地形图通常按坐标格网划分的矩形分幅法编号。

7.5.1.2 地物表示

根据《国家基本比例尺地形图图式 第1部分:1∶500 1∶1 000 1∶2 000 地形图图式》(GB/T 20257.1—2017)的有关规定,地物符号主要有以下三种:

(1)依比例尺符号。地物依比例尺缩小后,其长度和宽度能依比例尺表示的地物符号,如湖泊、建筑物等。

(2)半依比例尺符号。地物依比例尺缩小后,其长度能依比例尺而宽度不能依比例尺表示的地物符号,如道路、管道等。

(3)不依比例尺符号。地物依比例尺缩小后,其长度和宽度不能依比例尺表示,如地面的消防栓等。

7.5.1.3 地貌表示

在地形图上,通常用等高线(contour)来表示地貌。等高线是地面上高程相同的点所连接而成的连续闭合曲线。地形图上,相邻等高线之间的高差称为等高距(常用 h 表示);相邻等高线之间的水平距离称为等高线平距(常用 d 表示)。在同一张地形图上,基本等高距是相同的;等高线平距越小,地面坡度就越大;等高线平距越大,地面坡度就越小;等高线平距相等,则地面坡度相等。因此,可以根据地形图上等高线的疏密来判定地面坡度的缓与陡。以下讨论几种典型地貌的等高线形式。

(1)山头和洼地。如图7.6所示,山头和洼地的等高线都是一组闭合曲线,所不同的是,山头等高线内圈注记的高程大于外圈;洼地等高线内圈注记的高程小于外圈。

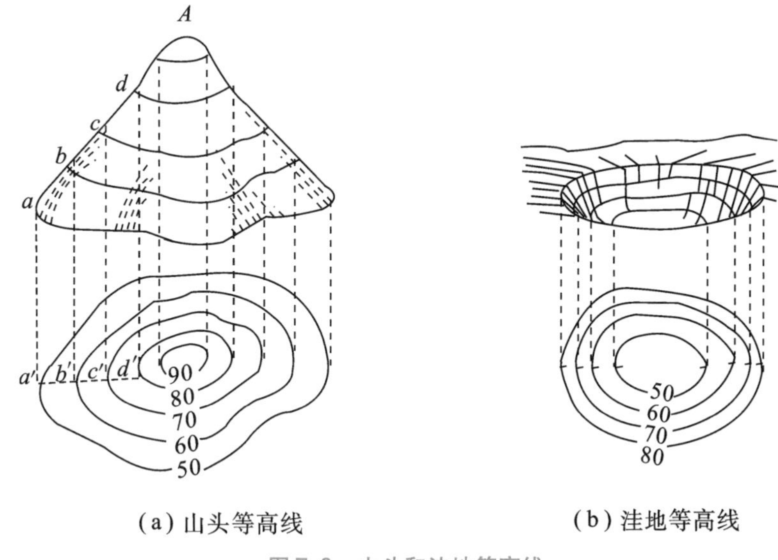

(a) 山头等高线　　　　(b) 洼地等高线

图 7.6　山头和洼地等高线

有些地形图采用一些垂直于等高线的短线来指示坡度下降的方向,这些短线称为示坡线。在注有示坡线的地形图上,山头的示坡线从内圈指向外圈;而洼地的示坡线从外圈指向内圈。

(2)山脊和山谷。如图 7.7(a)所示,山脊是沿着某一方向延伸的高地,山脊的最高点连线构成山脊线(也称为分水线),山脊的等高线表现为一组凸向低处的曲线。

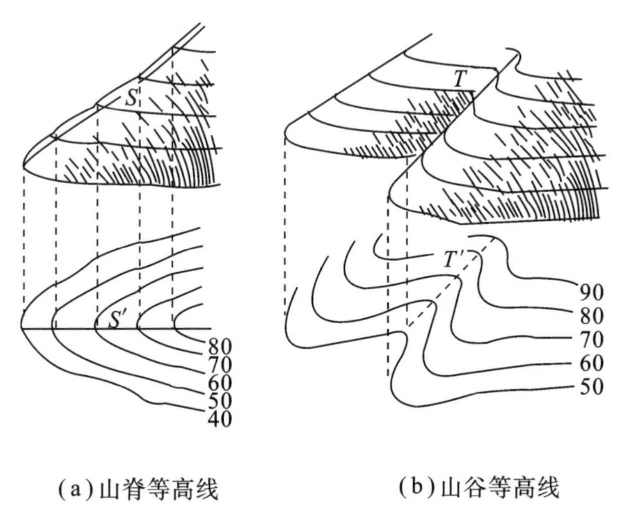

(a)山脊等高线　　　　(b)山谷等高线

图 7.7　山脊和山谷等高线

如图 7.7 所示,山谷是沿着某一方向延伸的洼地,山谷的最低点连线构成山谷线(也称为集水线),山谷的等高线表现为一组凸向高处的曲线。

(3)鞍部(saddle)。如图 7.8 所示,鞍部是相邻两山头之间呈马鞍形的低平部位。鞍部的等高线表现为一圈大的闭合曲线内,套有两组小的闭合曲线。鞍部是两个山脊与两个山谷汇合的地方,通常是山区道路的必经之地。

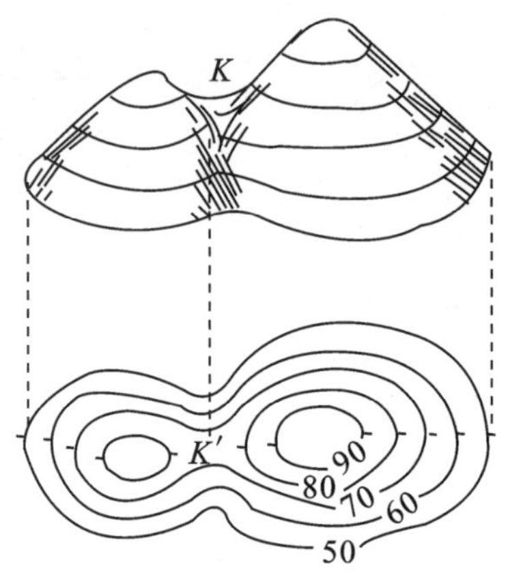

图 7.8 鞍部等高线

(4)陡崖和悬崖。陡崖是陡峭的崖壁,在地形图上常表现为一组等高线重合在一起,如图 7.9 所示。悬崖是上部突出、下部凹进的陡崖,在地形图上表现为一组相交的等高线,其中俯视时隐蔽的等高线须用虚线表示,如图 7.10 所示。

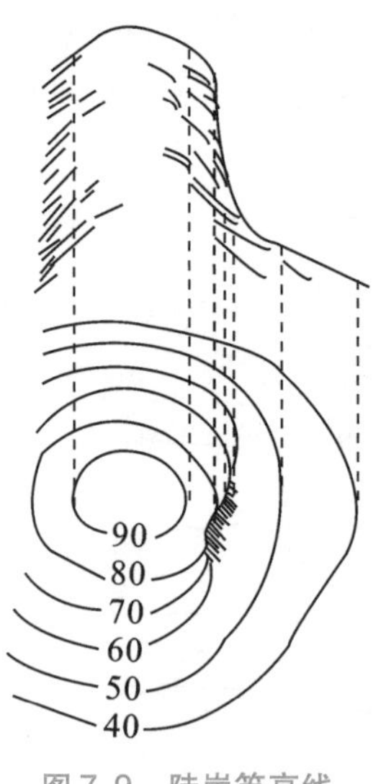

图 7.9 陡崖等高线

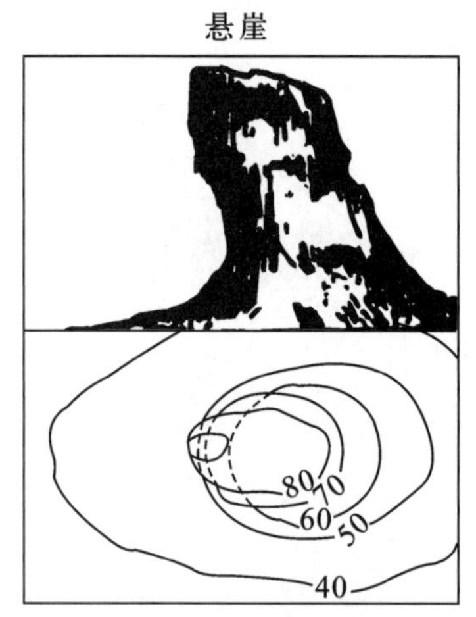

图 7.10 悬崖等高线

等高线具有如下特性:

1)同一条等高线上各点的高程都相等。

2)等高线都是闭合曲线,不在本图幅内闭合,则必在图外闭合。

3)除在悬崖或绝壁处外,等高线在地形图上不能相交或重合。

4)等高线的平距小表示坡度陡,平距大表示坡度缓,平距相等则表示坡度相等。

5）等高线与山脊线、山谷线正交。

7.5.2　地形图的应用

大比例尺地形图是建筑工程规划设计和施工中重要的技术资料，特别是在规划设计阶段，不仅要以地形图为依据进行总平面图布置，而且还要在地形图上进行一系列的量算，以优化规划和设计方案。

7.5.2.1　点位坐标和高程的确定

当需要确定图上某点 P 的坐标时，先查出 P 点左下角最近的坐标格网交点 Q 的坐标，再在图上实量 P 点到纵、横坐标格网的距离，按比例计算出 P 点相对于 Q 点的纵、横坐标增量，最后即可计算出 P 点坐标。

当需要确定图上某点 P 的高程时，若 P 点恰落在某条等高线上，则其高程就等于这条等高线的注记高程；当 P 点落在某两条等高线之间时，可在图上实量 P 点到两条等高线的距离，内插出 P 点的高程。通常，用目估确定图上某点的高程也是允许的。

7.5.2.2　直线长度、方位角、坡度的确定

图上两点 P 和 Q 间的实地长度可以根据其图上实量长度，乘上比例尺确定，但这种方法受图纸伸缩的影响。也可以首先确定 P 和 Q 的坐标，再按照两点间距离公式计算 PQ 间的实地长度。

求图上 PQ 线的坐标方位角时，可以先分别确定 P 和 Q 的坐标，再确定 α_{PQ}：

当 PQ 为北偏东方向时
$$\alpha_{PQ} = \arctan\frac{y_Q - y_P}{x_Q - x_P} \tag{7.29}$$

当 PQ 为南偏东方向时
$$\alpha_{PQ} = 180° - \left|\arctan\frac{y_Q - y_P}{x_Q - x_P}\right| \tag{7.30}$$

当 PQ 为南偏西方向时
$$\alpha_{PQ} = 180° + \left|\arctan\frac{y_Q - y_P}{x_Q - x_P}\right| \tag{7.31}$$

当 PQ 为北偏西方向时
$$\alpha_{PQ} = 360° - \left|\arctan\frac{y_Q - y_P}{x_Q - x_P}\right| \tag{7.32}$$

当求图上 PQ 线的实地坡度时，首先分别求出 PQ 两点各自的高程 H_P 和 H_Q，再求出两点间的实地距离 D_{PQ}，最后用下式求出其坡度：

$$i = \frac{H_Q - H_P}{D_{PQ}} \tag{7.33}$$

7.5.2.3　图形面积的确定

求地形图上图形面积的最简便方法是方格网记数法。如图 7.11 所示，当要求确定曲线内的面积时，使用专用的塑料透明方格网（方格尺寸为 1 mm×1 mm）覆盖在图形上，数出图形内完整的方格数 n_1 和不完整的方格数 n_2，则面积可近似用下式确定：

$$A = \left(n_1 + \frac{1}{2}n_2\right)\frac{M^2}{10^6}\ (\mathrm{m}^2) \tag{7.34}$$

式中:M——地形图比例尺的分母。

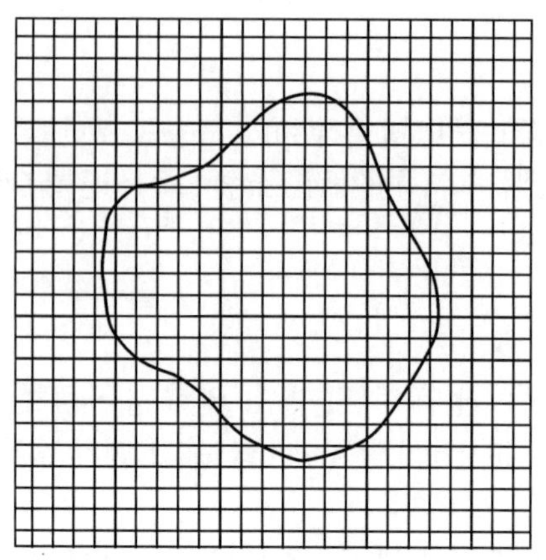

图 7.11　方格网计数法求面积

使用求积仪也是确定面积的一种简便方法,且可以保证一定的精度。电子求积仪是专门用来确定图形面积的专用工具,其优点是操作简便,速度快,适用于任意图形的面积量算。求积仪的使用方法随品牌不同而各异。

7.5.2.4　按一定方向绘制断面图

在各种线路工程设计中,为了进行挖填方工程量的计算,以及合理地确定线路的纵坡,经常需要了解沿线路方向的地面起伏情况,为此,常需要根据地形图绘制沿指定方向的断面图。

如图 7.12(a)所示,欲绘制沿 MN 直线的断面图,首先确定 MN 直线与等高线的交叉点 $a,b,c,\cdots$ 的坐标和高程,然后选择适当的纵、横坐标比例尺,在横轴上表现直线 MN 上各点间的距离,用纵轴表示对应点的高程即得到断面图,如图 7.12(b)所示。

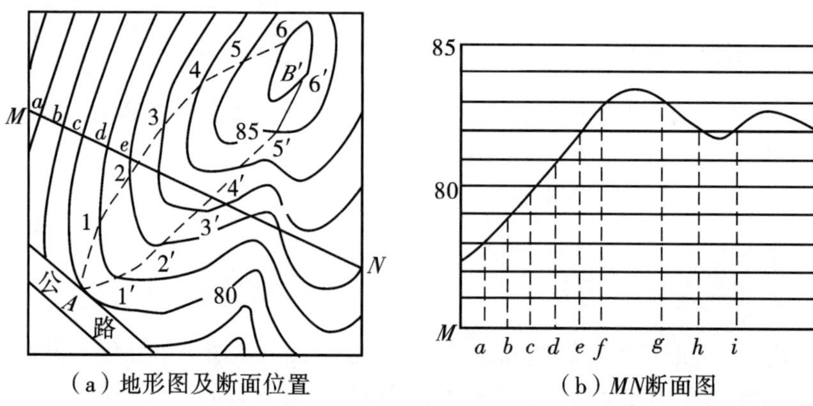

(a) 地形图及断面位置　　(b) MN断面图

图 7.12　按一定方向绘制断面图

7.5.2.5　按指定坡度选线

在道路、管道等工程规划设计时，都要求线路在不超过某一指定坡度（由专业规范确定）的条件下，选择一条最短线路或等坡度线路。

如图7.12(a)所示，设从公路上的A点到山头B点要选定一条公路线，要求其坡度不大于i。设地形图比例尺为$1:M$，等高距为h。为了满足指定坡度的要求，则线路经过相邻等高线的最小水平距离d可以按下式确定：

$$d = \frac{h}{i \cdot M} \tag{7.35}$$

然后，以A点为圆心，以d为半径画弧，依次与相邻等高线相交于1,2,3,…(1′,2′,3′,…)，直到B点附近为止。最后，连接A—1—2—3—…便在图上得到了小于指定坡度的路线。当然，这只是A到B中符合指定坡度要求的线路之一，还可以考虑其他影响因素，选择其他线路如A—1′—2′—3′—…。

当以d为半径画弧不能与相邻等高线相交时，说明此处坡度小于指定坡度。在这种情况下，线路方向可以按最短距离确定。

7.5.2.6　确定汇水面积

汇水面积是确定桥梁、涵洞孔径大小，确定水坝位置及坝高，计算水库蓄水量等的基础参数之一。由于雨水是沿山脊线向两侧山坡分流的，所以汇水面积的边界线可以按下列原则确定：

(1)汇水面积边界线应与山脊线一致，且与等高线垂直。

(2)边界线是经过一系列的山脊线、山头和鞍部的曲线，并与河谷的指定断面（公路或水坝的中心线）闭合。

确定了汇水面积的边界之后，就可以选用方格网记数法或求积仪法量算其面积。

7.6　碎部测量及成图

7.6.1　碎部点的选择

碎部点应选地物、地貌的特征点。对于地物，碎部点应选在地物轮廓线的方向变化处，如房角点、道路转折点和交叉点、河岸线转弯点以及独立地物的中心点等。连接这些特征点，便得到与实地相似的地物形状。由于地物形状极不规则，一般规定主要地物凸凹部分在图上大于0.4 mm的均应表示出来，小于0.4 mm时，可用直线连接。对于地貌来说，碎部点应选在最能反映地貌特征的山脊线、山谷线等地性线上，如山顶、鞍部、山脊、山谷、山坡、山脚等坡度变化及方向变化处，根据这些特征点的高程勾绘等高线，即可将地貌在图上表示出来。

7.6.2 经纬仪测绘碎部点

测定碎部点平面位置的方法包括极坐标法、方向与直线交会法等，其中极坐标法是测定碎部点最基础的方法。

经纬仪测绘法的实质是按极坐标定点进行测图。观测时先将经纬仪安置在测站上，绘图板安置于测站旁，用经纬仪测定碎部点的方向与已知方向之间的夹角、测站点至碎部点的距离和碎部点的高程。然后根据测定数据，用量角器和比例尺把碎部点的位置展绘在图纸上，并在点的右侧注明其高程，再对照实地描绘地形。此法操作简单、灵活，适用于各类地区的地形图测绘。

操作步骤如下：

(1)安置仪器。如图7.13所示，安置仪器于测站点A(控制点)上，量取仪器高填入手簿。

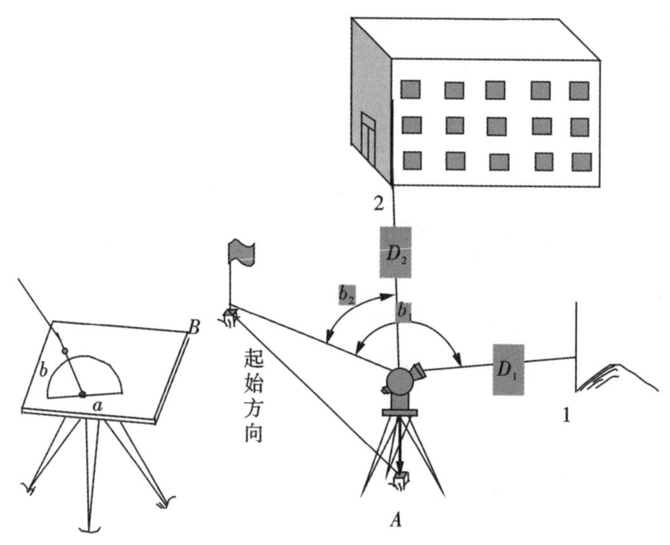

图7.13 经纬仪测绘法

(2)定向。定向置水平度盘读数为0°00′00″，后视另一控制点B。

(3)立尺。立尺员依次将尺立在地物、地貌特征点上。立尺前，立尺员应弄清实测范围和实地情况，选定立尺点，并与观测员、绘图员共同商定跑尺路线。

(4)观测。转动照准部，瞄准标尺，读取视距间隔、中丝读数、竖盘读数及水平角。

(5)记录。将测得的视距间隔、中丝读数、竖盘读数及水平角依次填入手簿。对于有特殊作用的碎部点，如房角、山头、鞍部等，应在备注中加以说明。

(6)计算。根据以下两式计算碎部点和测站点间的平距和高差，并填入观测手簿(表7.7)：

$$D = Kl\cos^2\alpha \tag{7.36}$$

$$h = D\tan\alpha + i - v \tag{7.37}$$

式中：D——水平距离；

K——视距乘常数，通常 $K=100$；

l——尺间隔；

α——竖直角；

h——高差；

i——仪器高度；

v——中丝读数。

表7.7　碎部点观测手簿（局部）

测站：A　定向点：B　仪器高：1.42 m　测站高程：207.40 m　指标差 $x=0''$　仪器：DJ6

测点	尺间隔	中丝读数	竖盘读数	垂直角	高差	水平角	水平距离	高程	备注
	l/m	v/m	L	α	h/m	β	D/m	H/m	
1	0.76	1.42	93°28′	−3°28′	−4.59	114°00′	75.7	202.81	房角
2	0.75	2.42	93°00′	−3°00′	−4.92	150°30′	74.8	202.48	山脚

（7）展绘碎部点。用细针将量角器的圆心插在图上测站点 A 处，转动量角器，将量角器上等于水平角值的刻划线对准起始方向线，此时量角器的零方向便是碎部点方向，然后用测图比例尺按测得的水平距离在该方向上定出点的位置，并在点的右侧注明其高程。

为了检查测图质量，仪器搬到下一测站时，应先观测前站所测的某些明显碎部点，以检查由两个测站测得的该点平面位置和高程是否相同，如相差较大，则应查明原因，纠正错误，再继续进行测绘。

若测区面积较大，可分成若干图幅，分别测绘，最后拼接成全区地形图。为了相邻图幅的拼接，每幅图应测出图廓外5 mm。

也可使用测距仪测量测站点到碎部点的距离。

7.6.3　碎部测量注意事项

（1）观测人员在读取竖盘读数时，要注意检查竖盘指标水准管气泡是否居中；每观测20～30个碎部点后，应重新瞄准起始方向检查其变化情况。经纬仪测绘法起始方向度盘读数偏差不得超过4′。

（2）立尺人员应将标尺竖直，并随时观察立尺点周围情况，弄清碎部点之间的关系，地形复杂时还需绘出草图，以协助绘图人员做好绘图工作。

（3）绘图人员要注意图面正确整洁，注记清晰，并做到随测点，随展绘，随检查。

（4）当每站工作结束后，应进行检查，在确认地物、地貌无错测或漏测时，方可迁站。

7.6.4　地貌和地物的勾绘

（1）地物的勾绘。地物用地形图图式规定符号表示。房屋轮廓需用直线连接起来，而道路、河流的弯曲部分则是逐点连成光滑的曲线。不能依比例描绘的地物，应按规定的非比例符号表示。

(2)地貌的勾绘。勾绘等高线时，首先用铅笔轻轻描绘出山脊线、山谷线等地性线，再根据碎部点的高程勾绘等高线。由于碎部点是选在地面坡度变化处，因此相邻点之间可视为均匀坡度。这样可在两相邻碎部点的连线上，按平距与高差成比例的关系，内插出两点间的各条等高线，定出其他相邻两碎部点间等高线应通过的位置。将高程相等的相邻点连成光滑的曲线，即为等高线。勾绘等高线时，要对照实地情况，先画计曲线，后画首曲线，并注意等高线通过山脊线、山谷线的走向。

7.6.5 地形图的拼接

测区面积较大时，整个测区必须划分为若干幅图进行施测。这样，在相邻图幅连接处，由于测量误差和绘图误差的影响，无论是地物轮廓线，还是等高线，往往不能完全吻合。相邻左、右两图幅相邻边的衔接情况，房屋、河流、等高线都有偏差。拼接时用宽 4 ~ 5 cm 的透明纸蒙在左图幅的接图边上，用铅笔把坐标格网线、地物、地貌描绘在透明纸上，然后再把透明纸按坐标格网线位置蒙在右图幅衔接边上，同样用铅笔描绘地物和地貌。当用聚酯薄膜绘图时，不必描绘图边，利用其自身的透明性，可将相邻两幅图的坐标格网线重叠；若相邻处的地物、地貌偏差不超过规定的要求，则可取其平均位置，并据此改正相邻图幅的地物、地貌位置。

7.6.6 地形图的检查验收

为了确保地形图质量，除施测过程中加强检查外，在地形图测完后，必须对成图质量做一次全面检查。

(1)自检。自检内容包括：图上地物、地貌是否清晰易读；各种符号注记是否正确，等高线与地形点的高程是否相符，有无矛盾可疑之处；图边拼接有无问题等，如发现错误或疑点，应到野外进行实地检查修改。

(2)验收检查。巡视检查根据室内检查的情况，有计划地确定巡视路线，进行实地对照查看。主要检查地物、地貌有无遗漏，等高线是否逼真合理，符号、注记是否正确等。仪器设站检查根据室内检查和巡视检查发现的问题，到野外设站检查，除对发现的问题进行修正和补测外，还要对本测站所测地形进行检查，看原测地形图是否符合要求。仪器检查量每幅图一般为 10% 左右。

7.6.7 地形图的整饰清绘

为了使图面清晰、美观、合理，在地形图进行拼接和检查工作完成以后，要进行整饰清绘，使图更加完善。整饰过程遵循一定的次序，一般情况下，整饰的顺序如下：先图内后图外；先地物后地貌；先注记后符号。图上的注记、地物以及等高线均按地形图图式规定的符号进行注记和绘制。最后，应按地形图图式要求写出图名、图号、比例尺、坐标系统及高程系统、施测单位、地形图图式的版本等。

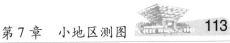

7.7 数字化测图

7.7.1 数字化测图概念

数字化测图是用全站仪或 GNSS RTK 等在野外采集地物、地貌信息数据，通过数据接口将采集的数据传输到计算机，再通过测图软件进行数据处理后形成数字地图。

数字化测图主要方法有草图法和电子平板法等。草图法是野外测记，室内成图；用全站仪或 GNSS RTK 等采集特征点三维坐标，同时配以人工画草图和输入编码，到室内将野外测量数据从全站仪中传输到计算机中，通过绘图软件，根据编码以及参考草图编辑成图，作业流程如图 7.14 所示。电子平板法是野外测绘，实时显示，将全站仪或 GNSS RTK 与装有成图软件的电子平板等设备通过数据线、无线网络或蓝牙等连接，全站仪或 GNSS RTK 在测站上实时测量碎部点三维坐标，电子平板现场显示点位和图形，并可对其进行编辑，满足测图要求后，将测量和编辑数据存盘，作业流程见图 7.15。

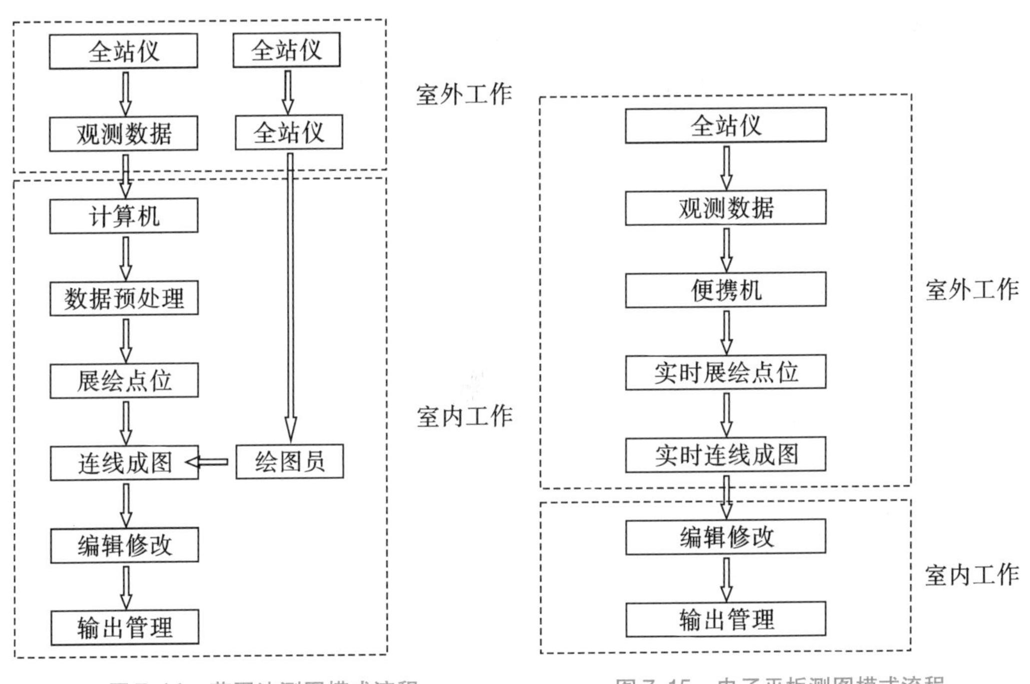

图 7.14 草图法测图模式流程　　图 7.15 电子平板测图模式流程

7.7.2 数字化测图的特点

数字化测图除了具有实时性和动态性，还有以下特点：

(1)定点精度高。传统的地形图测绘方法，其地物点的平面位置误差主要受展绘误差和测定误差、测定地物点的视距误差和方向误差等多方面的影响。数字化测图有效地避免了这些误差。全站仪的测量数据作为电子信息可以自动传输、记录、存储、处理和成图。在这个全过程中使原测量数据的精度不损失,从而获得高精度的测量结果。

(2)改进作业方式。传统的方式主要是通过手工操作,人工记录,手工绘制地形图。数字化测图则是野外测量、自动记录、自动解算处理、自动成图。数字化测图自动化程度高,出错率小,能自动提取坐标、距离、方位和面积等,绘制的地形图精确、美观。

(3)便于更新。数字化测图能克服大比例尺白纸测图连续更新的困难,只需输入有关信息,经过数据处理就能方便地做到更新和修改,保持图面整体的可靠性和现时性。

(4)增加了地图的表现力。计算机与显示器、绘图机联机时,可以绘制各种比例尺的地形图,也可以分层输出各类专题地图,满足不同用户的需要。

(5)可作为 GIS 的重要信息源。要建立地理信息系统,数据采集工作是重要的一环。数字化测图作为 GIS 的信息源,能及时、准确地提供各类基础数据,更新 GIS 数据库,保证地理信息可靠性和现时性,为 GIS 的辅助决策和空间分析发挥作用。

(6)避免因图纸伸缩带来的各种误差。表示在图纸上的地图信息随着时间的推移,会因图纸的变形而产生误差。数字化测图的成果以数字信息保存,避免了对图纸的依赖性。

7.7.3 数字化测图的作业过程

数字化测图的作业过程与使用的设备和软件、数据源及图形输出的目的有关。但不论是测绘地形图,还是制作种类繁多的专题图、行业管理用图,只要是测绘数字图,都必须包括数据采集、数据处理和图形输出三个基本阶段。

7.7.3.1 数据采集

数据采集分为野外采集和内业数据采集两种。

(1)野外采集法。采用全站仪或 GNSS RTK 进行实地测量,并将野外采集的观测值或坐标数据自动记录和存储。

由于目前全站仪和 GNSS RTK 的精度高,而电子记录又能如实地记录和处理,无精度损失,所以野外采集数据精度高,是城市地区的大比例尺测图中主要的测图方法。

(2)内业数据采集(既有纸质图数字化)。为了充分利用已有的测绘成果,可将纸质地形图转换成计算机能存储和处理的数字地形图,这一过程称为纸质地形图的数字化,简称地图数字化,其常见方法为两种:手扶跟踪数字化法和扫描屏幕数字化法。

7.7.3.2 数据处理

实际工作中,数字测图的全过程都是在进行数据处理。这里的数据处理阶段指在数据采集完成以后到图形输出之前对图形数据的各种处理。数据处理主要包括数据传输、数据预处理、数据转换、数据计算、图形生成、图形编辑与整饰、图形信息的管理与应用等。这部分工作需要在相应软件的支持下,人机交互完成。

7.7.3.3 图形输出

经过数据处理以后,即可得到数字地图,也就是形成一个图形文件,由磁盘或光盘永久性保存。也可以将数字地图转换成地理信息系统所需要的图形格式，用于建立和更新 GIS 图形数据库。图形输出是数字化测图的主要目的，通过对图层的控制，编制和输出各种专题地图，以满足不同用户的需要。为了使用方便，往往需要用绘图仪或打印机将图形或数据资料输出。在用绘图仪输出图形时，还可用图层来控制线画的粗细或颜色，绘制美观、实用的图形。

7.8　数字化测图软件 CASS

目前成熟的数字化测图软件较多，本节只介绍南方数码公司开发的地形地籍成图软件 CASS。

CASS 地形地籍成图软件是基于 AutoCAD 平台技术的 GIS 前端数据处理系统，广泛应用于地形成图、地籍成图、工程测量应用、空间数据建库、市政监管等领域，全面面向 GIS，彻底打通数字化成图系统与 GIS 接口，使用骨架线实时编辑、简码用户化、GIS 无缝接口等先进技术。CASS 自 1994 年推出 CASS 1.0 版本以来，经过不断地更新和完善，现已有多个版本，本节以 CASS 9.0 为例介绍其主要功能。

7.8.1　操作界面

CASS 9.0 的操作界面主要有顶部菜单面板、右侧屏幕菜单和工具条、属性面板，如图 7.16 所示。每个菜单项均以对话框或命令行提示的方式与用户交互应答，操作灵活方便。

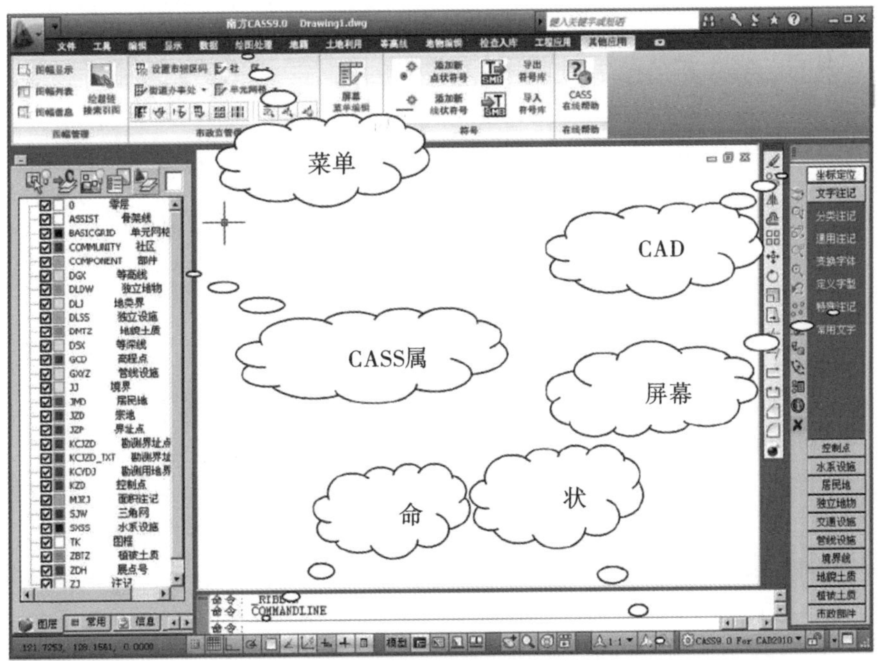

图 7.16　CASS 9.0 界面

几乎所有的 CASS 9.0 命令及 AutoCAD 的编辑命令都包含在顶部菜单面板中，例如文件管理、图形编辑、工程应用等命令都在其中。

CASS 9.0 屏幕的右侧设置了“屏幕菜单”，这是一个测绘专用交互绘图菜单。进入该菜单的交互编辑功能时，必须先选定定点方式。CASS 9.0 右侧屏幕菜单中定点方式包括“坐标定位”“测点点号”“电子平板”等方式。

CASS 9.0 屏幕菜单的功能是绘制各种地物和各类地貌符号。CASS 9.0 中的地物和地貌符号采用《国家基本比例尺地图图式　第 1 部分：1 ∶ 500 1 ∶ 1 000 1 ∶ 2 000 地形图图式》（GB/T 20257.1—2007）有关规定。2007 版图式将地物、地貌和注记符号分为测量控制点、水系、居民地及设施、交通、管线、境界、地貌、植被与土质、注记共 9 类；为了使用方便，在 CASS 9.0 屏幕菜单将地物、地貌和注记符号分为 11 个符号库。与 2007 版图式相比，CASS 9.0 屏幕菜单符号库除包含 2007 版图式的 9 类符号之外，增加“独立地物”和“市政部件”两个符号库。“独立地物”符号库是将 2007 版图式中常用的独立地物符号归到该符号库；“市政部件”符号库是将城市中常用的市政符号归到该符号库，其目的是方便用户在绘图时快速查找并绘制相应的符号。

CASS 9.0 屏幕的左侧设置了“属性面板”，它不只是显示编辑属性的作用，属性面板集图层管理、常用工具、检查信息和实体属性为一体。

当打开 CASS 9.0 以后，系统会默认添加多个常用图层。使用者可以根据需要修改、删除、添加相应的图层。CASS 9.0 的图层管理采用了树状形式，比以往的下拉式的图层管理更加方便，让人一目了然。

7.8.2　坐标数据文件

坐标数据文件是 CASS 最基础的数据文件，扩展名是“DAT”，无论是从电子手簿传输到计算机还是用电子平板在野外直接记录数据，都生成一个坐标数据文件，如图 7.17 所示，其格式为

1 点点名，1 点编码（可以为空），1 点 Y（东）坐标，1 点 X（北）坐标，1 点高程

…

N 点点名，N 点编码（可以为空），N 点 Y（东）坐标，N 点 X（北）坐标，N 点高程

需要说明的是：

（1）文件内每一行代表一个点。

（2）每个点 Y（东）坐标、X（北）坐标、高程的单位均是“米”。

（3）编码内不能含有逗号，即使编码为空，其后的逗号也不能省略。

（4）所有的逗号不能在全角方式下输入。

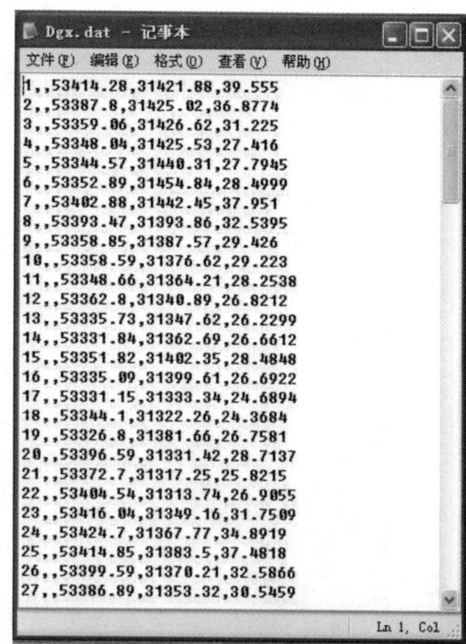


```
1,,53414.28,31421.88,39.555
2,,53387.8,31425.02,36.8774
3,,53359.06,31426.62,31.225
4,,53348.04,31425.53,27.416
5,,53344.57,31440.31,27.7945
6,,53352.89,31454.84,28.4999
7,,53402.88,31442.45,37.951
8,,53393.47,31393.86,32.5395
9,,53358.85,31387.57,29.426
10,,53358.59,31376.62,29.223
11,,53348.66,31364.21,28.2538
12,,53362.8,31340.89,26.8212
13,,53335.73,31347.62,26.2299
14,,53331.84,31362.69,26.6612
15,,53351.82,31402.35,28.4848
16,,53335.09,31399.61,26.6922
17,,53331.15,31333.34,24.6894
18,,53344.1,31322.26,24.3684
19,,53326.8,31381.66,26.7581
20,,53396.59,31331.42,28.7137
21,,53372.7,31317.25,25.8215
22,,53404.54,31313.74,26.9055
23,,53416.04,31349.16,31.7509
24,,53424.7,31367.77,34.8919
25,,53414.85,31383.5,37.4818
26,,53399.59,31370.21,32.5866
27,,53386.89,31353.32,30.5459
```

图 7.17　CASS 坐标数据文件

CASS 的坐标数据文件必须按照上述要求来组织。然而，在使用全站仪或 GNSS RTK

进行三维坐标测量后，由于不同厂商生产的不同品牌或者同品牌不同型号的仪器存储数据时的数据格式并不一定与 CASS 坐标数据文件格式完全相同，这时就需要进行数据格式转换。目前，市场上有较多的数据格式转换程序，通过程序可以将不同数据格式的数据文件转换为 CASS 能够识别的扩展名为“DAT”数据文件。

7.8.3　绘制地物

在 CASS 中，执行下拉菜单“绘图处理/展野外测点点号”命令，会弹出一个对话框，要求输入测定区域的野外坐标数据文件，输入或选定坐标文件后，计算机自动求出该测区的最大、最小坐标，然后系统自动将坐标数据文件内所有的点号都显示在屏幕显示范围内。用户可以根据需要执行下拉菜单“绘图处理/切换转点注记”命令，选择在屏幕中注记的内容。

根据野外作业时绘制的草图，移动光标至屏幕右侧菜单区选择相应的地物符号，然后在屏幕中将所选地物绘制出来。系统中所有地形图图式符号都是按照图层来划分的，例如所有表示测量控制点的符号都放在“控制点”这一层，所有表示独立地物的符号都放在“独立地物”这一层，所有表示植被的符号都放在“植被土质”这一层。

如图 7.18 所示，由 33、34、35 号点连成一间普通房屋。移动鼠标至右侧菜单“居民地/一般房屋”处单击左键，系统便弹出“一般房屋”对话框；再移动光标到“四点房屋”的图标处单击左键，图标变亮表示该图标已被选中；然后移光标至“确定”单击左键。这时命令区提示：“1. 已知三点/2. 已知两点及宽度/3. 已知四点<1>:”；输入 1，回车（或直接回车默认选 1）。

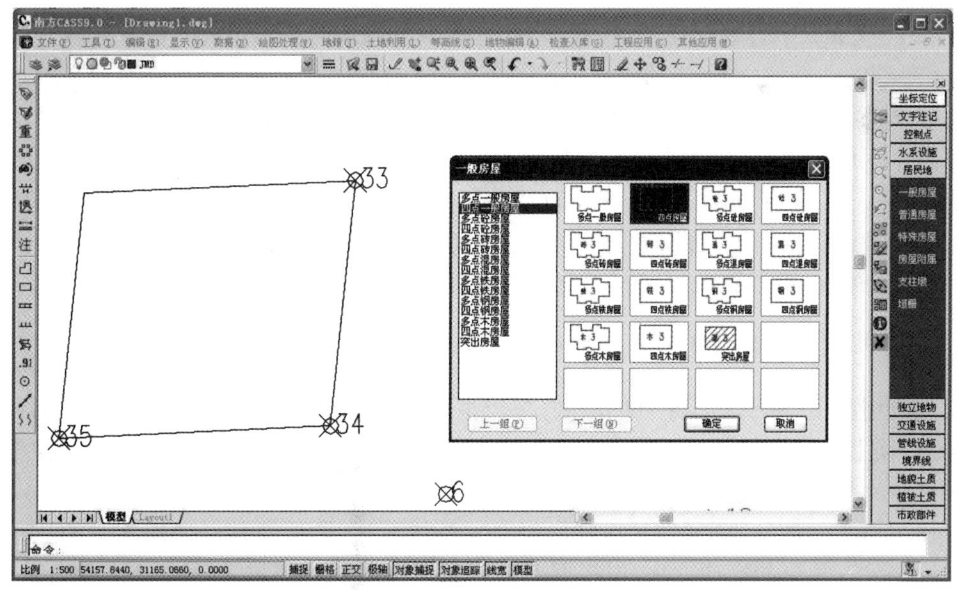

图 7.18　绘制地物

用鼠标依次点击 33、34 和 35 点，即将 33、34、35 号点连成一间普通房屋。

7.8.4 绘制等高线

在地形图中,等高线是表示地貌起伏的一种重要手段。常规的平板测图,等高线是由手工描绘的,等高线可以描绘得比较圆滑但精度稍低。在数字化自动成图系统中,等高线是由计算机自动勾绘,生成的等高线精度相当高。

在绘等高线之前,必须先将野外测的高程点建立数字地面模型(DTM),然后在数字地面模型上生成等高线。

以下以 CASS 9.0 自带的坐标文件"DGX.DAT"为例,介绍等高线的绘制方法,共分 4 步。

7.8.4.1 建立数字地面模型(构建三角网)

数字地面模型(DTM)是在一定区域范围内规则格网点或三角网点的平面坐标(x,y)和其地物性质的数据集合,如果此地物性质是该点的高程 z,则此数字地面模型又称为数字高程模型(DEM)。这个数据集合从微分角度三维地描述了该区域地形地貌的空间分布。DTM 作为新兴的一种数字产品,与传统的矢量数据相辅相成,在空间分析和决策方面发挥越来越大的作用。借助计算机和地理信息系统软件,DTM 数据可以用于建立各种各样的模型以解决一些实际问题,主要的应用如下:按用户设定的等高距生成等高线图、透视图、坡度图、断面图、渲染图,与数字正射影像 DOM 复合生成景观图,或者计算特定物体对象的体积、表面覆盖面积等,还可用于空间复合、可达性分析、表面分析、扩散分析等方面。

(1)在 CASS 中,执行下拉菜单"绘图处理/展高程点"命令,输入比例尺、选定坐标文件(DGX.DAT)后,输入注记高程点的距离后,所有高程点高程均自动展绘到图上。

(2)在 CASS 中,执行下拉菜单"等高线/建立 DTM"命令,弹出如图 7.19 所示对话框。

(3)首先选择建立 DTM 的方式,分为两种方式:由数据文件生成和由图面高程点生成。如果选择由数据文件生成,则在坐标数据文件名中选择坐标数据文件;如果选择由图面高程点生成,则在绘图区选择参加建立 DTM 的高程点。然后,选择结果显示,分为三种:显示建三角网结果、显示建三角网过程和不显示三角网。最后,选择在建立 DTM 的过程中是否考虑陡坎和地性线。

(4)点击"确定"后生成如图 7.20 所示的三角网。

7.8.4.2 修改数字地面模型

一般情况下,由于地形条件的限制,在外业采集的碎部点很难一次性生成理想的等高线,如楼顶上控制点。另外还因现实地貌的多样性和复杂性,自动构成的数字地面模型与实际地貌不太一致,这时可以通过修改三角网来修改这些局部不合理的地方。

(1)删除三角形。如果在某局部内没有等高线通过,则可将其局部内相关的三角形删除。删除三角形的操作方法:先将要删除三角形的地方局部放大,再选择"等高线"下拉菜单的"删除三角形"项,命令区提示下选择对象,这时便可选择要删除的三角形,如果误删,可用"U"命令将误删的三角形恢复。

(2)过滤三角形。可根据用户需要输入符合三角形中最小角的度数或三角形中最大边长最多大于最小边长的倍数等条件的三角形。如果 CASS 9.0 在建立三角网后点无法绘制等高线,可过滤掉部分形状特殊的三角形。另外,如果生成的等高线不光滑,也可以用此功能将不符合要求的三角形过滤掉再生成等高线。

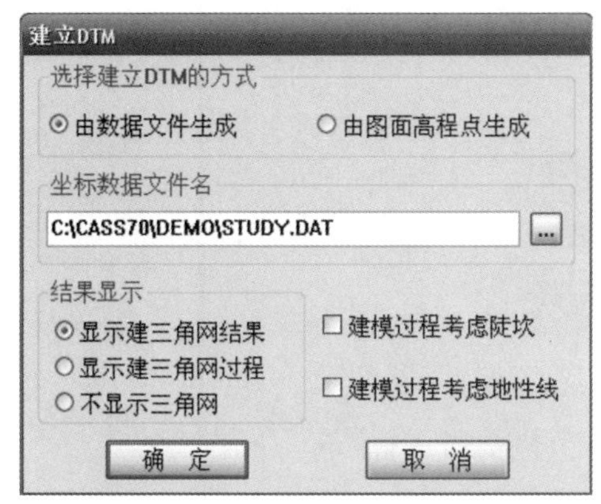

图 7.19　建立 DTM 对话框

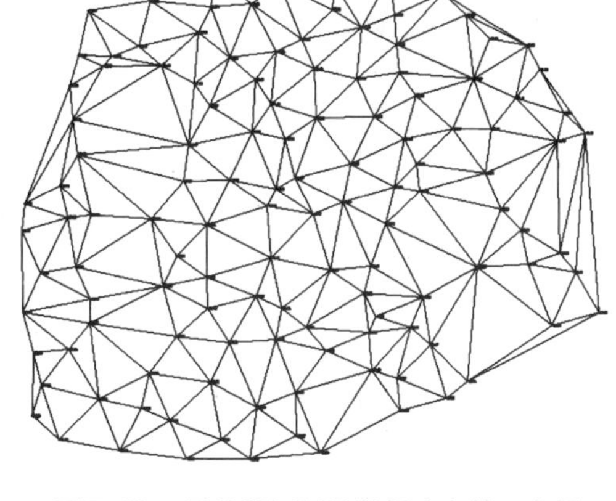

图 7.20　用 DGX. DAT 数据建立的三角网

(3)增加三角形。如果要增加三角形,可选择“等高线”菜单中的“增加三角形”项,依照屏幕的提示在要增加三角形的地方用鼠标点取,如果点取的地方没有高程点,系统会提示输入高程。

(4)三角形内插点。选择此命令后,可根据提示输入要插入的点,当所插入的点没有高程时,CASS 将提示用户手工输入其高程值。CASS 自动将内插点与该三角形的三个顶点连接构成三个三角形。

(5)删三角形顶点。用此功能可将所有由该点生成的三角形删除。因为一个点会与周围很多点构成三角形,如果手工删除三角形,不仅工作量较大而且容易出错。这个功能常用在发现某一点坐标错误时,要将它从三角网中剔除的情况下。

(6)重组三角形。指定两相邻三角形的公共边,系统自动将两三角形删除,并将两三角形的另两点连接起来构成两个新的三角形,这样做可以改变不合理的三角形连接。如果因两三角形的形状特殊无法重组,CASS 会给出错提示。

(7)删三角网。生成等高线后就不再需要三角网了,这时如果要对等高线进行处理,三角网比较碍事,可以用此功能将整个三角网全部删除。

(8)修改结果存盘。通过以上命令修改了三角网后,选择“等高线”菜单中的“修改结果存盘”项,把修改后的数字地面模型存盘。这样,绘制的等高线不会内插到修改前的三角网内。

7.8.4.3　绘制等高线

在 CASS 中,执行下拉菜单“等高线/绘制等高线”命令,弹出如图 7.21 所示对话框。对话框中会显示参加生成 DTM 的高程点的最小高程和最大高程。如果只生成单条等高线,那么就在单条等高线高程中输入此条等高线的高程;如果生成多条等高线,则在等高距框中输入相邻两条等高线之间的等高距。最后选择等高线的拟合方式。总共有四种拟合方式:不拟合(折线)、张力样条拟合、三次 B 样条拟合和 SPLINE 拟合。

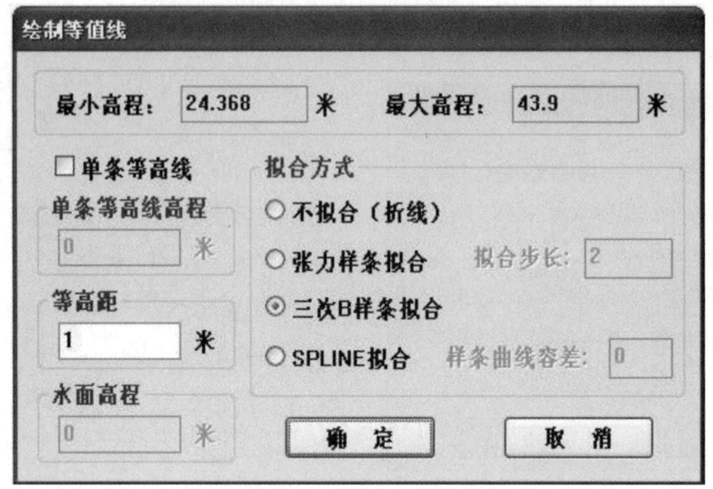

图 7.21　绘制等高线对话框

输入等高距并选择拟合方式后单击“确定”按键,则系统马上绘制出等高线。再选择“等高线”菜单下的“删三角网”项,这时屏幕显示如图 7.22 所示。

图 7.22　完成绘制等高线的工作

7.8.4.4　等高线的修饰

(1)等高线注记。有 4 中注记等高线的方法,如图 7.23 所示。沿直线高程注记时,需先用复合线绘制一条基本垂直于等高线的辅助直线，所绘直线的方向应为注记高程字符字头的朝向。执行“沿直线高程注记”命令，并选定辅助直线后，CASS 自动沿辅助线注记高程并删除辅助线。

（2）等高线的修剪。有多种修剪等高线的方法，执行“等高线/等高线修剪/批量修剪等高线”命令后，出现图 7.24 所示的界面，按照相应要求执行相应操作即可。

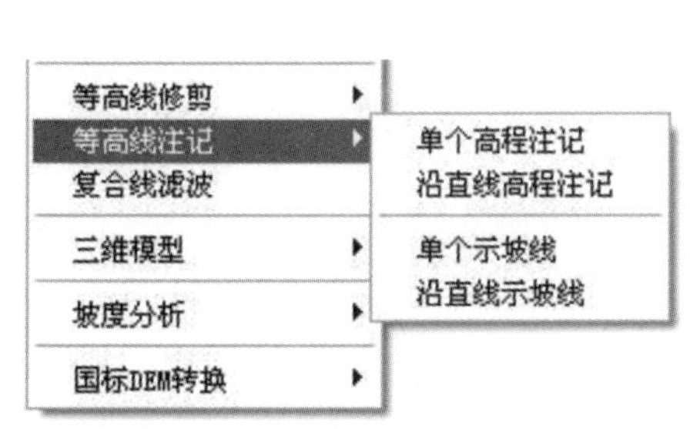

图 7.23　注记等高线

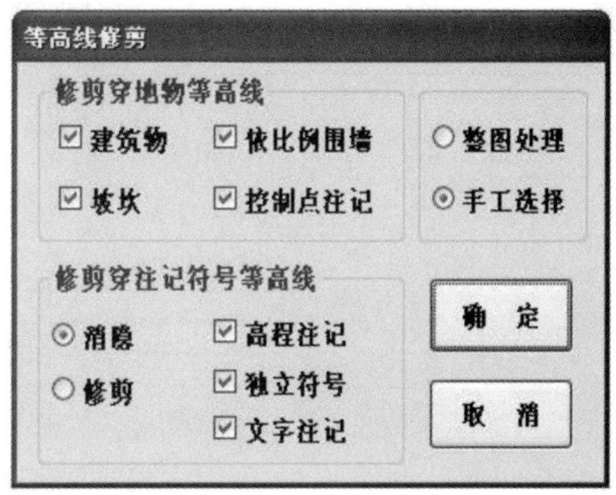

图 7.24　等高线修剪

7.8.5　绘制图框

（1）执行下拉菜单“文件/CASS 参数配置”命令；在弹出的“CASS 9.0 综合设置”对话框中的“图廓属性”选项卡中设置号外图廓的注记内容，如图 7.25 和图 7.26 所示。

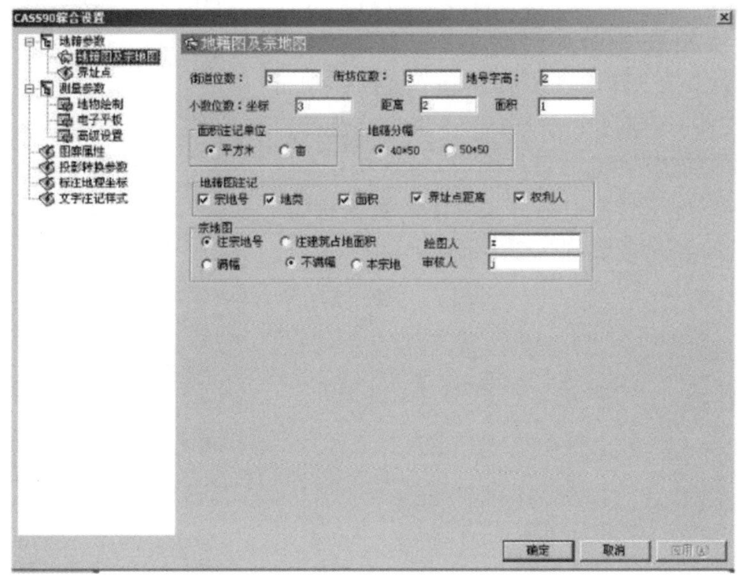

图 7.25　CASS 9.0 参数设置对话框

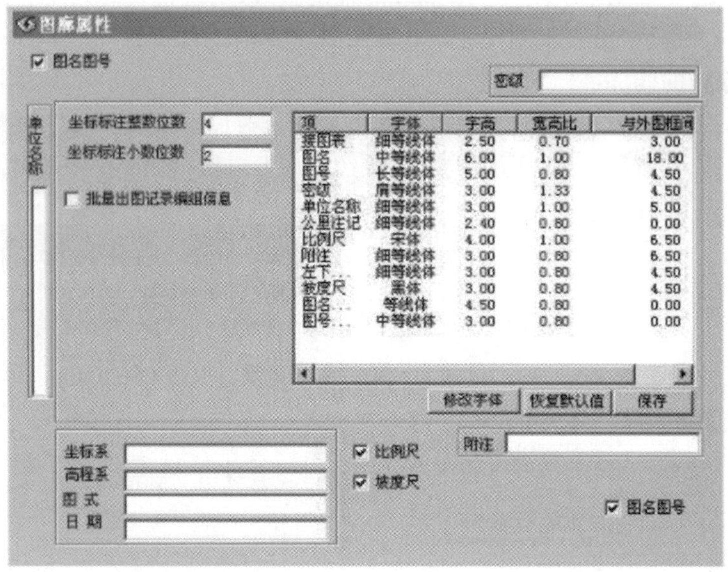

图 7.26　图廓属性选项

CASS 9.0 使用的图式是标准 GB/T 20257.1—2007 所给的，此图式的标准图框内已无“测量员”“绘图员”等信息。右下角只有“批注”项。

(2)执行下拉菜单“绘图处理/标准图幅(50 cm×50 cm)”命令，显示如图 7.27 所示的对话框。输入图幅的名字、邻近图名、批注，在左下角坐标的“东”“北”栏内输入相应坐标，例如此处输入“40000”“30000”并确认。在“删除图框外实体”前打钩则可删除图框外实体，按实际要求选择，例如此处选择打钩。最后单击“确定”按键即可。因为 CASS 9.0 系统所采用的坐标系统是测量坐标，即 1∶1 的真坐标，加入 50 cm×50 cm 图廓后如图 7.28 所示。

图 7.27　输入图幅信息对话框

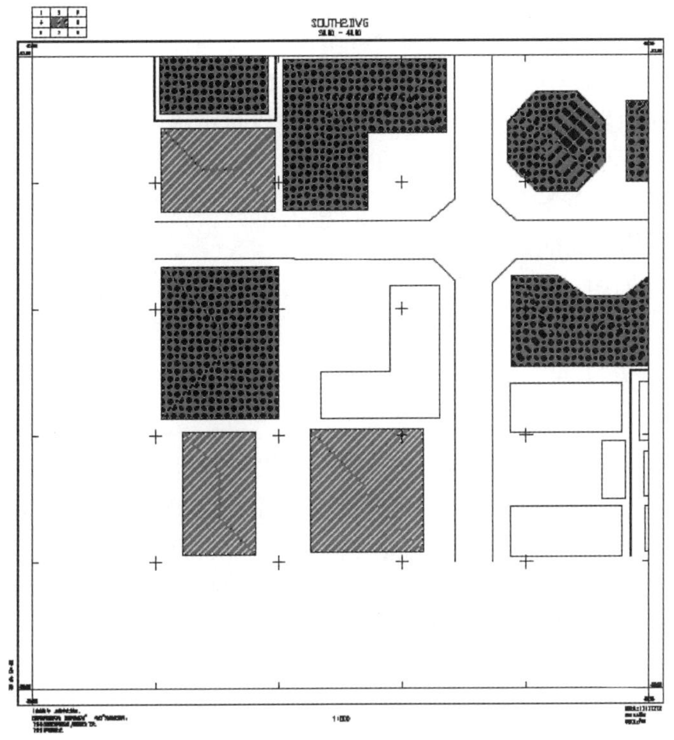

图 7.28　加入图廓的平面图

7.9　CASS 9.0 在工程中的应用

CASS 9.0 在工程中的应用主要包括以下 8 项内容:

(1)基本几何要素的查询。

(2)DTM 法土方计算。

(3)断面法道路设计及土方计算。

(4)方格网法土方计算。

(5)断面图的绘制。

(6)公路曲线设计。

(7)面积应用。

(8)图数转换。

各类命令位于“工程应用(M)”下拉菜单。本节只介绍常用的基本几何要素的查询、土方量计算和断面图的绘制。

7.9.1　基本几何要素的查询

(1)查询指定点坐标。用光标点取“工程应用”菜单中的“查询指定点坐标”项。用光标点取所要查询的点,系统在命令行给出查询结果。

系统左下角状态栏显示的坐标是笛卡尔坐标系中的坐标，与测量坐标系的 x 和 y 的顺序相反。用此功能查询时，系统在命令行给出的 x、y 是测量坐标系的值。

（2）查询两点距离及方位。用光标点取“工程应用”菜单下的“查询两点距离及方位”。用光标分别点取所要查询的两点，系统在命令行给出两点的距离和坐标方位角。

CASS 9.0 所显示的坐标为实地坐标，所以所显示的两点间的距离为实地距离。

（3）查询线长。用光标点取“工程应用”菜单下的“查询线长”项，用光标点取图上曲线，系统在命令行给出曲线长。

（4）查询实体面积。用光标点取“工程应用”菜单下的“查询实体面积”项，用光标点取待查询的实体的边界线，系统在命令行给出实体面积，要注意实体应该是闭合的。

7.9.2 土方量计算

CASS 提供了 5 种土方量计算方法。本节只介绍方格网法和区域土方平衡法。案例数据来自 CASS 9.0 自带的坐标文件“DGX. DAT”（“安装目录\CASS 9.0\DEMO\DGX. DAT”）。

（1）方格网法。由方格网来计算土方量是根据实地测定的地面点坐标（x,y,z）和设计高程，通过生成方格网来计算每一个方格内的填挖方量，最后累计得到指定范围内填方和挖方的土方量，并绘出填挖方分界线。

系统首先将方格的四个角上的高程相加（如果角上没有高程点，通过周围高程点内插得出其高程），取平均值与设计高程相减。然后通过指定的方格边长得到每个方格的面积，再用长方体的体积计算公式得到填挖方量。方格网法简便直观，易于操作，因此这一方法在实际工作中应用非常广泛。

1）在 CASS 中，执行下拉菜单“绘图处理/展高程点”命令，输入比例尺、选定坐标文件（DGX. DAT）后，输入注记高程点的距离后，所有高程点高程均自动展绘到图上。

2）使用复合线绘制一条闭合多段线作为土方计算区域的边界线。

3）执行下拉菜单“工程应用/方格网法土方计算”命令，选择土方计算区域的边界线后，屏幕上将出现如图 7.29 所示的方格网土方计算对话框，在对话框中选择所需的坐标文件；在“设计面”栏选择“平面”项，并输入目标高程；在“方格宽度”栏，输入方格网的宽度，这是每个方格的边长，默认值为 20（m）。由原理可知，方格的宽度越小，计算精度越高。但如果给的值太小，超过了野外采集的点的密度，也是没有实际意义的。

4）单击“确定”按键，CASS 按对话框的设置自动绘制方格网、填挖边界线、计算每个方格点填挖土方量，如图 7.30 所示，并在命令行给出下列计算结果：

最小高程=24.368（m），最大高程=43.900（m）

总填方=38366.7（m^3），总挖方=943.1（m^3）

（2）区域土方平衡法。

1）在 CASS 中，执行下拉菜单“绘图处理/展高程点”命令，输入比例尺、选定坐标文件（DGX. DAT）后，输入注记高程点的距离后，所有高程点高程均自动展绘到图上。

2）使用复合线绘制一条闭合多段线作为土方计算区域的边界线。

3）执行下拉菜单“工程应用\区域土方平衡\根据坐标数据文件（根据图上高程点）”命令，在弹出对话框中选择坐标文件 DGX. DAT 后，命令行提示：

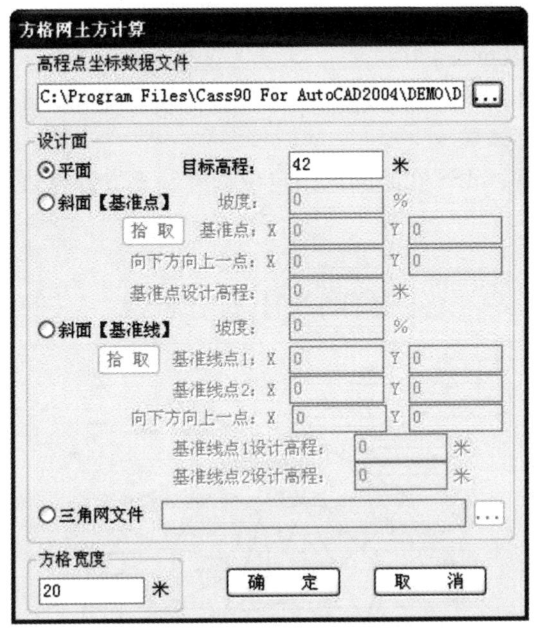

图 7.29　方格网法计算土方对话框

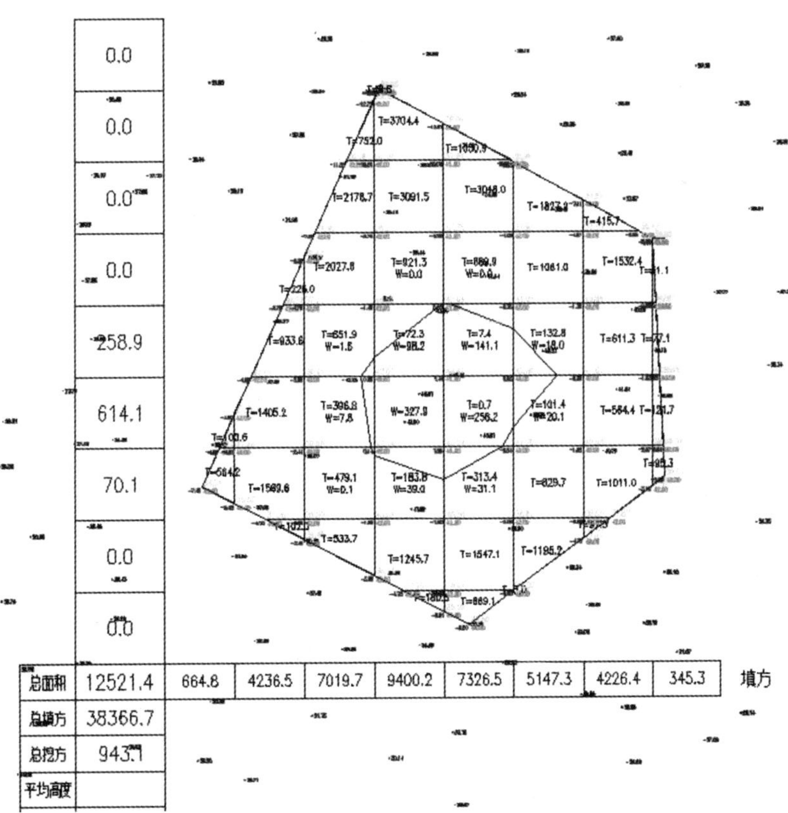

图 7.30　方格网法计算土方成果图

选择边界线

输入边界插值间隔(m):<20>

土方平衡高度=39.478 m, 挖方量=12782 m^3, 填方量=12783 m^3

请指定表格左下角位置

4)执行相应操作后,CASS 在绘图区指定位置绘制土方计算表格和填挖平衡分界线,如图 7.31 所示。

三角网法土石方计算

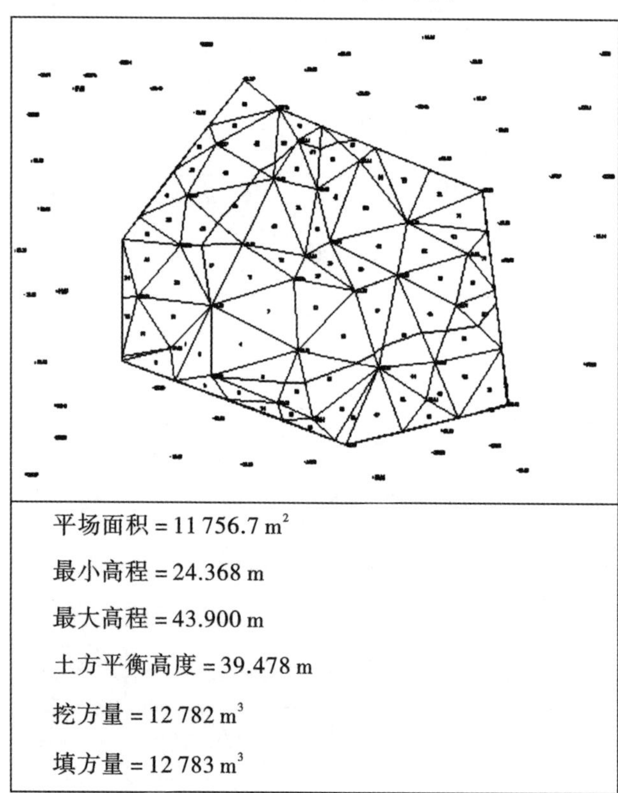

平场面积 = 11 756.7 m²
最小高程 = 24.368 m
最大高程 = 43.900 m
土方平衡高度 = 39.478 m
挖方量 = 12 782 m³
填方量 = 12 783 m³

计算日期:2017年5月25日 计算人:

图 7.31 区域土方平衡法计算土方

7.9.3 断面图的绘制

(1)在 CASS 中,执行下拉菜单"绘图处理/展高程点"命令,输入比例尺、选定坐标文件(DGX. DAT)后,输入注记高程点的距离后,所有高程点高程均自动展绘到图上。

(2)使用复合线绘制一条断面线。

(3)执行下拉菜单"工程应用\绘断面图\根据已知坐标"命令;用光标点取上步所绘断面线后,屏幕上弹出"断面线上取值"的对话框,如图 7.32 所示,如果"坐标获取方式"栏中选择"由数据文件生成"项,则在"坐标数据文件名"栏中选择高程点数据文件。如果选

“由图面高程点生成”项，此步则为在图上选取高程点，前提是图面存在高程点，否则此方法无法生成断面图。输入采样点间距和起始里程后，单击“确定”按键后出现图 7.33 所示界面。

(4)在图 7.33 所示的界面中输入相关参数后，单击“确认”按键，在屏幕上绘制断面图，如图 7.34 所示。

断面线上取值
选择已知坐标获取方式
⊙由数据文件生成　○由图面高程点生成
坐标数据文件名
C:\Program Files\Cass90 For AutoCAD2004\DI
里程文件名
采样点间距：20 米
起始里程：0 米
确　定　取　消

图 7.32　断面线上取值界面

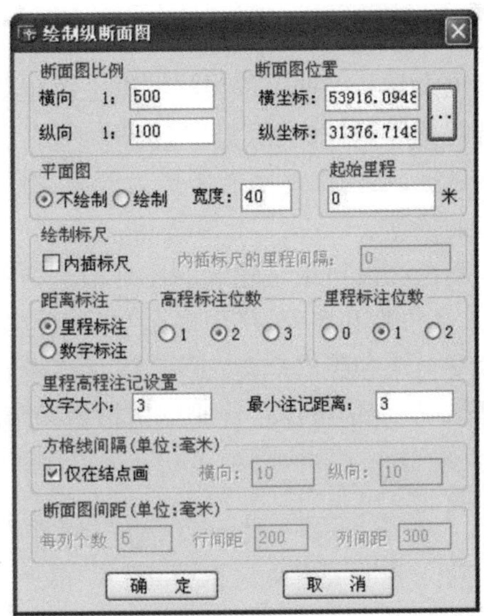

图 7.33　断面图设置界面

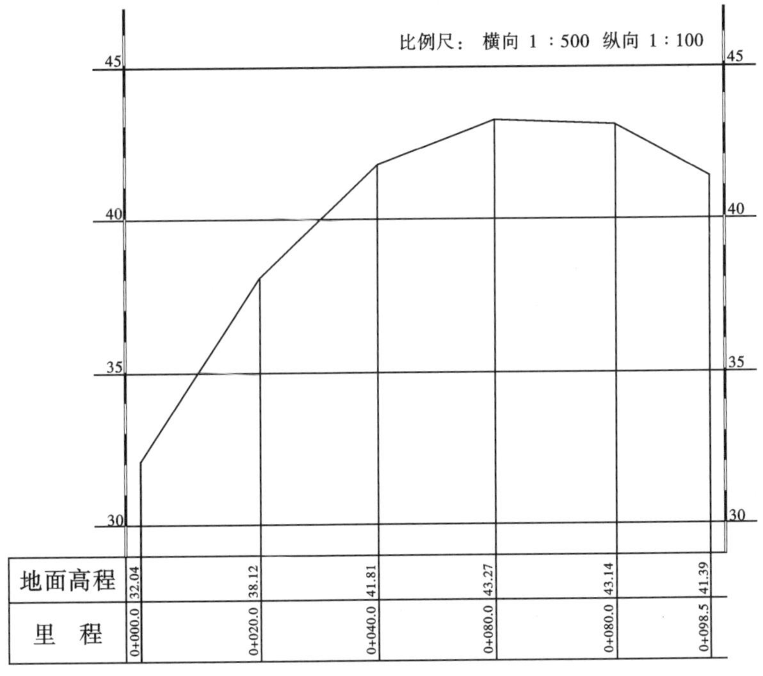

图 7.34　绘制断面图

第 8 章　工程测设

测设就是根据工程设计图纸上待建结构物的轴线位置、尺寸及其高程，计算待建结构物各特征点（轴线交点等）与控制点（或已建成结构物特征点）之间的距离、角度、高差等测设数据，然后以地面控制点为依据，将待建结构物的特征点在实地用工程桩定位，作为施工的依据。

测设概念

不论测设对象是建筑物还是构筑物，测设点位的基本工作是通过测设已知的水平距离、水平角度和高程，从而确定空间点位。测设点位的基本方法有直角坐标法、极坐标法、角度交会法和距离交会法等。实际测设时，可根据施工控制网的形式、控制点分布情况、地形情况、现场条件及待建结构物测设精度要求等进行选择。

8.1　水平距离、水平角和高程的测设

8.1.1　测设已知距离

测设已知距离

在地面上丈量两点间的水平距离时，首先是用钢尺量出两点间的斜长，再进行必要的改正，以求得准确的实地水平距离；而测设已知的水平距离时，其程序恰恰相反，现将方法叙述如下。

8.1.1.1　一般方法

测设已知距离时，线段起点和方向是已知的。若要求以一般精度测设距离 AB，则可沿给定的方向，根据给定的距离值，从起点 A 用钢尺丈量的一般方法，量得线段的另一端点 B，并暂用小钉定位，得 B_1 位置。为了检核起见，应多次丈量测设的距离，得到一系列位置 B_2、B_3…若多次测设的较差值在限差之内，可取其平均位置作为最后结果。

8.1.1.2　精确方法

当测设精度要求较高时，应按钢尺量距的精密方法进行测设，具体作业步骤如下：

（1）将经纬仪安置在 A 点上，并标定给定的直线方向，沿该方向概量，并在地面上打下尺段桩和终点桩，桩顶刻“十”字标志。

（2）用水准仪测定各相邻桩顶之间的高差。

（3）按钢尺精密量距的方法先量出整尺段的距离，并加尺长改正、温度改正和倾斜改正，计算每尺段的长度及各尺段长度之和，得最后结果为 L_{AB}。

（4）设应测设的水平距离为 D_{AB}，则余长 $R=D_{AB}-L_{AB}$。然后计算余长段应测设的距离

$$L_R = R - \Delta l_d - \Delta l_t - \Delta l_h \tag{8.1}$$

式中 Δl_d、Δl_t 和 Δl_h 为余长段相应的三项改正数：

$$\Delta l_d = \frac{\Delta l}{l_0}R = \frac{l' - l_0}{l_0}R \tag{8.2}$$

$$\Delta l_t = \alpha(t - t_0)R \tag{8.3}$$

$$\Delta l_h = -\frac{h^2}{2R} \tag{8.4}$$

式中：l_0——钢尺名义长度；

l'——钢尺检定时实际长度；

Δl——钢尺全长改正数，即实际检定长与名义长之差；

α——钢尺的线膨胀系数，一般取 $1.20 \times 10^{-5}/℃$；

t_0——检定钢尺时的温度；

t——量距时的实测温度；

h——余长段桩顶间高差。

(5)根据 L_R 在地面上测设余长段，并在终点桩上做出标识，即为所测设的终点 B。如终点超过了原打的终点桩时，应另打终点桩。

【例 8.1】　在地面上欲测设一段 15.000 m 的水平距离 AB，所用钢尺的尺长方程式为

$$l_t = 30.000\,0 - 0.005\,0 + 1.2 \times 10^{-5} \times 30(t - 20)(\mathrm{m})$$

测设时温度为 30 ℃，A、B 两点高差 $h_{AB} = 0.500$ m，所施于钢尺的拉力与检定时拉力相同，试计算测设时在地面上应量出的长度 L。

解

$$\Delta l_d = \frac{\Delta l}{l_0}R = \frac{-0.005}{30} \times 15 = -0.002\,5(\mathrm{m})$$

$$\Delta l_t = \alpha(t - t_0)R = 1.2 \times 10^{-5} \times 15 \times (30 - 20) = 0.001\,8(\mathrm{m})$$

$$\Delta l_h = -\frac{h^2}{2R} = -\frac{0.5^2}{2 \times 15} = -0.008\,3(\mathrm{m})$$

$$L = R - \Delta l_d - \Delta l_t - \Delta l_h = 15 - (-0.002\,5) - 0.001\,8 - (-0.008\,3) = 15.009(\mathrm{m})$$

8.1.1.3　用光电测距仪测设水平距离

如图 8.1 所示，当测设距离时，安置测距仪于 A 点，瞄准已知方向。沿此方向移动反光棱镜位置，使仪器显示值略大于测设的距离 D，定出 C 点。在 C 点安置反光棱镜，测出反光棱镜的竖直角 α 及斜距 S(经气象改正后)，计算水平距离 $D' = S \cdot \cos\alpha$。计算测设改正数 $R = D' - D$，根据 R 的符号和数值，在实地以 C 点为参照，用小钢尺沿已知方向将终点改正至 B 点，并用木桩标定其点位。为了检核，应将反光棱镜安置于 B 点，再实测 AB 的距离，若不符合应再次进行改正，直到测设的距离符合限差为止。

如果用具有跟踪功能的测距仪或电子速测仪测设水平距离，则更为方便，它能自动进行气象改正及将倾斜距离归算成平距并直接显示。测设时，将仪器安置在 A 点，瞄准已知方向，测出气象要素(气温和气压)，并输入仪器，按下自动跟踪键，仪器显示屏上可显

示实时的水平距离。观测者指挥手持棱镜者前后移动,当显示值等于待测设的已知水平距离值时即可定出 B 点。

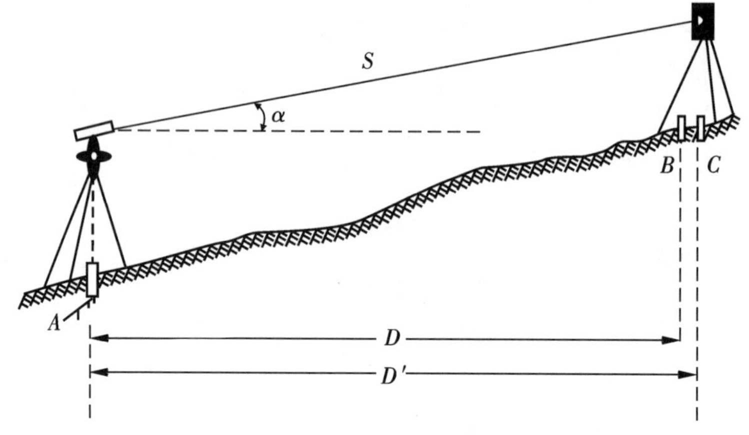

图 8.1 光电测距仪测设距离

测设已知水平角

8.1.2 测设已知水平角

测设已知水平角是根据水平角的已知数据和一个已知方向,在地面上把该角的另一个方向测设出来,测设方法如下。

8.1.2.1 一般方法

当测设水平角的精度要求不高时,可采用盘左盘右取中数的方法。如图 8.2 所示,设地面上已有 OA 方向线,从 O 点按顺时针方向测设已知水平角值 β。为此,将经纬仪安置在 O 点,用盘左瞄准 A 点,读取度盘数值,松开水平制动螺旋,旋转照准部,使度盘读数增加 β,在此视线方向上定出 C' 点。为了消除仪器误差和提高测设精度,用盘右重复上述步骤,再测设一次,得 C'' 点,取 C' 和 C'' 的中点 C,则 $\angle AOC$ 就是要测设的 β 角。此法又称盘左盘右分中法。

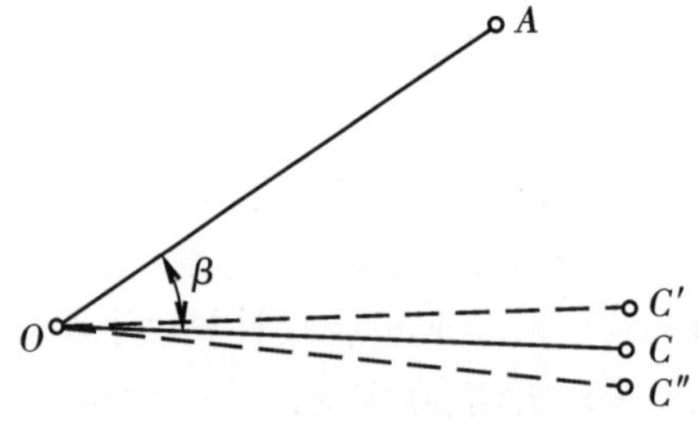

图 8.2 盘左盘右分中法

8.1.2.2 精确方法

测设水平角的精度要求较高时,可采用作垂线改正的方法,以提高测设的精度。如图 8.2 所示,在 O 点安置经纬仪,先用一般方法测设 β 角,在地面上定出 C 点,再用测回法测足够测回(由精度确定),较精确地测得$\angle AOC=\beta'$,再测出 OC 的距离,即可按下式计算出垂直改正值

$$\Delta=OC\cdot\frac{(\beta-\beta')}{206\ 265''} \tag{8.5}$$

实际操作时,可根据$(\beta-\beta')$的符号确定改正值 Δ 是向内还是向外。为检查测设是否正确,还需要进行检查测量。

8.1.3　测设已知高程

已知高程的测设,是根据施工现场已有的水准点将设计高程在实地标定出来。它与水准测量不同之处在于,不是测定两固定点之间的高差,而是根据一个已知高程的水准点,测设设计所给定点的高程。在建筑设计和施工过程中,为了计算方便,一般把建筑物的室内地坪用±0.000 标高表示,基础、门窗等的标高都是以±0.000 为依据,相对于±0.000测设的。

测设已知高程

如图 8.3 所示,假定施工场地内有高程控制点 R,已知其高程为 H_R,现欲在 A 点木桩上测设高程为 H_A 的室内地坪±0.000 标高。首先在木桩点 A 和水准点 R 之间安置水准仪,并在 R 点上立水准尺,设其读数为 a,则视线高为

$$H_i=H_R+a$$

在 A 点木桩侧面立尺并上下移动,使前尺读数为

$$b=H_i-H_A=H_R+a-H_A \tag{8.6}$$

此时,在前尺底部位置处画一道红线,此位置即为待测设的高程 H_A。

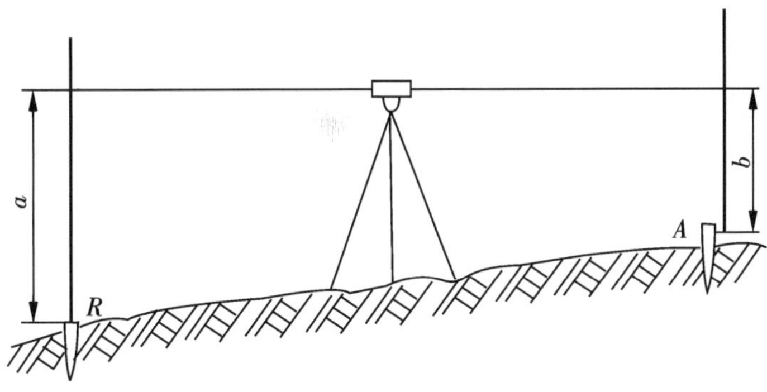

图 8.3　测设已知高程

当要测设楼层标高时,只用水准尺无法满足点位的高程需要,就必须采用高程传递法。图 8.4 是向楼层上传递高程的示意图。向楼层上传递高程可以利用楼梯间,将检定过的钢尺悬吊在楼梯间处,零点一端向下,挂一重约 100 N 的重锤。为减少重锤的摆动,可以将重锤放入油桶中,这样就可以用水准仪逐层引测。楼层 B 点的标高为

$$H_B=H_A+a+(c-b)-d \tag{8.7}$$

式中:a、b、c、d——标尺读数;

H_A——底层±0.000 室内地坪标高。

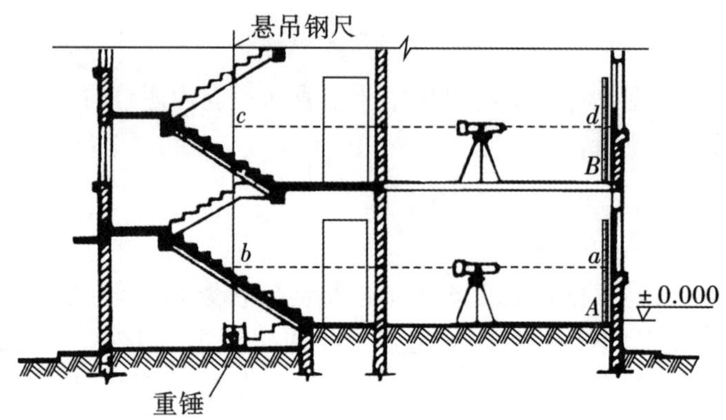

图 8.4 建筑物中的高程传递

8.2 点的平面位置测设

点的平面位置测设主要有下列几种方法,可根据施工控制网的布设形式、控制点的分布、地形情况和建筑物的测设精度要求等进行选择。

8.2.1 直角坐标法

点的平面位置测设-直角坐标法

当建筑物附近已有彼此垂直的主轴线时,可采用直角坐标法(orthogonal coordinate method)。

如图 8.5 所示,OA、OB 为建筑场地上两条互相垂直的主轴线(或者是既有建筑物互相垂直的两条边线),待建工程的两个轴线 MQ、PQ 分别与 OA、OB 平行。设计总平面图中已给定拟建工程的 4 个角点 M、N、P、Q 的坐标,现以 M 点为例,介绍其测设方法。

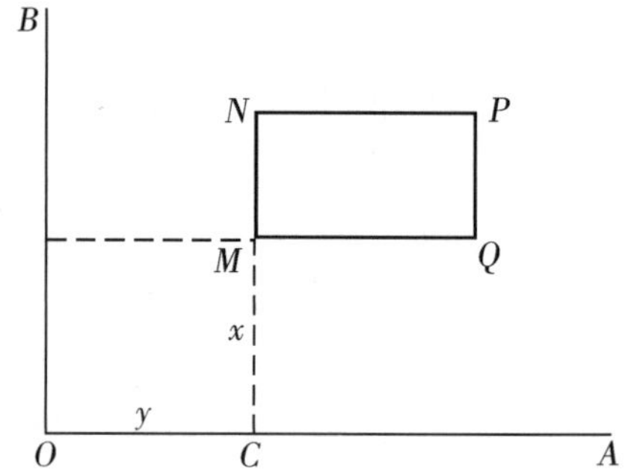

图 8.5 直角坐标法

首先计算 O、M 之间的距离及 M 在两个坐标轴上的投影 x 和 y,接着在 O 点上安置经纬仪,瞄准 A 点,沿正方向从 O 点向 A 测设距离 y 得 C 点。然后将仪器搬至 C 点,仍瞄准 A 点,逆时针方向测设 90°角,并沿此方向从 C 点测设距离 x 即得 M 点,继续沿此方向可测设出 N 点。同法测设出 P 点和 Q 点。最后应检查建筑物的四角是否等于 90°,各边是否等于设计长度,而最常用的检核方法是测量两条对角线长度的较差值,并确保误差在允许范围之内。

上述方法计算简单、施测方便、精度较高,是应用较广泛的一种方法。

8.2.2　极坐标法

极坐标法(polar coordinate method)是根据水平角和距离测设点的平面位置,适用于测设距离较短,且便于量距的情况。图 8.6 中,A、B 两点是需要测设的拟建工程特征点,场地现有控制点 1、2、3、4 和 5。以下以测设 A 点为例介绍极坐标测设法。

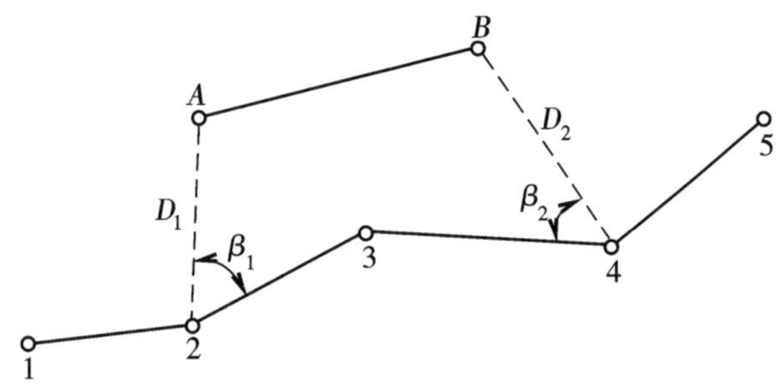

图 8.6　极坐标法

在用极坐标法测设点位之前,需要用下列公式计算有关的测设数据:

$$\alpha_{2A}=\arctan\frac{y_A-y_2}{x_A-x_2} \tag{8.8}$$

$$\alpha_{23}=\arctan\frac{y_3-y_2}{x_3-x_2} \tag{8.9}$$

$$\beta_1=\alpha_{23}-\alpha_{2A} \tag{8.10}$$

$$D_{2A}=\sqrt{(x_A-x_2)^2+(y_A-y_2)^2} \tag{8.11}$$

根据上式计算结果,即可进行工程特征点 A 的测设。

测设 A 点时,在点 2 安置经纬仪,瞄准点 3,逆时针测设出 β_1 角;在 β_1 角终边方向线上用钢尺测设距离 D_{2A} 即得 A 点。用同法也可以测设 B 点。最后应丈量 AB 的距离,以资检核。

8.2.3　角度交会法

角度交会法(direction convergence method)又称方向线交会法。当待测设点远离控制点且不便量距时,采用此法较为适宜。

如图 8.7 所示,P 点是待测设点,而 A、B 和 C 是控制点。首先算出测设数据 β_1 和 γ_1 角值。虽然从理论上说,由这两个参数即可确定 P 点的位置,但为了对测设结果进行检核,必须计算出更多的冗余参数,例如 β_2 和 γ_2。然后将经纬仪先后安置在 A 点、B 点和 C 点,分别测设 β_1、γ_1 和 β_2、γ_2 等角值,并且分别沿 AP、BP、CP 方向线,在 P 点附近各打两个小木桩,桩顶上钉上小钉,以表示 AP、BP、CP 的方向线。将各方向的两个方向桩上的小钉用细线绳拉紧,即可得出 AP、BP、CP 三个方向的交点,此点即为所求的 P 点。

由于测设存在误差,三条方向线可能并不交于一点,而会出现一个很小的三角形,称为误差三角形(图8.7)。当误差三角形边长在允许范围内时,可取误差三角形的重心作为 P 点的点位。如超限,则应重新交会。

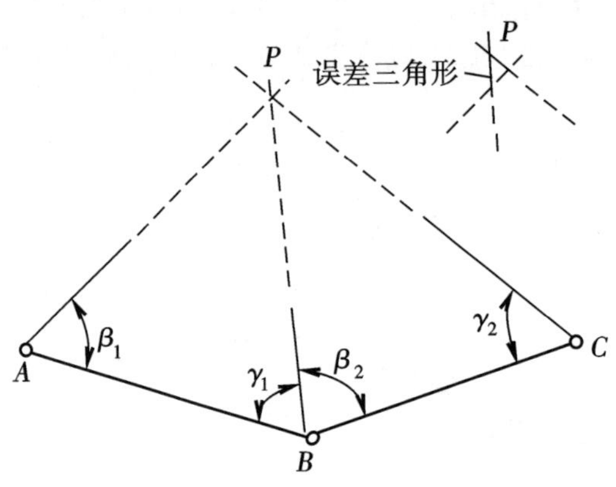

图8.7 方向线交会法

点的平面位置测设-极的标法、角度交会法、距离交会法

8.2.4 距离交会法

距离交会法(distance convergence method)是根据两段已知距离交会出点的平面位置的一种方法。此法适用于场地平坦、量距方便,且控制点离测设点又不超过一个整尺段长度的地方。在施工中,细部位置测设常用此法。

如图8.8所示,设 A、B 是待测设点,其附近有控制点1、2、3、4和5等。首先根据已知坐标计算 A、B 两点距附近控制点的距离,得到 D_1、D_2 和 D_3、D_4。分别用两把钢尺的零点对准控制点1和2,以 D_1 和 D_2 为半径在地面上画弧,两弧交点即为 A 点的位置。同法定出 B 点。为了检核,还应测量 AB 长度并与设计长度比较,其误差应在允许范围之内。

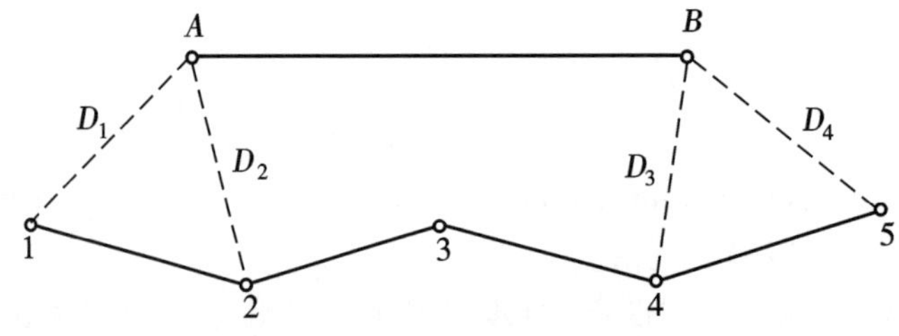

图8.8 距离交会法

第8章习题集

第 9 章　建筑工程施工测量

9.1　建筑场地施工控制测量

在建筑工程施工之前，勘测阶段建立的控制网是为测图布设的，通常难以满足施工阶段对控制点密度和精度的要求。因此，施工前必须建立施工控制网，包括平面控制网和高程控制网。施工控制网是施工阶段构件测设定位的基础。

施工平面控制网的布设形式，可根据建筑物体量、场地大小和地形条件等因素来确定。对于大中型建筑场地，在建筑物布置整齐、密集时，宜采用正方形或矩形格网，称为建筑方格网(grid)。对于面积不大、建筑物又不复杂的场地，则通常采用建筑基线(base line)。

根据《工程测量标准》(GB 50026—2020)，场区平面控制网的等级和精度应符合下列规定：

(1)对于建筑场地大于 1 km^2 的工程项目或重要工业区，应建立一级及以上精度等级的平面控制网。

(2)对于场地面积小于 1 km^2 的工作项目或一般建筑区，可建立二级精度的平面控制网。

(3)场区平面控制网相对于勘察阶段控制点的定位精度，不应大于 50 mm。

场区的高程控制网应布设成闭合环线、附合路线或结点网。大中型施工项目的场区高程测量精度不应低于三等水准；水准点可单独布设在场地稳定的区域，也可设置在平面控制点的标石上。水准点间距宜小于 1 km，距离建(构)筑物不宜小于 25 m，距离回填土边线不宜小于 15 m。

9.1.1　建筑基线

9.1.1.1　建筑基线布设形式

建筑基线应平行或垂直于主要建筑物的轴线，较长的基线尽可能布设在场地中央。根据建筑物的分布和地形状况，建筑基线可布置成三点直线形、三点直角形、四点丁字形等多种形式(图 9.1)。

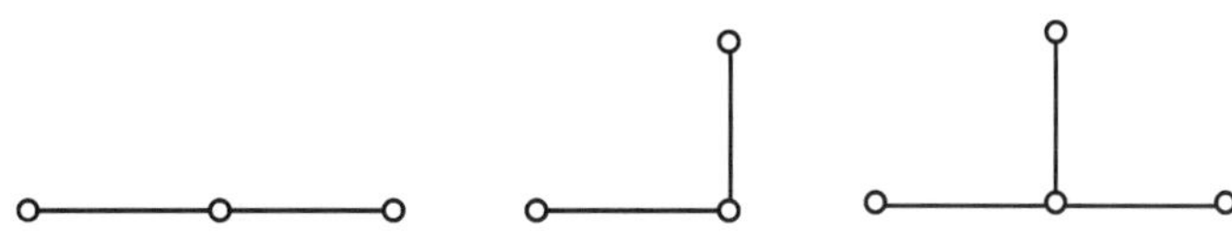

图 9.1　建筑基线主要形式

在不受施工影响的条件下，建筑基线应尽量靠近主要建筑物，且相邻基线点之间应通视良好。为了便于点位检核，基线点的数目应不少于三点，纵横基线应相互垂直。如果需要，还可在上述图形的基础上加设几条与之相连的纵横短基线，组成多点阶梯形。

9.1.1.2 建筑基线的测设

建筑基线可以根据场地已有的控制点，按平面点位测设的一般方法进行现场定位。以下以最常见的直线形基线为例，说明基线主点测设后的校核方法。

假定 AOB 为某建筑场地总平面图上所选定的建筑基线，OA、OB 的距离分别为 a、b，现已根据测图阶段的控制点完成基线主点 A、O、B 的概略位置测设，得到 A'、O'和 B'（图 9.2）。由于测设误差，三点可能不在一条直线上。因此，须在 O 点安置经纬仪，精确测定 $\angle A'O'B'$的角值 β。若与 180°之差不超过对应精度等级规定的限值（如±20″），则接受既定位置；否则，应对点位进行横向调整，直至满足要求为止。调整的方法是：假定三个点位测设时误差概率相等，则三个点的修正距离绝对值均相等，于是 A'和 B'修正的距离相等，且与 O'点修正的距离大小相等，方向相反。在此假定基础上，经过几何分析，各点横向移动的改正值 δ 可以按下式计算：

$$\delta=\frac{(180^\circ-\beta)''}{206\ 265''}\cdot\frac{ab}{2(a+b)} \tag{9.1}$$

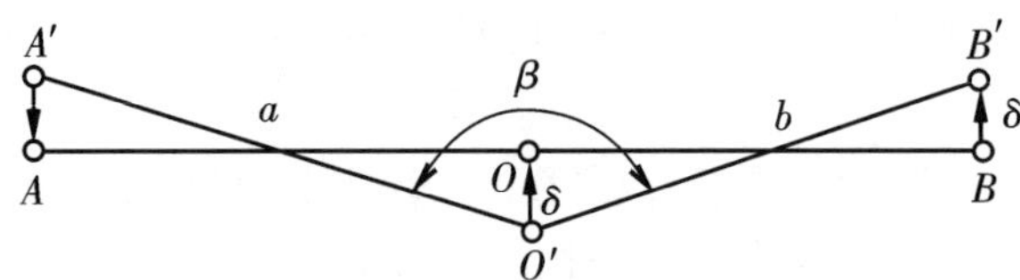

图 9.2 直线形基线的修正

横向调整后，精密量取 OA 和 OB 距离，若实量值与设计值之差不超过对应精度等级规定的限值（表 9.1），则接受既定位置；否则，应以 O 点为准，按设计值纵向调整 A 和 B 点位置，直至满足要求为止。

表 9.1 建筑基线主要技术要求

等级	测角中误差/(″)	边长相对中误差
一级	$7\sqrt{n}$	$\frac{1}{30\ 000}$
二级	$15\sqrt{n}$	$\frac{1}{15\ 000}$

注：n 为建筑结构的跨数。

一般情况下，城市规划部门在项目施工前已将项目的建筑红线测设于实际地面，并且大多数是正交的直线。因此，基线测设可以按建筑红线的地界桩为基础，按平面点位测设的一般方法进行。

9.1.2　建筑方格网

9.1.2.1　建筑方格网的布设

首先应根据设计总图上各建筑物、构筑物和各种管线的位置,结合现场地形,选定方格网的主轴线,然后再布设其他格网点。主轴线应尽量布设在建筑区中央,并与主要建筑物轴线平行,其长度应能控制整个建筑区。格网点可布设为正方形或矩形。格网点、线在不受施工影响条件下,应靠近建筑物。纵横格网边应严格互相垂直。正方形格网的边长一般为100 m左右,矩形格网一般为几十米至几百米的整数长度。图9.3是建筑方格网示意图。方格网的测设方法与基线相似,需要特别指出的是,方格网主点测设完成后必须进行有关条件(角度、长度)的校核。建筑方格网的主要技术要求,应符合表9.2的规定。

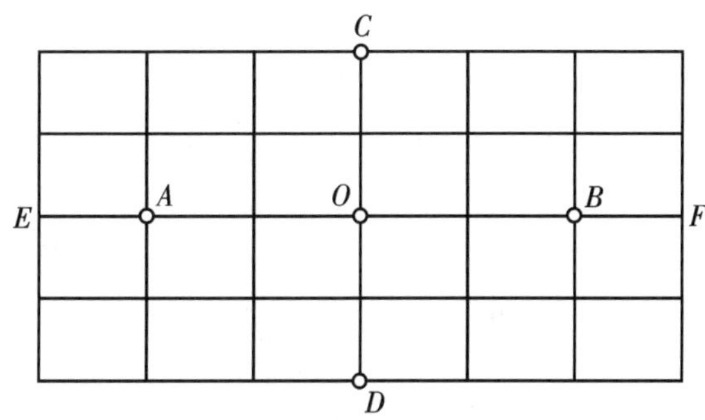

图9.3　建筑方格网示意图

表9.2　建筑方格网的主要技术要求

等级	边长/m	测角中误差/(″)	边长相对中误差
一级	100～300	5	$\leq\frac{1}{30\ 000}$
二级	100～300	8	$\leq\frac{1}{20\ 000}$

9.1.2.2　坐标换算

当方格网的建筑坐标系与测设坐标系不一致时,为利用已测设的控制点来测设方格网主点的位置,应先将主点的建筑坐标换算成测设坐标。

如图9.4所示,坐标系 Oxy 为大尺度的总体控制坐标系,$O'x'y'$ 为局部施工坐标系。现已知 O' 点在总体坐标系 Oxy 中的坐标及总体坐标系和局部坐标系之间的夹角 α,则可以根据待测设点 A 的局部坐标(x'_A,y'_A),按式(9.2)、式(9.3)计算出 A 点的总体坐标(x_A,y_A),并根据总体坐标系中的控制点来测设 A 点的实际位置。

$$x_A=x'_O+x'_A\cos\alpha-y'_A\sin\alpha \tag{9.2}$$

$$y_A=y'_O+x'_A\sin\alpha+y'_A\cos\alpha \tag{9.3}$$

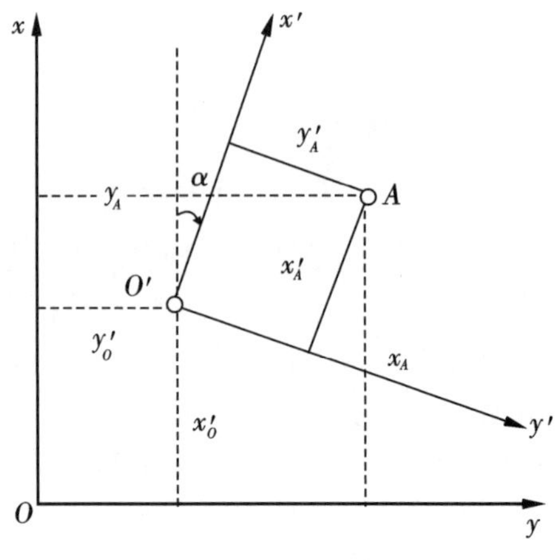

图 9.4 施工坐标变换

9.1.3 建筑场地的高程控制

建筑场地内应有足够数量的高程控制点,其密度应尽量满足安置一次仪器就能测设出所需高程点的要求。因此,除测图保存下来的控制点外,还须增设一些水准点。通常可将建筑方格网点兼作高程控制点,即在方格网点旁设置一半球状标志,把它们组成闭合或附合水准路线。若方格网点较密,可把主要方格网点或高程放样要求较高的建筑物附近的方格网点列入水准路线,其余点以支线水准测定。

此外,为了施工放样的方便,还可在建筑物附近测设±0.000 水准点,其高程为该建筑物室内地坪的设计高程。

9.2 工业与民用建筑施工测设精度

工业与民用建筑的施工放样,通常需要准备下列资料:

(1)总平面图。

(2)建筑物的设计与说明。

(3)建筑物、构筑物的轴线平面图。

(4)建筑物的基础平面图。

(5)设备的基础图。

(6)建筑物的结构施工图。

(7)管网布置图。

根据《工程测量标准》(GB 50026—2020),建筑物轴线放样应符合下列规定:

(1)放样宜采用 2" 级全站仪,应先由控制点放样出建筑物外廊主要轴线点,偏差不应大于 4 mm。

(2)检核和调整主要轴线点位置,轴线点间距离偏差应符合表 9.3 的规定。

(3)内部轴线点可由主要轴线点采用内分法放样。

(4)检核相邻轴线点间距,偏差应小于 5 mm。

建筑物施工放样、结构安装测量的允许偏差应符合表 9.3 ~ 表 9.6 的规定。

表 9.3　建筑物施工放样、轴线投测和标高传递的测量允许偏差

项目	内容		允许偏差/mm
基础桩位放样	单排桩或群桩中的边桩		±10
	群桩		±20
各施工层上放线	轴线点		±4
	外廓主轴线长度 L/m	$L \leqslant 30$	±5
		$30 < L \leqslant 60$	±10
		$60 < L \leqslant 90$	±15
		$90 < L \leqslant 120$	±20
		$120 < L \leqslant 150$	±25
		$150 < L \leqslant 200$	±30
		$L > 200$	按 40% 的施工限差取值
	细部轴线		±2
	承重墙、梁、柱边线		±3
	非承重墙边线		±3
	门窗洞口线		±3
轴线竖向投测	每层		3
	总高 H/m	$H \leqslant 30$	5
		$30 < H \leqslant 60$	10
		$60 < H \leqslant 90$	15
		$90 < H \leqslant 120$	20
		$120 < H \leqslant 150$	25
		$150 < H \leqslant 200$	30
		$H > 200$	按 40% 的施工限差取值
标高竖向传递	每层		±3
	总高 H/m	$H \leqslant 30$	±5
		$30 < H \leqslant 60$	±10
		$60 < H \leqslant 90$	±15
		$90 < H \leqslant 120$	±20
		$120 < H \leqslant 150$	±25
		$150 < H \leqslant 200$	±30
		$H > 200$	按 40% 的施工限差取值

表 9.4　柱、梁、桁架安装允许偏差

测量内容		允许偏差/mm
钢柱垫板标高		±2
钢柱±0 标高检查		±2
混凝土柱(预制)±0 标高检查		±3
柱子垂直度检查	钢柱牛腿	5
	柱高 10 m 以内	10
	柱高 10 m 以上	H/1 000,且≤20
桁架和实腹梁、桁架和钢架的支承结点间相邻高差的偏差		±5
梁间距		±3
梁面垫板标高		±2

注:H 为柱子高度(mm)。

表 9.5　构件预装测量的允许偏差

测量内容	允许偏差/mm
平台面抄平	±1
纵横中心线的正交度	$\pm 0.8\sqrt{l}$
预装过程中的抄平工作	±2

注:l 为自交点起算的横向中心线长度(mm),不足 5 000 mm 时按 5 000 mm 计。

表 9.6　附属构筑物安装测量的允许偏差

测量内容	允许偏差/mm
栈桥和斜桥中心线的投点	±2
轨面的标高(平整度)	±2
相邻轨面的高差	±4
轨道跨距的丈量	±2
管道构件中心线的定位	±5
管道标高的测量	±5
管道垂直度的测量	H/1 000

注:H 为管道垂直部分的长度(mm)。

设备安装测量的主要技术要求应符合下列规定:

(1)设备基础竣工中心线应进行复测,两次测量的较差不应大于 5 mm。

(2)对于埋设有中心标板的设备基础,中心线应由竣工中心线引测,同一中心标点的偏差不应超过±1 mm;纵横中心线应进行正交度的检查,并应调整横向中心线;同一设备基准中心线的平行偏差或同一生产系统的中心线的直线度应小于±1 mm。

(3)每组设备基础应设立临时标高控制点。普通设备基础的标高偏差应小于±2 mm,与传动装置有联系的设备基础的相邻两标高控制点标高偏差应小于±1 mm。

9.3　多层民用建筑施工测设

9.3.1　建筑物的定位

建筑物的定位就是把建筑物外墙轴线交点(定位点)测设于实际地面的过程。通常,拟建房屋与建筑基线之间的尺寸关系已由设计部门给出,可以根据建筑基线(或方格网)按照直角坐标法来定位。对于一般的多层民用建筑,定位精度控制指标为:长度相对误差不应超过$\frac{1}{5\ 000}$,角度误差不应超过±20″。

9.3.2　轴线控制桩和龙门板

建筑物定位后,则可以根据外墙定位桩测设各内墙轴线交点桩(中心桩)。为了在施工的不同阶段(开挖、垫层、基础、墙体、梁、柱、屋面等)恢复各交点位置,施工前必须将轴线延长至开挖范围以外,并设轴线控制桩作为参照(图 9.5)。

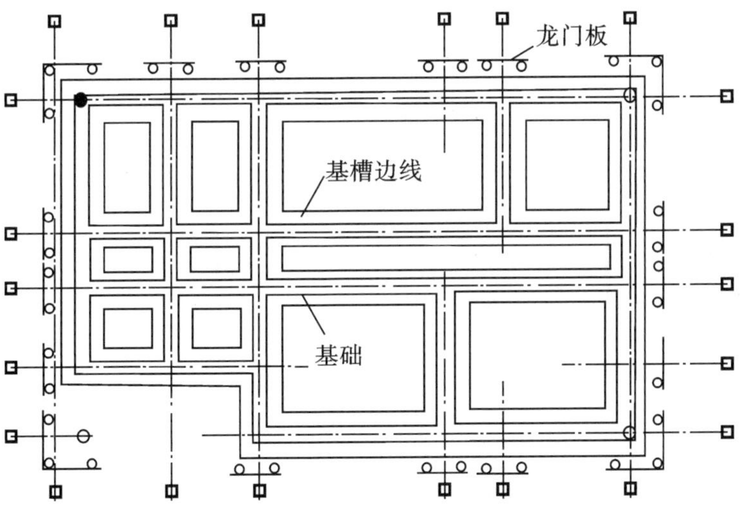

图 9.5　轴线控制桩及龙门板

龙门板(sight rail)是用来进行轴线位置和高程控制的。如图 9.6 所示,龙门板的设置方法为:在建筑物四角和中间隔墙的两端基槽之外 1 ~2 m 处,竖直钉设木桩,称为龙门桩,桩的外侧面应与基槽平行,并将±0.000 高程(该建筑物室内地坪的设计高程)测设在龙门桩上,用横线标示;然后,把龙门板钉在龙门桩上,要求板的上边水平,并恰好与±0.000高程横线齐平;最后将轴线引测到龙门板上,钉小钉做标志,称中心钉。

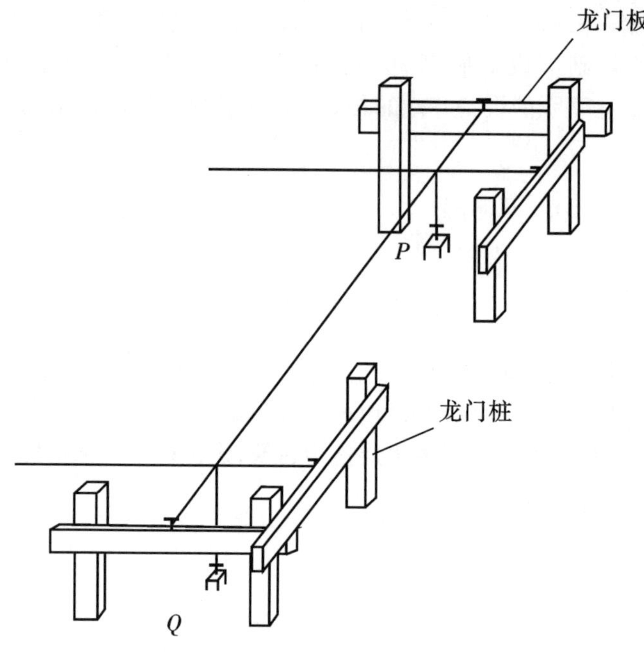

图9.6 龙门板大样

轴线控制桩应设在龙门板之外,以便检查龙门板是否在施工中发生变动。

9.3.3 基础施工测设

如图9.7所示,为了控制开挖基槽的深度,在接近槽底标高某整分米 a 时(如 a = 0.300 m),在基槽壁上每隔3~5 m和转角处各测设一水平桩,以做清理槽底和打垫层的依据。

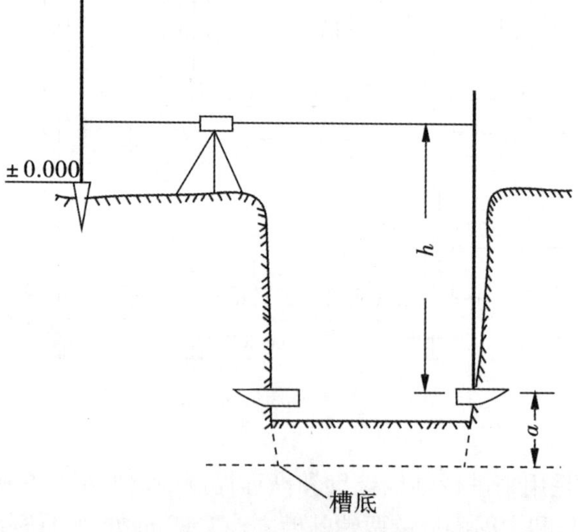

图9.7 基槽深度测设

垫层浇筑后，根据中心钉或控制桩，采取拉细线、吊垂球或用经纬仪的方法，将轴线交点投测到垫层上，用墨线弹出轴线和基础墙的边线，以做砌筑基础和墙身的依据。

9.4　高层建筑施工测设

9.4.1　基础施工测设

高层建筑通常是框架结构或剪力墙结构，其结构性能要求更高的测设精度。高层建筑的外墙定位点和内墙中心点测设方法与多层房屋相同，但轴线定位精度要求高于多层房屋。当基础工程完工后，应及时进行建筑物角点、四廓轴线和主轴线等的复位测定；经检查合格后，再详细放出细部轴线。测设时必须保证精度，严防差错。在条件允许时，可将主要轴线延长到距建筑物距离大于H(建筑高度)的地方设桩，供向上投测轴线之用。

高层建筑施工测设中的关键是轴线位置逐层向上复制，即轴线投测。

9.4.2　轴线竖向投测

高层建筑的轴线竖向投测，就是确保各层相应的轴线位于同一竖直面内。在施工中，一般规定竖向偏差不得超过4 mm。因此，确保投测精度是高层建筑施工测设的核心问题。

9.4.2.1　经纬仪延长轴线投测法

当场地四周宽阔，已将四廓轴线和主轴线向外延伸并钉设引桩时，则在引桩上安置经纬仪，瞄准首层相应的轴线后，用盘左盘右分中法将轴线直接投测到施工层面上。由于城市用地紧张，这种简便的方法通常难以实施。

9.4.2.2　激光铅垂仪投测法

这是目前高层建筑轴线竖向投测的主要方法。激光铅垂仪是一种将激光束传导至铅垂位置，用于竖向准直的专用定位仪器。它操作方便，竖向投测精度高，能满足高层建筑铅直定位测设的需要。

如图9.8所示，当欲将首层轴线交点直接向上投测时，各层均应预留孔洞(也可将轴线向外侧平移500 mm，建立投测站并预留孔洞，投测外移平行线，然后以平行线标定出轴线)。投射时，首先在底层轴线位置A点安置激光铅垂仪，精确对中、整平，接通电源，向上发射激光束穿过施工层预留孔，在待投测层孔位处放置接收靶，以显示光斑位置，然后转动激光束画圆，移动靶心对准圆心，即得所投位置。

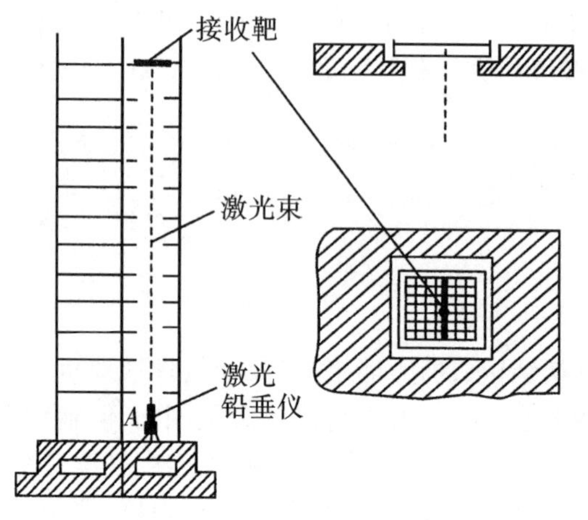

图 9.8 激光铅垂仪准直法

9.4.3 高程传递

高层建筑中的高程传递,可采用图 8.4 介绍的悬吊钢尺的方法。同时,也可采用钢尺直接丈量的方法来传递高程。

首先根据施工场地的水准点,在建筑物附近测设出±0.000 高程标志,再用水准仪在墙体上测设出+1.000 m 的标高线,然后从标高线起用钢尺沿墙身往上丈量,将高程传递上去。为了减少逐层读数误差的影响,可采用数层累计读数的测量方法。

9.5 单层工业厂房施工测设

9.5.1 厂房施工控制网

单层工业厂房施工测设的关键问题是柱位的平面定位及柱安装过程中其平面位置、高程、竖直度的控制。

在测设柱列位置之前,应首先利用建筑方格网或建筑基线,用直角坐标法测设厂房周边的专用控制网,这是厂房定位放样的依据。控制网精度见表 9.2。控制网距厂房基坑开挖边线应不小于 1.5 m,以免施工过程中被破坏(图 9.9)。

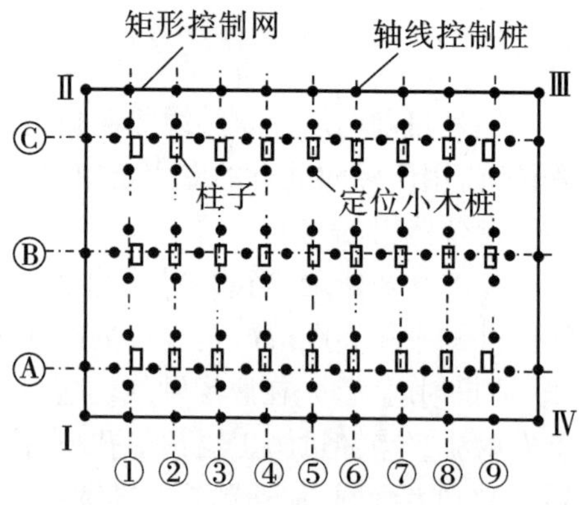

图 9.9 厂房控制网及轴线控制桩

9.5.2 厂房柱位测设

设某厂房平面如图9.9所示，纵向有9个轴线——①~⑨，横向有3个轴线——Ⓐ~Ⓒ。以下介绍柱位的测设过程。

将两台经纬仪分别置于厂房纵向和横向轴线(例如①轴和Ⓐ轴)的控制桩上，用方向交会法测设出①轴和Ⓐ轴交叉点上柱基的中心位置和定位点，并在离柱基开挖线外0.5~1.0 m处打4个定位小木桩(图9.9)。①轴轴线上的经纬仪保持不动，Ⓐ轴上的经纬仪依次迁站到Ⓑ轴和Ⓒ轴得到①轴和Ⓑ轴及①轴和Ⓒ轴上的柱基位置。参照上述过程，可以完成厂房全部柱位的测设。按照基础施工大样图的有关尺寸，测设出基础的开挖边线，并撒白灰标明。

9.5.3 柱子安装测设

单层工业厂房通常采用现浇杯形基础和预制柱，并在现场吊装安装。柱的安装过程中必须严格控制其平面位置、高程和竖直度，以确保厂房能够正常工作。

9.5.3.1 柱平面位置控制

柱子吊装前，应先将所有柱子和基础成对编号。在每一组中，分别在柱身三个侧面弹出柱轴线，并在轴线上按上、中、下作出照准标志；同时在杯形基础的杯口处沿纵、横两个方向测设中心线，用醒目标志标注。

吊装过程中，要求柱身上的轴线与杯口测设的中心线精确对齐。这一过程会受到竖直度校正的影响，需要反复进行。

9.5.3.2 牛腿顶面标高控制

吊装前精确量取每一根柱的实际长度，并根据设计牛腿顶面标高，在柱身的一个侧面上定出±0.000标高线。根据实际量取的杯口深度，计算每一个基础杯底找平层的厚度，以使就位后牛腿顶面的标高符合要求。然后，将杯底找平层的厚度测设在杯口内壁上，按设计规定的配合比浇筑细石混凝土，达到规定的厚度要求。这样，就保证了柱牛腿顶面的高程，并进而为保证吊车梁轨道的平整奠定了基础。

9.5.3.3 柱子竖直度控制

柱子吊入杯口后，首先保持柱身基本竖直，并使柱底轴线与杯口轴线对齐。用水准仪检测柱身上的±0.000标高线。将两台经纬仪分别安置(需要精确整平)在互相垂直的柱列轴线附近，用经纬仪中丝卡切柱身上的轴线。然后，缓缓俯仰望远镜，检测柱身轴线是否一直卡切经纬仪的竖丝。当柱身在任一方向上有偏差时，都需要认真校正。直至柱身正面位置、标高和竖直度均符合设计要求为止，最后杯口灌入细石混凝土固定。

第9章
习题集

第 10 章　公路工程测量

公路工程测量属于线路工程测量的范畴。呈线形的建设工程称为线路工程，如公路、铁路、河道、水渠、输电线等，其中心线（简称为中线）称为线路。线路工程的主体一般在地表，但也有在地下或空中的，如地铁、地下电缆、架空索道和架空输电线路等。线路工程在建设过程中所进行的一系列测量工作，称为线路工程测量，简称线路测量。线路测量包括线路勘测设计测量和线路施工测量。

10.1　中线测量

线路工程（无论是公路、铁路还是其他工程），其平面线形均要受到地形、地物、水文、地质及其他因素的影响而改变路线方向。在直线转向处要用曲线连接起来，这种曲线称为平曲线，如图 10.1 所示。平曲线包括圆曲线和缓和曲线两种。圆曲线是具有一定曲率半径的圆弧；缓和曲线是在直线和圆曲线之间加设的，曲率半径由无穷大逐渐变化为圆曲线半径的曲线。《公路工程技术标准》（JTG B01—2014）规定：当各级公路平曲线半径小于不设超高的最小半径时，应设缓和曲线。我国公路采用回旋线作为缓和曲线标准线形。

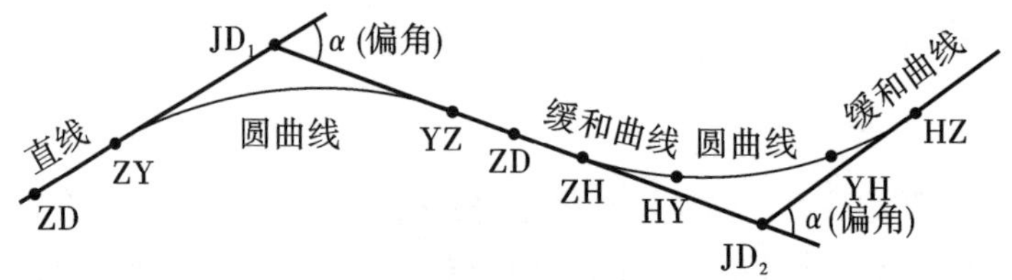

图 10.1　路线中线及其控制点

线路工程的中心线由直线和曲线构成。中线测量就是通过直线和曲线的测设，将线路工程中心线标定在实地上。其主要工作内容有中线交点（JD）和转点（ZD）的放样、距离和转角（α）测量、曲线（圆曲线及缓和曲线）放样、里程桩的设置等，如图 10.1 所示。

10.1.1　交点和转点的测设

线路的转折点称为交点（用 JD 表示），它是布设线路、详细放样直线和曲线的控制点。纸上定线完成后，应将图上确定的路线交点位置标定到实地。定线测量中，当相邻两交点互不通视或直线较长时，需要在其连线上测定一个或几个转点，以便在交点测量转角和直线量距时作为照准和定线的目标。直线上一般每隔 200 ~ 300 m 设一转点，此外，在线路与其他道路交叉处以及线路上需要设置桥、涵等构造物处，也应设置转点。

10.1.1.1　交点的测设

对于等级较低的公路，在地形条件不复杂时，交点的测设可采用现场标定的方法，即根据实地地形、地貌等条件，结合技术设计标准和要求，通过在现场的多次比较，采用一次定测的方法直接在现场定出道路中线的交点位置。对于等级较高的公路或地形复杂的地段，应先在实地布设测图控制网，测绘大比例尺带状地形图，进行纸上定线，然后到实地放样标定出交点位置。

由于定位条件和现场情况的不同，交点测设一般采用以下几种方法。

(1)根据地物测设交点。根据交点与地物的关系测设交点。如图 10.2 所示，交点 JD_2 的位置已在地形图上确定，可在图上量出交点到两房角和电杆的距离，在现场根据相应的房角和电杆，用皮尺分别量取相应尺寸，用距离交会法测设出 JD_2 点。

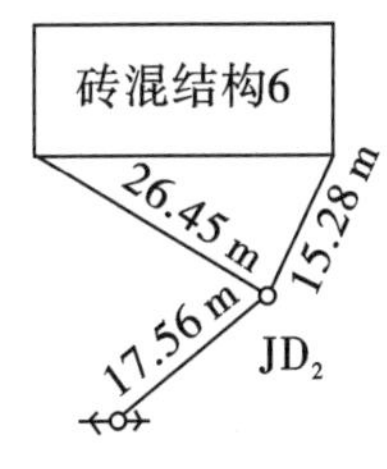

图 10.2　根据地物测设交点

(2)穿线交点法。穿线交点法是利用图上就近的导线点或地物点，把中线的直线段独立地测设到地面上，然后将相邻直线延长相交，定出地面交点桩的位置。其程序是：放点、穿线、交点。

1)放点。放点常用的方法有支距法和极坐标法两种。如图 10.3 所示，P_1、P_2、P_4 为纸上定线得到的直线段欲放的临时点，在图上过导线点 DX_1、DX_2、DX_4 作导线边的垂线，分别与中线相交得各临时点，用比例尺量取各相应的支距 L_1、L_2 和 L_4。在现场以相应导线点为垂足，按支距法测设出相应的各临时点。

在图 10.3 中也可以导线点 DX_4、DX_5 为依据，用量角器和比例尺分别量出 β 和 L_5 等放样数据。在实地可用经纬仪和皮尺分别在导线点 DX_4、DX_5 按极坐标法定出各临时点的位置(如 P_5 点)。

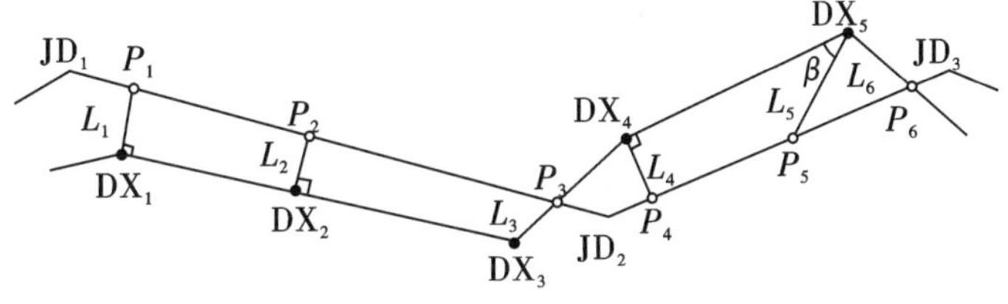

图 10.3　穿线放点法

2)穿线。放出的临时各点理论上应在一条直线上，但由于图解数据和测设工作均存在误差，实际上并不严格在一条直线上，如图 10.4 所示。这种情况下，可根据现场实际情况，采用目估法穿线或经纬仪视准法穿线，通过比较和选择，定出一条尽可能多地穿过或靠近临时点的直线 AB。最后在 A、B 或其方向上打下两个以上的转点桩，取消临时点桩。

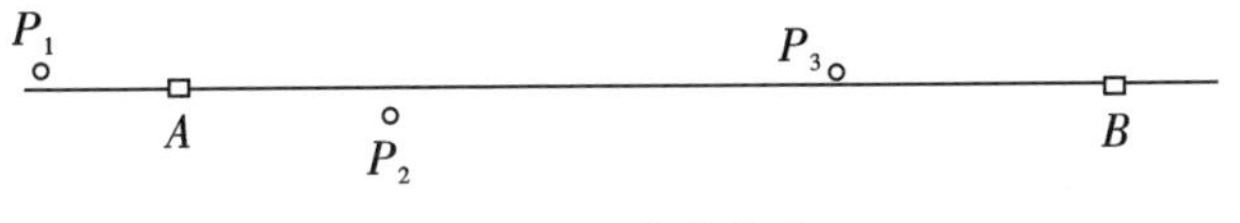

图 10.4　穿线方法

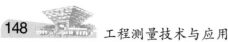

3)交点。如图10.5所示，当两条相交的直线AB、CD在地面上确定后，可进行交点。将经纬仪置于B点瞄准A点，倒镜，在视线上接近交点JD的概略位置前后打下两桩(骑马桩)。采用正倒镜分中法在该两桩上定出a、b点，挂上细线。仪器搬至C点瞄准D点，同法定出c、d点，挂上细线。两细线的相交处打下木桩，并钉以小钉，得到JD点。

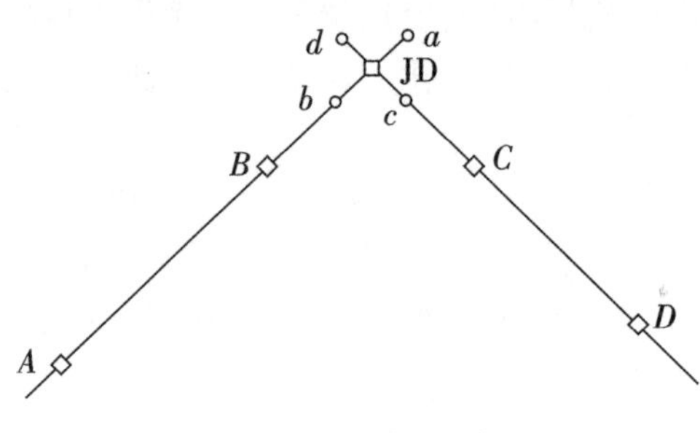

图10.5 测设交点

(3)全站仪坐标法。目前，线路工程中标定交点常用全站仪坐标法。根据附近导线点和交点的设计坐标，在导线点上安置全站仪，使用仪器的放样功能测设交点的平面位置。这种方法工作迅速，各交点点位均为独立放样，不存在误差累积。

10.1.1.2 转点的测设

当两交点间距离较远但尚能通视或已有转点需要加密时，可以采用经纬仪直接定线或经纬仪正倒镜分中法测设转点。转点的主要作用是传递方向，其测设方法如下：

(1)两交点间测设转点。如图10.6所示，JD_2和JD_3为相邻但互不通视的两个交点，先定出ZD的粗略位置ZD′，将经纬仪安置在ZD′上，用正倒镜分中法延长直线JD_2-ZD′至JD_3'，量取JD_3'与JD_3的距离为f，并用视距法测定D_1、D_2距离，则ZD′应移动的距离e可按下式计算：

$$e=\frac{D_1}{D_1+D_2}f \tag{10.1}$$

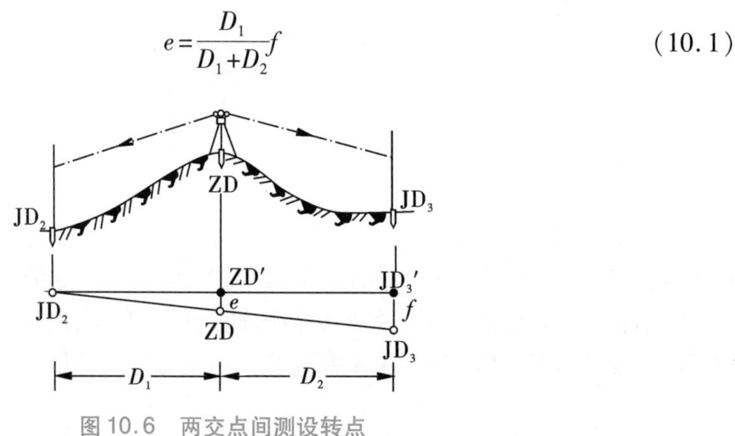

图10.6 两交点间测设转点

将ZD′按e值移至ZD点。在ZD上安置经纬仪，按上述方法逐渐趋近并重新测量f，直到f=0或在容许误差范围之内，置仪点即为ZD的位置，并用小钉标定。最后检测ZD

右角是否为 180°或在容许误差范围之内。

(2)延长线上测设转点。在图 10.7 中，JD_5、JD_6 为互不通视的两相邻交点，可先在其延长线上定出转点的粗略位置 ZD′，在 ZD′上安置经纬仪，分别用盘左盘右瞄准 JD_5，在 JD_6 处标出两点，取其中点为 JD_6'。若 JD_6' 与 JD_6 重合或其偏差值 f 在容许范围内，即可将 ZD′作为转点，否则应调整 ZD′的位置。用视距法定出 D_1、D_2 距离，则 ZD′应横向移动的距离 e 可按下式计算：

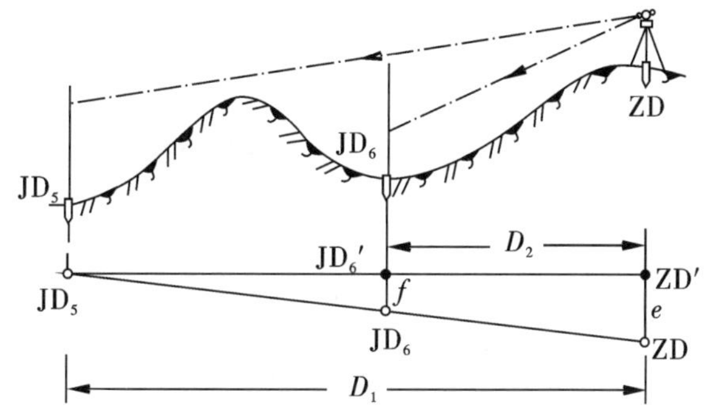

图 10.7　两交点延长线上测设转点

$$e=\frac{D_1}{D_1-D_2}f \tag{10.2}$$

横向移动 ZD′距离为 e，并安置仪器重新观测且量取 f，直到 $f=0$ 或在容许误差范围之内，置仪点即为 ZD 的位置，并用小钉标定。最后检测 ZD 与两交点的夹角是否为 0°或在容许误差范围之内。

10.1.2　线路转角测量

线路的交点和转点确定后，在线路转折处，为了测设曲线，需要测量转角。转角是指线路由一个方向偏转至另一个方向时，偏转后的方向与原方向的水平角，通常用 α 表示。如图 10.8 所示，路线的转角分左转角和右转角两种，当偏转后的方向位于原方向的右侧时，为右转角；反之，则为左转角。在线路工程中，转角 α 通常是由测定线路前进方向的右角 β 计算求得。

当 $\beta<180°$ 时为右偏角(线路向右转)：

$$\alpha_{右} = 180° - \beta \tag{10.3}$$

当 $\beta>180°$ 时为左偏角(线路向左转)：

$$\alpha_{左} = \beta - 180° \tag{10.4}$$

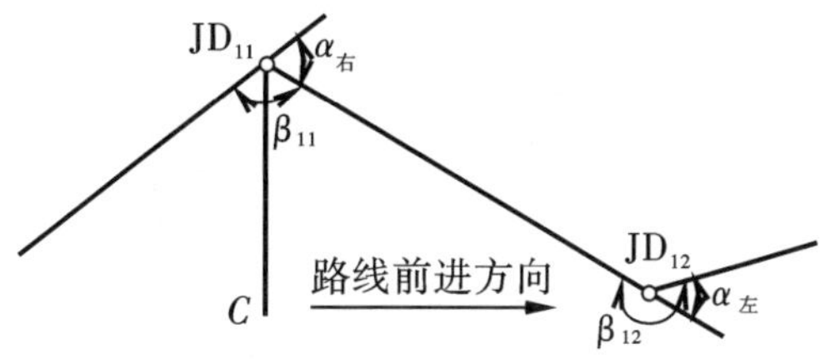

图 10.8　路线转角

测定右测角 β 后，为便于以后测设圆曲线中点 QZ，在不变动水平度盘位置的情况下，定出右测角的角平分线方向，图 10.8 中以 C 点标定。

《公路勘测规范》（JTG C10—2007）规定：高速公路、一级公路应使用精度不低于 DJ6 级经纬仪，采用方向观测法测量右测角 β 一测回。两半测回间应变动度盘位置，角值相差的限差在±20″以内取平均值，取位至 1″；二级及二级以下公路，角值相差的限差在±60″以内取平均值，取位至 30″。

10.1.3 里程桩的设置

线路中线上设置里程桩的作用是：标定路线中线的位置和长度，是路线纵横断面测量和施工测量的依据。在线路交点、转点及偏角测定后，即可进行实地量距，设置里程桩。里程桩亦称中桩，桩上写有桩号，表示该桩至线路起点的水平距离。如某桩号为 K1+100.120，即表示此桩距起点 1 100.120 m（“+”号前的数为千米数）。

里程桩分为控制桩、整桩和加桩，其桩距的精度要求和桩位的精度要求，应符合表 10.1 和表 10.2 的规定。

表 10.1 中桩间距

直线/m		曲线/m			
平原、微丘	重丘、山岭	不设超高的曲线	R>60	30<R<60	R<30
50	25	25	20	10	5

注：表中 R 为平曲线半径（m）。

表 10.2 中桩平面桩位精度

公路等级	中桩位置中误差/cm		桩位检测之差/cm	
	平原、微丘	重丘、山岭	平原、微丘	重丘、山岭
高速公路，一、二级公路	≤±5	≤±10	≤±10	≤±20
二级及三级以下公路	≤±10	≤±15	≤±20	≤±30

采用链距法、偏角法、支距法测定路线中线，其闭合差应小于表 10.3 的规定。

表 10.3 距离偏角测量闭合差

公路等级	纵向相对闭合差		横向闭合差/cm		角度闭合差/（″）
	平原、微丘	重丘、山岭	平原、微丘	重丘、山岭	
高速公路，一、二级公路	1/2 000	1/1 000	10	10	60
二级及三级以下公路	1/1 000	1/500	10	15	120

控制桩是线路的骨干点，它包括线路的起点、终点、转点、曲线主点和桥梁与隧道的端点等。

整桩是以 10 m、20 m 或 50 m 的整倍数桩号而设置的里程桩。整桩的采用，重丘、山岭区以 20 m 为宜；平原、微丘还可采用 25 m。一般 50 m 整桩桩距应少用或不用，桩距太大会影响纵坡设计质量。当曲线桩或加桩距整桩较近时，整桩可省略不设，但百米桩和千米桩均应测设。图 10.9(a)、(b)、(c)所示为整桩的书写情况。

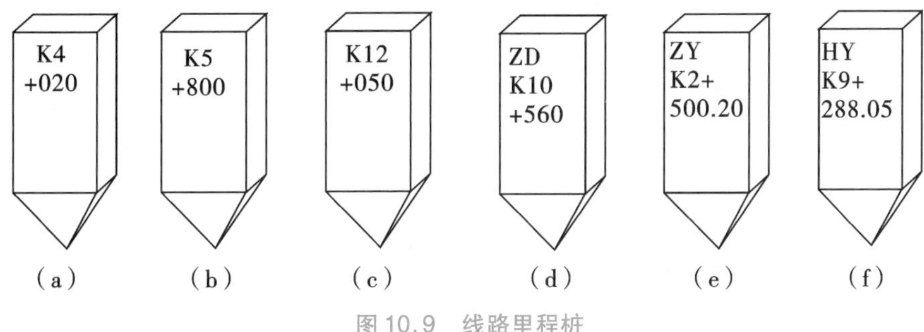

图 10.9　线路里程桩

加桩又分为地形加桩、地物加桩、地质加桩、曲线加桩和关系加桩等，如图 10.9(d)、(e)、(f)所示。地形加桩是指沿中线地面起伏突变处、横向坡度变化处以及天然河沟处等所设置的里程桩；地物加桩是指沿中线有人工构造物的地方，如桥梁、涵洞处，路线与其他公路、铁路、渠道、高压线等交叉处，拆迁建筑物处，土壤地质变化处等加设的里程桩；地质加桩是指在土质明显变化及不良地质地段的起点和终点处设置的里程桩；曲线加桩是指曲线上除主点外设置的加桩；关系加桩是指线路上的转点桩和交点桩。

如图 10.9 所示，在书写曲线加桩和关系加桩时，应在桩号之前加写其缩写名称。目前，我国公路采用汉语拼音标志为主，当工程需要引进外资或为国际招标项目时，应采用英文缩写，如表 10.4 所示。

表 10.4　线路标志点名称

标志名称	简称	中文缩写	英文缩写	标志名称	简称	中文缩写	英文缩写
交点		JD	IP	公切点		GQ	CP
转点		ZD	TP	第一缓和曲线起点	直缓点	ZH	TS
圆曲线起点	直圆点	ZY	BC	第一缓和曲线终点	缓圆点	HY	SC
圆曲线中点	曲中点	QZ	MC	第二缓和曲线起点	圆缓点	YH	CS
圆曲线终点	圆直点	YZ	EC	第二缓和曲线终点	缓直点	HZ	ST

在钉桩时，对于交点桩、转点桩、距线路起点每隔 500 m 处的整桩、重要地物加桩(如桥、隧道位置桩)，以及曲线主点桩，都要打下方桩。将方桩钉至与地面平齐，顶面钉一小钉表示点位。在距方桩约 20 cm 处设置指示桩，上面书写名称和桩号。其余的里程桩一般使用板桩，一半露出地面，以便书写桩号。桩号一律面向线路起点方向。

10.2 曲线测设

当线路由一个方向转向另一个方向时，相邻直线的交点处必须用平曲线来连接。平曲线的基本形式有圆曲线和缓和曲线两种。车辆从直线段驶入曲线段后，会突然产生离心力，影响行车的安全和舒适。为了使离心力渐变而符合车辆的行驶轨迹，在直线与圆曲线之间或两圆曲线之间设置一段曲率半径渐变的曲线，这种曲线称为缓和曲线。我国交通部颁布的《公路工程技术标准》(JTG B01—2014)规定：当各级公路平曲线半径小于不设超高的最小半径时，应设缓和曲线。我国公路采用回旋线作为缓和曲线标准线形。本节讨论圆曲线和缓和曲线的测设方法。

10.2.1 圆曲线及其测设

圆曲线的测设，一般分两步进行：先测设出圆曲线的主点，即起点(ZY)、中点(QZ)和终点(YZ)；然后在主点间进行加密，在加密过程中同时测设里程桩，也称圆曲线详细(细部)测设。

10.2.1.1 圆曲线的主点测设

(1) 圆曲线测设要素计算。如图10.10所示，线路在交点JD(也称转折点)处改变方向，转角为α。现设置一半径为R的圆曲线，圆曲线的主点包括圆曲线起点(也称直圆点ZY)、圆曲线中点(也称曲中点QZ)和圆曲线终点(也称圆直点YZ)。路线选定后，转角为已知角，曲线半径是设计确定的，也是已知数。由图可知，若圆曲线的切线长T、曲线长L、外矢距E已知，则圆曲线主点即可确定，为了便于计算检核，还需要计算切曲差D(也称超距)。因此，T、L、E、D称为圆曲线的测设要素，其计算公式为

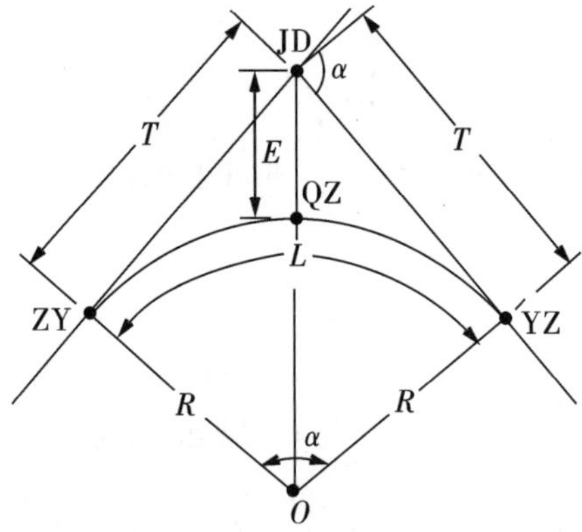

图10.10 圆曲线主点要素

切线长
$$T = R\tan\left(\frac{\alpha}{2}\right) \tag{10.5}$$

曲线长
$$L = \frac{\pi}{180^\circ}R\alpha \tag{10.6}$$

外矢距
$$E=R(\sec\frac{\alpha}{2}-1) \tag{10.7}$$

切曲差
$$D=2T-L \tag{10.8}$$

式中，T、E 用于主点测设，T、L、D 用于里程计算。

（2）主点里程计算。线路中线不经过交点，所以曲线上各桩的里程应沿曲线长度进行推算，由图 10.10 可知，主点里程计算如下：

ZY 点里程 = JD 点里程 − T

YZ 点里程 = ZY 点里程 + L

QZ 点里程 = YZ 点里程 − $L/2$

JD 点里程 = QZ 点里程 + $D/2$（检核）

但必须指出，上式仅为单个曲线主点里程计算。由于交点桩里程在线路中线测量时已由测定的 JD 间距离推定，所以从第二个曲线开始，其主点桩号计算应考虑前一曲线的切曲差 D，否则会导致线路桩号错误。

【例 10.1】　设某公路圆曲线交点 JD_3 里程为 K4+522.31 m，设计半径 R = 1 200 m，转角 α = 10°49′，求曲线测设要素及主点里程。

解　(1)圆曲线测设要素计算　根据公式可得

切线长　　T = 113.61（m）

曲线长　　L = 226.54（m）

外矢距　　E = 5.37（m）

切曲差　　D = 0.68（m）

（2）主点里程计算　根据公式可得

ZY 点里程 = JD 点里程 − T = K4+408.70（m）

YZ 点里程 = ZY 点里程 + L = K4+635.24（m）

QZ 点里程 = YZ 点里程 − $L/2$ = K4+521.97（m）

JD 点里程 = QZ 点里程 + $D/2$ = K4+522.31（m）

（3）主点测设。将经纬仪置于 JD_3 上，望远镜照准后视相邻交点或转点，沿此方向线量取切线长 T，得曲线起点 ZY，插上一测钎。然后用钢尺丈量 ZY 点至最近一个直线桩距离，如两桩号之差等于这段距离或相差在容许范围内，即可用方桩在测钎处打下 ZY 桩，否则应查明原因，进行处理，以保证点位的正确性。用望远镜照准前进方向的交点或转点，按上述方法，定出 YZ 桩，并进行检核。测设 QZ 点时，可自交点 JD 沿分角线方向量取外矢距 E，定出 QZ 点，并打桩标定。

10.2.1.2　圆曲线详细测设

圆曲线的主点设置后，曲线在地面上的位置就初步确定了。当地形变化较大、曲线较长（大于 40 m）时，仅 3 个主点还不能将圆曲线的线形准确地反映出来，也不能满足设计和施工的需要。因此必须在主点测设的基础上，按一定桩距 l_0 沿曲线设置里程桩和加桩，其桩距和桩位的精度要求，应符合表 10.1 和表 10.2 的规定。圆曲线的里程桩和加桩可按整桩号法（将曲线上靠近起点 ZY 的第一个桩的桩号凑整为 l_0 倍数的整桩号，然后按桩

距 l_0 连续向曲线终点 YZ 设桩)或整桩距法(从曲线起点 ZY 和终点 YZ 开始,分别以桩距 l_0 连续向曲线中点 QZ 设桩)设置。线路中线测量中一般均采用整桩号法。曲线详细测设的方法有多种,这里介绍常用的偏角法和切线支距法。

(1) 偏角法。偏角法是以曲线起点 ZY 或终点 YZ 至曲线任一待定点 P_i 的弦线与切线之间的弦切角(这里称为偏角) β_i 和弦长 d_i 来确定 P_i 点的位置。

如图 10.11,根据几何原理,偏角 β_i 等于相应弧长 l_i 所对的圆心角 φ_i 的一半,即

$$\left.\begin{aligned}\beta_i &= \frac{\varphi_i}{2} = \frac{l_i}{2R}\frac{180^\circ}{\pi}\\ d_i &= 2R\sin\frac{\varphi_i}{2}\end{aligned}\right\}\tag{10.9}$$

式中:l_i ——中桩距 ZY 点(或 YZ 点)间的弧长;

φ_i ——弧长 l_i 对应的圆心角;

d_i——弧长 l_i 对应的弦长。

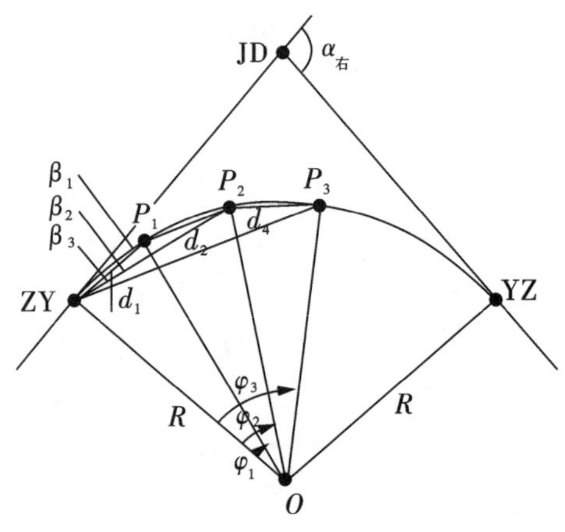

图 10.11 圆曲线偏角法详细测设

【例 10.2】 在例 10.1 的基础上若采用偏角法并按整桩号法设置中桩,试计算各桩偏角和弦长。具体计算结果见表 10.5。

表 10.5 偏角法测设圆曲线计算

点名	桩号里程	各桩至 ZY 或 YZ 点的曲线长度 l_i	偏角值 β_i	偏角读数	相邻桩间弧长	相邻桩间弦长
ZY	K4+408.70	0.00	0°00′00″	0°00′00″	0.00	0.00
P_1	K4+420.00	11.30	0°16′11″	0°16′11″	11.30	11.29
P_2	K4+440.00	31.30	0°44′50″	0°44′50″	20.00	20.00
P_3	K4+460.00	51.30	1°13′28″	1°13′28″	20.00	20.00
P_4	K4+480.00	71.30	1°42′07″	1°42′07″	20.00	20.00

续表 10.5

点名	桩号里程	各桩至 ZY 或 YZ 点的曲线长度 l_i	偏角值 β_i	偏角读数	相邻桩间弧长	相邻桩间弦长
P_5	K4+500.00	91.30	2°10′46″	2°10′46″	20.00	20.00
P_6	K4+520.00	111.30	2°39′25″	2°39′25″	20.00	20.00
QZ	K4+521.97	113.27	2°42′15″	2°42′15″	1.97	1.97
QZ	K4+521.97	113.27	2°42′15″	357°17′45″	18.03	18.03
P_7	K4+540.00	95.24	2°16′26″	357°43′34″	20.00	20.00
P_8	K4+560.00	75.24	1°47′46″	358°12′14″	20.00	20.00
P_9	K4+580.00	55.24	1°19′08″	358°40′52″	20.00	20.00
P_{10}	K4+600.00	35.24	0°50′28″	359°09′32″	20.00	20.00
P_{11}	K4+620.00	15.24	0°21′50″	359°48′10″	15.24	15.24
YZ	K4+635.24	0.00	0°00′00″	360°00′00″	0.00	0.00

由于经纬仪水平度盘的注记是顺时针方向增加的,因此测设曲线时,如果偏角的增加方向与水平度盘一致,也是顺时针方向增加,称为正拨,反之称为反拨。对右转角(本例为右转角),仪器置于 ZY 点上测设曲线为正拨,置于 YZ 点上则为反拨;对于左转角,置于 ZY 点上测设曲线为反拨,置于 YZ 点上则为正拨。正拨时,望远镜照准切线方向,如果水平度盘读数配置在 0°00′00″,各桩的偏角读数就等于各桩的偏角值;但在反拨时则不同,各桩的偏角读数应等于 360°减去各桩的偏角值。偏角法的测设步骤如下(以例 10.2 为例):

1)将经纬仪置于 ZY 点上,瞄准交点 JD 并将水平度盘配置在 0°00′00″。

2)转动照准部使水平度盘读数为桩 K4+420 的偏角读数 0°16′11″,从 ZY 点沿此方向量取弦长 11.29 m,定出 K4+420。

3)转动照准部使水平度盘读数为桩 K4+440 的偏角读数 0°44′50″,由桩 K4+420 量取弦长 20 m 与视线方向相交,定出 K4+440。

4)按上述方法逐一定出 K4+460、K4+480、K4+500、K4+520 及 QZ 点 K4+521.97,此时定出的 QZ 点应与主点测设定出的 QZ 点重合,如不重合,其闭合差一般不得超过如下规定;

纵向(切线方向) $\pm L/1\ 000$

横向(半径方向) ±0.1m

其中:L 为测设的曲线长度。

5)将仪器移至 YZ 点上,瞄准交点 JD 并将度盘配置在 0°00′00″。

6)转动照准部使水平度盘读数为桩 K4+620 的偏角读数 359°48′10″,沿此方向从 YZ 点量取弦长 15.24 m,定出 K4+620。

7)转动照准部使水平度盘读数为桩 K4+600 的偏角读数 359°09′32″,由桩 K4+620 量取弦长 20 m 与视线方向相交,定出 K4+600。

8)依此逐一定出+580、+560、+540 和 QZ 点。QZ 点的偏差亦满足上述规定。

偏角法不仅可以在 ZY 和 YZ 点上测设曲线,而且可在 QZ 点上测设,也可在曲线上任一点上测设。它是一种测设精度较高,适用性较强的常用方法。但这种方法存在着测点误差累积的缺点,所以宜从曲线两端向中点或自中点向两端测设曲线。

(2)切线支距法。该方法的实质为直角坐标法。如图 10.12 所示,以曲线的起点 ZY 或终点 YZ 为坐标原点,以切线方向为 x 轴,过原点的半径为 y 轴,建立直角坐标系,按曲线上各点坐标 x_i 、y_i 测设曲线。

在图 10.12 中,设 P_i 为曲线欲测设的点位,该点至 ZY 点或 YZ 点的弧长为 l_i ,φ_i 为 l_i 所对应的圆心角,R 为圆曲线半径,则 P_i 的坐标可按下式计算:

$$\left.\begin{aligned} x_i &= R\sin\varphi_i \\ y_i &= r(1-\cos\varphi_i) \\ \varphi_i &= \frac{180^\circ}{\pi R}l_i \end{aligned}\right\} \tag{10.10}$$

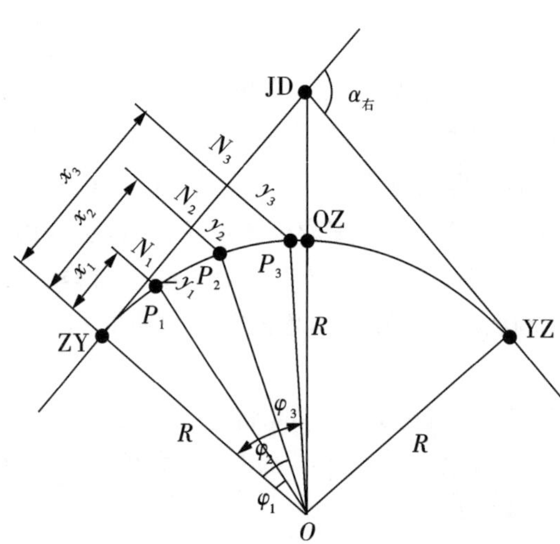

图 10.12　圆曲线切线支距法详细测设

切线支距法测设曲线,为了避免支距过长,一般由 ZY、YZ 点分别向 QZ 点施测。其测设步骤如下:

1)从 ZY(或 YZ)点开始用钢尺或皮尺沿切线方向量取 P_i 的横坐标 x_i ,得垂足 N_i 。

2)在各垂足 N_i 上用方向架定出垂直方向,量取纵坐标 y_i ,即可定出 P_i 点。

3)曲线上各点设置完毕后,应量取相邻各桩之间的距离,与相应的桩号之差做比较。若较差均在限差之内,则曲线测设合格,否则应查明原因,予以纠正。

这种方法适用于平坦开阔的地区,具有测点误差不累积的优点。

【例 10.3】　在例 10.1 的基础上若采用切线支距法并按整桩号法设置中桩,试计算各桩坐标。具体计算结果见表 10.6。

表 10.6　切线支距法各桩坐标计算

点名	桩号里程	各桩至 ZY 或 YZ 的曲线长度 l_i	圆心角 φ_i	x_i	y_i
ZY	K4+408.70	0.00	0°00′00″	0.00	0.00
P_1	K4+420.00	11.30	0°32′22″	11.30	0.05
P_2	K4+440.00	31.30	1°29′40″	31.30	0.41
P_3	K4+460.00	51.30	2°26′56″	51.28	1.10
P_4	K4+480.00	71.30	3°24′14″	71.26	2.18
P_5	K4+500.00	91.30	4°21′32″	91.21	3.47
P_6	K4+520.00	111.30	5°18′50″	111.14	5.16
QZ	K4+521.97	113.27	5°24′30″	113.10	5.34
P_7	K4+540.00	95.24	4°32′51″	95.14	3.37
P_8	K4+560.00	75.24	3°35′33″	75.19	2.36
P_9	K4+580.00	55.24	2°38′15″	55.22	1.27
P_{10}	K4+600.00	35.24	1°40′57″	35.23	0.52
P_{11}	K4+620.00	15.24	0°43′40″	15.24	0.10
YZ	K4+635.24	0.00	0°00′00″	0.00	0.00

10.2.2　缓和曲线

10.2.2.1　缓和曲线基本公式

在直线与圆曲线之间加入一段缓和曲线，该缓和曲线起点处半径 $r=\infty$ ，终点处半径 $r=R$ ，其特征是曲线上任一点的半径与该点至起点的曲线长 l 成反比，即

$$c = rl = RL_S \tag{10.11}$$

式中：c ——常数，称为曲线半径变化率；

L_S ——缓和曲线全长；

r ——缓和曲线上任一点处的曲率半径。

如图 10.13 所示，当圆曲线两端加入缓和曲线后，圆曲线应内移一段距离 p ，才能使缓和曲线与直线衔接，这时切线长相应增加了距离 m 。

10.2.2.2　缓和曲线的直角坐标

如图 10.14 所示，设以曲线起点 ZH 为坐标原点，过 ZH 点的切线为 x 轴，半径方向为

y 轴,任一点 P 的直角坐标为(确切地说,是以曲线长 l 为参数的缓和曲线的参数方程,这里不做推导)

$$\left.\begin{aligned} x &= l - \frac{l^5}{40R^2L_S^2} + \frac{l^9}{3\,456R^4L_S^4} \\ y &= \frac{l^3}{6RL_S} - \frac{l^7}{336R^3L_S^3} \end{aligned}\right\} \tag{10.12}$$

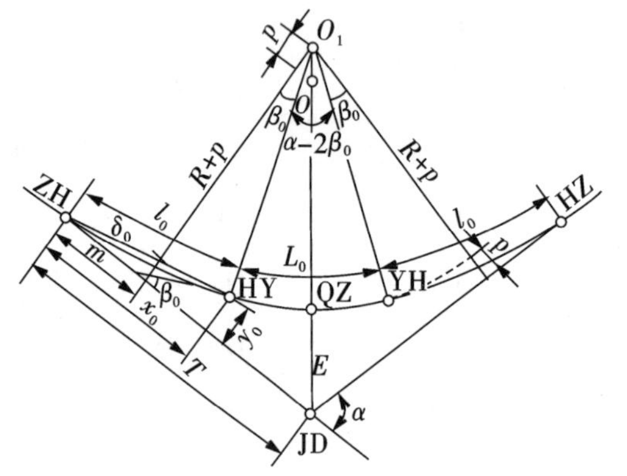

图 10.13　缓和曲线与主点要素

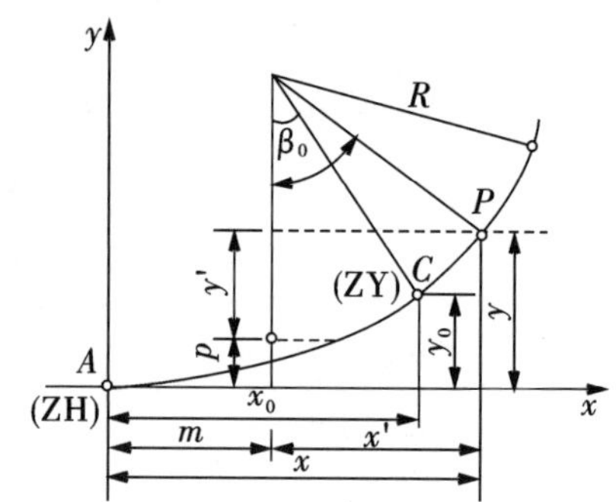

图 10.14　缓和曲线的直角坐标

10.2.2.3　缓和曲线主点要素计算

如图 10.14 所示,带有缓和曲线的主点要素按下列公式计算:

缓和曲线切线角 $$\beta_0 = \frac{L_S 180°}{2\pi R} \tag{10.13}$$

圆曲线内移值 $$p = \frac{L_S^2}{24R} - \frac{L_S^4}{2\,688R^3} \tag{10.14}$$

切线增长值 $$m = \frac{L_S}{2} - \frac{L_S^3}{240R^2} \tag{10.15}$$

切线长 $$T = m + (R + p)\tan\left(\frac{\alpha}{2}\right) \tag{10.16}$$

总曲线长 $$L = \frac{\pi}{180°}R(\alpha - 2\beta_0) + 2L_S = L_y + 2L_S \tag{10.17}$$

外矢距 $$E = (R + p)\sec\frac{\alpha}{2} - R \tag{10.18}$$

切曲差 $$D = 2T - L \tag{10.19}$$

当 R 、L_S 、α 确定后,即可根据以上公式计算缓和曲线主点要素。其中 $L_y = \frac{\pi}{180°}R(\alpha - 2\beta_0)$ 为插入缓和曲线后的圆曲线长度。

根据交点里程和缓和曲线主点要素,可按下式计算主点里程:

直缓(ZH)点　　ZH 点里程=JD 点里程-T

缓圆(HY)点　　HY 点里程=ZH 点里程+L_S
圆缓(YH)点　　YH 点里程=HY 点里程+L_y
缓直(HZ)点　　HZ 点里程=YH 点里程+L_S
曲中(QZ)点　　QZ 点里程=HZ 点里程-$L/2$
计算检核　　JD 点里程=QZ 点里程+$D/2$

10.2.3　中桩坐标计算

当前在生产实践中,一般利用全站仪或 GPS 进行中线测量,因此,需要计算直线、圆曲线及缓和曲线上各中桩(逐桩)的坐标。如图 10.15 所示,交点 JD 的坐标 X_{JD}、Y_{JD}已经测定(如采用纸上定线,可在地形图上量取),路线导线的坐标方位角 A(为与转角 α 区分)和边长 D 按坐标反算求得。在选定各圆曲线半径 R 及缓和曲线长度 L_S 后,根据各桩的里程桩号,按下述方法即可计算相应的中桩坐标值 X、Y。

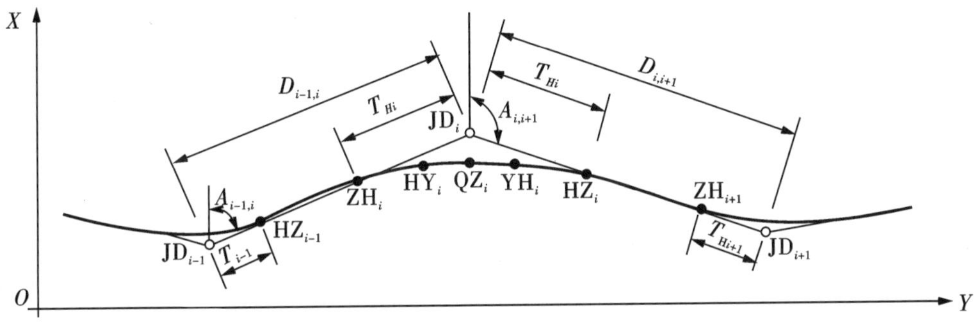

图 10.15　线路中桩坐标计算示意图

10.2.3.1　直线上的中桩坐标计算

如图 10.15 所示,HZ 点(包括路线起点)至 ZH 点之间为直线,桩点的坐标按下式计算:

$$\left.\begin{aligned}X_i &= X_{HZ_{i-1}} + D_i\cos A_{i-1,i}\\ Yi &= Y_{HZ_{i-1}} + D_i\cos A_{i-1,i}\end{aligned}\right\}\tag{10.20}$$

式中:$A_{i-1,i}$——路线导线 JD_{i-1}至 JD_i 的坐标方位角。

D_i——桩点至 HZ_{i-1}的距离,即桩号里程差。

$X_{HZ_{i-1}}$、$Y_{HZ_{i-1}}$——HZ_{i-1}的坐标,由下式求得:

$$\left.\begin{aligned}X_{HZ_{i-1}} &= X_{JD_{i-1}} + T_{i-1}\cos A_{i-1,i}\\ Y_{HZ_{i-1}} &= Y_{JD_{i-1}} + T_{i-1}\sin A_{i-1,i}\end{aligned}\right\}\tag{10.21}$$

式中:$X_{JD_{i-1}}$、$Y_{JD_{i-1}}$——交点的坐标;

T_{i-1}——切线长。

ZH 点为直线段的终点,也可按下式计算坐标:

$$\left.\begin{aligned}X_{ZH_i} &= X_{JD_{i-1,i}} + (D_{i-1,i} - T_i)\cos A_{i-1,i}\\ Y_{ZH_i} &= Y_{JD_{i-1}} + (D_{i-1,i} - T_i)\sin A_{i-1,i}\end{aligned}\right\}\tag{10.22}$$

式中:$D_{i-1,i}$——路线导线 JD_{i-1}至 JD_i 的边长。

10.2.3.2 缓和曲线上的中桩坐标计算

从 ZH 点至 HY 点或从 YH 点至 HZ 点都是缓和曲线上的点,可按式(10.12)先算出切线支距法的直角坐标 x 、y ,然后通过坐标变换将其转换为测量坐标 X 、Y 。

(1)当中桩在 ZH 点至 HY 点时,变换公式为:

$$\left.\begin{aligned} X_i &= X_{ZH_i} + x_i\cos A_{i-1,i} - y_i\sin A_{i-1,i} \\ Y_i &= Y_{ZH_i} + x_i\sin A_{i-1,i} + y_i\cos A_{i-1,i} \end{aligned}\right\} \tag{10.23a}$$

当曲线为左转角时,以 $y_i=-y_i$ 代入计算。

(2)当中桩在 YH 点至 HZ 点时,变换公式为:

$$\left.\begin{aligned} X_i &= X_{HZ_i} - (x_i\cos A_{i,i+1} - y_i\sin A_{i,i+1}) \\ Y_i &= Y_{HZ_i} - (x_i\sin A_{i,i+1} + y_i\cos A_{i,i+1}) \end{aligned}\right\} \tag{10.23b}$$

当曲线为右转角时,以 $y_i=-y_i$ 代入计算。

10.2.3.3 圆曲线上的中桩坐标计算

从 HY 点至 YH 点为圆曲线段。设圆曲线上有起算数据点:里程 K_{HY_i} ,坐标 X_{HY_i} 、Y_{HY_i} ,切线坐标方位角 A_{HY_i} ,圆曲线半径 R,则圆曲线上桩号为 K 的坐标(X,Y)为

$$\left.\begin{aligned} A_{HY_i} &= A_{i-1,i} + \xi\beta_0 \\ A &= A_{HY_i} + \xi\frac{K-K_{HY_i}}{R}\cdot\frac{180^\circ}{\pi} \\ X &= X_{HY_i} + \xi R(\sin A - \sin A_{HY_i}) \\ Y &= Y_{HY_i} - \xi R(\cos A - \cos A_{HY_i}) \end{aligned}\right\} \tag{10.24}$$

当曲线为左转角时,$\xi=-1$;当曲线为右转角时,$\xi=1$。

【例 10.4】 路线交点 JD_2的坐标为(2 588 711.270,20 478 702.880),交点 JD_3的坐标为(2 591 069.056,20 478 662.850),JD_4的坐标为(2 594 145.875,20 481 070.750)。JD_3的桩号里程为 K6+790.306,圆曲线半径 R=2 000 m,缓和曲线长 L_S=100 m。计算结果如表 10.7 所示。

表 10.7 主点桩坐标计算汇总

序号	点号	里程桩号	坐标 X	坐标 Y	切点方位角
1	JD_2	K4+432.180	2 588 711.270	20 478 702.880	359°01′38″
2	ZH	K6+031.619	2 590 310.479	20 478 675.729	359°01′38″
3	HY	K6+131.619	2 590 410.472	20 478 674.865	0°27′35″
4	YH	K7+393.645	2 591 587.270	20 479 069.459	36°36′50″
5	HZ	K7+493.646	2 591 666.530	20 479 130.430	38°02′47″
6	JD_4	K10+641.978	2 594 145.875	20 481 070.750	38°02′47″

解　(1)计算路线转角：

$$\tan A_{32}=\frac{Y_{JD_2}-Y_{JD_3}}{X_{JD_2}-X_{JD_3}}=\frac{+40.030}{-2\ 357.786}=-0.016\ 977\ 792$$

$$A_{32}=180°-0°58'22''=179°01'38''$$

$$\tan A_{34}=\frac{Y_{JD_4}-Y_{JD_3}}{X_{JD_4}-X_{JD_3}}=\frac{+2\ 407.900}{+3\ 076.819}=0.782\ 593\ 97$$

$$A_{34}=38°02'48''$$

右角 $\beta=179°01'38''-38°02'48''=140°58'50''$

$\beta<180°$，线路右转，则 $\alpha_y=180°-140°58'50''=39°01'10''$

(2)计算曲线放样元素：

$\beta_0=1°25'56''$　　$p=0.208$ m　　$T=758.687$ m　　$L=1\ 462.027$ m

$L_y=1\ 262.027$ m　　$E=122.044$ m　　$D=55.347$ m

(3)计算曲线主点里程桩号：

ZH 点里程＝JD_3 点里程$-T$＝K6+031.619

HY 点里程＝ZH 点里程$+L_S$＝K6+131.619

YH 点里程＝HY 点里程$+L_y$＝K7+393.646

HZ 点里程＝YH 点里程$+L_S$＝K7+493.646

QZ 点里程＝HZ 点里程$-L/2$＝K6+762.632

JD 点里程＝QZ 点里程$+D/2$＝K6+790.306

(4)计算曲线主点及其中桩(仅列举部分桩号)坐标。

1)ZH 点的坐标计算：

$$D_{23}=\sqrt{(X_{JD_3}-X_{JD_2})^2+(Y_{JD_3}-Y_{JD_2})^2}$$

$$A_{23}=A_{32}+180°=359°01'38''$$

$$X_{ZH_3}=X_{JD_2}+(D_{23}-T_3)\cos A_{23}=2\ 590\ 310.479$$

$$Y_{ZH_3}=Y_{JD_2}+(D_{23}-T_3)\sin A_{23}=20\ 478\ 675.729$$

2)缓和曲线上的中桩坐标计算。如中桩 K6+100，$l=6\ 100-6\ 031.619$(ZH 桩号)＝68.381，代入式(10.12)计算切线支距坐标：

$$x=l-\frac{l^5}{40R^2L_S^2}+\frac{l^9}{3\ 456R^4L_S^4}=68.380$$

$$y=\frac{l^3}{6RL_S}-\frac{l^7}{336R^3L_S^3}=0.266$$

按式(10.23)转换坐标：

$$X=X_{ZH_3}+x\cos A_{23}-y\sin A_{23}=2\ 590\ 378.853$$

$$Y=Y_{ZH_3}+x\sin A_{23}+y\cos A_{23}=20\ 478\ 674.835$$

HY 点坐标计算：

$$x_0=L_S-\frac{L_S^3}{40R^2}+\frac{L_S^5}{3\ 456R^4}=99.994$$

$$y_0 = \frac{L_S^2}{6R} - \frac{L_S^4}{336R^3} = 0.833$$

$$X_{HY_3} = X_{ZH_3} + x_0 \cos A_{23} - y_0 \sin A_{23} = 2\ 590\ 410.472$$

$$Y_{HY_3} = Y_{ZH_3} + x_0 \sin A_{23} + y_0 \cos A_{23} = 20\ 478\ 647.865$$

3)圆曲线部分的中桩坐标计算。如中桩 K6+500 坐标计算：

曲线为右转角,在公式(10.24)中,$\xi = 1$,则有

$$A_{HY_i} = A_{23} + \beta_0 = 0°27'35'' \qquad A = A_{HY_i} + \frac{K - K_{HY_i}}{R} \cdot \frac{180°}{\pi} = 11°00'47''$$

$$X = X_{HY_i} + R(\sin A - \sin A_{HY_i}) = 2590776.490$$

$$Y = Y_{HY_i} - R(\cos A - \cos A_{HY_i}) = 20478711.633$$

由于一条路线的中桩数以千计,通常中线逐桩坐标需要用计算机程序计算,并编制中线逐桩坐标表。

中线逐桩坐标计算后,即可采用全站仪或 GPS 进行线路中线测量。如图 10.16 所示,将全站仪置于导线点(DX_i)上,按极坐标法进行测设,具体操作可参照使用仪器说明书的内容。在中线桩位置定出后,随即测出该桩的地面高程(Z 坐标),这样纵断面测量中的中平测量就无须单独进行,大大简化了测量工作。

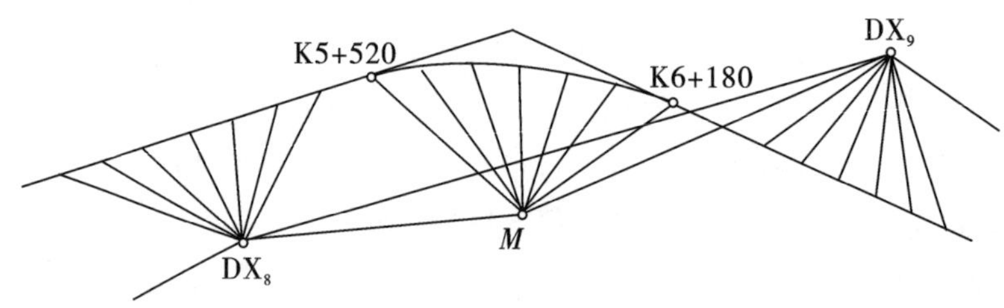

图 10.16 全站仪中线测量

在测设过程中,往往需要在导线的基础上加密一些测站点,以便把中线桩逐一定出。如图 10.16 所示,K5+520、K6+180 之间的中线桩,在导线点 DX_8 和 DX_9 上均难以测设,可在 DX_8 测设结束后,在适当位置选一点 M ,钉桩后,测出 M 点的三维坐标。将仪器迁至 M 点上,继续测设。

10.3 纵断面测量

线路纵断面测量又称线路水准测量,其任务是测定中线上各里程桩对应的地面高程,绘制路线纵断面图,为线路工程纵断面设计,中桩挖填高度计算、土方计算和调配提供依据。

为了提高测量精度和有效地进行成果检核,纵断面测量一般分两步进行:一是高程控制测量(也称基平测量),即沿路线方向设置水准点,采用水准测量的方法测出各水准点的高程;二是中桩高程测量(也称中平测量),即根据基平测量布设的各水准点,分段进行附合水准测量,测定各里程桩对应的地面高程。基平测量的精度要求比中平测量高,一般按四等水准测量的精度;中平测量只做单程观测,按普通水准测量的精度。

10.3.1　基平测量

10.3.1.1　水准路线的布设

基平测量布设的水准点，是高程测量的控制点，在勘测设计和施工阶段甚至工程运营阶段都要使用。因此水准路线应沿公路路线布设，水准点宜设于公路中心线两侧 50 ~ 300 m 之内的地基稳固、易于引测以及施工时不易被破坏的地方。水准点要埋设标石，也可设在永久性建筑物上，或将金属标志嵌在基岩上。

永久性水准点，在较长路线上一般应每隔 25 ~ 30 km 布设一点。在路线起点和终点、大桥两岸、隧道两端，以及需要长期观测高程的重点工程附近，均应增设水准点。临时水准点的布设密度应根据地形复杂情况和工程需要而定。在高丘陵和山区，每隔 0.5 ~ 1 km布设一个；在平原和低丘陵区，每隔 1 ~ 2 km 布设一个；在中小桥梁、涵洞以及停车场等地段，均应布设；较短的线路上，一般每隔 300 ~ 500 m 布设一个。

10.3.1.2　水准路线测量

《公路勘测规范》（JTG C10—2007）对高程控制测量的一般要求是：公路高程系统，宜采用 1985 年国家高程基准。同一条公路应采用同一个高程系统，不能采用同一高程系统时，应给定高程系统的转换关系。独立工程和三级以下公路联测有困难时，可采用假定高程。公路高程测量采用水准测量，在水准测量确有困难的山岭地带以及沼泽、水网地区，四、五等水准测量可用光电测距三角高程测量代替。各级公路及构造物的水准测量等级应按表 10.8 选取确定，各等级水准测量的精度应符合表 10.9 的规定。

表 10.8　公路及构造物的水准测量等级

测量等级	高架桥、路线控制测量	多跨桥梁总长 L/m	单跨桥梁 L_K/m	隧道贯通长度 L_G/m	附合或环线水准路线长度/km	
					路线	隧道
二等	—	$L \geqslant 3\ 000$	$L_K \geqslant 500$	$L_G \geqslant 6\ 000$	600	100
三等	—	$1\ 000 \leqslant L < 3\ 000$	$150 \leqslant L_K < 500$	$3\ 000 \leqslant L_G < 6\ 000$	60	10
四等	高架桥，高速、一级公路	$L < 1\ 000$	$L_K < 150$	$L_G < 3\ 000$	25	4
五等	二、三、四级公路	—	—	—	10	1.6

表 10.9　水准测量的精度

等级	每千米高差中数中误差/mm		往返较差、附合或环线闭合差/mm		检测已测测段高差之差/mm
	偶然中误差 M_Δ	全中误差 M_W	平原微丘区	山岭重丘区	
二等	±1	±2	$\pm 4\sqrt{L}$	$\pm 4\sqrt{L}$	$\pm 6\sqrt{L_i}$
三等	±3	±6	$\pm 12\sqrt{L}$	$\pm 3.5\sqrt{n}$ 或 $\pm 15\sqrt{L}$	$\pm 20\sqrt{L_i}$
四等	±5	±10	$\pm 20\sqrt{L}$	$\pm 6.0\sqrt{n}$ 或 $\pm 25\sqrt{L}$	$\pm 30\sqrt{L_i}$
五等	±8	±16	$\pm 30\sqrt{L}$	$\pm 45\sqrt{L}$	$\pm 40\sqrt{L_i}$

水准测量观测方法应符合表10.10的规定，技术要求应符合表10.11的规定。

表10.10 水准测量观测方法

等级	仪器类型	水准尺类型	观测方法	是否往返观测	观测次序
二等	DS05	因瓦	光学测微法	往返	后—前—前—后
三等	DS1	因瓦	光学测微法	往返	后—前—前—后
	DS3	双面	中丝读数法	往返	后—前—前—后
四等	DS3	双面	中丝读数法	往	后—后—前—前
五等	DS3	单面	中丝读数法	往	后—前

表10.11 水准测量技术要求

等级	仪器类型	视线长度/m	前后视较差/m	前后视累积差/m	视线离地面最低高度/m	黑红面读数差/mm	黑红面高差较差/mm
二等	DS05	≤50	≤1	≤3	≤0.3	≤0.4	≤0.6
三等	DS1	≤100	≤3	≤6	≤0.3	≤1.0	≤1.5
	DS3	≤75				≤2.0	≤3.0
四等	DS3	≤100	≤5	≤10	≤0.2	≤3.0	≤5.0
五等	DS3	≤100	≤10	—	—	—	≤7.0

四、五等水准测量使用光电测距三角高程测量时，应采用高一级的水准测量联测一定数量的控制点，作为三角高程测量的附合依据。三角高程测量的视线长度不得大于1 km，垂直角不得超过15°。高程导线的最大长度不应超过相应等级水准路线的最大长度，其技术要求应符合表10.12的规定。

表10.12 光电测距三角高程测量的技术要求

等级	仪器	测距边测回数	边长/m	竖直角测回数（中丝法）	竖盘指标差/(″)	垂直角较差/(″)	对向观测高差较差/mm	附合或环线闭合差/mm
四等	DJ2	往返均≥2	≤600	≥4	≤5	≤5	$40\sqrt{D}$	$20\sqrt{\sum D}$
五等	DJ2	≥2	≤600	≥2	≤10	≤10	$60\sqrt{D}$	$30\sqrt{\sum D}$

10.3.2　中平测量

中平测量是以相邻水准点为一测段,从一个水准点出发,用视线高法逐个测定中桩的地面高程,直至附合到下一个水准点上,相邻水准点间构成一条附合水准路线。其允许误差f_h:高速公路,一、二级公路为 $\pm 30\sqrt{L}$ mm;三级及三级以下公路为 $\pm 50\sqrt{L}$ mm。中桩高程可观测一次,取位至厘米。

中桩高程检测限差:高速公路,一、二级公路为±5 cm;三级及三级以下公路为±10 cm。中桩高程应测量桩标志处的地面高程。对公路沿线需要特殊控制的建筑物、管线、铁路轨顶等,应按规定测出其标高,其检测限差为 2 cm。相对高差过大的少数中桩高程,可用三角高程测量或单程支线水准测量。

测量时,在每一测站上首先读取后、前两转点(TP)的标尺读数,再读取两转点间所有中桩地面点(中间点)的标尺读数,中间点的立尺由后司尺员来完成。

由于转点起传递高程的作用,因此,转点标尺应立在尺垫、稳固的桩顶或坚石上,尺上读数到毫米,视距一般不应超过 150 m。间视点标尺读数到厘米,要求尺子立在紧靠桩边的地面上。

当线路跨越河流时,还须测出河床断面、洪水位高程和正常水位高程,并注明时间,以便为桥梁设计提供资料。

如图 10.17 所示,水准仪置于测站Ⅰ,后视水准点 BM_1,前视转点 TP_1,将观测结果分别记入表 10.13 中“后视”和“前视”栏内;然后观测中间的各个中线桩,即后司尺员将标尺依次立于 0+000,0+020,…,0+080 各中线桩处的地面上,将读数分别记入表 10.13 中“中视”栏内。如果利用中线桩作为转点,应将标尺立在桩顶上,并记录桩高。

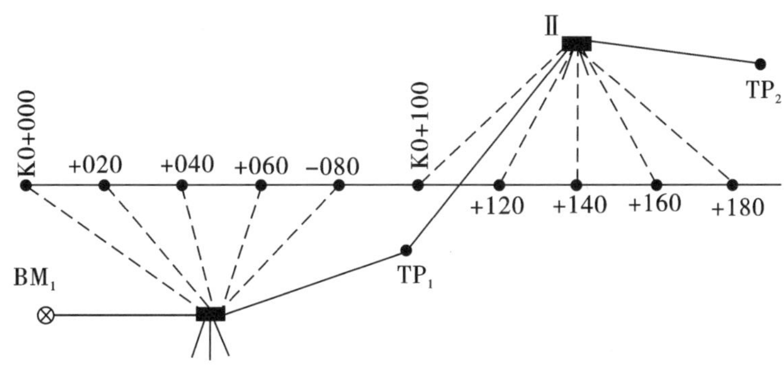

图 10.17　中平测量

仪器搬至测站Ⅱ,后视转点 TP_1,前视转点 TP_2,然后观测各中线桩地面点。用同法继续向前观测,直至附合到水准点 BM_2,完成符合路线的观测工作。

表 10.13 中平测量记录

测点	水准尺读数/m			视线高程/m	高程/m	备注
	后视	中视	前视			
BM_1	2.191			514.505	512.314	BM_1 高程为基平所测
K0+000		1.62			512.89	
+020		1.90			512.61	
+040		0.62			513.89	
+060		2.03			512.48	
+080		0.90			513.61	
TP_1	3.162		1.006	516.661	513.499	
+100		0.50			516.16	
+120		0.52			516.14	
+140		0.82			515.84	
⋮	⋮	⋮	⋮	⋮	⋮	
K1+240		2.32			523.06	
BM_2			0.606		524.782	基平测得 BM_2 高程为 524.824
$\sum$	$\sum a$	$\sum h_{中}$	$\sum b$			
复核计算	$\sum h=524.782-512.314=12.468$ m $\sum a-\sum b=(2.191+3.162+2.246+\cdots)-(1.006+1.521+\cdots+0.606)=12.468$ m $f_h=524.782-524.824=-42$ mm $f_{h容}=\pm 50\sqrt{1.24}=\pm 55$ mm					

每一测站的各项计算依次按下列公式进行：

视线高程=后视点高程+后视读数，即

$$H_i=H_{后}+a_{后} \tag{10.25}$$

转点高程=视线高程-前视读数，即

$$H_{转点}=H_i-b_{前} \tag{10.26}$$

中线桩处的地面高程=视线高程-间视读数，即

$$H_{间}=H_i-b_{间} \tag{10.27}$$

记录员应边记录边计算，直至下一个水准点为止。如表 10.13 所示，计算测段高差闭合差 f_h，若 $f_h \leqslant f_{h容}=\pm 50\sqrt{L}$ (mm)，则符合要求，可以不进行闭合差的调整，以表中计算的各点高程作为绘制纵断面图的数据。

10.3.3　纵断面图绘制

纵断面图既表示线路中线方向的地面起伏，又可在其上进行纵坡设计，它主要反映路线纵坡大小、中桩填挖高度以及设计结构物立面布局等，是路线设计和施工的重要资料。

10.3.3.1　纵断面图的内容

公路纵断面图是以中桩的里程为横坐标，以高程为纵坐标，按中桩地面高程绘制的。常用的里程方向的比例尺有 1 : 5 000、1 : 2 000、1 : 1 000 几种。为了明显地表示地面起伏，一般取高程比例尺为里程比例尺的 10 ~ 20 倍。纵断面图一般自左至右绘制在透明毫米方格纸的背面，这样可避免用橡皮修改时把方格擦掉。

要参考其他中线桩的地面高程确定原点高程，使绘出的地面线处在图上适当位置。

图 10.18 是公路的纵断面图。图的上半部，从左至右绘有贯穿全图的两条线，细折线表示中线方向的地面线，根据中平测量的中桩地面高程绘制；粗折线表示纵坡设计线，是进行纵断面设计时绘制的。此外，上部还注有以下资料：水准点编号、高程和位置；竖曲线示意图及其曲线参数；桥梁的类型、孔径、跨度、长度、里程桩号和设计水位；涵洞的类型、孔径和里程桩号；其他道路与铁路等线路工程交叉点的位置、里程桩号和有关说明等。在图的下部几栏表格中，注记有关测量和纵坡设计的资料，主要包括以下内容。

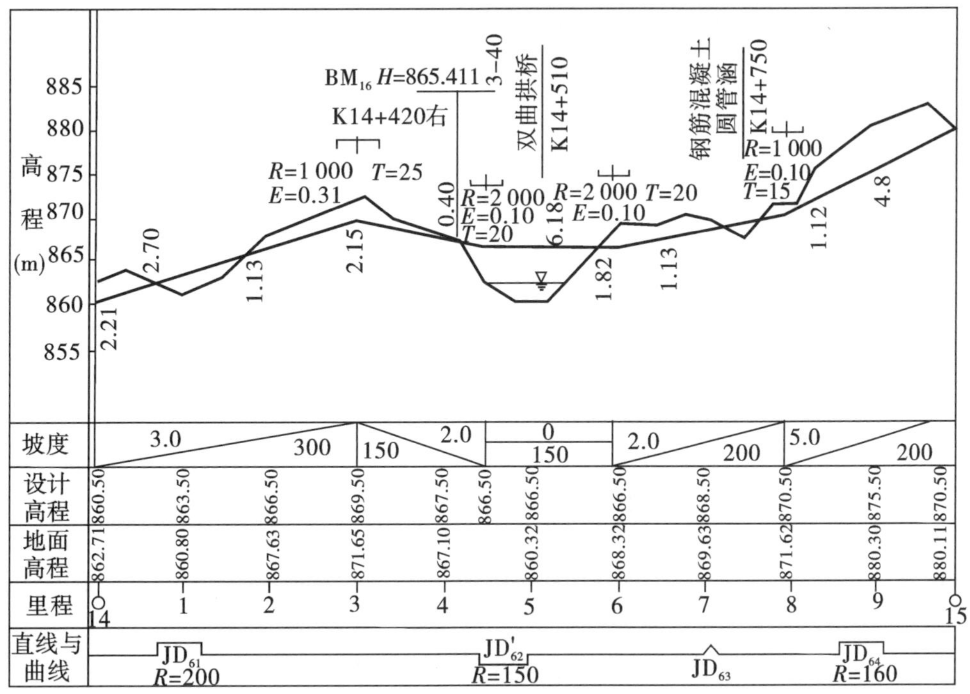

图 10.18　公路纵断面图

(1) 直线与曲线。为线路中线平面示意图，按里程桩号标明线路的直线部分和曲线部分。曲线部分用直角折线表示,上凸表示线路右转,下凹表示线路左转,并注明交点编号及 α、R、T、L、E 等曲线参数。圆曲线用直角折线,缓和曲线用斜折线,在不设曲线的交点位置,用锐角折线表示。

(2)里程。自左至右按规定的里程比例尺标注百米桩和千米桩,有时也需逐桩标注。

(3)地面高程。按中平测量成果标注对应各中桩桩号的地面高程。

(4)设计高程。按中线设计纵坡和平距推算出的里程桩的设计高程。

(5)坡度和距离。从左至右向上斜的线表示上坡(坡度为正),向下斜的线表示下坡(坡度为负),水平线表示平坡。斜线或水平线的上方注记坡度数值(按百分点注记),水平路段坡度为零,下方数字为相应的水平距离,称为坡长。

10.3.3.2 纵断面图的绘制方法

纵断面图的绘制一般按下列方法步骤进行。

(1)打格制表,填写有关测量资料。采用透明毫米方格纸,按照选定的里程比例尺和高程比例尺打格制表,填写直线与曲线、里程、地面高程等资料。

(2)绘制地面线。为了绘图和用图的方便,首先要合理选择纵坐标的起始高程(如图中 0+000 桩号的地面高程)在图上的位置,且参考其他中桩的地面高程,使绘出的地面线能位于图上的适当位置。在图上按纵、横比例尺及中桩的里程和地面高程依次点绘各中桩的位置,用细线连接各相邻点位,即得中线方向的地面线。由于纵向受到图幅限制,在高差变化较大的地区,可在适当地段改变图上的高程起算位置,此时地面线将构成台阶形式。

(3)纵坡设计。在纵断面图上部地面线部分根据实际工程的专业要求进行纵坡设计。设计时,一般要求考虑施工时土石方工程量最小、填挖方尽量平衡及小于限制坡度等与道路工程有关的专业技术规定。在坡度和距离栏内,分别用斜线或水平线表示设计坡度的方向,不同的坡段用竖线分开。设某段纵坡坡长为 D,纵坡起点设计高程为 H_Q,纵坡终点设计高程为 H_Z,则该纵坡设计坡度值 i 用下式计算:

$$i = (H_Z - H_Q) \times 100\% / D \tag{10.28}$$

(4)计算设计高程。根据设计纵坡和两点间的水平距离,可由一点的高程计算另一点的高程。设起算点的高程为 H_0,设计纵坡为 i(上坡为正,下坡为负),计算点的高程为 H_P,两点间水平距离为 D,则

$$H_P = H_0 + iD \tag{10.29}$$

(5)计算各桩的填挖高度。同一里程桩号的地面高程与设计高程之差,称为该桩的填挖高度,正值为挖土深度,负值为填土高度。将数值填写在填挖高度一栏内。地面线与设计线相交的点为不填不挖处,称为“零点”。零点也给以桩号,可由图上直接量得,以供施工放样时使用。

(6)根据线路纵断面设计情况,在图上注记水准点、桥涵及构造物等资料。

10.4 横断面测量

公路横断面测量的主要任务是在各中线桩处测定垂直于中线方向的地面起伏变化状

况，然后绘成横断面图，是公路横断面设计、土石方等工程量计算和施工时确定断面填挖边界的依据。横断面测量的宽度和密度应根据实际工程需要确定，一般在大中桥头、隧道洞口、挡土墙等关键工程部位，应适当加密断面。断面测量宽度，应根据路基宽度、中桩的填挖高度、边坡大小、地形复杂程序和工程要求而定，但必须满足路基和排水设计及附属物设置的需要，一般自中线向两侧各测 15 ~ 50 m，距离和高差的取位至 0.1 m，检测互差限差应符合表 10.14 的规定。

表 10.14　横断面检测互差限差

公路等级	距离/m	高差/m
高速公路，一、二级公路	$L/100+0.1$	$h/100+L/200+0.1$
三级及三级以下公路	$L/50+0.1$	$h/50+L/100+0.1$

注：L 为测点至中桩的水平距离(m)；h 为测点至中桩的高差(m)

10.4.1　横断面方向测定

10.4.1.1　直线段横断面方向的测定

直线段横断面方向是与线路中线相垂直的方向，一般采用方向架测定。如图 10.19 所示，将方向架置于桩点上，方向架上有两根相互垂直的“十”字形木条，用其中一根瞄准该直线上任一中桩，另一根所指方向即为该桩点的横断面方向。

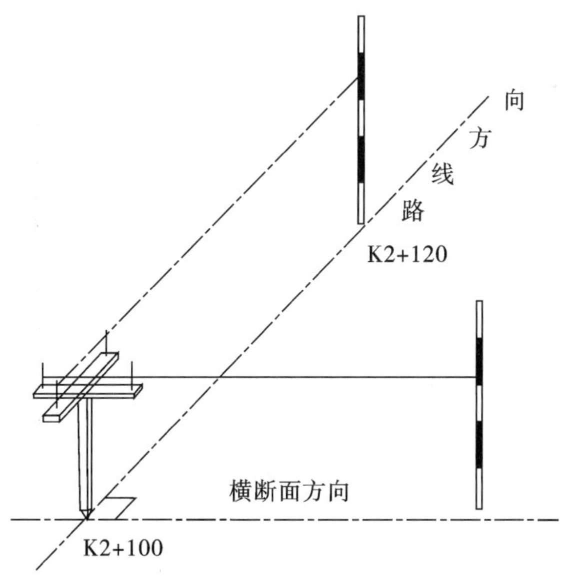

图 10.19　用方向架测定横断面方向

10.4.1.2　圆曲线横断面方向的测定

圆曲线上一点的横断面方向即是该点的半径方向，可采用求心方向架测定。如图

10.20,观测时,可将求心方向架置于 ZY(或 YZ)点上,用固定条 *ab* 瞄准切线方向(如交点),则另一根固定条 *cd* 所指方向即为 ZY(或 YZ)点的横断面方向。保持方向架不动,转动活动条 *ef* 瞄准曲线上前视中桩 1 点并将其固定。然后将方向架搬至 1 点,用固定条 *cd* 瞄准 ZY(或 YZ)点,按同弧切角相等原理,则活动条 *ef* 所指方向即为 1 点的横断面方向。在测定 2 点的横断面方向时,可在 1 点的横断面方向盘上插一花杆,用固定条 *cd* 瞄准它,*ab* 条的方向即为 1 点处的切线方向。此后的操作与测定 1 点横断面方向盘相同。圆曲线上其他各点亦可按上述方法进行。

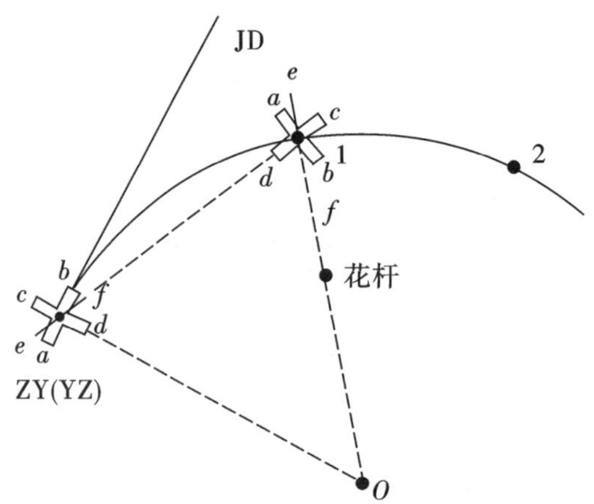

图 10.20 圆曲线横断面方向测定

10.4.2 横断面的测量方法

公路横断面测量目前常采用水准仪—皮尺法、GPS-RTK 法、经纬仪视距法、全站仪对边测量法、架置式无棱镜激光测距仪法,无构造物及防护工程路段可采用数字地面模型法、手持式无棱镜激光测距仪法等方法。

10.4.2.1 水准仪-皮尺法

此法适用于施测横断面较宽的平坦地区。如图 10.21,安置水准仪后,以中线桩地面高程点为后视,以中线桩两侧横断面方向的地形特征点为前视,标尺读数至厘米。

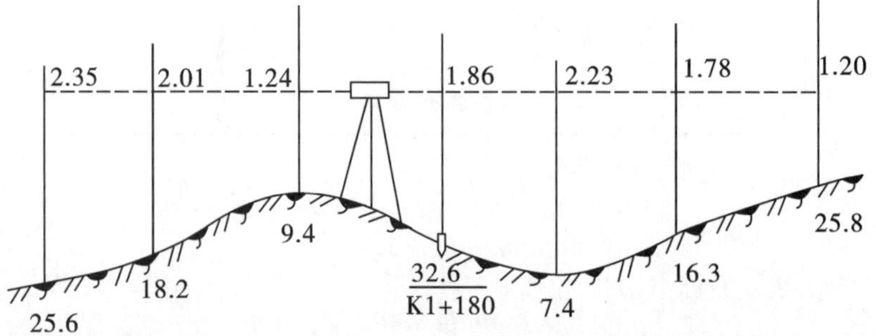

图 10.21 水准仪-皮尺法测横断面

用皮尺分别量出各特征点到中线桩的水平距离，量至分米。记录格式见表 10.15，按线路前进方向分左、右侧记录，以分式表示前视读数和水平距离。高差由后视读数与前视读数求差得到。

表 10.15　横断面测量记录

前视读数/水平距离		左侧	后视读数/里程桩号	右侧	前视读数/水平距离	
$\frac{2.35}{25.6}$	$\frac{2.01}{18.2}$	$\frac{1.24}{9.4}$	$\frac{1.86}{K1+180}$	$\frac{2.23}{7.4}$	$\frac{1.78}{16.3}$	$\frac{1.20}{25.8}$

10.4.2.2　经纬仪视距法

安置经纬仪于中线桩上，可直接用经纬仪测定出横断面方向。量出至中线桩地面的仪器高，用视距法测出横断面方向各特征点与中线桩间的平距和高差。此法适用于任何地形，包括地形复杂、山坡陡峻的线路横断面测量。

10.4.2.3　全站仪对边测量法

这种方法是用全站仪的对边测量功能测定横断面相邻两点间的平距和高差。该法方便快捷，且精度高，是目前高等级公路勘测中横断面测量常用的方法，其基本原理及施测方法如下：

（1）对边测量原理。所谓对边测量，就是测定两目标点之间的平距和高差，如图 10.22所示，在两目标点 A、B 上分别竖立反射棱镜，在与 A、B 通视的任意点 O 安置全站仪，选定对边测量模式，分别照准 A、B 上的反射棱镜进行测量，仪器就会自动按下式计算并显示出 A、B 两目标点间的平距 D_{AB} 和高差 h_{AB} 。

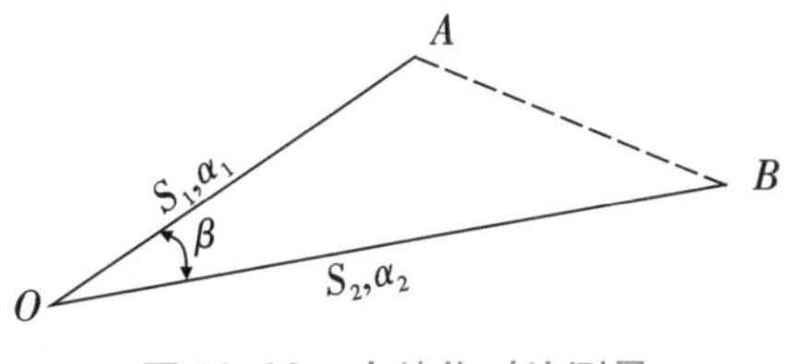

图 10.22　全站仪对边测量

$$\left.\begin{aligned} D_{AB} &= \sqrt{S_1^2\cos^2\alpha_1{}^2 + S_2^2\cos^2\alpha_2 - 2S_1S_2\cos\alpha_1\cos\alpha_2\cos\beta} \\ h_{AB} &= S_2\sin\alpha_2 - S_1\sin\alpha_1 + (v_1 - v_2) \end{aligned}\right\} \qquad (10.30)$$

式中：S_1、S_2—— 仪器（测站点 O ）至两反射棱镜的斜距；

α_1、α_2——仪器至两反射棱镜的竖直角；

β——OA 与 OB 两方向间的水平夹角；

v_1、v_2——A、B 两点上对应的目标高。

（2）对边测量模式用于横断面测量。如图 10.23 所示，道路横断面测量时，将全站仪安置在与待测横断面间通视良好的任意位置，立尺人员只需在横断面方向（可据前所述进行横断面方向的确定）的变坡点处打点，根据观测数据，全站仪将自动计算出横断面上任意两点间的平距及测站到立尺点间的高差，据此可计算出横断面上两相邻点间的高差。

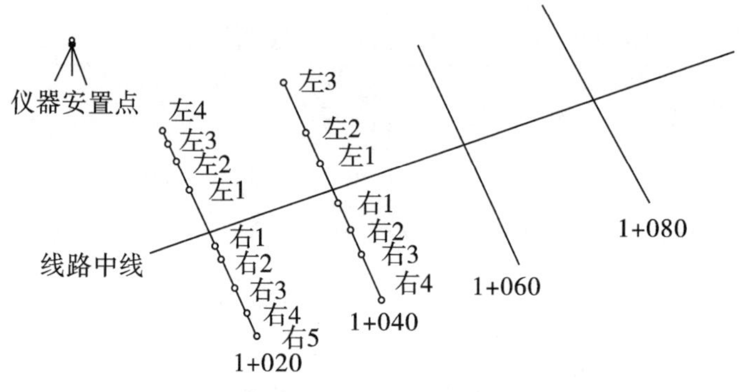

图 10.23　对边测量测横断面

10.4.3　横断面图的绘制

根据实际工程要求，确定绘制横断面图的水平和垂直比例尺（水平和垂直方向采用同一比例尺，一般取 1 : 100 或 1 : 200）。依据横断面测量得到的各变坡点与中桩点间的平距和高差，在毫米方格纸上绘出各中桩的横断面图，见图 10.24。绘制时，先在图纸上标定中桩位置，然后在中桩左右两侧按相应的平距和高差，逐一将变坡点展绘在图纸上，再用细直线连接各相邻点，即得该中桩处横断面地面线。横断面图一般是在现场边测边绘，以便及时对断面进行检查，以防出错。每幅图的横断面图应从下至上，从左到右依桩号顺序绘制。

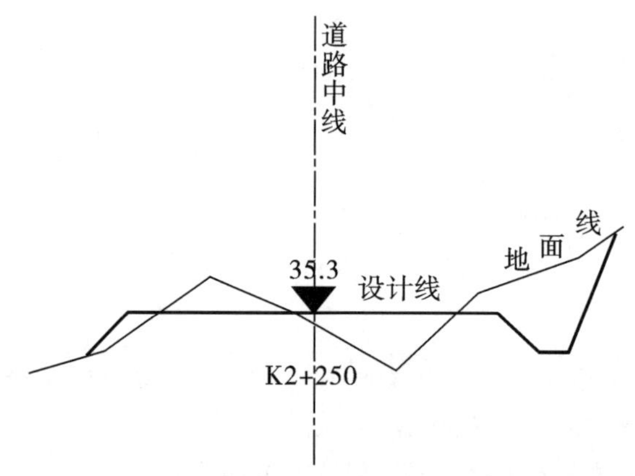

图 10.24　标准断面和横断面套绘

以道路工程为例，经路基断面设计，在透明图上按相同的比例尺分别绘出路堑、路堤和半填半挖的路基设计线，称为标准断面图。依据纵断面上该中线桩的设计高程把标准断面图套绘到横断面图上，也可将路基断面设计的标准断面直接绘在横断面图上，绘制成路基断面图。图10.24为半填半挖的路基横断面图。根据横断面的填、挖面积及相邻中线桩的桩号，可以算出施工的土石方量。

10.5　施工测设

道路施工测设主要包括中线恢复测设、线路纵坡的测设、路基边桩与边坡的测设等工作。

10.5.1　中线恢复测设

10.5.1.1　测设前的准备工作

在中线恢复前，测量人员须熟悉设计图纸，了解设计意图，了解设计图纸招标文件及施工规范对施工测量精度的要求，并同原勘测人员一起到实地交桩，找出各导线点桩、各交点桩（或转点桩）、主要的里程桩及水准点的位置，了解移动、丢失、破坏情况，商量解决办法。测设前还应做好测量仪器设备及材料的准备工作，特别是水准仪使用前一定要进行水准管轴平行于视准轴的检验校正。

10.5.1.2　恢复中桩

实地查看后，根据原定路线对丢失和移动的桩位进行复核，及时进行补充，并根据施工需要进行曲线测设，将有关涵洞、挡土墙等构造物的位置在实地标定出来。对部分改线路段则应重新测设定线，测绘相应原纵横断面图。

高等级公路的中线位置一般都用大地坐标表示，设计单位应提供中线的逐桩坐标或控制桩（如交点、公里桩、缓和曲线起终点、曲线中点、复曲线公切点等）的坐标。无论是前者还是后者，施工单位都应该首先根据设计单位在现场标定的主要控制桩进行复测，确认其实际位置与所提供的坐标一一对应无误后，再计算其他中线桩（包括因施工需要而增加的中桩）的坐标，然后逐桩恢复位置或加设。实际上，恢复中线就是再一次实施详细的中线测量工作。

中线测量的传统方法是用经纬仪定向，钢尺量距，沿着中桩进行，在曲线上采用偏角法、支距法等方法测设中线。传统方法费时费工，受地形地物障碍影响很大，而且精度不高，目前高等级公路的中线一般都要求用全站仪坐标放线的方法进行测设。全站仪法计算理论严密，无距离丈量累积误差，不必按照先后顺序，不易受障碍物影响，具有快速、精确、方便的特点。

10.5.1.3　施工控制桩的测设

由于道路中线桩在施工过程中要被挖掉或填埋，为了在施工过程中及时、方便、可靠地控制中线位置，需要在不易受施工破坏、便于引测、易于保存桩位的地方测设施工控制桩，方法如下：

（1）平行线法。平行线法是在设计路基宽度以外，测设两排平行于中线的施工控制桩，如图 10.25 所示。控制桩的间距一般取 10 ~ 20 m。此法适用于地势平坦、直线段较长的路段。

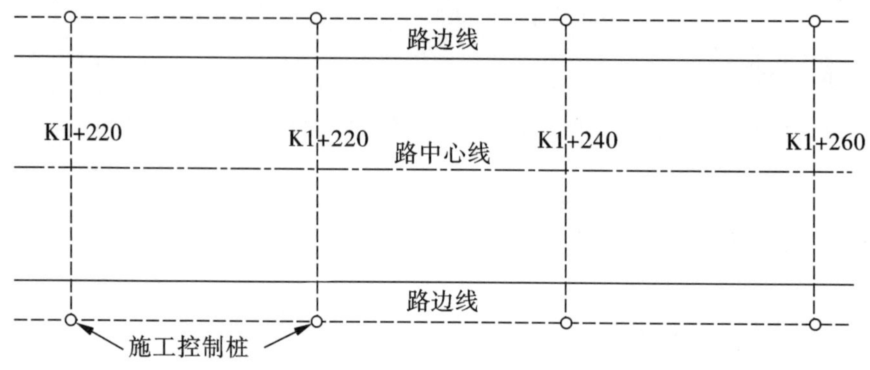

图 10.25 平行线法测设施工控制桩

（2）延长线法。延长线法是在道路转折处的中线延长线上以及曲线中点（QZ）至交点（JD）的延长线上测设施工控制桩，如图 10.26 所示。控制桩至交点的距离应量出并做记录。延长线法多用在地势起伏较大、直线段较短的山区公路。

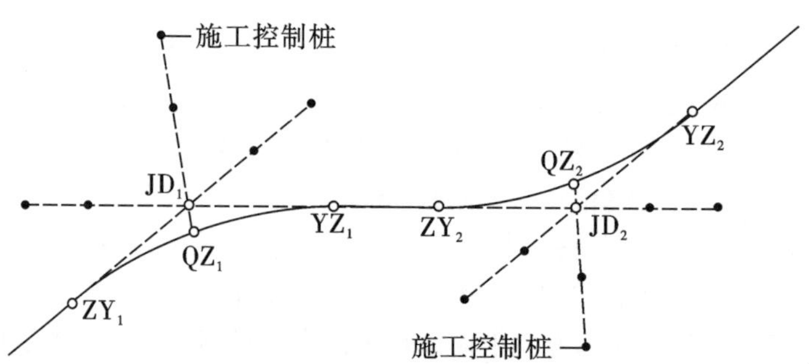

图 10.26 延长线法测设施工控制桩

10.5.2 线路纵坡的测设

路基高程由公路纵断面线型决定。公路纵断面线型由坡度线和竖曲线组成，坡度线即倾斜的直线。在路线纵坡变更处，为了行车的平稳和视距的要求，在竖直面内应以曲线衔接，这种曲线称为竖曲线。竖曲线有凸形和凹形两种，如图 10.27 所示。

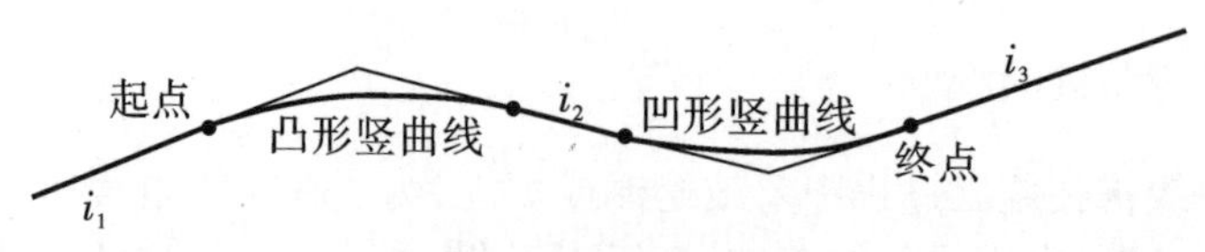

图 10.27 竖曲线

竖曲线一般采用圆曲线，这是因为在通常情况下，相邻坡度差都很小，而选用的竖曲线半径都很大，因此即使采用二次抛物线等其他曲线，所得到的结果也与圆曲线相同。

如图 10.28 所示，两相邻纵坡的坡度分别为 i_1、i_2，竖曲线的半径为 R，则测设元素为

曲线长
$$L = \alpha \cdot R \tag{10.31}$$

由于竖曲线的变坡角 α 很小，故可认为：

变坡角
$$\alpha = i_1 - i_2 \tag{10.32}$$

曲线长
$$L = (i_1 - i_2) \cdot R \tag{10.33}$$

切线长
$$T = R \cdot \tan\left(\frac{\alpha}{2}\right) \tag{10.34}$$

因 α 很小，$\tan\left(\frac{\alpha}{2}\right) = \frac{\alpha}{2}$，则

$$T = R \cdot \frac{\alpha}{2} = R\frac{L}{2} = R\frac{(i_1 - i_2)}{2} \tag{10.35}$$

在 $\triangle AOC$ 中，$OA^2 + AC^2 = OC^2$，故有

$$R^2 + T^2 = (R + E)^2$$

一般外距 E 较小，E^2 相对于 $2 \cdot RE$ 可忽略，故外距为

$$E = \frac{T^2}{2R} \tag{10.36}$$

同理，可导出竖曲线上任一点 P 距切线的纵距（亦称高程改正值）计算公式为

$$y = \frac{x^2}{2R} \tag{10.37}$$

式中：x 为竖曲线上任一点 P 至竖曲线起点或终点的水平距离。y 值在凹形竖曲线中为正号，在凸形竖曲线中为负号。

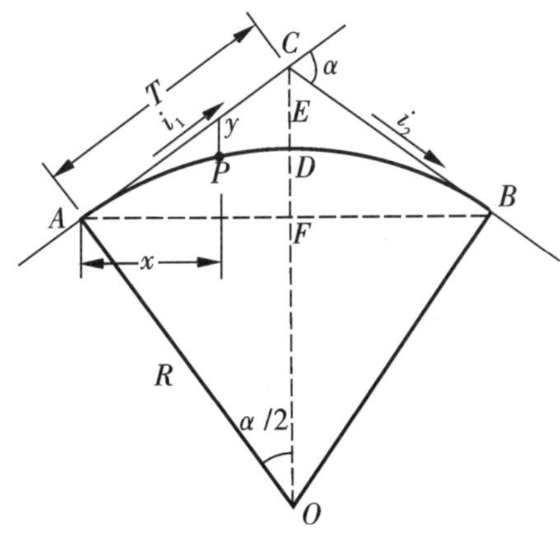

图 10.28　竖曲线测设

【例 10.5】　设竖曲线半径 R=3 000 m，相邻坡段的坡度 i_1 = +3.1%，i_2 = +1.1%，变坡点的里程桩号为 K16+770，其高程为 396.67 m。如果曲线上每隔 10 m 设置一桩，试计算竖曲线上各桩点的高程。

解　(1)计算竖曲线测设元素。按式(10.33)、式(10.35)、式(10.36)计算可得

$L=3\ 000\times(3.1-1.1)\%=60(\text{m})$

$T=60\div2=30(\text{m})$

$E=30^2\div(2\times3\ 000)=0.15(\text{m})$

(2)计算竖曲线起、终点桩号及坡道高程。

起点桩号　　K16+(770-30)= K16+740

起点高程　　396.67-30×3.1% =395.74

终点桩号　　K16+(770+30)= K16+800

终点高程　　396.67+30×1.1% =397.00

(3)计算各桩竖曲线高程。由于两坡道的坡度均为正值,且 $i_1>i_2$,故为凸形竖曲线,y 取负号。计算结果见表 10.16。

表 10.16　竖曲线里程桩高程计算

桩号	至竖曲线起点或终点的平距 x/m	高程改正值 y/m	坡道高程/m	竖曲线高程/m
起点 K16+740	0	0.00	395.74	395.74
+750	10	-0.02	396.05	396.03
+760	20	-0.07	396.36	396.29
变坡点 K16+770	30	-0.15	396.67	396.52
+780	20	-0.07	396.78	396.71
+790	10	-0.02	396.89	396.87
终点 K16+800	0	0.00	397.00	397.00

计算出各桩的竖曲线高程后,即可在实地进行竖曲线的测设。

10.5.3　路基边桩与边坡的测设

10.5.3.1　路基边桩的测设

填方路基称为路堤,挖方路基称为路堑,如图 10.29 所示。由于公路是线状物,因而路堤边坡与地面的交线称为坡脚线,路堑边坡与地面的交线称为开口线。设计路基的边坡与原地面的交点,称为路基边桩。边桩对于设计路堤为坡脚点,对于设计路堑为坡顶点。路基边桩的位置按填土高度或挖土深度、边坡设计坡度及横断面的地形情况来确定。边桩测设常用方法有:

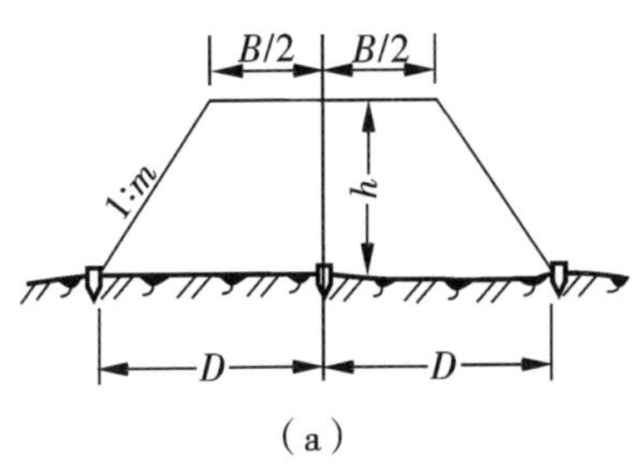

(a)

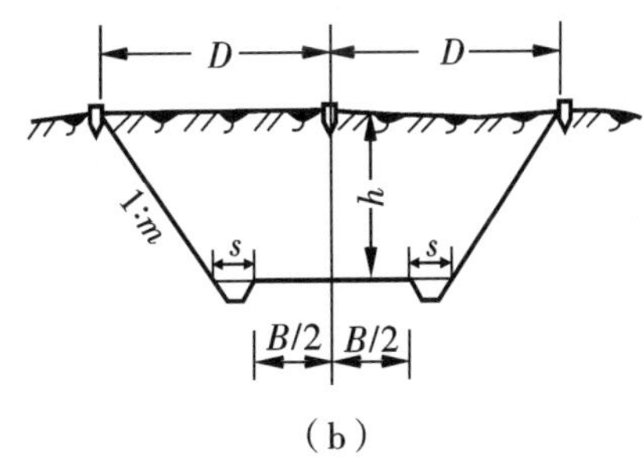

(b)

图 10.29　平坦地段路基边桩的测设

(1)图解法。在道路工程设计时,地形横断面及设计标准断面都已绘制在厘米方格纸上,可直接在横断面图上量取中桩至边桩的距离,然后在实地用皮尺沿横断面方向定出边桩的位置。在地面较平坦、填挖方不大时,多采用此法。

(2)解析法。解析法是通过计算求得中线桩至边桩的距离。在平地和山区,计算和测设的方法不同,介绍如下:

1)平坦地段路基边桩的测设。如图 10.29(a)所示,路堤边桩至中桩的距离为

$$D = B/2 + mh \tag{10.38}$$

如图 10.29(b)所示,路堑边桩至中桩的距离为

$$D = B/2 + s + mh \tag{10.39}$$

式中:B ——路基设计宽度;

m ——路基边坡系数;

h ——路基中心填土高度或挖土深度;

s ——路堑边沟顶宽度。

若断面位于曲线上有加宽时,按上述方法求出 D 值后,还应于曲线加宽一侧的 D 值中加上加宽值。如填挖高度很大,为了防止路基边坡坍塌,设计时在边坡一定高度处设置宽度为 d 的碎落平台,计算 D 时也应加进去。根据计算的距离 D ,从中桩沿横断面方向量距,则可测设出路基边桩。

2)山坡地段路基边桩测设。在山坡地段,计算时应考虑地面横向坡度的影响。如图 10.30(a)所示,路堤边桩至中桩的距离 $D_上$、$D_下$为

$$\left.\begin{aligned} D_上 &= \frac{B}{2} + m(h_中 - h_上) \\ D_下 &= \frac{B}{2} + m(h_中 + h_下) \end{aligned}\right\} \tag{10.40}$$

如图 10.30(b)所示,路堑边桩至中桩的距离 $D_上$、$D_下$为

$$\left.\begin{aligned} D_上 &= \frac{B}{2} + s + m(h_中 + h_上) \\ D_下 &= \frac{B}{2} + s + m(h_中 - h_下) \end{aligned}\right\} \tag{10.41}$$

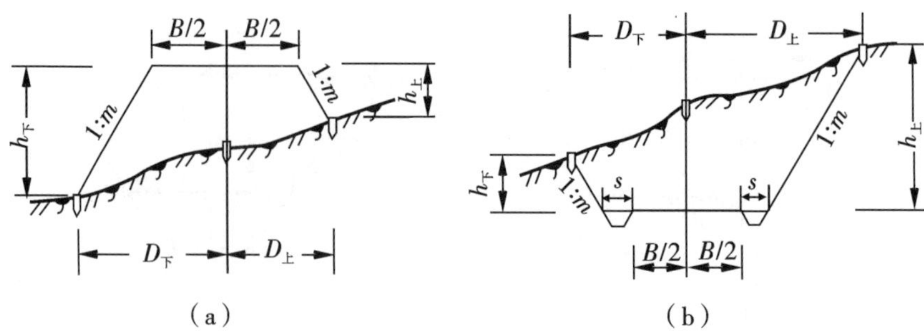

图 10.30　山坡地段路基边桩测设

式(10.40)、式(10.41)中，$h_中$ 为中桩的填挖高度，B、s、m、$h_中$ 均为设计数据，$h_上$、$h_下$ 为斜坡上、下侧边桩处与中桩的高差。由于边桩位置是待定的，故 $h_上$、$h_下$ 事先并不知道，因此，在实际工作中采用逐渐趋近法测设边桩。在图 10.30(b)中，设路基左侧加沟顶宽度为 4.7 m，右侧为 5.2 m，中桩挖深为 5.0 m，边坡坡度为 1∶1。以左侧为例，逐渐趋近法测设边桩的方法如下：

①参考路基横断面图并根据地面实际情况，大致估计边桩的位置。图示的情况是左侧地面较中桩处低，估计边桩地面处比中桩地面处低 1 m，则 $h_下=1$ m，代入式(10.41)，求得边桩与中桩的近似距离为 $D'_下=8.7$ m，在实地量 8.7 m，得 a' 点。

②用水准仪实测 a' 与中桩间的高差为 1.4 m，则 a' 点距中桩的距离应为

$$D''_下=4.7+(5.0-1.4)\times 1=8.3(\text{m})$$

该值比初次估算值 8.7 m 小，故边桩的正确位置应在 a' 点的内侧。

③重新估算边桩的位置。边桩的正确位置应在距离中桩 8.3～8.7 m 处，重新估计在距中桩 8.5 m 处地面定出 a 点。

④重新用水准仪测出 a 点与中桩的高差为 1.2 m，则 a 点与中桩的平距应为

$$D_下=4.7+(5.0-1.2)\times 1=8.5(\text{m})$$

该值与估计值相符，故 a 点即为该断面左侧路基边桩位置。

10.5.3.2　路基边坡的测设

放样路基边桩后，为了使填挖的边坡达到设计的坡度要求，还应将设计边坡在实地标定出来，以便于施工。

如图 10.31(a)所示，O 为中桩，A、B 为边桩，由中桩向两侧量出 $B/2$ 得 C、D 两点。在 C、D 处竖立竹竿，于竹竿上高度等于中桩填土高度 h 的 C'、D' 处用绳索分别连接到边桩 A、B 上，即给出路基边坡。当路堤填土较高时，如图 10.31(b)所示，可分层挂线。

公路路堤采用分区逐层(每层约 20 cm)填土碾压施工法，由于路堤边沿不利于压路机碾压，因此，都采用超宽(每侧约 50 cm)方式填土。路堤填好并验收压实度和弯沉值之后，还要进行拉线削坡整理成形，如图 10.31 所示。路基边坡的控制可采用逐层控制路基宽度的方式收边，每填一层土(厚度为 d)，则路基两侧各向内收缩的距离 $\Delta B=dm$(m 为路基边坡系数)。

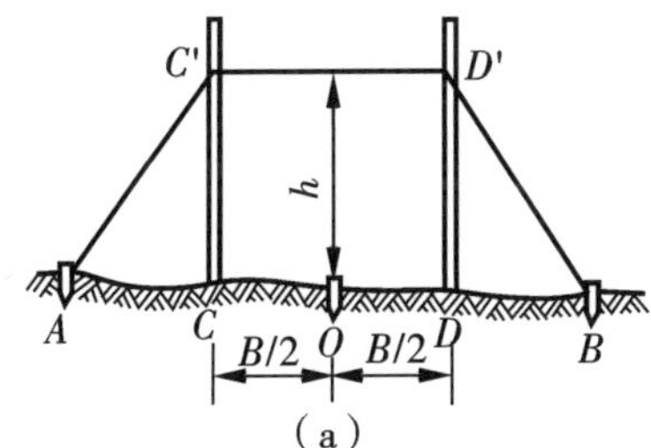

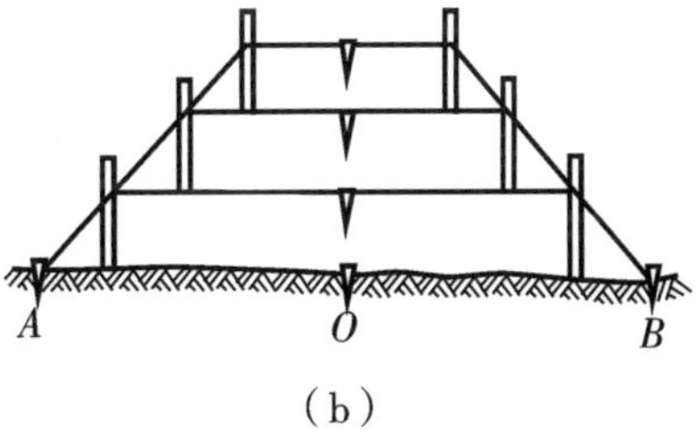

图 10.31　路堤边坡放样

实际工作中,采用边坡样板测设边坡也是常用的方法。施工前按照设计边坡制作好边坡样板,施工时比照样板进行测设。活动边坡样板(带有水准器的边坡尺)如图 10.32(a)所示,当水准气泡居中时,边坡尺的斜边所指示的坡度正好为设计边坡坡度,可依此来指示与检核路堤的填筑或路堑的开挖。

固定边坡板如图 10.32(b)所示。在开挖路堑时,于坡顶桩外侧按设计坡度设置固定边坡样板,施工时可随时指示并检核开挖和边坡修整情况。

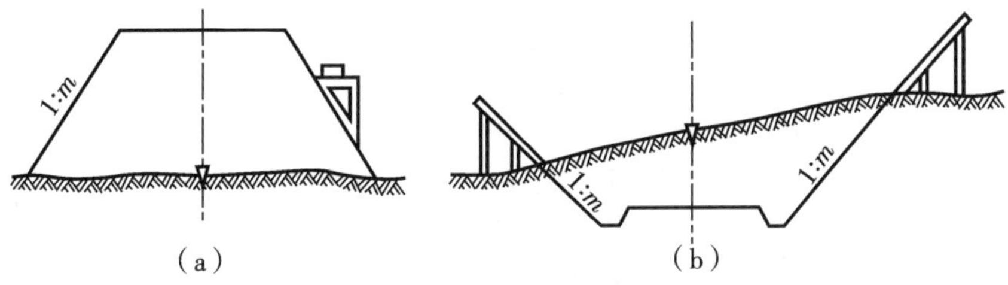

图 10.32　用坡度板放坡

第 10 章
习题集

第 11 章　桥涵工程测量

11.1　涵洞施工测量

涵洞是公路上广泛使用的人工构筑物之一。公路工程中，桥梁和涵洞按跨径划分，单孔跨径<5 m、多孔跨径总长<8 m 均为涵洞（管涵和箱涵无论孔径大小均称为涵洞）。涵洞通常由洞身、洞口建筑、基础和附属工程组成，如图 11.1 所示。洞身是涵洞的主要部分，其截面形式有圆形、拱形和箱形等。涵洞的进、出口应与路基平顺衔接，保障水流畅通，使上下游河床、洞口基础和洞侧路基免受冲刷，以确保洞身安全，并形成良好的泄水条件。涵洞基础分为整体式和非整体式两类，附属工程包括锥形护坡、河床铺砌、路基边坡铺砌等。

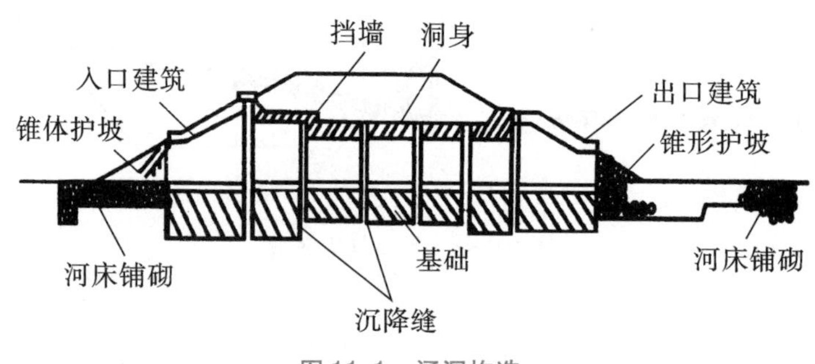

图 11.1　涵洞构造

涵洞施工测量和桥梁施工测量的方法大致相似，不同的是涵洞属于小型构造物，无须单独建立施工控制网，直接利用道路导线控制点即可进行放样工作。涵洞施工放样的主要工作内容有：放样涵洞的轴线，来确定涵洞的平面位置，控制涵洞的长度；放样涵洞的进、出口高程，控制洞底与上下游的衔接，使洞底纵坡符合设计要求；在上述基础上进行涵洞的细部位置及洞口附属设施的放样。

在进行涵洞放样前，应详细研究设计图纸，找出涵洞的中心里程和涵洞的布置形式及各部位尺寸，再到现场进行放样。

涵洞放样是根据设计图纸上给出的涵洞中心里程，先放出涵洞轴线与道路中线的交点，并根据涵洞轴线与道路中线的交角，放出涵洞的轴线位置，再以轴线为依据，测设其他部分的位置。

放样直线上的涵洞时，依据涵洞的里程，自附近测设的里程桩（如千米桩、百米桩等）沿道路路线方向量出相应的距离，得到涵洞轴线与道路中线的交点。若涵洞位于曲线上，则采用曲线测设的方法定出涵洞轴线与道路中线的交点。

依据地形条件,按涵洞与公路走向的关系,涵洞分为正交涵洞和斜交涵洞两种。正交涵洞的轴线与路线中线(或其切线)垂直,斜交涵洞的轴线与路线中线(或其切线)不垂直而成斜交角 φ ,φ 角与 90°之差称为斜度 θ ,如图 11.2 所示。

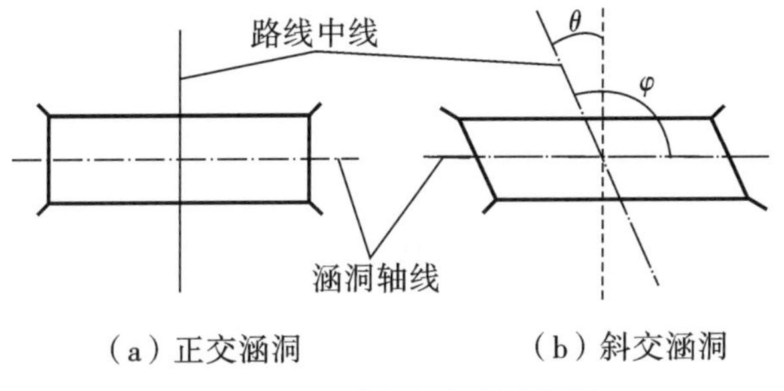

图 11.2　正交涵洞与斜交涵洞

当定出涵洞轴线与路线中线的交点 P 后,将经纬仪安置于该交点上,瞄准路线中线方向(或其切线方向)拨角 90°(正交涵洞)或 (90° + θ) (斜交涵洞)即可定出涵洞轴线的方向。在涵洞轴线方向上定设轴线桩 P_1、P_2、P_3、P_4,如图 11.3 所示。

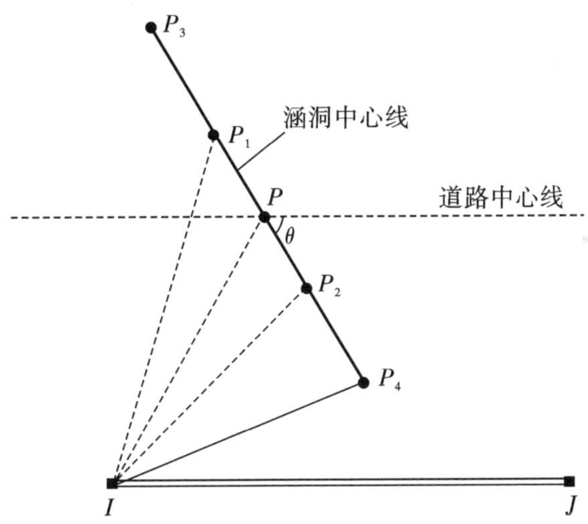

图 11.3　直线上的涵洞放样

如采用全站仪在导线点上放样,如图 11.3 所示,则首先根据涵洞里程计算出涵洞轴线与道路中心线的交点 P 的坐标,利用公路导线控制点将交点 P 的位置放样出来,然后按前述方法放样涵洞的轴线。也可以先计算出轴线桩的坐标,由导线控制点直接放出轴线桩 P_1、P_2、P_3、P_4。

涵洞轴线用大木桩标志在地面上,在涵洞入口侧和出口侧各两个,标志应设在涵洞的施工范围之外,以免施工中被破坏。自交点处沿涵洞轴线方向量出上下游的涵长,即得涵洞口的位置,并用小木桩在地面标出。

涵洞基础及基坑的边线根据涵洞的轴线测设，在基础轮廓线的转折点处都要钉设木桩标定，如图11.4所示。基础施工，还要根据基础开挖深度及土质情况定出基坑的开挖边线（也称边坡线）。在开挖基坑时，很多桩都可能被挖掉，所以通常都在距离基础边坡线1～1.5 m处设置龙门板，将基础及基坑的边线用线绳及垂球投测在龙门板上，并用小钉标志。当基坑挖好后，再根据龙门板上的标志将基础边线投放到坑底，作为基础砌筑的依据。

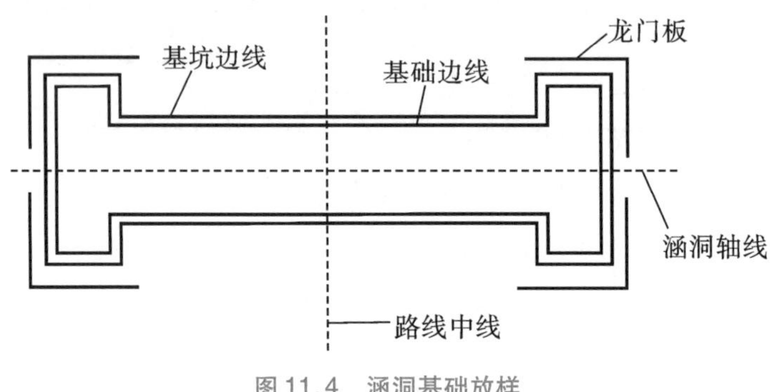

图11.4　涵洞基础放样

基础砌筑完毕，在安装管节或砌筑涵身及端墙时，各个细部的放样仍以涵洞的轴线作为依据，这样基础的误差不会影响到涵身的定位。

涵洞细部的高程放样，一般是利用附近的水准点用水准仪测设或采用光电测距三角高程测量的方法进行。对于基础面纵坡的测设，当涵洞顶部填土在2 m以上时，应预留拱度，以便路堤下沉后仍能保持涵洞应有的坡度。根据基坑土壤压缩性的不同，拱度一般在$\frac{H}{80}$～$\frac{H}{50}$（H为路线中心处涵洞流水槽面到路基设计高程的填土厚度）之间变化，对砂石类低压缩性土壤可取用小值，对黏土、粉砂等高压缩性土壤则应取用大值。

11.2　桥梁平面控制网的布设

为了保证桥梁施工质量达到设计要求，必须采用正确的测量方法和适宜的精度控制各分项工程的平面位置、高程和几何尺寸。建立桥梁平面控制网的目的是为了按规定的精度测定桥梁轴线长度，以及进行桥墩、桥台及细部放样定位，同时也可用来进行施工过程中的变形监测。因此，桥梁施工前，必须对设计时建立的平面控制网进行复核，检查其精度是否能保证桥轴线长度测定和墩台中心放样的必要精度，以及是否便于施工放样，必要时还应加密控制点或重新布网。

11.2.1　桥梁平面控制网网形

桥梁平面控制网可以采用三角测量、边角测量或GPS测量的方法建立。在建立桥梁平面控制网时，既要考虑控制网本身的精度（网形强度），又要考虑后续施工的需要，所以在布网之前应对桥梁的设计方案、施工方法、施工机具及场地布置、桥址地形及周围的环境条件、测设精度要求等方面内容进行认真研究，然后在桥址地形图上拟订布网方案，再到现场按照下列基本要求选定点位。

11.2.1.1　网形

网形应具有足够的精度，使测得的桥轴线长度的精度能满足施工要求，并能利用这些三角点以足够的精度用前方交会法放线桥墩。在主网的三角点数目不能满足施工需要时，应能方便地增设插点。三角网的传距角应尽量接近 60°，一般不宜小于 30°，困难情况下应不小于 25°。

11.2.1.2　基线

三角网的边长一般在 0.5 ~ 1.5 倍河宽的范围内变动。基线长度不小于桥轴线长度的 0.7 倍，一般在两岸各设一条，以提高三角网的精度及增加检核条件。基线如用钢尺丈量，宜布设成整尺段的倍数。基线场地应选在土质竖实、地势平坦的地段。

11.2.1.3　三角点

三角点均应选在地势较高、土质坚实稳定、不受施工干扰、便于长期保存的地方，并且三角点的通视条件要好。要避免旁折光和地面折光的影响，要尽量避免造标。

在河流两岸的桥轴线上各设一个三角点，三角点距桥台的设计位置不应太远，以保证桥台的放样精度。桥墩放样时，仪器安置在桥轴线上的三角点上进行交会，以减小横向误差。

11.2.1.4　布设形式

桥梁三角网的基本网形为大地四边形和三角形，并以控制跨越河流的正桥部分为主。图 11.5 为桥梁三角网最为常用的网形。图 11.5(a)、(b) 两种网形适用于桥长较短而需要交会的水中墩台数量不多的情况；图 11.5(c)、(d) 两种网形的控制点数多、精度高、便于交会墩位，适用于特大桥；图 11.5(e) 为利用江河中的沙洲建立控制网的情况。实际施工中，应从现场条件与需要出发，选择最适宜的网形。

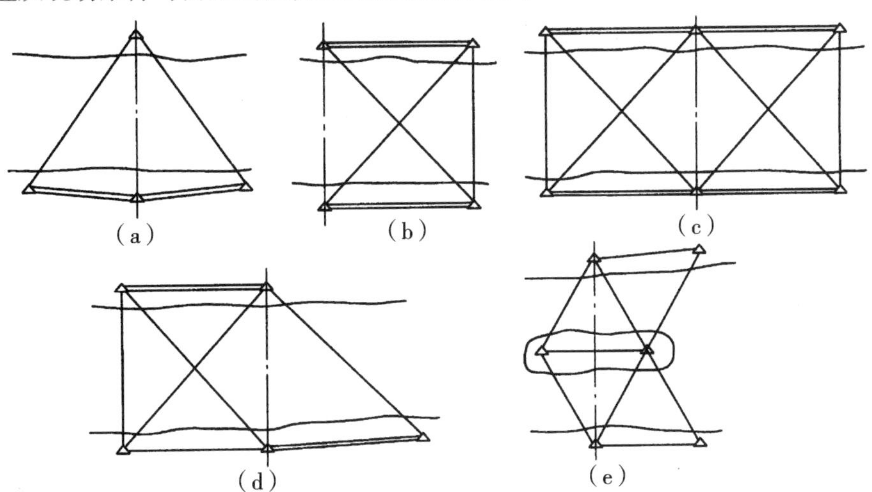

图 11.5　桥梁三角网常用网形

11.2.2 桥梁三角网精度

桥梁三角网的外业工作主要包括角度测量和边长测量。由于桥轴长度不同,对桥轴线长度的精度要求也不同,因此三角网的测角测边精度也有所不同。在《公路勘测规范》(JGT C10—2007)中,按照桥轴线的长度,将三角网划分为5个等级,具体技术指标见表11.1。

表 11.1 桥位三角网精度

等级	多跨桥梁总长 L/m	单跨桥梁总长 L_K/m	测角中误差/(″)	桥轴线相对中误差	基线相对中误差	三角形最大闭合差/(″)
二等	$L \geqslant 3\ 000$	$L_K \geqslant 500$	±1.0	1/150 000	1/300 000	±3.5
三等	$2\ 000 \leqslant L < 3\ 000$	$300 \leqslant L_K < 500$	±1.8	1/100 000	1/200 000	±7.0
四等	$1\ 000 \leqslant L < 2\ 000$	$150 \leqslant L_K < 300$	±2.5	1/60 000	1/120 000	±9.0
一级	$L < 1\ 000$	$L_K < 150$	±5.0	1/40 000	1/80 000	±15.0
二级	—	—	±10.0	1/20 000	1/40 000	±30.0

目前,桥位三角网的基线通常用全站仪测量,因此对基线场地没有特殊的要求。当布设成边角网或GPS网时,可以适当放宽网形的限制,但控制网的精度应满足表11.1相应的指标要求。GPS网的分级及其精度指标见表11.2。

表 11.2 GPS 控制网的主要技术指标

级别	每对相邻点平均距离/km	固定误差 a/mm		比例误差 b/(mm/km)		最弱相邻点点位中误差/mm	
		路线	特殊构造物	路线	特殊构造物	路线	特殊构造物
二等	3.0	≤10	5	≤2	1	50	10
三等	2.0	≤10	5	≤5	2	50	10
四等	1.0	≤10	5	≤10	3	50	10
一级	0.5	≤10	10	≤20	3	50	—
二级	0.3	—	10	—	5	—	—

角度观测一般采用方向观测法。观测时应选择距离适中、通视良好、成像清晰稳定、竖直角仰俯小、折光影响小的方向作为观测零方向。角度观测的测回数由三角网的等级和使用的仪器类型确定,具体规定见表11.3。

表 11.3　三角网等级和测角测回数要求

等级	二等	三等	四等	一级	二级
DJ1	≥12	≥6	≥4	≥4	≥2
DJ2	—	≥10	≥6	≥2	≥1
DJ6	—	—	—	≥4	≥3

目前高精度的基线光电测距仪可用于二、三等网基线测量，三等以下则可用一般光电测距仪测定。桥梁三角网一般只测两条基线，其他边长则根据基线及角度推算。在平差中，由于只对角度进行调整而将基线作为固定值，因此基线测量的精度应远高于测角精度而使基线误差可以忽略不计，所以要求基线测量精度一般应比桥轴线精度高出 2 倍以上。

边角网一般要测部分或全部边长，平差时要与角度一起参与调整，所以要求与测角精度相当即可，一般与桥梁轴线精度一致就行。

外业工作结束后，应对观测成果进行检核。基线的相对中误差应满足相应等级控制网的要求。测角误差可按三角形闭合差计算，应满足规范要求。

11.3　桥梁墩台定位测量

测设墩台中心位置的工作称为桥梁墩台定位，是桥梁施工测量中的关键性工作。它是根据桥轴线控制点的里程和墩台中心的设计里程，以桥轴线控制点和平面控制点为依据，准确地放样出墩台中心位置和纵横轴线，以固定墩台位置和方向。若为曲线桥梁，其墩台中心不一定位于线路中线上，此时应考虑设计资料、曲线要素和主点里程等。

桥墩测设应进行两次。水中桥墩基础(墩底)采用浮运法施工时，目标处于浮动中的不稳定状态，在其上无法安置测量仪器，因此墩底测设一般采用方向交会法；在已经稳固的墩台基础上定位时，可以采用直接丈量法、全站仪定位法和方向交会法。

11.3.1　直接丈量法

直接丈量法只适用于直线桥梁的墩台定位。在河床干涸、浅水或水面较窄的河道，用钢尺可以跨越丈量时，可采用钢尺直接丈量法。如图 11.6 所示，根据桥轴线控制点 A、B 和各墩台中心的里程，即可求出其间距离。然后使用检定过的钢尺，考虑尺长、温度、倾斜三项改正，采用精密测设已知距离的方法，沿桥轴线方向从一端测到另一端，依次放样出各墩台的中心位置，最后与 A、B 控制点闭合，并检核。经检核合格后，用大木桩加钉小铁钉标定于地面上，定出各墩台中心位置。

为保证测设精度，丈量时施加的拉力应与钢尺检定时的拉力相同，同时丈量的方向也不应偏离桥轴线方向。

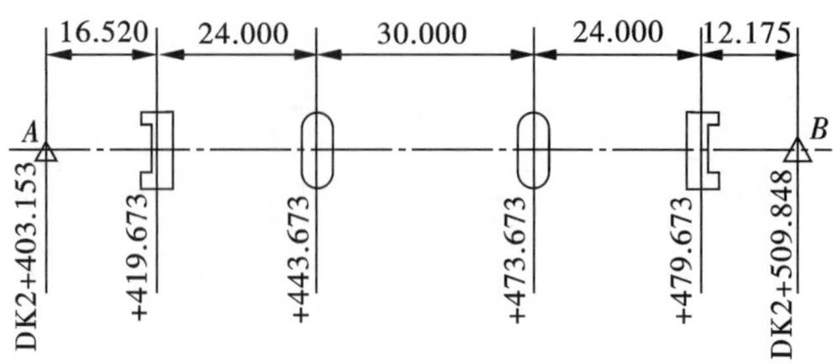

图 11.6 直接丈量法(单位:m)

11.3.2 全站仪定位法

当能在墩台位置安置反射棱镜时,就可以采用全站仪来放样墩台的中心位置。如图 11.7 所示,将全站仪安置在桥轴线控制点 A 上,在 AB 连线上分别用正倒镜分中法测设出 A 点距墩台中心 P_1、P_2、P_3 的水平距离。然后将全站仪搬至对岸的 B 点,在 BA 连线上分别用正倒镜分中法测设出 B 点距墩台中心 P_1、P_2、P_3 的水平距离,这样可以有效地控制横向误差,两次测设的墩台中心位置误差应小于 2 cm。如果墩台中心的坐标已由设计给出或可根据其他条件计算出来,也可以将全站仪安置于任何一个控制点上,利用全站仪的坐标放样功能进行测设。当完成墩台位置测设后,应将全站仪搬至另外一个控制点上再测设一次进行检核,只有当两次测设的位置满足限差要求才能停止。

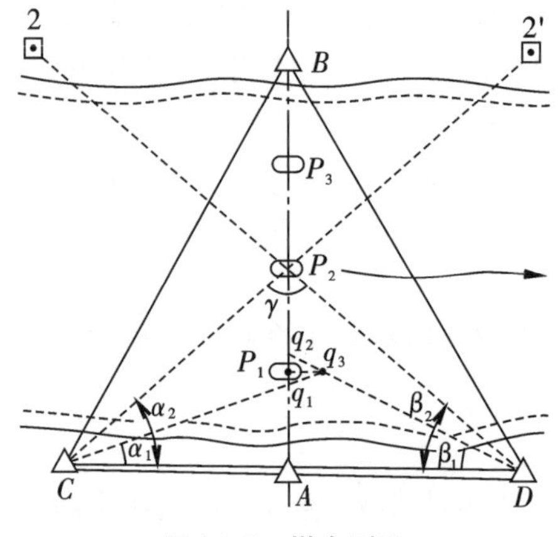

图 11.7 墩台测设

11.3.3 方向交会法

如果桥墩所处的位置河水较深,无法用钢尺直接丈量,且不易安置反射棱镜时,可根据平面控制网在三个控制点上安置经纬仪,进行方向交会,定出桥墩中心位置。

如图 11.7 所示,控制点 A、B、C、D 坐标已知,桥墩中心点 $P_i(i = 1、2、3)$ 的设计坐标也已知,可反算出坐标方位角 α_{CA}、α_{CP_i}、α_{DA}、α_{DP_i},从而计算出放样交会角 α_i 和 β_i:

$$\alpha_i = \alpha_{CA} - \alpha_{CP_i} = \arctan\frac{x_C - x_A}{y_C - y_A} - \arctan\frac{x_C - x_{P_i}}{y_C - y_{P_i}} \tag{11.1}$$

$$\beta_i = \alpha_{DP_i} - \alpha_{DA} = \arctan\frac{x_D - x_{P_i}}{y_D - y_{P_i}} - \arctan\frac{x_D - x_A}{y_D - y_A} \tag{11.2}$$

放样时，在 C、A、D 三点各安置一台经纬仪，自 A 站照准 B，定出桥轴线方向；C、D 点两台经纬仪均先照准 A 点，并分别测设 α_i、β_i，以正倒镜分中法定出交会方向线。

为保证墩台测设的精度，交会角 γ 应接近 90°，但由于各个桥墩位置远近不同，为保证交会角 γ 接近 90°，交会时不能将仪器始终固定在两个控制点上，而有必要对控制点进行选择。为了获得适当的交会角，不一定要在同岸交会，而应充分利用两岸的控制点，选择最为有利的观测条件。必要时也可在控制网上增设插点，以满足测设要求。

由于测量误差的影响，从 C、D、A 三站测设的三条方向线不交于一点，而构成图中所示的误差三角形△ $q_1q_2q_3$，如图 11.7 所示。如果误差三角形在桥轴线上的边长 q_1q_2 在允许范围内(对于墩底放样为 2.5 cm，对于墩顶放样为 1.5 cm)，则取 C、D 两点所拨方向线的交点 q_3 在桥轴线上的投影点 P_1 作为桥墩的中心位置。

墩台施工过程中，随着工程的进展，需要反复多次交会墩台中心位置，为了简化方向交会法，可将交会方向延长到对岸，并用觇牌固定。在图 11.7 中为将 P_2 桥墩的交会方向固定到对岸的两个 2 与 2′ 号点上，以后在 C、D 点安置经纬度仪恢复 P_2 桥墩时，只需使 C 点的经纬仪瞄准对岸的 2′ 号点觇牌，使 D 点的经纬仪瞄准对岸的 2 号点觇牌即可。

无论用什么方法测设墩台，仪器使用前都应按规范要求严格进行检验和校正。用全站仪测设时，最好使用双轴补偿的全站仪，测量时应注意打开双轴补偿器。测量观测时将大气温度与大气压输入全站仪，以便仪器自动对距离施加气象改正。

11.4　墩台施工测量

在桥梁的施工阶段，为了给墩台施工过程中的高程测设提供依据，还应建立高程控制，即在河流两岸建立若干个水准基点。这些水准基点除用于施工外，也可作为以后变形观测的高程基准点。

桥墩主要由基础、墩身和墩帽三部分组成。它的细部放样是在实地标定好的墩位中心和桥墩纵横轴线的基础上，根据施工的需要，按照设计图纸自下而上，分阶段地将桥墩各部分尺寸放样到施工作业面上，从而衔接和指导各工序的顺利进行。

11.4.1　墩台的高程控制

桥梁的高程基本控制网通常在线路的基平测量时建立，一般在桥址的两岸各设置两个水准基点。当桥长在 200 m 以上时，每岸至少埋设 3 个水准基点，同岸 3 个水准基点中的两个应埋设在施工范围之外，相邻水准基点之间的距离一般不大于 500 m。水准基点是永久性的，应选择坚实、稳固、能长期保存、便于引测使用，且不易受施工和交通干扰的地方。根据地质条件，可采用混凝土标石、钢管标石、管柱标石或钻孔标石，在标石的上方嵌以凸出半球状的铜质或不锈钢标志。

在施工阶段，为了能方便地将高程传递到桥台与桥墩上并满足各施工阶段引测的需要，还可设立若干个工作水准点。工作水准点的位置以方便施工测设为准。此外，对桥墩较高、河两岸陡峭的情况，应在不同高度设置工作水准点，以便于桥墩高程放样。在整个施工期间，不论水准基点还是工作水准点，都应根据其稳定性和使用情况定期进行检测。

桥梁高程控制网的起算高程数据，应由桥址附近的国家水准点和路线水准点引入，其目的是要保证桥梁高程控制网与路线采用同一个高程系统，从而取得统一的高程基准。由桥位水准基点联测既有水准点，可采用一组往返测量或两组并行测量，其高差不符值为

$$f_h = \pm 30\sqrt{L}\ (\text{mm}) \tag{11.3}$$

式中：L——水准路线长(km)。

在山区或丘陵区，当平均每千米单程测站数多于25站时，高差不符值为

$$f_h = \pm 6\sqrt{n}\ (\text{mm}) \tag{11.4}$$

式中：n——测段间单程测站数。

设立桥头水准点时，其高差不符值不得超过 $\pm 20\sqrt{L}$ (mm)或 $\pm 4\sqrt{n}$ (mm)。桥梁施工要求在河流两岸建立统一的高程系统，因此需要进行跨河水准测量。如在桥位上、下游不远处，国家测绘部门或其他单位进行过跨河水准测量，其观测方法和成果精度符合要求的则可利用，否则需要自行测量。

跨河水准测量的地点应尽可能选择在桥渡附近河宽最窄处，两岸测站点和立尺点可布设成图11.8所示的对称网形。图11.8中1、2为测站点，A、B为立尺点，要求1A与2B，1B与2A尽量相等，并使1A、2B大于10 m。观测时，视线距水面的高度宜大于3 m。

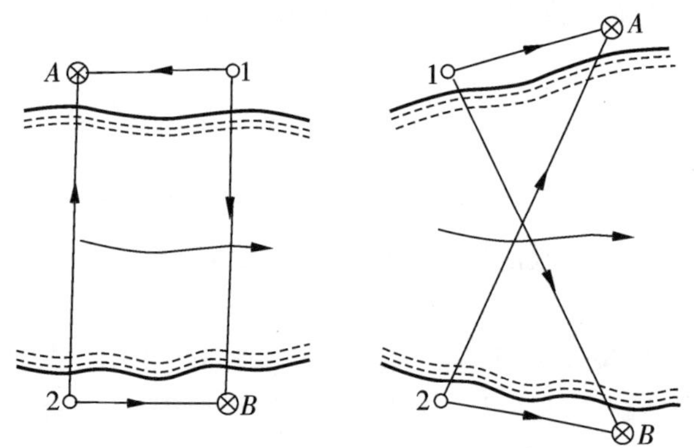

图11.8 跨河水准测量的测站和立尺点

跨河水准测量的主要技术标准见表11.4。

表11.4 跨河水准测量的主要技术要求

跨越距离/m	半测回远尺读数次数	测回数	测回差	
			三等	四等
<200	2	1	—	—
200~400	3	2	8	12

跨河水准测量一测回的观测顺序是:在一岸先读近尺,再读远尺;仪器搬到对岸后,不改变焦距先读远尺,再读近尺;也可用两台同精度的水准仪同时做对向观测。跨河水准测量应在上午、下午各完成半数工作量。

由于跨河水准测量视线较长,读数困难,可在水准尺上安装一块可以沿尺上下移动的觇板,如图 11.9 所示。觇板用铝或其他金属或有机玻璃制造,背面设有夹具,可沿水准尺面滑动,并能用固定螺丝控制,将觇板固定于标尺任一位置。觇板中央安一水平指标线,由观测者指挥立尺员上下移动觇板,使觇板上的水平指标线落在水准仪“十”字丝横丝上,然后由立尺员在水准尺上读取标尺读数。

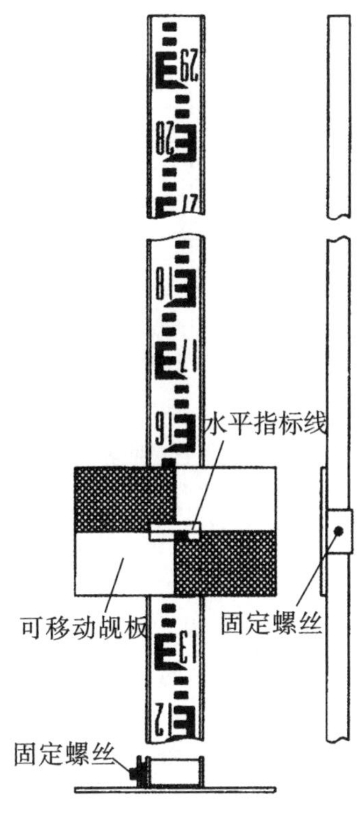

图 11.9　跨河水准测量觇板

11.4.2　墩台轴线测设

墩台定位以后,还要放样墩台的纵横轴线,作为墩台细部放样的依据。直线桥墩台的纵轴线是指过墩台中心平行于线路方向的轴线,曲线桥墩台的纵轴线则为墩台中心处曲线的切线方向的轴线。墩台的横轴线是指通过墩台中心与其纵轴线垂直(斜交桥则为与其纵轴线垂直方向成斜交角度)的轴线。

直线桥上各墩台的纵轴线为同一个方向,且与桥轴线重合,无须另行放样。墩台的横轴是过墩台中心且与纵轴线垂直或与纵轴垂直方向成斜交角度,放样时应在墩台中心架设经纬仪,自桥轴线方向用正倒镜分中法放样 90°角或 90°减去斜交角度,即为横轴线方向。

由于在施工过程中需要经常恢复纵横轴线的位置,所以要在基坑开挖线外 1 ~2 m 处设置墩台纵、横轴线方向控制桩(即护桩),如图 11.10 所示。它是施工中恢复墩台中心位置的依据,应妥善保管。墩台轴线的护桩在每侧应不少于 2 个,以便在墩台修出地面一定高度以后,在同一侧仍能用以恢复轴线。施工中常常在每侧设 3 个护桩,以防止护桩被破坏;如果施工期限较长,则需要固桩保护。位于水中的桥墩,如采用筑岛或围堰施工时,可把轴线放样于岛上或围堰上。

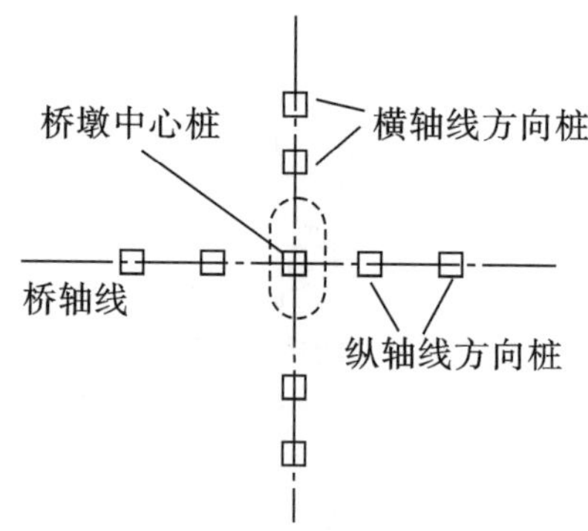

图 11.10　墩台轴线控制桩

在曲线桥上,若墩台中心位于路线中线上,则墩台的纵横轴线为墩台中心曲线的切线方向,而横轴与纵轴垂直。如图 11.11 所示,假定相邻墩台中心间曲线长度为 l ,曲线半径为 R ,则有

$$\alpha = \frac{180^\circ}{\pi} \cdot \frac{l}{R} \tag{11.5}$$

放样时,在墩台中心安置经纬仪,自相邻的墩台中心方向放样 $\alpha/2$ 角,即得纵轴线方向,自纵轴线方向再放样 90°角,即得横轴线方向。若墩台中心位于路线中线外侧时,首先按上述方法测设中线上的切线方向和横轴线方向,然后根据设计资料给出的墩台中心外移值将放样的切线方向平移,即得墩台中心纵轴线方向。

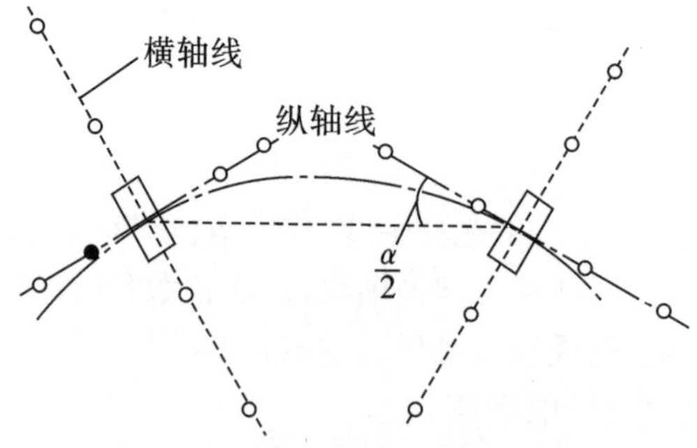

图 11.11　曲线墩台轴线控制桩

11.4.3　基础施工放样

桥梁基础通常采用明挖基础和桩基础，以下分别讨论其施工放样方法。

11.4.3.1　明挖基础

明挖基础多在地面无水的地基础上施工，先挖基坑，再在坑内砌筑块材基础(或浇筑混凝土基础)。如系浅基础，可连同承台一次砌筑(或浇筑)，如图 11.12 所示。如果在水面以下采用明挖基础，则要先建立围堰，将水排出后再施工。

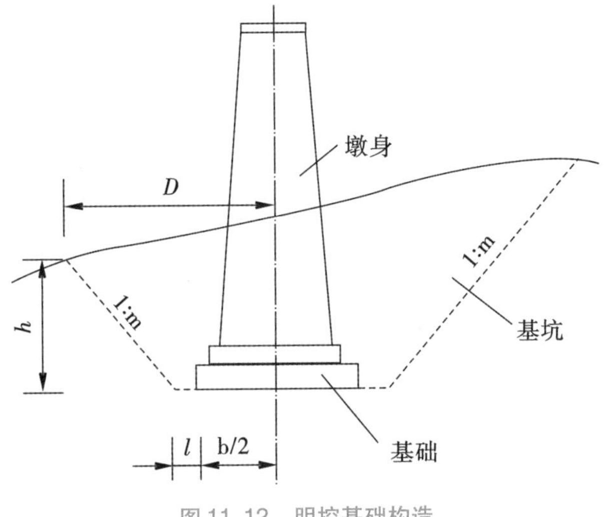

图 11.12　明挖基础构造

在基础开挖前，应根据墩、台中心点及纵、横轴线位置，按设计的平面形状测设出基础轮廓线控制点。如图 11.13 所示，如果基础的形状为方形或矩形，基础轮廓线的控制点则为四个角点及四条边与纵、横轴线的交点；如果是圆形基础，则为基础轮廓线与纵、横轴线的交点，必要时还须增加轮廓线与纵、横轴线成 45°线的交点。控制点距墩中心点或纵横轴线的距离应略大于基础设计的底面尺寸，一般可长出 0.3 ~ 0.5 m，以保证能正确安装基础模板。

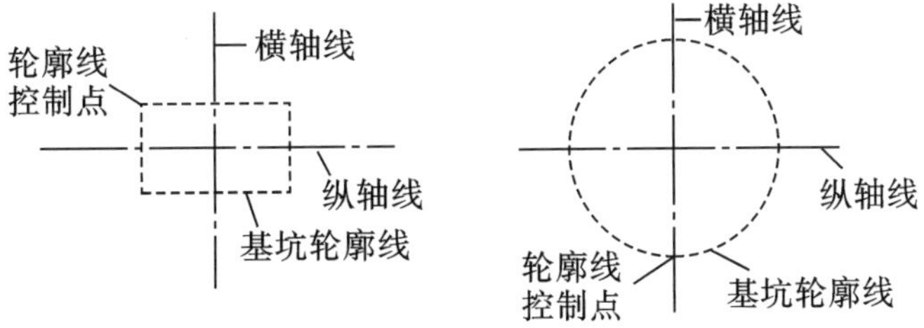

图 11.13　明挖基础轮廓线测设

如地基土质稳定，不易坍塌，则坑壁可垂直开挖，不设模板，而直接贴靠坑壁砌筑基础(或浇筑基础混凝土)。此时可不增大开挖尺寸，但应保证基础尺寸偏差在规定容许偏差范围之内。

如果地基土质软弱，开挖基础时需要放坡，基础的开挖边界线需要根据坡度计算得到。此时可先在基坑开挖范围测量地面高程，然后根据地面高程与坑底设计高程之差以及放坡坡度，计算出边坡桩至墩台中心的距离。

如图 11.12 所示，边坡桩至墩台中心的水平距离 D 为

$$D = \frac{b}{2} + l + mh \tag{11.6}$$

式中：b ——基础宽度；

l ——预留工作宽度；

m ——边坡坡度；

h ——基坑开挖深度。

在测设边界桩时，以墩台中心点和纵、横轴线为基准，用钢尺测量水平距离 D，在地面上测设出边坡桩，再根据边坡桩撒出灰线，即可以此灰线进行施工开挖。

当基础开挖至坑底的设计高程时，应对坑底进行平整清理，然后安装模板，浇筑基础及墩身。在进行基础及墩身的模板放样时，可将经纬仪安置在墩台中心线的一个护桩上，瞄准另一个较远的护桩定向，此时仪器的视线即为中心线方向。安装模板时调整模板位置，使其中心与视线重合，则模板已正确就位。如果模板的高度低于地面，可用经纬仪在邻近基坑的位置，放出中心线上的两点。在这两点上挂线，并用垂球将中心线向下投测，引导模板的安装，如图 11.14 所示。在模板安装后，应对模板内壁长、宽，模板与纵、横轴线之间的关系尺寸，以及模板内壁的垂直度等进行检查。

基础和墩身模板的高程常用水准测量的方法放样，但当模板低于或高于地面很多，无法用水准尺直接放样时，则可用水准仪在某一适当位置先测设一高程点，然后再用钢尺垂直丈量，定出放样的高程位置。

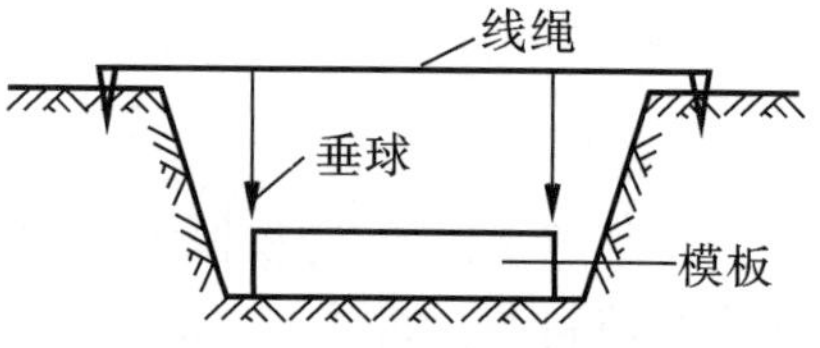

图 11.14　基础模板的放样

11.4.3.2　桩基础

桩基础是常用的一种基础类型。按施工方法的不同分为打（压）入桩和钻（挖）孔桩。打（压）入桩基础是预先将桩制好，按设计的位置及深度打（压）入地下；钻（挖）孔桩是在基础的设计位置上钻（挖）好桩孔，然后在孔内放入钢筋笼，并浇注混凝土成桩。在桩基础完成后，在其上浇筑承台，使桩与承台成为一个整体，再在承台上修筑墩身，如图 11.15 所示。

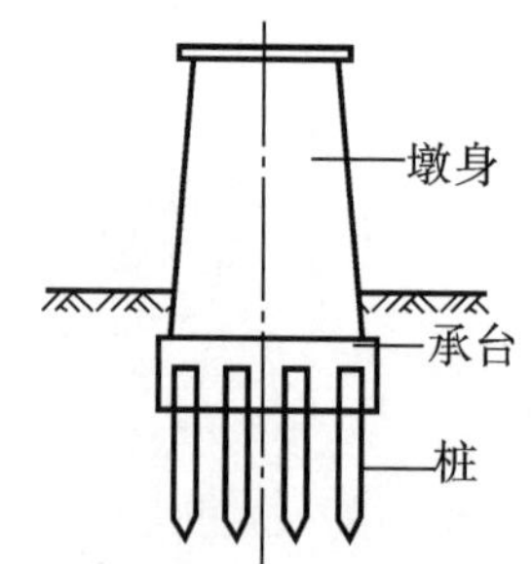

图 11.15　桥梁桩基础

在无水的情况下，桩基础的每一根桩的中心点可按其在以墩台纵、横轴线为坐标轴的坐标系中的设计坐标，用支距法进行测设，如图 11.16 所示。如果桩为圆周形布置，各桩也可以与墩、台纵轴线的偏角和到墩台中心点的距离，用极坐标法进行测设，如图 11.17 所示。一个墩台的全部桩位

宜在场地平整后一次放出，并以木桩标定，以方便桩基础施工。

如果桩基础位于水中，则可用交会法将每一个桩位放出，也可用交会法放出其中一行或一列桩位，然后用大型三角尺放出其他所有桩位，如图 11.18 所示。

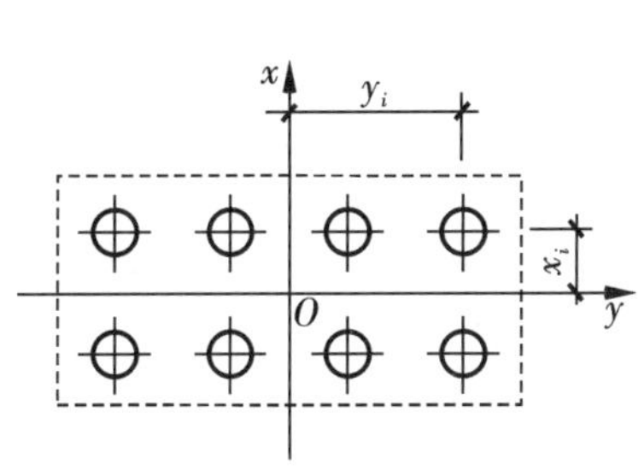

图 11.16　支距法放样桩基础

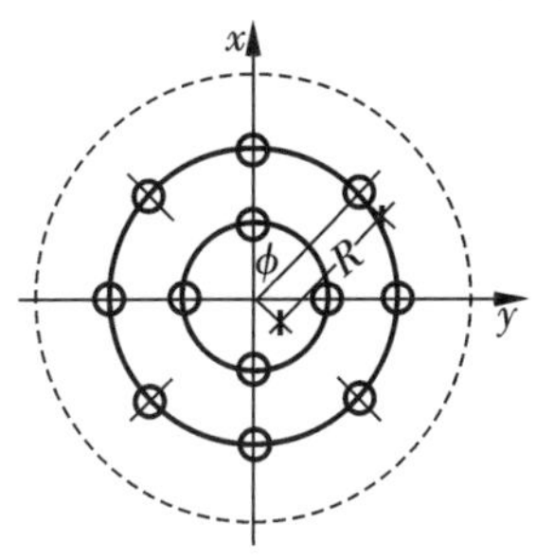

图 11.17　极坐标法放样桩位

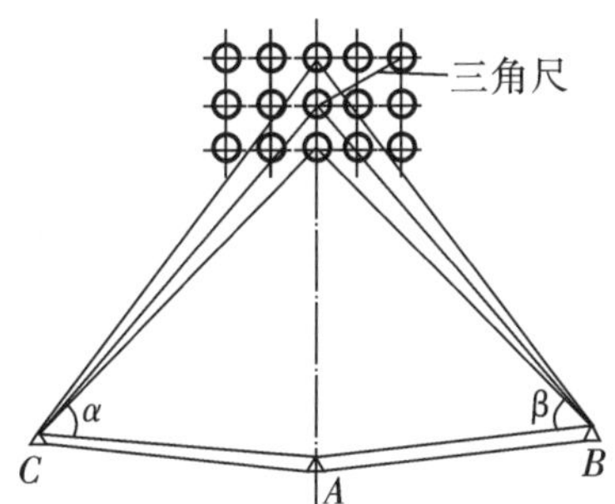

图 11.18　交会法放样桩位

11.4.4　墩身施工放样

基础施工完毕后，需要利用控制点重新交会出墩中心点，然后在墩中心点安置经纬仪放出纵、横轴线，同时根据岸上水准基点，检查基础顶面高程。根据纵、横轴线即可放样承台、墩身的外廓线。

随着桥墩砌筑（浇筑）高度的升高，可用较重的垂球将标定的纵、横轴线转移到上一段，每升高 3 ~6 m 须利用三角点检查一次桥墩中心和纵、横轴线。

圆头墩身的放样如图 11.19 所示。若墩身某断面尺寸为长 a、宽 b、圆头半径 R，则可以墩中心 O 点为准，根据纵、横轴线及相关尺寸，放出 L_1、L_2 和圆心 K 点，然后以 L_1 和 K 点用距离交会法定出 S_1 点，以 L_2 和 K 点定出 S_2 点，并以 K 点为圆心，按半径 R 可放出圆上各点。同样可以放样桥墩的另一端。

桥墩砌（浇）至离帽底约 30 cm 时，再测出墩台中心及纵、横轴线，据此竖立顶帽模板、安装锚栓孔、安插钢筋等。在浇筑墩帽前，必须对桥墩的中线、高程、拱座斜面及其他各部分尺寸进行复核，并准确地放出墩帽的中心线。灌注墩帽至顶部时，应埋入中心标志和水准点各一二个。墩帽顶面水准点应从岸上水准点测定其高程，以作为安装桥梁上部结构的依据。

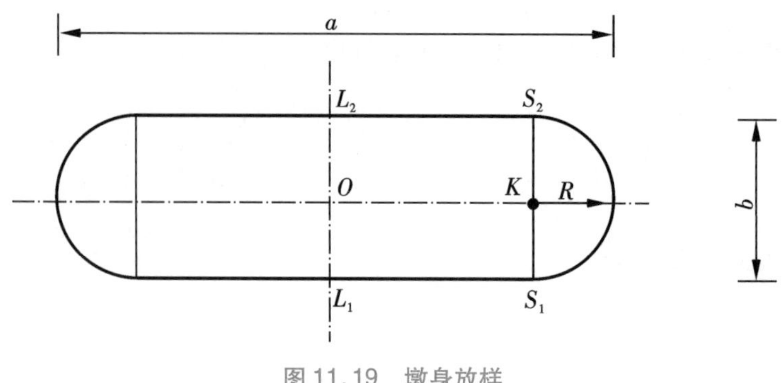

图 11.19 墩身放样

11.5 桥(涵)台锥形护坡放样

11.5.1 锥坡及其尺寸

为使路堤与桥涵台连接处路基不被冲刷,则应在桥涵台两侧填土呈锥体形,并于表面砌石,称为锥体护坡,简称锥坡。

锥坡的形状为四分之一个椭圆截锥体,如图 11.20 所示。当锥坡的填土高度小于6 m 时,锥坡的纵向(即平行于道路中线的方向)坡度一般为 1∶1,横向(即垂直于道路中线的方向)坡度一般为 1∶1.5,与桥台后的路基边坡一致。当锥坡的填土高度大于 6 m 时,路基以下超过 6 m 的部分纵向坡度由 1∶1 变为 1∶1.25,横向坡度由 1∶1.5 变为1∶1.75。

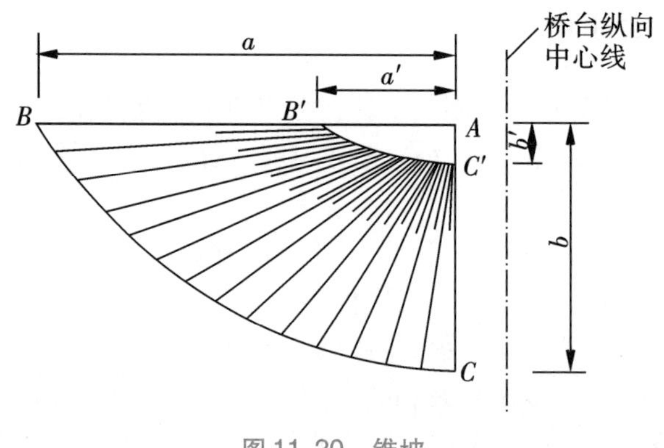

图 11.20 锥坡

锥坡的顶面和底面都是椭圆的四分之一。锥坡顶面的高程与路肩相同,其长半径 a' 等于桥台宽度与桥台后路基宽度差值的一半,短半径 b' 等于桥台人行道顶面高程与路肩高程之差,但不应小于 0.75 m,即满足以下条件:

$$\left.\begin{aligned} a' &= (W_B - W_R)/2 \\ b' &= H_P - H_R \geqslant 0.75 \end{aligned}\right\} \tag{11.7}$$

式中：W_B——桥台宽度；

W_R——桥台后路基宽度；

H_P——桥台人行道顶面高程；

H_R——桥台后路肩高程。

锥体底面的高程一般与自然地面高程相同，其长半径 a 等于顶面长半径 a' 加横向边坡的水平距离，短半径 b 等于顶面短半径 b' 加纵向边坡的水平距离。

当锥坡的填土高度 h <6 m 时，有

$$\left.\begin{aligned} a &= a' + 1.5h \\ b &= b' + h \end{aligned}\right\} \tag{11.8}$$

当锥坡的填土高度 h >6 m 时，有

$$\left.\begin{aligned} a &= a' + 1.75h - 1.5 \\ b &= b' + 1.25h - 1.5 \end{aligned}\right\} \tag{11.9}$$

11.5.2　锥坡底面测设

锥坡施工时，只需放出锥坡坡脚的轮廓线（四分之一个椭圆），即可由坡脚开始，按纵、横边坡向上施工，因此，锥坡施工测量的关键是桥台两侧两个四分之一个椭圆曲线的锥坡底面测设。

锥坡底面椭圆曲线放样主要有图解法和坐标法两大类。图解法属于近似解法，其基本思路是先在图纸上按适当的比例尺绘出四分之一椭圆底面的大样图，然后在大样图上选择足够多的控制点，用图解法量出其纵横坐标，再按比例尺反算成实地距离，最后用直角坐标法或极坐标法依次在地面上测设这些控制点，从而标定出锥坡的底面。坐标法与图解法的不同之处仅在于获得控制点坐标的手段不同，它充分发挥现代测量仪器的解算功能，直接由椭圆的曲线方程求解控制点的实地坐标，最后在地面上标定出锥坡底面轮廓。常用的图解法包括纵横等分图解法、双点双距图解法和双圆垂直投影图解法等，常用的坐标法有支距法和全站仪直接测设法等。本节介绍纵横等分图解法、支距法和全站仪直接测设法。

11.5.2.1　纵横等分图解法

如图 11.21，此方法是先在图纸上按一定比例以椭圆长半径 a 、短半径 b 画一矩形 $ABCD$ ，将 BD 、DC 各分成相同的等份，并以图中所示方法进行编号，连接相应编号的点得直线 1-1、2-2、3-3…。设 1-1 与 2-2 相交于Ⅰ点，2-2 与 3-3 相交于Ⅱ点，3-3 与4-4 相交于Ⅲ点……可以证明，交点Ⅰ、Ⅱ、Ⅲ…的连线即为待测设的椭圆曲线。按绘图比例尺量取Ⅰ、Ⅱ、Ⅲ…各点的纵距和横距，作为放样数据。

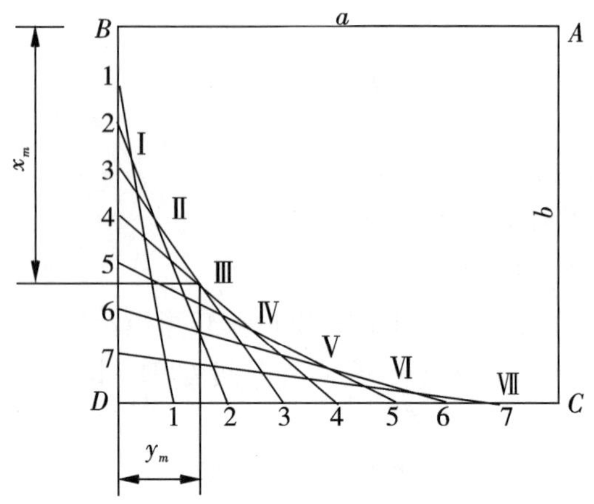

图 11.21　纵横等分图解法

实地放样时,根据桥(涵)台的设计位置,先在地面测设矩形 $ABCD$,然后自 B 在 BD 直线上量出Ⅰ、Ⅱ、Ⅲ…各点的纵距 x_1、x_2、x_3…得各点垂足,再沿平行于 AB 方向分别量出各点横距 y_1、y_2、y_3…即得Ⅰ、Ⅱ、Ⅲ…各点的实地位置,其连线即是椭圆曲线。

如果现场条件许可,也可不绘制大样图,直接在现场按上述作图方法拉线交出Ⅰ、Ⅱ、Ⅲ…各点。

11.5.2.2　支距法

如图 11.22,设平行于道路方向的短半径方向 AC 为 x 轴,垂直于道路方向的长半径方向 AB 为 y 轴,建立直角坐标系,则可写出椭圆的方程为

$$\frac{x^2}{b^2}+\frac{y^2}{a^2}=1 \tag{11.10}$$

经变换有

$$y=\frac{a}{b}\sqrt{b^2-x^2} \tag{11.11}$$

或者

$$x=\frac{b}{a}\sqrt{a^2-y^2} \tag{11.12}$$

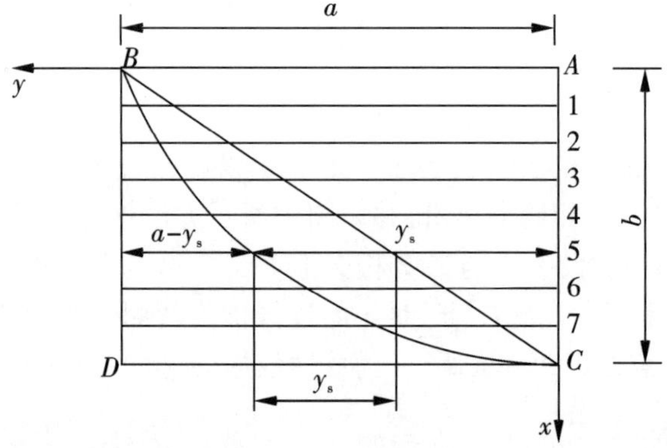

图 11.22　支距法

计算时一般将短半径 b 等分为 8 段，根据式(11.11)计算相应于各等分点处的 y 坐标，结果见表 11.5。

测设时以 AC 方向为基准，以长、短半径为边长测设矩形 $ACDB$，再将 BD 等分为 8 段，在垂直于 BD 的方向上分别量出相应的距离值($a-y$)，即可测设出坡脚椭圆形轮廓。当然，根据现场实际情况，也可将长半径 a 等分为 n 段，按式(11.12)计算出相应的 x 坐标进行测设。

此外，还可以按以下方法进行测设：

$$y' = y - \frac{n-i}{n}a \tag{11.13}$$

式中：y ——由式(11.11)计算的第 i 点的 y 坐标；

n ——将 b 等分的段数；

i ——等分点编号。

测设时将 BC 等分成 n 段，在各等分点平行于长半径 a 的方向上分别量出相应的 y' 值，即得椭圆曲线的轮廓点。表 11.5 列出了将 BC 分为 8 段时计算 y' 值的情况。

表 11.5　支距法测设椭圆计算

点位编号	x	y	$a-y$	$y' = y - \frac{n-i}{n}a$
0	0	a	0	0
1	$b/8$	0.992 2 a	0.007 8 a	0.117 2 a
2	$2b/8$	0.968 2 a	0.031 8 a	0.218 2 a
3	$3b/8$	0.927 0 a	0.073 0 a	0.302 0 a
4	$4b/8$	0.866 0 a	0.134 0 a	0.366 0 a
5	$5b/8$	0.780 6 a	0.219 4 a	0.405 6 a
6	$6b/8$	0.661 4 a	0.338 6 a	0.411 4 a
7	$7b/8$	0.484 1 a	0.515 9 a	0.359 1 a
8	b	0	a	0

11.5.2.3　全站仪直接测设法

采用全站仪放样锥坡极为简便、精确，是目前公路工程中常用的方法。这种方法的实质是根据椭圆方程式确定控制点坐标，然后按直角坐标法或极坐标法直接测设控制点点位，从而放样锥坡底面。

具体来讲，这种方法可类似于支距法，将长半径等分成若干段，根据各等分点的 y 值(或 x 值)按式(11.11)或式(11.12)计算出各相应点的 x 值(或 y 值)，从而获得各椭圆曲线控制点的坐标。测设时，将全站仪安置在矩形 4 个顶点中的任一个点上，后视另一顶点，即可测设出椭圆曲线上各点，从而在地面上标定锥坡底面。

第 11 章
习题集

第 12 章　市政工程测量

12.1　市政工程测量概述

市政工程一般属于国家的基础建设，主要是指政府投资建设的城市道路、桥梁、给水、排水、燃气、防洪、环境卫生及照明等城市基础设施建设。市政工程是城市生存和发展必不可少的物质基础，是提高人民生活水平和对外开放的基本条件。

市政工程测量是指为城市各项市政工程的设计、施工、竣工和运营管理各阶段的需要所进行的测量工作。市政工程测量贯穿工程建设的始终，服务于施工过程中的每一个环节，测量的精度和进度直接影响到整个工程的质量和进度。各个单项市政工程测量，多在其中线附近的带状范围内施测，具有线路工程测量的特点。

12.1.1　市政测量的坐标和高程系统

一个城市只应建立一个与国家坐标系统联系的、相对独立和统一的城市坐标系统，并经上级行政主管部门审查批准后方可使用。城市平面控制测量坐标系统的选择应以投影长度变形值不大于 2.5 cm/km 为原则，并根据城市地理位置和高程而定。

当长度变形值不大于 2.5 cm/km 时，应采用高斯正形投影统一 3°带的平面直角坐标系统。统一 3°带的主子午线经度由东经 75°起，每隔 3°至东经 135°。

当长度变形值大于 2.5 cm/km 时，可依次采用：

(1) 投影于抵偿高程面上的高斯正形投影 3°带的平面直角坐标系统。

(2) 高斯正形投影任意带的平面直角坐标系统，投影面可采用黄海平均海水面或城市平均高程面。

(3) 面积小于 25 km^2 的城镇，可不经投影，采用假定平面直角坐标系统在平面上直接进行计算。

在大城市或有地面沉降的城市应建立基岩水准标石作为地方水准点，并应与国家水准点联测；一般城市可选择一个较为稳固并便于长期保存的国家水准点作为城市水准网的起算点，同时应充分利用测区内的水准点标石。与国家水准点联测时，其联测精度不应低于城市首级水准网的观测精度。城市高程控制网的布设，首级网应布设成闭合环线，加密网可布设成附合路线、结点网和闭合环，只有在特殊情况下，才允许布设水准支线。城市首级水准网等级的选择应根据城市面积的大小、城市的远景规划、水准路线的长短而定。各等水准网中最弱点的高程中误差（相对于起算点）不得大于±20 mm。水准路线宜以起至地点的简称为线名，起至地名的顺序为“起西至东”或“起北至南”；环线名称取环

线内最大的地名后加“环”字命名；水准路线的等级，分别以Ⅱ、Ⅲ、Ⅳ书写于线名之前表示；水准点编号应自路线的起点开始，按 1、2、3…顺序编定点号；环线上点号顺序取顺时针方向，点号写于线名之后。

一个城市只应建立一个统一的高程系统。城市高程控制网的高程系统，应采用 1985 年国家高程基准或沿用 1956 年黄海高程系统。

在远离国家水准点的新设城市或因改造旧有水准网导致高程变动而影响使用时，经上级行政主管部门批准后，可暂时建立或沿用地方高程系统，但应争取创造条件归算到 1985 年国家高程基准上来。

市政工程测量是在城市测量控制网和城市大比例尺地形图的基础上进行的，各项市政工程的主要轴线点位应采用城市的统一坐标和高程系统。城市道路网是城市平面布局的骨架，市政工程的用地范围常以规划道路中线为依据来确定。规划道路中线的定线测量和以中线为依据确定建筑用地界址的拨地测量是市政工程测量的先行工序。

12.1.2　设计测量

对于带状工程，如城市道路、给排水管线、电力和通信电缆、地下人防通道等，主要是根据附近的测量控制点将其规划中线测设到实地上，并以中线桩为准，施测一定宽度、比例尺为 1：500 的带状地形图和纵、横断面图，作为工程平面布置及高程、坡度等设计的依据。对于非带状工程，如广场、立体交叉路线、交通枢纽等，一般 1：500 比例尺地形图可满足设计要求，特殊需要时可施测 1：200 比例尺地形图或施测边长为 5 m×5 m 的方格网高程图。

12.1.3　施工测量

首先是恢复和校测设计测量所定的中线桩位，然后以中线为准放样工程构筑物的各主要轴线，再根据各轴线进行细部放样，并设置用于施工的标志，作为按图施工的依据。

施工测量的精度，按工程的不同要求来确定，差别较大。如自流排水管道对高程测量的要求高于有压力的给水管道，而直埋通信电缆一般只测相对埋深即可。施工测量的方法，更因工程性质和施工方法的不同而异，但开工前对中线桩位置，应采取妥善的保留措施，以便施工中随时检查和恢复中线，这是各种工程施工测量顺利进行的基本保证。在地下管道施工中，多在沟槽上埋设坡度板，用以控制管道中线高程和坡度；在用顶管法施工时，用经纬仪和水准仪或激光导向仪控制掘进方向；在用盾构法施工中，则需要 3 个坐标参数定位，3 个旋转角参数控制掘进方向；在广场施工中，可用边长 5 ~ 10 m 的方格网控制场地平面位置与高程，也可用激光平面仪控制高程。

12.1.4　竣工测量

市政工程竣工测量，主要测定各项工程竣工时主要点位（如道路交叉点、地下管道的转折点、窨井中心、消火栓等）的平面位置和高程，隐蔽工程要在回填前进行施测。平面坐标根据城市控制点按解析法测定，高程用水准仪直接测定。根据竣工测量资料编制竣工图，包括竣工总平面图、分类图、断面图以及必要的说明等。市政工程竣工图是城市基本建设的重要档案，对于市政工程的规划管理、改建、扩建、抢险以及战时修复等都是必不可少的。

12.1.5 变形观测

对重要桥梁、多层道路、堤防和地质条件不良地段的工程建筑物应观测沉降、位移、倾斜和裂缝等（见建筑物变形观测），一般包括施工中荷载变更时和运营中的定期观测，为鉴定工程质量、安全运营和工程研究等提供资料。

12.1.6 市政测量成果管理

随着城市建设的发展，各种地上、地下和架空的市政公用设施将随之增多，从而形成一个完整的市政工程综合系统。为了便于各方面的使用，可将各种市政工程的竣工位置资料数字化，统一储存在电子计算机控制的数据库内，然后根据需要提取有关数据，用来绘制各种竣工图。

12.2 管道工程测量

管道工程测量是为各种管道设计和施工服务的，主要工作有管道中线测量、管道纵横断面测量、带状地形图测量、管道施工测量等。其中，中线测量、纵横断面测量、带状地形图测量可参考第10章有关内容，本节主要介绍管道施工测量部分。

12.2.1 施工前的测量工作

（1）熟悉图纸和现场情况。施工前，应熟悉设计图纸，了解设计意图、精度要求及工程进度安排。到现场找到各主点桩、里程桩及水准点位置并加以检测，拟定测设方案，计算并校核有关数据。

（2）恢复中线并测设施工控制桩。中线测量时所钉各桩，在施工过程中会丢失或被破坏一部分。为保证中线位置准确可靠，应根据设计及测量数据进行复核，并补齐已丢失的桩。

在施工时，由于中线上各桩要被挖掉，为便于恢复中线和其他附属构筑物的位置，应在不受施工干扰、引测方便和易于保存桩位处设置施工控制桩。施工控制桩分中线控制桩和附属构筑物的位置控制桩两种，如图12.1所示。

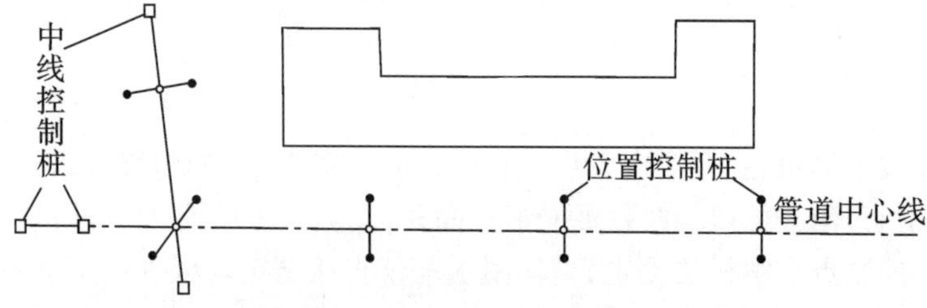

图12.1 施工控制桩的测设

(3)加密水准点。为便于施工过程中引测高程,应在原有水准点之间,每隔 100 ~ 150 m在沿线附近增设一个临时施工水准点。

(4)槽口放线。槽口放线就是按设计要求的埋深和土质情况、管径大小等计算出开槽宽度,并在地面上定出槽边线位置,画出白灰线,以便开挖施工。

12.2.2　管道施工测量

(1)设置坡度板及测设中线钉。管道施工中的测量工作主要是控制管道中线设计位置和管底设计高程,为此,须设置坡度板。如图 12.2 所示,坡度板跨槽设置,间隔一般为 10 ~ 20 m,编以板号。根据中线控制桩,用经纬仪把管道中心线投测到坡度板上,用小钉做标记,称为中线钉,以控制管道中心的平面位置。

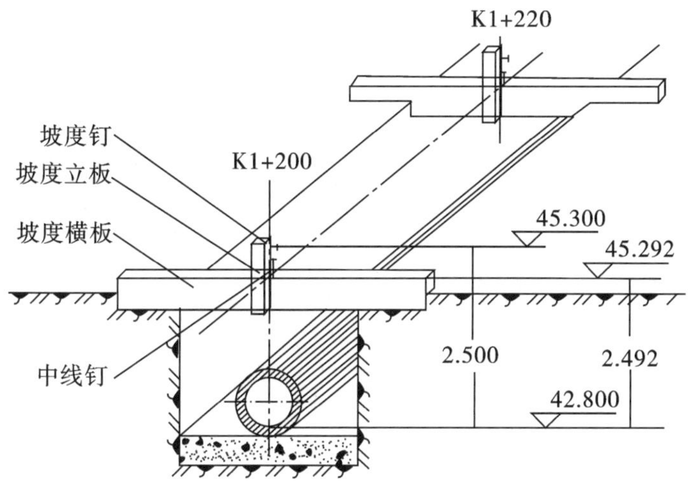

图 12.2　坡度板的设置

(2)测设坡度钉。为了控制沟槽的开挖深度和管道的设计高程,还需要在坡度板上测设设计坡度。为此,在坡度板上设一坡度立板,一侧对齐中线,在竖面上测设一条高程线,其高程与管底设计高程相差一整分米数,称为下反数。在该高程线上横向钉一小钉,称为坡度钉,以控制沟底挖土深度和管子的埋设深度。如图 12.2 所示,用水准仪测得桩号为 K1+200 处的坡度板中线处的板顶高程为 45.292 m,管底的设计高程为 42.800 m,从坡度板顶向下量 2.492 m,即为管底高程。为了使下反数为一整分米数,坡度立板上的坡度钉应高于坡度板顶 0.008 m,使其高程为 45.300 m。这样,由坡度钉向下量 2.5 m,即为设计的管底高程。

12.2.3　顶管施工测量

当地下管道需要穿越其他建筑物,不能进行开槽方法施工时,就采用顶管施工法。在顶管施工中要做的测量工作有以下两项:

(1)中线测设。挖好顶管工作坑,根据地面上标定的中线控制桩,用经纬仪将中线引测到坑底,在坑内标定出中线方向,在管内前端水平放置一把木尺,尺上有刻画并标明中心点，用经纬仪可以测出管道中心偏离中线方向的数值，依此在顶进中进行校正。如果使用激光准直经纬仪，则沿中线方向发射一束激光。激光是可见的，所以管道顶进中的校正更为方便。

（2）高程测设。在工作坑内测设临时水准点，用水准仪测量管底前、后各点的高程，可以得到管底高程和坡度的校正数值。测量时，管内使用短水准标尺。如果将激光准直经纬仪安置的视准轴倾斜坡度与管道设计中心线重合，则可以同时控制顶管作业中的方向和高程。

表 12.1 所示是顶管施工测量记录格式，反映了顶进过程中的中线与高程情况，是分析施工质量的重要依据。根据规范规定，施工时应达到以下两点要求：

1）高程偏差。高不得超过设计高程 10 mm，低不得超过设计高程 20 mm。

2）中线偏差。左右不得超过设计中线 30 mm。

表 12.1　顶管施工测量记录

井号	里程	中心偏差/m	水准尺上读数/m	该点尺上应有读数/m	该点尺上实际读数/m	高程误差/m	备注
8 号	0+180.0	0.000	0.742	0.736	0.735	−0.001	水准点高程为 12.558 m，$i=+5‰$
	0+180.5	左 0.004	0.864	0.856	0.853	−0.003	
	0+181.0	右 0.005	0.769	0.758	0.760	+0.002	
	⋮	⋮	⋮	⋮	⋮	⋮	
	0+200.0	右 0.006	0.814	0.869	0.683	−0.006	

12.2.4　地下管线施工测量

12.2.4.1　地下管线调查

（1）地下管线调查，可采用对明显管线点的实地调查、隐蔽管线点的探查、疑难点位开挖等方法确定管线的测量点位。对需要建立地下管线信息系统的项目，还应对管线的属性做进一步的调查。

（2）隐蔽管线点的探查的水平位置偏差 ΔS 和埋深较差 ΔH，应分别满足下式要求：

$$\Delta S \leqslant 0.1h$$

$$\Delta H \leqslant 0.15h$$

式中：h ——管线埋深（cm），当 $h<100$ cm 时，按 100 cm 计。

（3）管线点宜设置在管线的起止点、转折点、分支点、变径点、变坡点、交叉点、变材点、出（入）地口、附属设施中心点等特征点上；管线直线段的采点间距，宜为图上 10 ~ 30 cm；隐蔽管线点，应有明显标志。

（4）地下管线的调查项目和取舍标准，宜根据委托方要求决定，也可以管线疏密程

度、管径大小和重要性按表 12.2 确定。

表 12.2　地下管线调查项目和取舍标准

管线类型		埋深		断面尺寸		材质	取舍要求	其他要求
		外顶	内底	管径	宽×高			
给水		*	—	*	—	*	内径不小于 50 mm	—
排水	管道	—	*	*	—	*	内径不小于 200 mm	注明流向
	方沟	—	*	—	*	*	方沟断面不小于 300 mm×300 mm	
燃气		*	—	*	—	*	干线和主要支线	注明压力
热力	直埋	*	—	—	—	*	干线和主要支线	注明流向
	沟道	—	*	—	—	*	全测	
工业管道	自流	—	*	*	—	*	工艺流程线不测	注明流向
	压力	*	—	*	—	*		—
电力	直埋	*	—	—	—	—	电压不小于 380 V	注明电压
	沟道	—	*	—	*	*	全测	注明电缆根数
通信	直埋	*	—	*	—	—	干线和主要支线	—
	管块	*	—	—	*	—	全测	注明孔数

注:1. * 为调查或探查项目。

2. 管道材质主要包括:钢、铸铁、钢筋混凝土、混凝土、石棉水泥、陶土、PVC 塑料等。沟道材质主要包括砖石、管块等。

(5)在明显管线点上,应查明各种与地下管线有关的建(构)筑物和附属设施。

(6)对隐蔽管线的探查,应符合下列规定:

1)探查作业,应按仪器的操作规定进行。

2)作业前,应在测区的明显管线点上进行比对,确定探查仪器的修正参数。

3)对于探查有困难或无法核实的疑难管线点,应进行开挖验证。

(7)对隐蔽管线点探查结果,应采用重复探查和开挖验证的方法进行质量检验,并分别满足下列要求:

1)重复探查的点位应随机抽取,点数不宜少于探查点总数的 5%,并分别按式(12.1)、式(12.2)计算隐蔽管线点的平面位置中误差 m_H 和埋深中误差 m_V,其数值不应超过限差的 1/2。

隐蔽管线点的平面位置中误差为

$$m_H = \sqrt{\frac{[\Delta S_i \Delta S_i]}{2n}} \tag{12.1}$$

隐蔽管线点的埋深中误差为

$$m_V = \sqrt{\frac{[\Delta H_i \Delta H_i]}{2n}} \tag{12.2}$$

式中：ΔS_i ——复查点位与原点位之间的平面位置偏差(cm)；

ΔH_i ——复查点位与原点位的埋深较差(cm)；

n ——复查点数。

2)开挖验证的点位应随机抽取，点数不宜少于隐蔽管线点总数的1%，且不应少于3个点。

12.2.4.2 地下管线信息系统

(1)地下管线信息系统，可按城镇大区域建立，也可按居民小区、校园、医院、工厂、民用机场、车站、码头等独立区域建立，必要时还可以按管线的专业功能类别如供油、燃气、热力等分别建立。

(2)地下管线信息系统，应具有以下基本功能：

1)地下管线图数据库的建库、数据库管理和数据交换。

2)管线数据和属性数据的输入和编辑。

3)管理数据的检查、更新和维护。

4)管线系统的检索查询、统计分析、量算定位和三维观察。

5)用户权限的控制。

6)网络系统的安全监测与安全维护。

7)数据、图表和图形的输出。

8)系统的扩展功能。

(3)地下管线信息系统的建立应包括以下内容：

1)地下管线图库和地理管线空间信息数据库。

2)地下管线属性信息数据库。

3)数据库管理子系统。

4)管线信息分析处理子系统。

5)扩展功能管理子系统。

(4)地下管线信息的要素标志码，可按现行国家标准《城市综合地下管线信息系统技术规范》(CJJ/T 269—2017)的规定执行。地下管线信息的分类编码，可按国家现行标准《城市地下管线探测技术规程》(CJJ 61—2017)的相关规定执行。若有不足部分，可根据其编码规则扩展和补充。

(5)地下管线信息系统建立后，应根据管线的变化情况和用户要求进行定期维护、更新。

(6)当需要对地下管线信息系统的软、硬件进行更新或升级时，必须进行相关数据备份，并确保在系统和数据安全的情况下进行。

12.2.4.3 地下管线测量

(1)地下管线开挖中心线及施工控制桩的测设。根据管线的起止点和各转折点，测设管线沟的挖土中心线,一般每 20 m 测设一点。中心线的投点允许偏差为±10 mm。量距的往返相对闭合差不得大于 1/2 000。在测设中线时应同时定出井位等附属构筑物的位置。由于管线中线桩在施工中要被挖掉,为了便于恢复中线和附属构筑物的位置,应在不受施工干扰、易于保存桩位的地方,测设施工控制桩。管线施工控制桩分为中线控制桩和井位等附属构筑物位置控制桩两种。中线控制桩一般是测设在主点中心线的延长线上,井位控制桩则测设于管线中线的垂直线上(图 12.1)。控制桩采用大木桩,钉好后必须采取适当保护措施。

(2)槽口开挖边线的确定。管线中线定出以后,就可以根据中线的位置和槽口开挖边线的宽度,在地面用石灰洒出灰线,作为开挖的边界。开挖边线的宽度根据管径大小、埋设深度和土质等情况而定。

(3)设置坡度板。在每隔 10 m 或 20 m 槽口处设置一个坡度板,作为施工中控制管道中线和位置、掌握管道设计高程的标志。坡度板必须稳定、牢固,其顶面应保持水平。用经纬仪将中心线位置测设到坡度板上,钉上中心钉,安装管道时,可在中心钉上悬挂垂球,确定管中线位置。以中心钉为准,放出混凝土垫层边线,开挖边线及沟底边线。

(4)地下管线测量允许偏差。自流管的安装标高或底面模板标高每 100 m 测设一点(不足时可加密),其他管线每 20 m 测设一点。管线的起始点、窨井和埋设件均应加测标高点。各类管线安装标高和模板标高的测量允许偏差,应符合表 12.3 的规定。

管线的地槽标高,可根据施工程序,分别测设挖土标高和垫层面标高,其测量允许偏差为±10 mm。

地槽竣工后,应根据管线控制点投测管线的安装中心线或模板中心线,其投点允许偏差为±5 mm。

表 12.3　管线标高测量允许偏差

管线类别	标高允许偏差/mm
自流管(下水道)	±3
气体压力管	±3
液体压力管	±3
电缆地沟	±3

12.2.5　管道竣工测量

管道工程竣工后,为了反映施工成果应及时进行竣工测量,整理并编绘全面的竣工资料和竣工图。竣工图是管道建成后进行管理、维修和扩建时不可缺少的依据。管道竣工图包括管道竣工断面图和管道竣工平面图两种。

12.2.5.1　管道竣工断面图

管道竣工纵断面图应能全面反映管道及其附属构造物的高程,一定要在回填土之前

测定检查井口和管顶的高程。管底高程由管顶高程和管径、管壁厚度计算求得,井间距离用钢尺丈量。如果管道互相穿越,在断面图上应表示出管道的相互位置,并注明尺寸。如图 12.3 所示为管道竣工断面图示例。

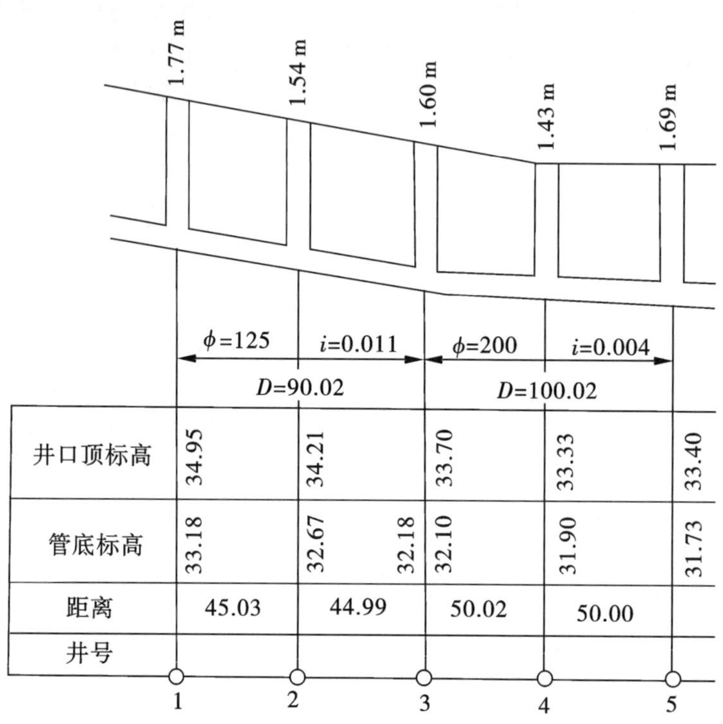

图 12.3　管道竣工断面图示例(长度单位:m)

12.2.5.2　管道竣工平面图

管道竣工平面图应能全面地反映管道及其附属构筑物的平面位置。测绘的主要内容有:管道的起点、转折点、终点,检查井位置以及附属构筑物施工后的实际平面位置和高程,管道与附近重要地物(永久性房屋、道路、高压电线杆等)的位置关系,同时还应标明检查井编号、井口顶高程和管底高程,以及井间的距离、管径等。对于给水管道中的阀门、消火栓、排气装置等,应用专门符号标明。图 12.4 是管道竣工平面图示例。

管道竣工平面图的测绘,可利用施工控制网测绘竣工平面图。当已有实测详细的平面图时,可以利用已测定的永久性的建筑物来测绘管道及其构造物的位置。

使用全站仪进行管道竣工测量将会提高效率。

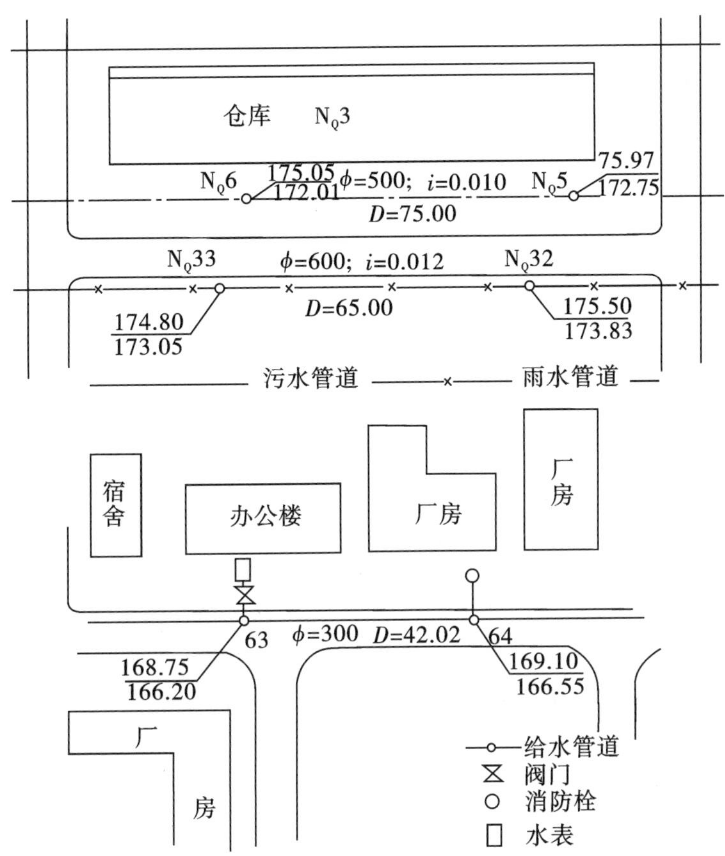

图 12.4　管道竣工平面图示例(长度单位:mm)

第 12 章
习题集

第 13 章　工程变形测量

13.1　检测与监测

工程检测和监测既有区别又有联系。

检测是工程上常用的一个名词,已有较长的历史。检测是使用一定的测量工具量测检测对象的某一参数或一组参数,并与事先建立的标准进行对比,以确定被检测对象是否达到某种规格的要求。因此,检测必须依据一定的规范、标准来进行,另外,检测过程通常是一次性的,而其结论通常表述为“合格”和“不合格”等。

监测是使用一定的测量工具连续或重复量测被监测对象的某一参数或一组参数,并据此评价被监测对象当前的工作状态是否安全;作为监测技术的延伸,还试图发现工程结构失效(或损伤)位置、严重程度,甚至需要根据监测成果提出处理建议等。一般来说,工程监测需要有强大的数学、力学和结构工程理论作为支撑。工程监测结论一般不能简单地用“合格”或“不合格”来表达,而需要通过概率指标来评估结构物当前安全状态。工程监测的概念可以借助图 13.1 的对比来说明。工程检测和监测的对比见表 13.1。

图 13.1　医疗诊断与工程监测

表 13.1　工程检测和监测对比

对比项目	检测	监测
目的	成果验收	功能评价
标准	事先有标准	与自身某一阶段状态参数对比
过程	一次性	定期重复/连续不断
结果	合格/不合格	可靠指标

工程检测和监测都需要使用专用测量设备对工程结构物的一些技术指标进行测量。

另外,工程结构物的安全状态指标有时也会简化为一些具体的内力或变形阈值,只要结构内力和变形不超过某一阈值就可判定工程结构为"安全",否则判定为"危险"。在这种条件下,工程监测与检测的概念已不再严格区分。

13.2 工程变形监测

13.2.1 变形监测一般规定

《工程测量标准》(GB 50026—2020)针对工程变形监测给出了监测精度等级、基准网、监测技术等一般性规定,这些规定适用于工业与民用建(构)筑物、建筑场地、地基基础、水工建筑物、地下工程建(构)筑物、桥梁、滑坡、核电厂等的变形监测。

变形监测的等级划分及精度要求应符合表 13.2 的规定。

表 13.2 变形监测的等级划分及精度要求 (单位:mm)

等级	垂直位移监测		水平位移监测	适用范围
	变形观测点的高程中误差	相邻变形观测点的高差中误差	变形观测点的点位中误差	
一等	0.3	0.1	1.5	变形特别敏感的高层建筑、高耸构筑物、工业建筑、重要古建筑、大型坝体、精密工程设施、特大型桥梁、大型直立岩体、大型坝区地壳变形监测等
二等	0.5	0.3	3.0	变形比较敏感的高层建筑、高耸构筑物、工业建筑、古建筑、特大型和大型桥梁、大中型坝体、直立岩体、高边坡、重要工程设施、重大地下工程、危害性较大的滑坡监测等
三等	1.0	0.5	6.0	一般性的高层建筑、多层建筑、工业建筑、高耸构筑物、直立岩体、高边坡、深基坑、一般地下工程、危害性一般的滑坡监测、大型桥梁等
四等	2.0	1.0	12.0	观测精度要求较低的建(构)筑物、普通滑坡监测、中小型桥梁等

注:1. 变形观测点的高程中误差和点位中误差,是指相对于邻近基准点的中误差。

2. 特定方向的位移中误差可取表中相应等级点位中误差的 $1/\sqrt{2}$ 作为限值。

3. 垂直位移监测可根据需要按变形观测点的高程中误差或相邻变形观测点的高差中误差,确定监测精度等级。

变形监测网的点位构成宜包括基准点、工作基点和变形观测点，点位布设应符合下列规定：

(1)基准点应选在变形影响区域之外稳固的位置；每个工程至少应有 3 个基准点；大型工程项目，水平位移基准点应采用带有强制归心装置的观测墩(见图 13.2)，垂直位移基准点宜采用双金属标或钢管标。

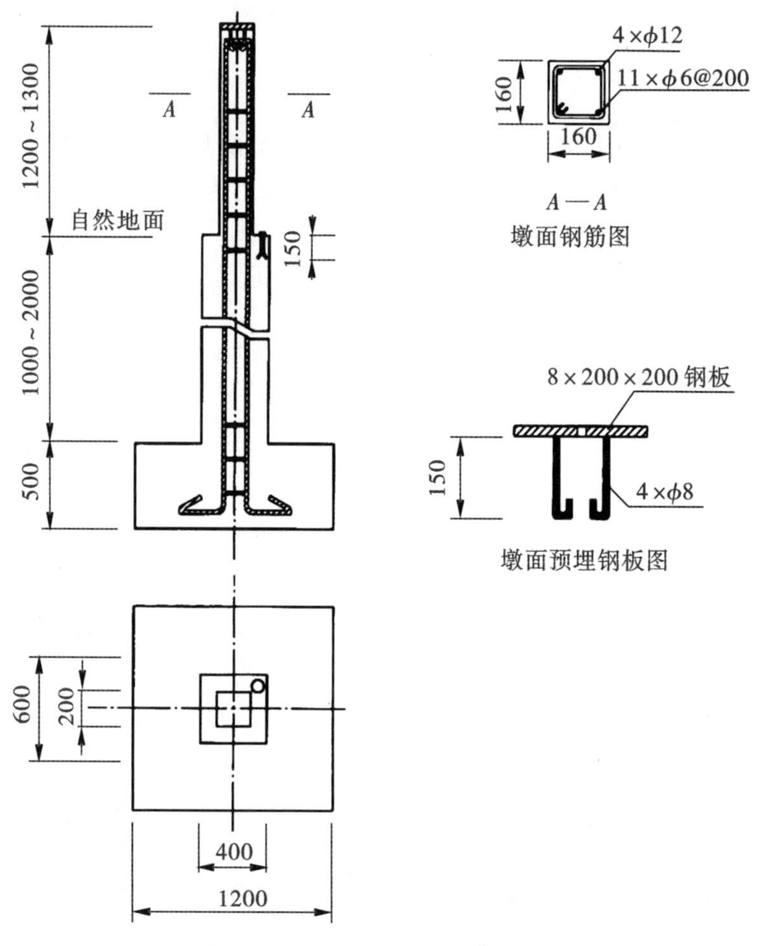

图 13.2 变形监测观测墩结构(单位:mm)

(2)工作基点应选在比较稳定且方便使用的位置；设立在大型工程施工区域内的水平位移监测工作基点，宜采用带有强制归心装置的观测墩；垂直位移监测工作基点可采用钢管标。对通视条件好的小型工程，可不设立工作基点，可在基准点上直接测定变形观测点。

(3)变形观测点应设立在能反映监测体变形特征的位置或监测断面上，监测断面应分为关键断面、重要断面和一般断面。需要时，还应埋设应力、应变传感器。

监测基准网应由基准点和部分工作基点构成。监测基准网应每半年复测一次。当对变形监测成果产生怀疑时，应随时检核监测基准网。

变形监测网应在基准网基础上扩展而来,由部分基准点、工作基点和全部变形观测点构成。

监测周期应根据监测体的变形特征、变形速率、观测精度和工程地质条件等因素综合确定,监测期间应根据变形量的变化情况调整。

首期监测应进行两次独立测量,之后各期的变形监测宜符合下列规定:

(1)宜采用相同的网形(观测路线)和观测方法。

(2)宜使用同一仪器和设备。

(3)观测人员宜相对固定。

(4)宜记录工况及相关环境因素,包括荷载、温度、降水、地下水位等。

(5)宜采用同一基准处理数据。

上述要求的目的是保障变形监测在相同条件下进行,从而通过前、后两次监测结果之间的差值运算,消除或减弱偶然误差的影响,提高变形监测准确度。

变形监测作业前,应收集相关水文地质,岩土工程资料和设计图纸,并应根据岩土工程条件、工程类型、工程规模、基础埋深、建筑结构和施工方法等因素,进行变形监测方案设计。监测方案应包括监测的目的、技术依据、精度等级、监测方法、监测基准及基准网精度估算和点位布设、观测周期、项目预警值、使用的仪器设备、数据处理方法和成果质量检验等内容。

观测前,应对所使用的仪器和设备进行检查、校正,并应做好记录。每期观测结束后,应将观测数据转存至计算机,并应及时进行处理。

工程变形监测的目的是保障工程安全。当变形监测出现下列情况之一时,必须通知各参建单位,提高监测频率或增加监测内容:

(1)变形量或变形速率达到变形预警值或接近允许值。

(2)变形量或变形速率变化异常。

(3)建(构)筑物的裂缝或地表的裂缝快速扩大。

13.2.2　水平位移监测基准网

水平位移监测基准网可采用三角形网、导线网、卫星定位测量控制网和视准轴线等形式。当采用视准轴线时轴线上或轴线两端应设立校核点。这里的三角形网是指由一系列相联系的三角形构成的测量控制网,观测元素为角度和距离,是对已往三角网、三边网和边角网的统称。

水平位移监测基准网宜采用独立坐标系统,并应进行一次布网,专项工程需要时,可与国家坐标系统联测,狭长形建筑物的主轴线或其平行线应纳入网内。大型工程布网时,应兼顾网的精度、可靠性和灵敏度等指标。

基准网点位宜采用有强制归心装置的观测墩。

一、二级小三角点,一级及以下导线点、埋石图根点等平面控制点标志可采用直径为 14 ~ 20 mm、长度为 300 ~ 400 mm 的普通钢筋制作,钢筋顶端应锯“十”字标记,距底端约 50 mm 处应弯成钩状。

二、三等平面控制点标石规格及埋设结构应符合图 13.3 的规定。柱石与盘石间应放

10～20 mm 厚粗砂，两层标石中心的最大偏差不应超过 3 mm。

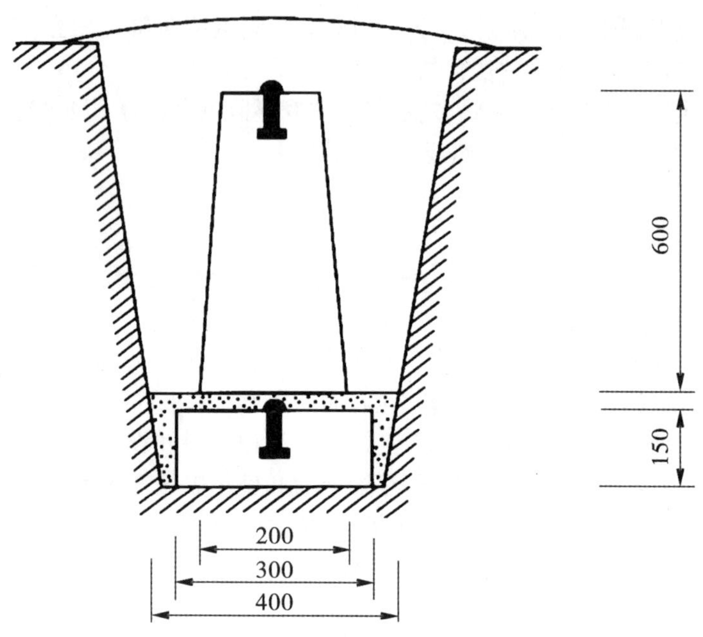

图 13.3　二、三等平面控制点标石规格及埋设结构(单位：mm)

四等平面控制点可不埋盘石，但柱石高度应加大。一、二级平面控制点标石规格及埋设结构应符合图13.4的规定。三级导线点、埋石图根点的标石规格及埋设可符合图 13.4 的规定，也可自行设计。

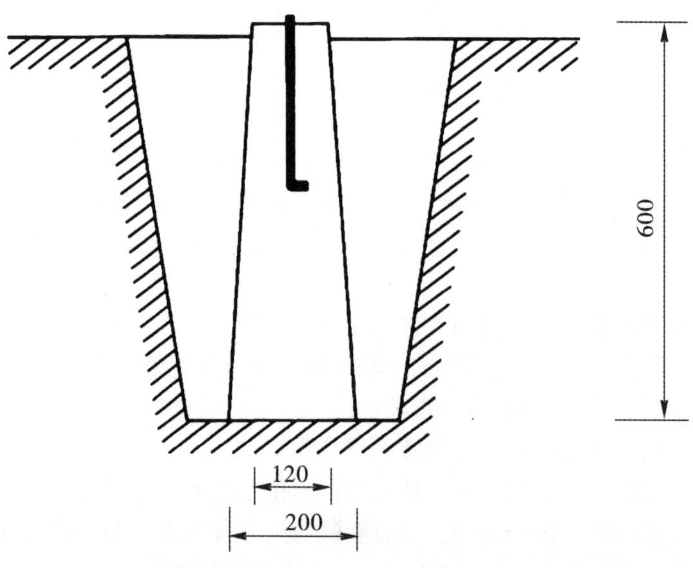

图 13.4　一、二级平面控制点标石规格及埋设结构(单位：mm)

水平位移监测基准网测量的主要技术要求应符合表 13.3 的规定。

表 13.3　水平位移监测基准网测量的主要技术要求

等级	相邻基准点的点位中误差/mm	平均边长 L/m	测角中误差/(″)	测边相对中误差	水平角观测测回数		
					0.5″级仪器	1″级仪器	2″级仪器
一等	1.5	≤300	0.7	≤1/300000	9	12	—
		≤200	1.0	≤1/200000	6	9	—
二等	3.0	≤400	1.0	≤1/200000	6	9	—
		≤200	1.8	≤1/100000	4	6	9
三等	6.0	≤450	1.8	≤1/100000	4	6	9
		≤350	2.5	≤1/800000	2	4	6
四等	12.0	≤600	2.5	≤1/800000	—	4	6

监测基准网的水平角观测宜采用方向观测法，水平角观测的技术要求应符合表 13.4 的规定。监测基准网边长应采用全站仪测距，测距的主要技术要求应符合表 13.5 的规定。

表 13.4　三角形网测量的主要技术要求

等级	平均边长/km	测角中误差/(″)	测边相对中误差	最弱边边长相对中误差	测回数				三角形最大闭合差/(″)
					0.5″级仪器	1″级仪器	2″级仪器	6″级仪器	
二等	9	1	≤1/250 000	≤1/120 000	9	12	—	—	3.5
三等	4.5	1.8	≤1/150 000	≤1/70 000	4	6	9	—	7
四等	2	2.5	≤1/100 000	≤1/40 000	2	4	6	—	9
一级	1	5	≤1/40 000	≤1/20 000	—	—	2	4	15
二级	0.5	10	≤1/20 000	≤1/10 000	—	—	1	2	30

注：测区测图的最大比例尺为 1∶1 000 时，一、二级网的平均边长可放长，但不应大于表中规定长度的 2 倍。

表 13.5　测距主要技术要求

等级	仪器精度等级	每边测回数		一测回计数较差/mm	单程各测回较差/mm	气象数据测定的最小读数		往返较差/mm
		往	返			温度/℃	气压/hPa	
一等	1 mm 级仪器	4	4	1	1.5	0.2	50	$\leqslant 2(a+bD)$
二等	2 mm 级仪器	3	3	3	4			
三等	5 mm 级仪器	2	2	5	7			
四等	10 mm 级仪器	4	—	8	10			

注:1. 一测回是全站仪盘左、盘右各测量一次的过程。

2. 根据具体情况,测边可采取不同时间段代替往返观测。

3. 测量斜距应在经气象改正和仪器的加、乘常数改正后进行水平距离计算。

4. 测距往返较差应依经加乘常数改正且归化至同一高程面的平距计算,改正计算时,a、b 分别为相应等级所使用仪器标称的固定误差和比例误差系数,D 为测量斜距(km)。

13.2.3　垂直位移监测基准网

垂直位移监测基准网宜采用测区原有高程系统。重要的监测工程宜与国家水准点联测,一般的监测工程可采用假定高程系统。垂直位移监测基准网应布设成环形网,并应采用水准测量方法观测。

垂直位移监测基准点的埋设应符合下列规定:

(1)应将标石埋设在变形区以外稳定的原状土层内,或将标志镶嵌在裸露基岩上;二、三等水准点标石规格及埋设结构应符合图 13.5 的规定。四等水准点标石规格及埋设结构应符合图 13.6 的规定。

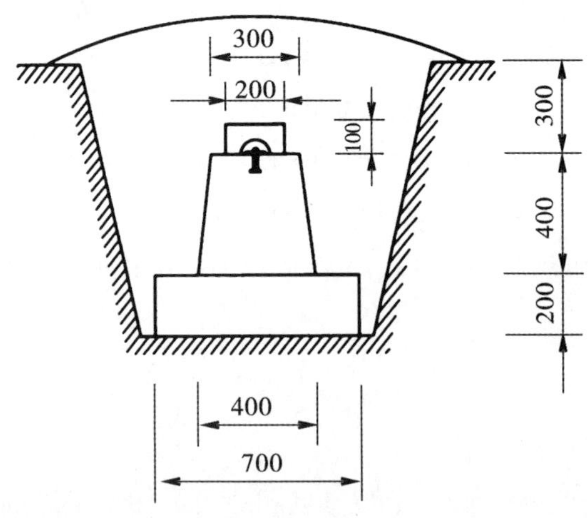

图 13.5　二、三等水准点标石规格及埋设结构(单位:mm)

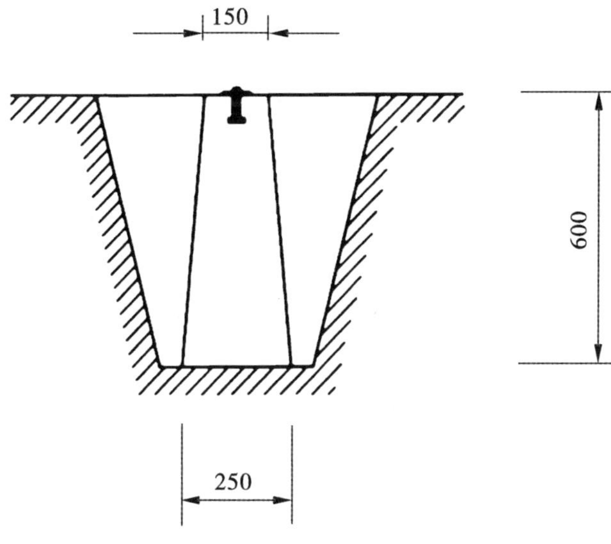

图 13.6　四等水准点标石规格及埋设结构(单位:mm)

(2)应利用稳固的建(构)筑物设立墙脚水准点(图 13.7)。

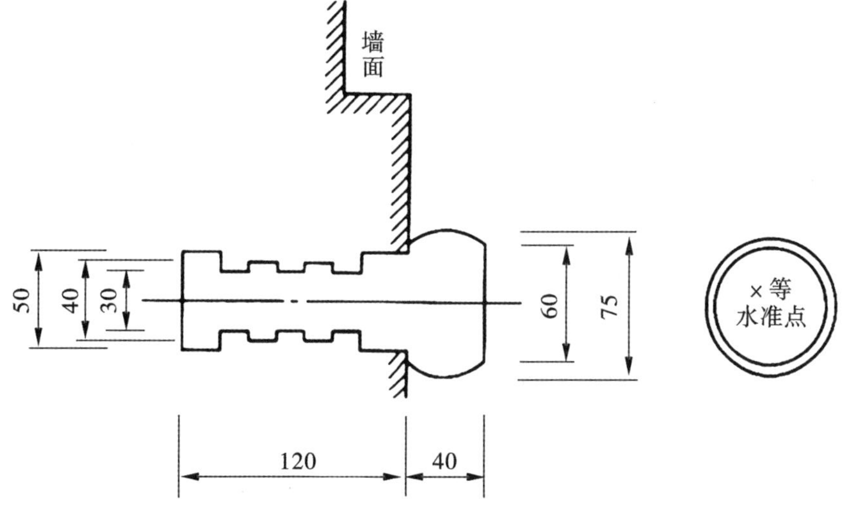

图 13.7　墙脚水准点标志规格和埋设结构(单位:mm)

(3)当受条件限制时,在变形区内也可埋设深层钢管标或双金属标。
(4)大型水工建筑物的基准点可采用平硐标志。
垂直位移监测基准网的主要技术要求应符合表 13.6 的规定。

表 13.6　垂直位移监测基准网的主要技术要求　　（单位:mm）

等级	相邻基准点高差中误差	每站高差中误差	往返较差或环线闭合差	检测已测高差较差
一等	0.3	0.07	$0.15\sqrt{n}$	$0.2\sqrt{n}$
二等	0.5	0.15	$0.30\sqrt{n}$	$0.4\sqrt{n}$
三等	1.0	0.30	$0.60\sqrt{n}$	$0.8\sqrt{n}$
四等	2.0	0.70	$1.40\sqrt{n}$	$2.0\sqrt{n}$

注:n 为测站数。

数字水准仪观测的主要技术要求应符合表 13.7 的规定。光学水准仪观测的主要技术要求应符合表 13.8 的规定。

表 13.7　数字水准仪观测的主要技术要求

等级	水准仪级别	水准尺类别	视线长度/m	前后视的距离较差/m	前后视的距离较差累积/m	数字水准仪重复测量次数
一等	DS05、DSZ05	条码式因瓦尺	15	0.3	1.0	4
二等	DS05、DSZ05	条码式因瓦尺	30	0.5	1.5	3
三等	DS05、DSZ05	条码式因瓦尺	50	2.0	3	2
	DS1、DSZ1	条码式因瓦尺	50	2.0	3	3
四等	DS1、DSZ1	条码式因瓦尺	75	5.0	8	2
	DS1、DSZ1	条码式玻璃钢尺	75	5.0	8	3

注:水准观测时,若受地面震动影响时,应停止测量。

表 13.8　光学水准仪观测的主要技术要求

等级	水准仪级别	水准尺类别	视线长度/m	前后视的距离较差/m	前后视的距离较差累积/m	视线离地面最低高度/m	基本分划、辅助分划读数较差/mm	基本分划、辅助分划所测高差较差/mm
一等	DS05、DSZ05	线条式因瓦尺	15	0.3	1.0	0.5	0.3	0.4
二等	DS05、DSZ05	线条式因瓦尺	30	0.5	1.5	0.5	0.3	0.4
三等	DS05、DSZ05	线条式因瓦尺	50	2.0	3	0.3	0.5	0.7
	DS1、DSZ1	线条式因瓦尺	50	2.0	3	0.3	0.5	0.7
四等	DS1、DSZ1	线条式因瓦尺	75	5.0	8	0.2	1.0	1.5

注:水准路线跨越江河时,应进行相应等级的跨河水准测量。跨河水准测量的指标应不受本表的限制,应按 GB 50026—2020 第 4 章的规定执行。

垂直变形监测所使用的仪器及水准尺应符合下列规定:

(1)水准仪视准轴与水准管轴的夹角 i,DS05、DSZ05 级水准仪不得大于 10″;DS1、DSZ1 型不应超过 15″;DS3、DSZ3 型不应超过 20″。

(2)补偿式自动安平水准仪的补偿误差 $\Delta\alpha$,二等水准不应超过 0.2″,三等水准不应超过 0.5″。

(3)水准尺上的米间隔平均长与名义长之差,线条式因瓦水准尺不应超过 0.15 mm,条形码尺不应超过 0.10 mm,木质双(单)面水准尺不应超过 0.50 mm。

13.2.4　变形监测一般方法及技术要求

变形监测方法应根据监测项目的特点、精度要求、变形速率以及监测体的安全性能要求等综合分析确定,变形监测一般方法见表 13.9。实际工程中可同时采用多种方法联合监测,相互印证,综合分析,以便获得可靠的监测成果。

自由设站测量是在最方便监测的位置设站后,测量测站点至周围少量已知点的边长和角度,依据边角后方交会原理获取设站点坐标,进而测定其他点位的测量方法。这种方法特别适用于施工场地狭小、需要对施工中的临时支护结构进行变形监测的情形。

表 13.9　工程结构变形监测一般方法

类别	监测方法
水平位移监测	三角形网、极坐标法、交会法、自由设站法、卫星定位测量、地面三维激光扫描法、地基雷达干涉测量法、正倒垂线法、视准线法、引张线法、激光准直法、精密测(量)距、伸缩仪法、多点位移计、倾斜仪等
垂直位移监测	水准测量、液体静力水准测量、电磁波测距三角高程测量、地基雷达干涉测量方法等
主体倾斜	经纬仪投点法、差异沉降法、激光准直法、垂线法、倾斜仪、电垂直梁等
挠度观测	垂线法、差异沉降法、位移计、挠度计等
监测体裂缝	精密测(量)距、伸缩仪、测缝计、位移计、光纤光栅传感器、摄影测量等

如图 13.8 所示,由于受现场作业条件的限制,P 点为最方便开展监测的位置,P 点上有 A、B 两个可通视的已知点,则在 P 点上安置全站仪,观测距离 S_1、S_2和角 γ,即可计算 P 点坐标。工程实践中,为了提高观测精度,P 点上的可通视基准点要求不少于 3 个。经过多余观测,根据最小二乘法原理即可计算 P 点的坐标及其精度,并在此基础上以 P 点为参照,确定其他变形监测点当前坐标。

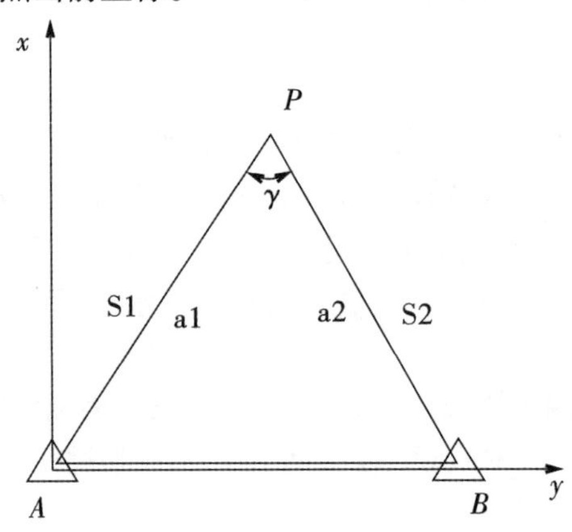

图 13.8　自由设站测量示意

自由设站法应符合下列规定:

(1)控制点的数量不应少于 3 个,宜分布在三角形网的外围或两端。

(2)水平角宜采用方向法观测,若需分组,归零方向应相同,并应至少重复观测一个方向。

(3)自由设站法测量应边角同步观测且测回数应相同。

视准线法主要用来监测某一方向上的水平位移量。如图 13.9 所示,P 点为监测点,A、B 两点为工作基点,AB 为视准线。则垂直于 AB 连线方向上的水平位移为

$$D=\frac{\beta}{\rho}\cdot L$$

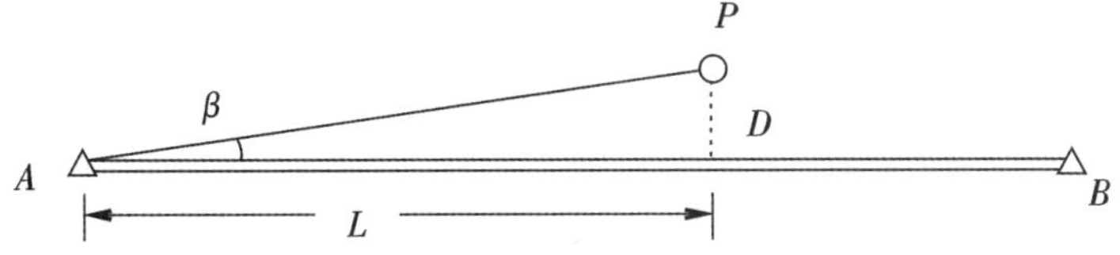

图 13.9　视准线法水平位移监测原理

视准线测量可选用活动觇牌法（见图 13.10）或小角度法。当采用活动觇牌法观测时，监测精度宜为视准线长度的 1/100 000；当采用小角度法观测时，监测精度应按下式估算：

$$m_S = m_\beta L/\rho$$

式中：m_S——位移中误差（mm）；

m_β——测角中误差（″）；

L——视准线长度（mm）；

ρ——206 264″。

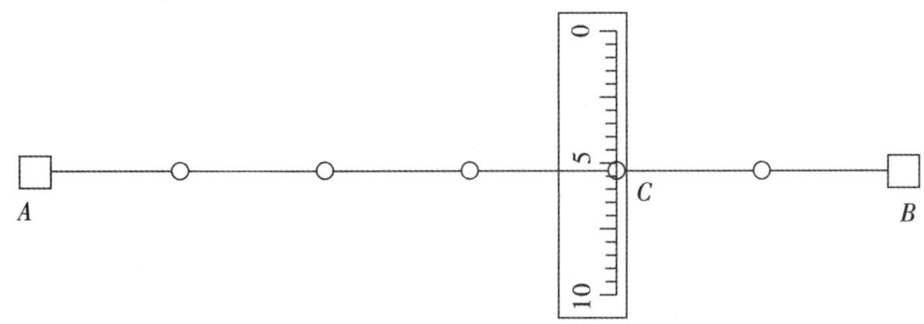

(a)活动觇牌法监测原理

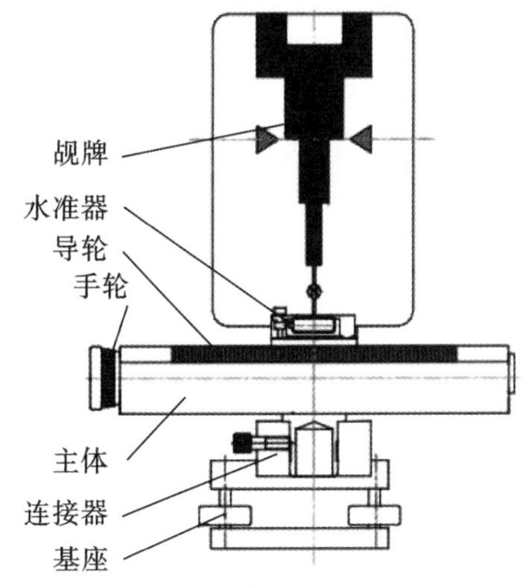

(b)活动觇牌部件

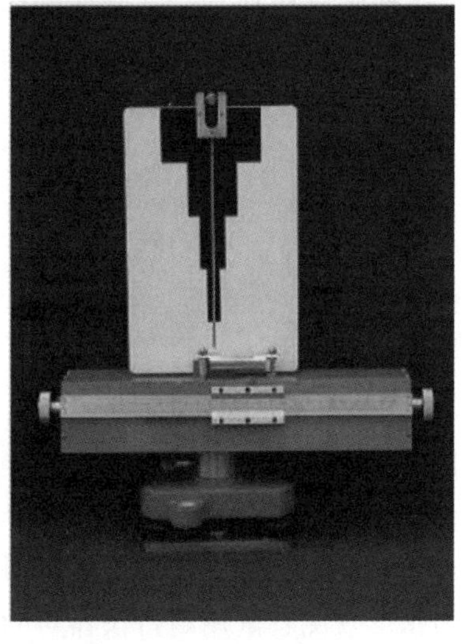

(c)活动觇牌实物

图 13.10　活动觇牌法测量示意

视准线法监测应符合下列规定:

(1)视准线两端的延长线外宜设立校核基准点。

(2)视准线应离开障碍物 1 m 以上。

(3)各测点偏离视准线的距离不应大于 20 mm;采用小角法时,小角角度不应超过 30′。

当采用水准测量方法进行垂直位移监测时,变形监测网的要求相对于基准网(表 13.10)有所降低,具体要求见表 13.11。

表 13.10　垂直位移监测网的主要技术要求　　(单位:mm)

等级	变形观测点的高程中误差	每站高差中误差	往返较差、附合或环线闭合差	检测已测高差较差
一等	0.3	0.07	$0.15\sqrt{n}$	$0.2\sqrt{n}$
二等	0.5	0.15	$0.30\sqrt{n}$	$0.4\sqrt{n}$
三等	1.0	0.30	$0.60\sqrt{n}$	$0.8\sqrt{n}$
四等	2.0	0.70	$1.40\sqrt{n}$	$2.0\sqrt{n}$

注:n 为测站数。

当采用静力水准测量时,监测网主要技术要求应符合表 13.11 的规定。

表 13.11　静力水准监测网主要技术要求　　(单位:mm)

等级	仪器类型	读数方式	两次观测高差较差	环线及附合路线闭合差
一等	封闭式	接触式	0.15	$0.15\sqrt{n}$
二等	封闭式、敞口式	接触式	0.30	$0.30\sqrt{n}$
三等	敞口式	接触式	0.60	$0.60\sqrt{n}$
四等	敞口式	目视式	1.40	$1.40\sqrt{n}$

注:n 为高差个数。

采用静力水准观测前,应对观测头的零点差进行检验,观测头的圆气泡应居中;保持连通管路无压折,管内液体无气泡。监测过程中两端测站的环境温度宜相同。仪器对中偏差不应大于 2 mm,倾斜度不应大于 10′。

静力水准观测宜采用两台仪器对向观测,也可采用一台仪器往返观测。应在液面稳定后再开始测量;每观测一次,应读数三次,并应取平均值作为观测值。

13.3　建筑沉降监测

13.3.1　建筑变形允许值

在荷载影响下，建筑基础下土层的压缩是逐步完成的，因此，基础的沉降量亦是逐渐增加的。一般认为，砂土类土层上的建筑物其沉降在施工期间已完成大部分；而黏土类土层上的建筑物，其沉降在施工期间只完成了一部分。图13.11所示为不同类土层上建筑物沉降发展过程的典型曲线。由图13.11可知，对于砂性土层上的建筑，基础的沉降过程可分为四个阶段：第一阶段是在施工期间，随着地基上荷载的增加，沉降速率很大，年沉降量达20～70 mm；第二阶段，沉降速率显著变慢，年沉降量大约为20 mm；第三阶段为平稳下沉阶段，其速度大约为每年1～2 mm；第四阶段沉降曲线几乎是水平的，也就是说到了沉降停止的阶段。相反，黏性土地基上的建筑物，其沉降会有一个快速发展再到逐渐收敛的缓慢过程。因此，变形监测应贯串整个建筑物施工和运营全过程，直至沉降稳定为止。

《建筑地基基础设计规范》(GB 50007—2011)规定的建筑物地基变形允许值如表13.12所示。表中数值为建筑物从施工开始到最终沉降稳定为止全过程沉降变形的最大值。

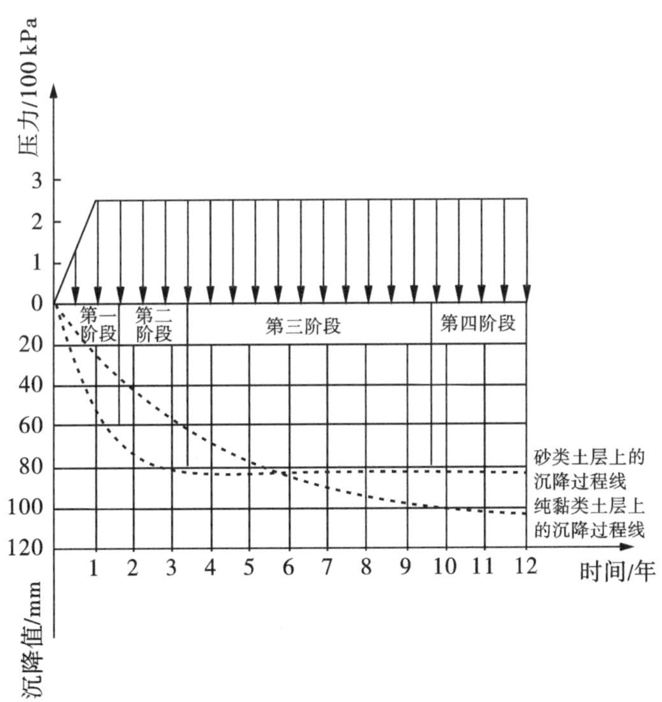

图13.11　建筑物典型沉降-时间曲线

表 13.12 建筑物的地基变形允许值 (单位:mm)

变形特征	地基土类别	
	中低压缩性土	高压缩性土
砌体承重结构基础的局部倾斜	0.002	0.003
工业与民用建筑相邻柱基的沉降差 框架结构 砌体墙填充的边排柱 当基础不均匀沉降时不产生附加应力的结构	 $0.002l$ $0.0007l$ $0.005l$	 $0.003l$ $0.001l$ $0.005l$
单层排架结构(柱距为 6 m)柱基的沉降量/mm	(120)	200
桥式吊车轨面的倾斜(按不调整轨道考虑) 纵向 横向	 0.004 0.003	
多层与高层建筑的整体倾斜 $H_g \leqslant 24$ $24<H_g \leqslant 60$ $60<H_g \leqslant 100$ $H_g>100$	 0.004 0.003 0.002 5 0.002	
体形简单的高层建筑基础的平均沉降量/mm	200	
高耸结构基础的倾斜 $H_g \leqslant 20$ $20<H_g \leqslant 50$ $50<H_g \leqslant 100$ $100<H_g \leqslant 150$ $150<H_g \leqslant 200$ $200<H_g \leqslant 250$	 0.008 0.006 0.005 0.004 0.003 0.002	

注:1. 本表数值为建筑物地基实际最终变形允许值。

2. 有括号者仅适用于中压缩性土。

3. l 为相邻柱基的中心距离(mm);H_g 为自室外地面起算的建筑物高度(m)。

4. 倾斜指基础倾斜方向两端点的沉降差与其距离的比值;局部倾斜指砌体承重结构沿纵向 6 ~ 10 m 内基础两点的沉降差与其距离的比值。

13.3.2 沉降监测布点

建筑沉降监测应测定建筑物及地基的沉降量、沉降差及沉降速率,并根据需要计算基础倾斜、局部倾斜、相对弯曲及构件倾斜,并根据监测结果评估建筑物安全状态。

沉降监测点的布置,应能全面反映建筑物地基变形特征,并结合地质情况及建筑结构特点确定。沉降观测点应布设在建(构)筑物的下列部位:

(1)建(构)筑物的四周墙角及沿外墙每 10 ~ 15 m 处或每隔 2 ~ 3 根柱基上。

(2)沉降缝、伸缩缝、新旧建(构)筑物或高低建(构)筑物接壤处的两侧。

(3)人工地基和天然地基接壤处、建(构)筑物不同结构分界处的两侧。

(4)烟囱、水塔和大型储藏罐等高耸构筑物基础轴线的对称部位,且每一构筑物不得少于 4 个点。

(5)基础底板的四角和中部。

(6)建(构)筑物出现裂缝时,布设在裂缝两侧。

沉降监测的标志,可根据不同的建筑结构类型和建筑材料,采用墙(柱)标志、基础标志和隐蔽式标志等形式,并符合下列规定:

(1)各类标志的立尺部位应加工成半球形或有明显的突出点,并宜涂上防腐剂。

(2)标志的埋设位置应避开如雨水管、窗台线、暖气片、暖水管、电器开关等有碍设标与监测的障碍物,并应视立尺需要离开墙(柱)面和地面一定距离。

(3)隐蔽式沉降监测点标志的形式可按图 13.12 所示形式布设。

(4)当应用静力水准测量方法进行沉降监测时,监测标志的形式及其埋设,应根据采用的静力水准仪的型号、结构、读数方式以及现场条件确定。标志的规格尺寸设计,应符合仪器安置的要求。

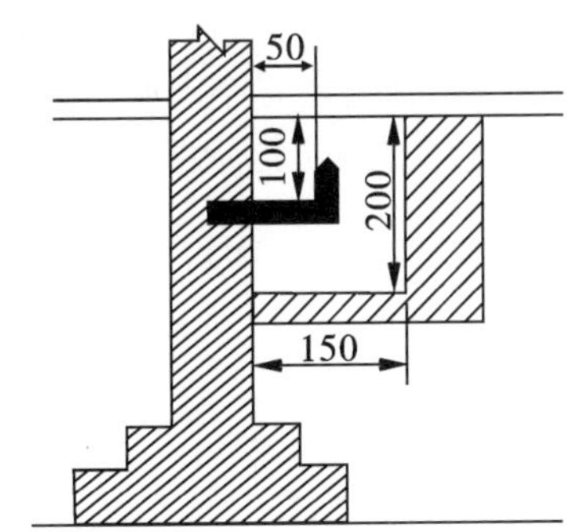

(a)窨井式标志(适用于建筑内部)

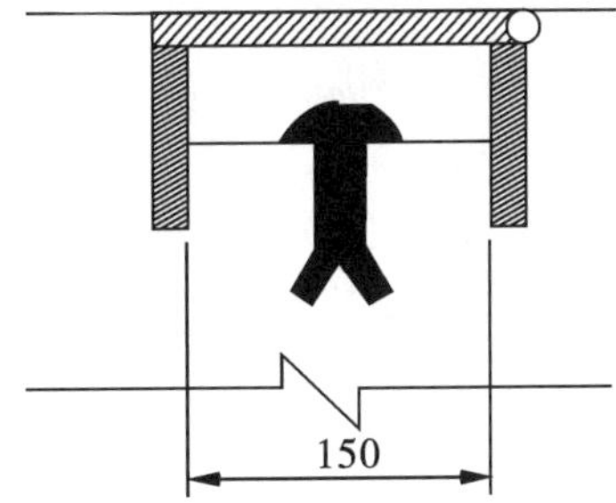

(b)盒式标志(适用于设备基础上埋设)

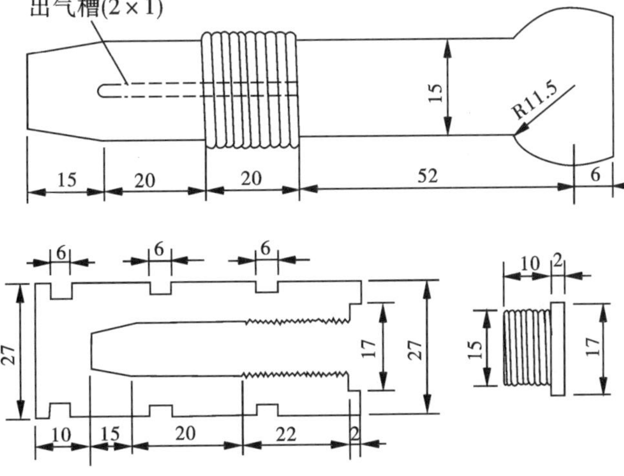

(c)螺栓式标志(适用于墙体上埋设)

图 13.12　隐蔽式沉降监测点标志形式(单位:mm)

一般的，墙、柱上的沉降监测点可按图 13.13 所示的形式设置。

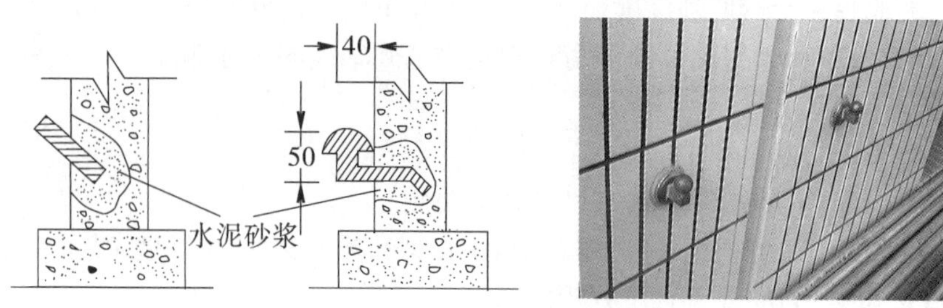

图 13.13 沉降监测点形式（单位：mm）

13.3.3 监测周期及成果

建筑沉降监测的周期和监测时间，可按下列要求并结合具体情况确定。

高层建筑施工期间的沉降观测周期，应每增加 1 ~2 层观测 1 次；封顶后，应每 3 个月观测 1 次，应观测 1 年。若最后 2 个观测周期的平均沉降速率小于 0.02 mm/d，可认为整体趋于稳定，若各沉降观测点的沉降速率均小于 0.02 mm/d，可终止观测；不满足时，应继续按 3 个月间隔进行观测，应在最后两期建筑物稳定指标符合规定后停止观测。

工业厂房或多层民用建筑的沉降观测总次数不应少于 5 次，竣工后的观测周期，可根据建（构）筑物的稳定情况确定。

观测工作结束后，应提交下列成果：

（1）工程平面位置图及基准点分布图。

（2）沉降观测点位分布图。

（3）沉降观测成果表。

（4）荷载-时间-沉降值曲线图。

（5）等沉降曲线图。

（6）沉降观测成果分析与评价。

13.3.4 CCTV 主楼施工全过程桩筏基础沉降监测

13.3.4.1 工程概况

中央电视台（CCTV）新址主楼由两座塔楼、裙房及基座组成，设三层地下室，总建筑面积约 473 000 m^2（图 13.14）。两座双向倾斜 6°的塔楼分别为 52 层和 44 层，顶部通过 14 层高的悬臂结构连为一体。悬臂悬伸长度分别为 75 m 和 67 m，悬臂底面水平，顶面与两座塔楼屋顶位于同一个倾斜面内，最大高度 234 m，裙房 9 层。

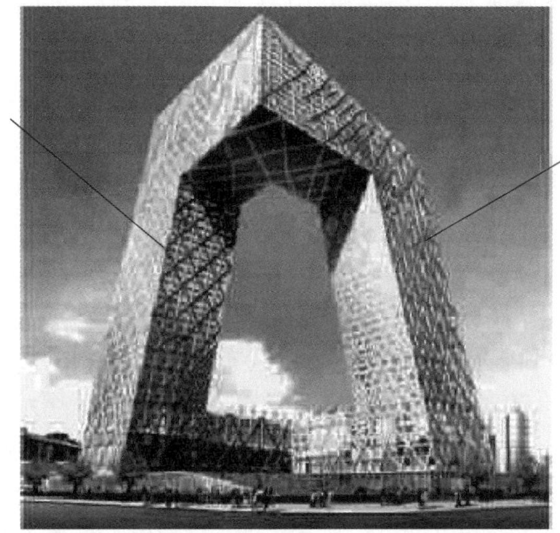

图 13.14　CCTV 主楼效果图

CCTV 主楼结构体系为带斜撑钢外框筒(部分为型钢混凝土组合柱,为主要抗侧力结构)和内部钢框架核心筒组成的结构,在刚性楼层面内设钢斜撑增强面内刚度,加强内外框筒协同工作能力。外筒倾斜的建筑特征导致垂直内筒与倾斜外筒其中两个面的跨距逐步加大,通过设置一系列转换桁架托换新增柱;在大悬臂结构底部两层设置双向转换桁架,将大悬臂内部柱中竖向荷载向外立面带斜撑主结构上传递;在裙楼演播厅和中央控制区等大空间上方也设置转换桁架以支承上部楼面柱。因建筑造型特殊,最终确定采用"两塔悬臂分离安装、逐步阶梯延伸、空中阶段合龙、少量构件延迟安装"的施工方法。

两个塔楼坐落于桩筏基础上(D=1 200 mm 钻孔灌注桩),筏板伸延到塔楼的外轮廓线之外,筏板厚度主要为 4.5 m、6.0 m 和 7.0 m,电梯井局部达 13.9 m。塔楼下方筏板区域以外,裙房和基座处的筏板厚度 0.8 ~ 2.5 m 不等,采用天然地基。在裙房和基座下设直径 600 mm 的抗拔桩,裙房局部荷载较大的柱下布置直径 800 mm 桩。

工程基坑南北长 292.7 m,东西宽 219.7 m,基底标高变化大,错台较多,塔楼区基底标高为-21.000 ~ -27.400 m,裙楼和基座区基底标高为-20.500 ~ -15.600 m。由于竖向荷载不同,为减小差异沉降的影响,塔楼和裙房之间设置了多条施工后浇带(图 13.15 中粗线位置)。

与常规高层建筑相比,CCTV 新址主楼双塔倾斜和特大悬臂的建筑特点使得塔楼基座在重力作用下产生显著的倾覆力矩,进而引起基础筏板易产生不均匀沉降。鉴于本工程的复杂性,需开展基础沉降监测工作。通过对筏板沉降进行监测可监控地基基础安全性,可以提高施工模拟预变形计算模型中地基基础刚度确定的精度。另外,根据后浇带两侧相对沉降差的监测结果可以确定合适的后浇带封闭时间以及塔楼与裙房之间延迟构件的安装时机。

13.3.4.2　沉降监测方法

进行精密沉降监测的两种主要方法为光学水准测量和静力水准测量,两者各有优缺点。静力水准测量基本原理：基于连通管内液面处于同一自然水平面，通过传感器内设的振弦式位移计测量液面的高程变化，进而换算出各测点相对高程变化。静力水准一次投入较大，但系统安装调试完成后自动采集数据，节省大量的人力成本，同步性和精度指标均较优。光学水准测量一次投入少，但投入人力多、每次测量时间长、同步性较差。考虑到 CCTV 主楼施工对沉降变形较为敏感，施工过程沉降情况复杂，为了保证监测结果的可靠性，施工过程对基础沉降同时采用两种测量方法进行，实测结果相互比对。

基础筏板面部分区域 B4 层为设备夹层，用光学水准仪进行测量操作存在较大困难，因此，光学水准测量的沉降测点布置在 B3 层柱侧面。按筏板分区，塔楼 T 区布设 T01 ~ T20 监测点；U 区布设 U01 ~ U18 监测点；V 区布设 V01 ~ V12 监测点；塔楼 X 区布设 X01 ~ X20 监测点，共计 70 个沉降点（图 13.15）。场区内设 3 个水准基点和 3 个工作基点，先引测工作基点，再分块测量。精密光学水准基础沉降的监测频次为两周一次，并根据施工荷载增量情况做适当增减。

静力水准测量系统布设在 B4 层筏板表面，共布置 19 个静力水准仪，与 B3 层关键光学水准沉降测点在平面上对应布置（见图 13.15 中 S1 ~ S19），现场静力水准测量系统见图 13.16。

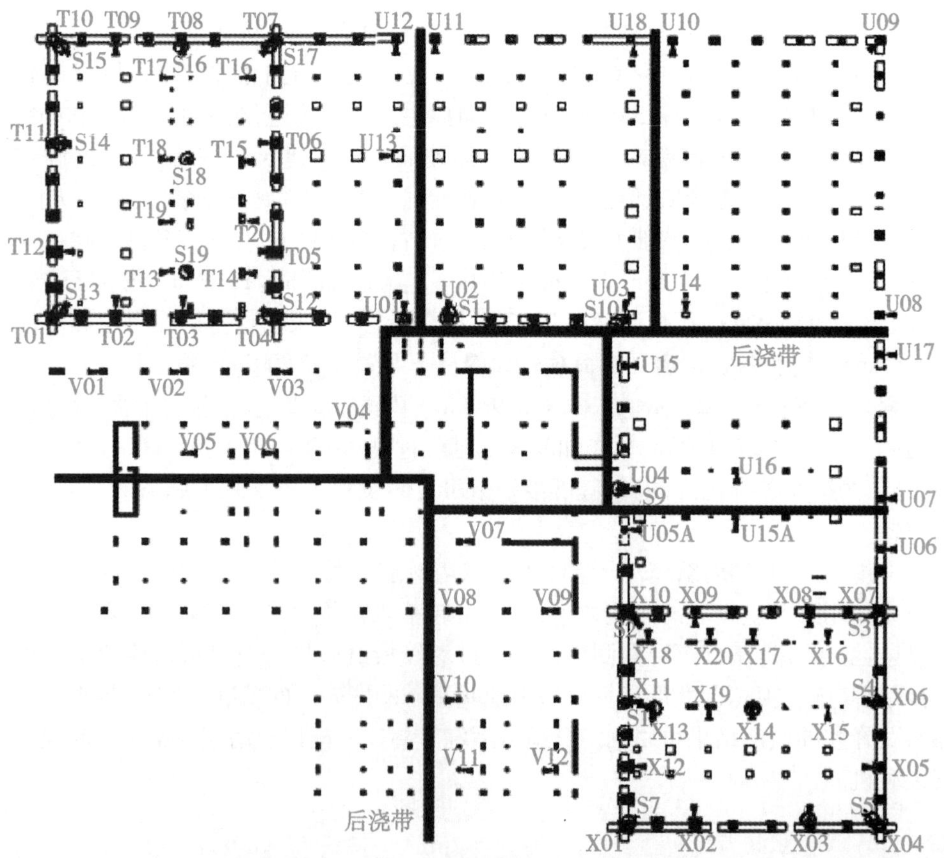

图 13.15　光学水准和静力水准监测点布置平面图

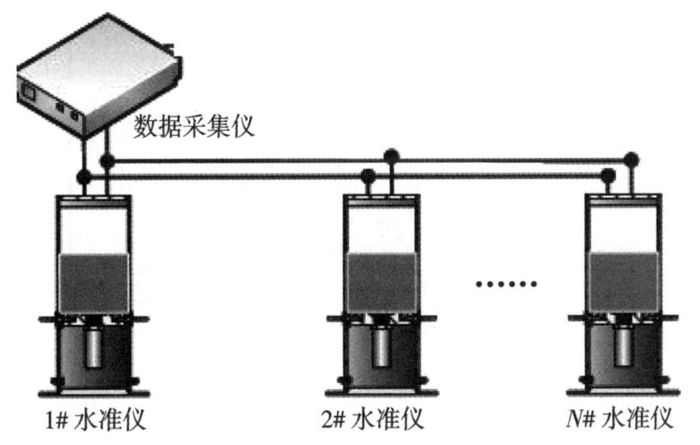

图 13.16　静力水准测量原理及静力水准仪

静力水准相对基准点为 S15,对应的光学水准基点为 T10 ,静力水准测量的相对值加上联测的沉降点的绝对沉降值,可计算出静力水准测点的绝对沉降值。静力水准系统在监测期间每天定时监测各测点的相对沉降。

13.3.4.3　监测成果

静力水准设备是在设备夹层 B4 内脚手架拆除后开始安装,于 2006 年 12 月完成,静力水准相对沉降测量略滞后于光学水准测量。在测试过程中,静力水准仪的管线曾受到意外破坏,故在系统修复期间无测量数据,累计沉降差按受损前数据引用。

静力水准相对沉降的变化过程实测曲线见图 13.17,各测点各季度相对变形见图 13.18 (以水准点 S15 为相对基准)。

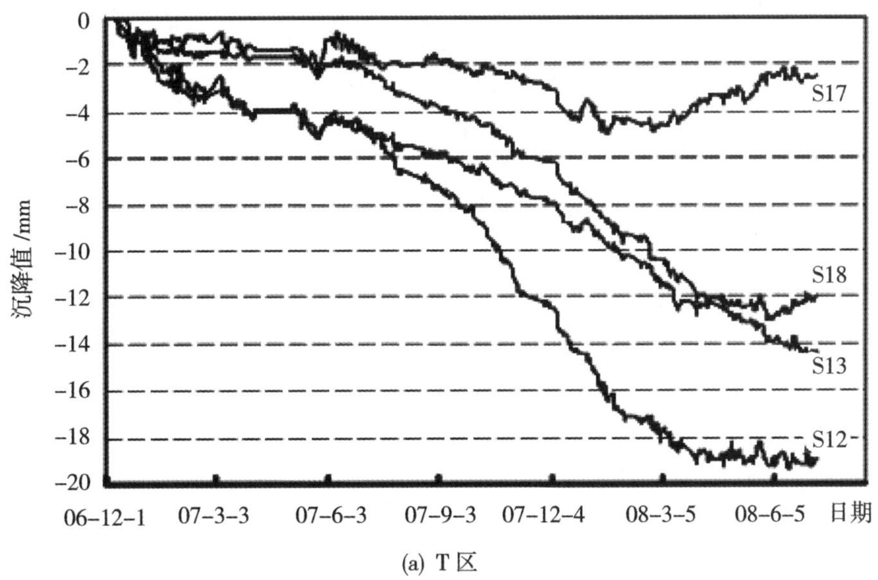

(a) T 区

图 13.17　两座塔楼静力相对沉降实测曲线

(注:图中“06-12-1”指 2006 年 12 月 1 日,其余类同。后不再标注)

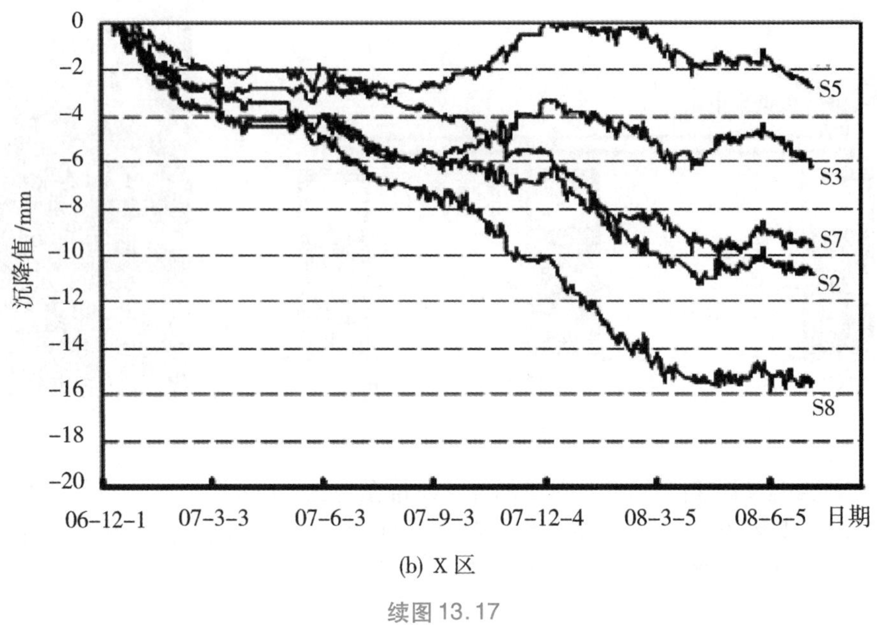

(b) X 区

续图 13.17

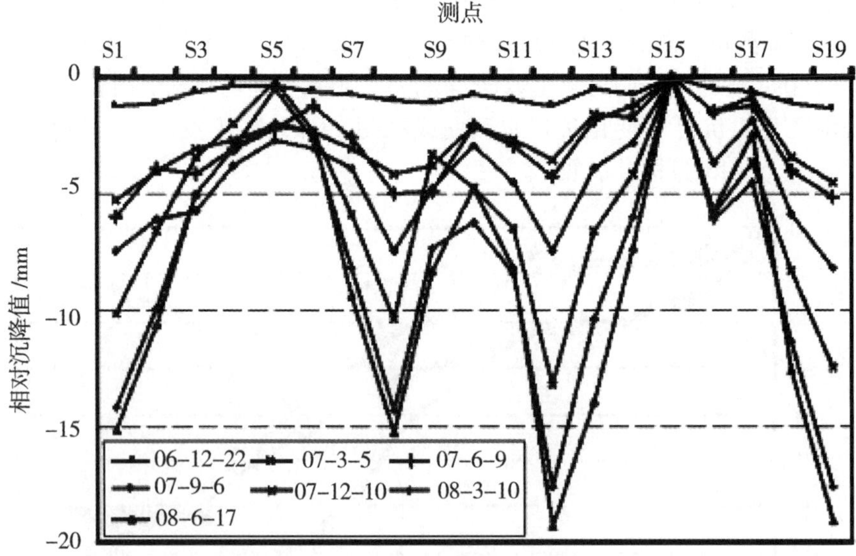

图 13.18 两座塔楼静力水准测点各季度相对沉降值

相对沉降曲线连续地记录了施工期间的基础相对沉降变形情况,准确反映了各测点之间的相对沉降,为施工过程模拟计算分析中地基沉降值的真实模拟提供了可靠的数据。

光学水准测量从 2006 年 8 月(现场 B3 区脚手架基本拆除) 开始测量。为直观反映塔楼沉降过程,图 13.19 列出两塔楼四个角点的沉降发展曲线(其中粗线为结构层楼面混凝土施工进度) 。从图 13.19 看出,前期各点沉降趋势基本一致,随着楼层数增加,沉降开始出现分化，尤其在 2007 年 10 月悬臂开始施工后，角点沉降变形差异性加大，外角部甚至相对升起。

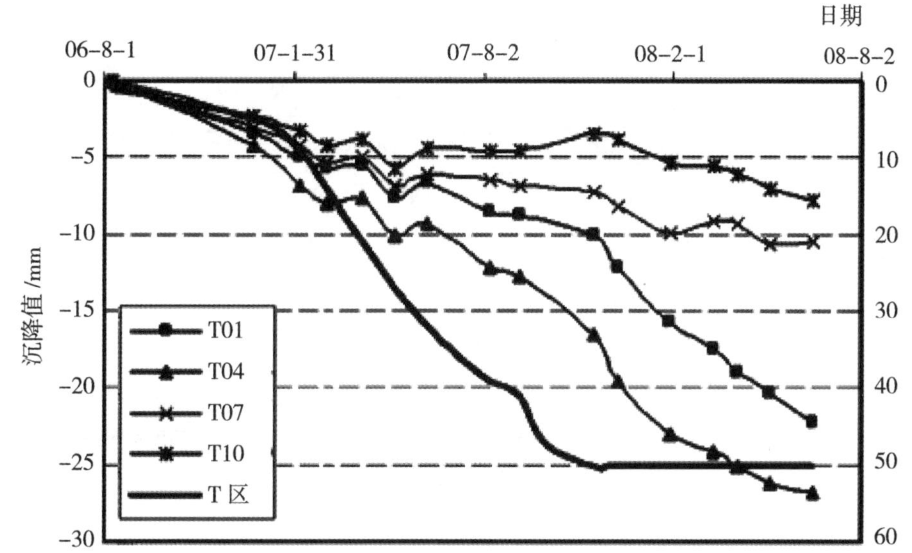

(a) T 区

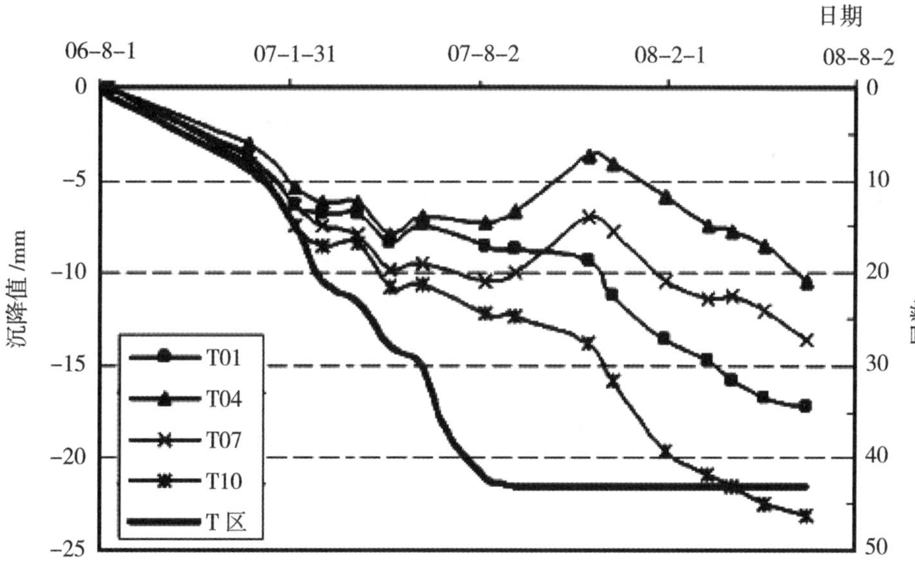

(b) X 区

图 13.19　两塔楼四个角点时间-楼层-沉降测量曲线

两塔楼对角线连线（西北和东南角）上测点和塔楼 T 区南立面边线及其延长线（U 区裙楼）上测点的季度沉降曲线绘于图 13.20。由图 13.20 可知：

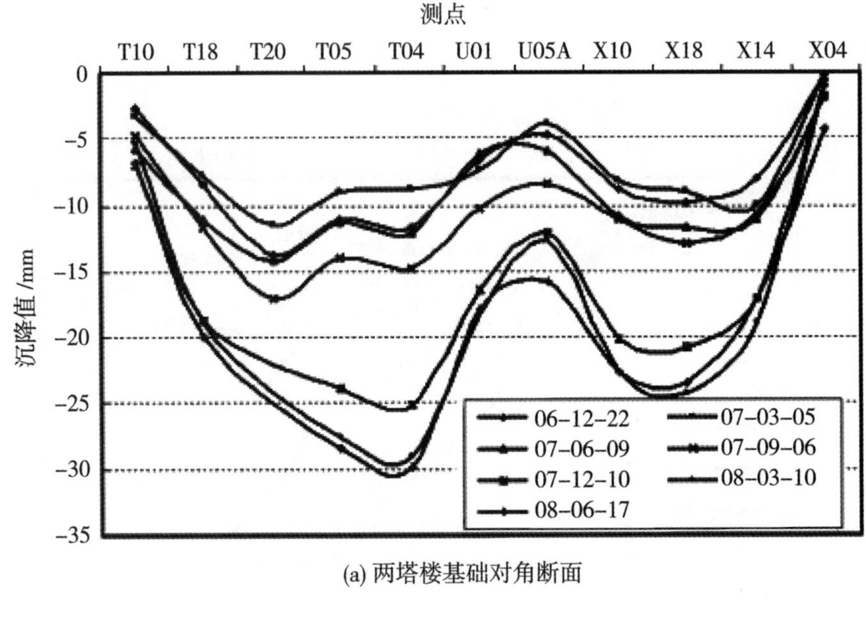

(a) 两塔楼基础对角断面

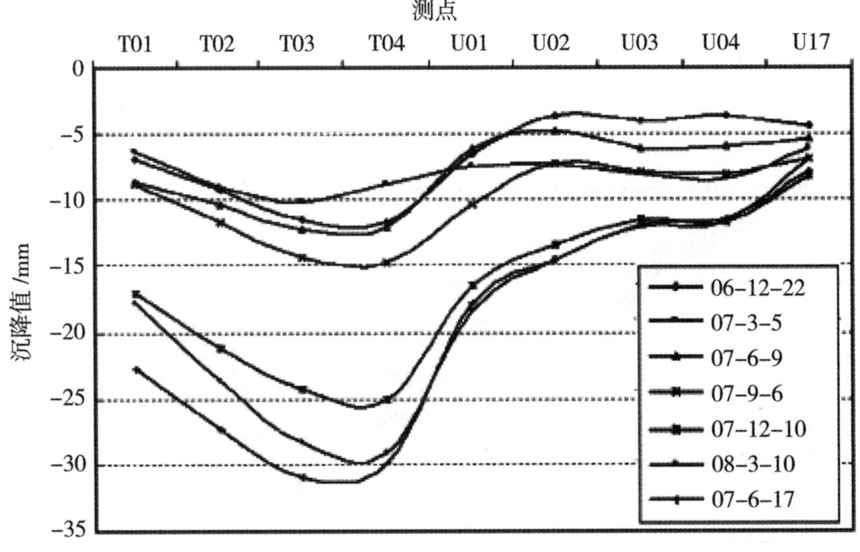

(b) 塔楼 T 区南立面连线所在断面基础

图 13.20 两塔楼基础季度沉降曲线

(1)塔楼中心沉降值大,角柱沉降值小,内外侧角柱沉降存在差异。

(2) 2007 年 9 ~ 12 月沉降发展最为迅速,与 2007 年 10 月两塔独立悬臂延伸施工是密切相关的。

(3)2007 年 6 月前,后浇带存在,裙楼区沉降值很小;2007 年 6 月后浇带封闭后,厚筏板连成一体,受塔楼沉降影响,与塔楼临近的裙楼测点记录的沉降速度有所增大,但随着与塔楼距离的增加,受影响程度迅速降低。

(4)2008 年 3 月后,随着主体结构施工基本完成,变形发展趋于平稳。

根据 B3 层 70 个光学水准测量的沉降值,可绘制整个筏板区域的沉降等高线图,以直观反映基础的变形形态,典型的沉降等高线图见图 13.21 和图 13.22。由图 13.21、图 13.22 可知,沉降变形的趋势为内侧大、远侧小(指向两塔连线中点为内),与塔身倾覆弯矩(双塔倾斜及超大悬臂所致)引起的基础变形规律相一致;随着悬臂部分开始施工,倾覆弯矩增速加大,沉降梯度也越来越大。

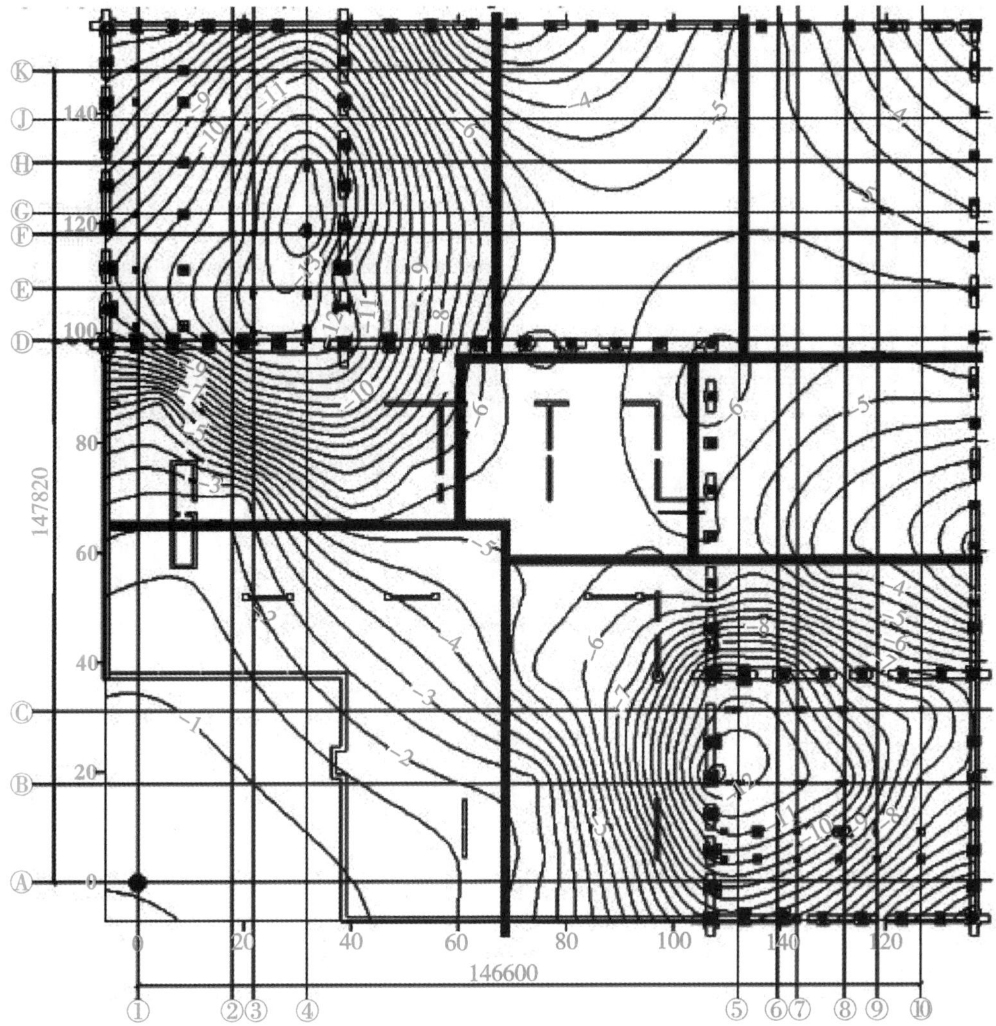

图 13.21　光学水准测量沉降等高线图(2007-6-9)(单位:mm)

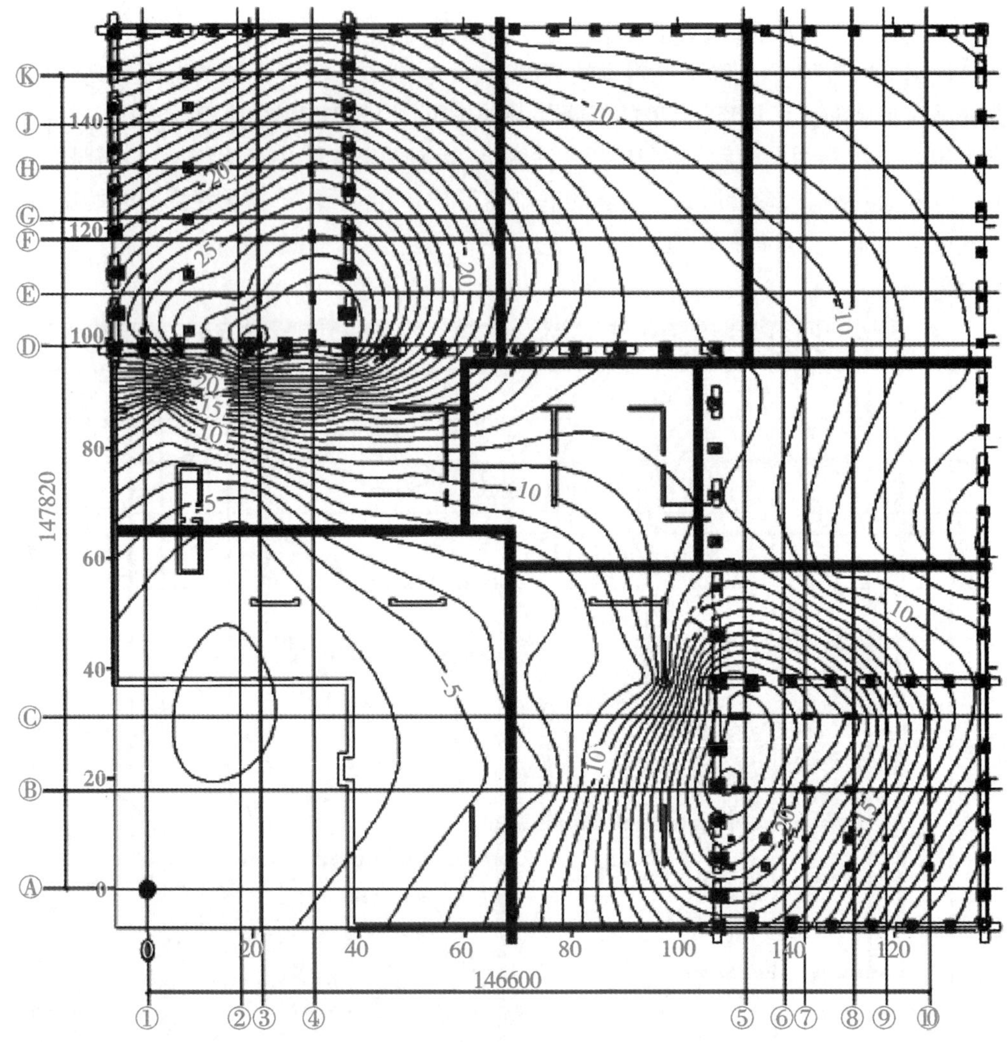

图 13.22 光学水准测量沉降等高线图(2008-06-17)(单位:mm)

将静力水准法测得沉降值与 B3 层平面投影同点位的光学水准测量方法得到的实测结果相互对比,其中两个典型点位的对比曲线见图 13.23。由对比曲线可知:两种测量方法得出的沉降曲线吻合度较好,反映出筏板沉降监测结果可信。

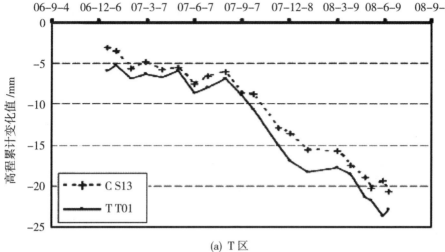

(a) T 区

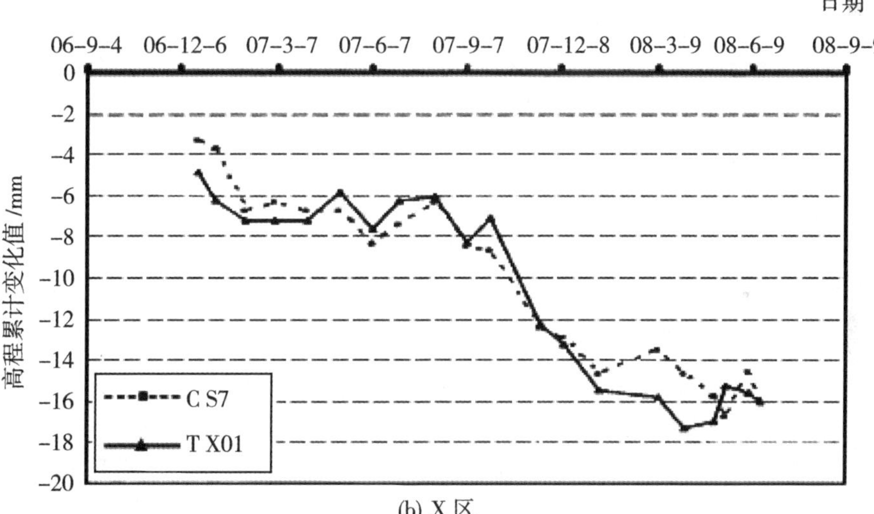

(b) X 区

图 13.23　静力水准法与光学水准法沉降测量结果对比

13.3.4.4　监测结论

从 2006 年 8 月至 2008 年 6 月 17 日，两种沉降测量方法得到的监测结果表明：

(1) CCTV 主楼基础沉降变化基本连续，整个监测期间总体沉降值不大，T 区沉降变形最大值(T04)为-29.84 mm、最小值(T10) 为-6.81 mm，按角点计算的最大倾斜值为 1/3 200；X 区沉降变形最大值(X07)为-22.66 mm、最小值(X04)约为-4.35 mm，按角点计算的倾斜值为 1/3 300。倾斜值均在规范限值范围之内，亦小于设计理论计算值。

(2)基础沉降等高线图表明塔楼沉降变形规律为内侧大、远侧小，与塔身倾覆弯矩

(双塔倾斜及超大悬臂所致)引起的基础变形规律相一致。总体而言,沉降发展曲线平缓,悬臂施工期间基础沉降差异值加大,随着主体结构的完成,基础沉降已渐趋于平稳。

(3)通过采用光学水准和静力水准两种监测方法,实现了对CCTV主楼基础在施工期间沉降的有效监测,两者的有机结合,既实现了基础沉降值绝对测量,又能连续监测反映基础相对沉降的动态过程,全面监控了工程施工期间的基础沉降,准确和连续地反映了工程基础的沉降过程和变形规律。

(4)本项目桩筏地基沉降监测意义重大。基础沉降实测结果为基础及上部结构施工安全提供了数据保证;实测结果复核了设计计算预估值,两者规律相似,实测值偏小;地基沉降实测值有助于准确确定地基刚度,指导施工预调值修正;监测结果还可用于合理确定筏板和地下室后浇带的封闭时机以及裙房和塔楼之间延迟构件的合理安装时机。

13.4 基坑工程监测

由于城市用地价格昂贵,为提高土地的空间利用率,也为了满足高层建筑抗震和抗风等结构要求,建筑物地下室由一层发展到多层,相应的基坑开挖深度从地表以下5~6 m增大到20~40 m。例如,北京的中国尊——北京中信大厦项目基坑深度为38 m,而电梯井等局部位置最深处达40 m(图13.24)。当前,中国的深基坑工程在数量、开挖深度、平面尺寸以及使用领域等方面都得到高速发展。

图13.24 中国尊项目基坑工程

13.4.1 基坑支护形式

基坑工程按照保持边坡稳定的原理可分为两大类:

(1)无支护基坑工程。

1)大开挖,即放坡开挖的形式,在施工场地处于空旷环境、周边无建(构)筑物和地下管线条件下普遍采用的开挖方法。

2)开挖放坡护面,以放坡开挖为主,在坡面辅以钢筋网和喷射混凝土面层护坡。

(2)有支护基坑工程。

1)加固边坡形成的支护。对基坑边坡土体的土质进行改良或加固,形成自立式支护。如:水泥土重力式挡墙、加筋水泥土墙、土钉墙、复合土钉墙、冻结法支护结构等。

2)挡墙式支护结构。分为悬臂式挡墙支护结构、内撑式挡墙支护结构、锚拉式挡墙支护结构、内撑与锚拉相结合挡墙支护结构。

挡墙式支护结构常用的有排桩墙、地下连续墙、板桩墙等。

3)其他形式支护结构。其他形式支护结构常用的有门架式支护结构、重力式门架支护结构、拱式组合型支护结构、沉井支护结构等特殊支护形式。

每一种支护形式都有一定的适用条件,而且随着工程地质条件和水文地质条件,以及周边环境条件的差异,其合理的支护高度也可能产生较大的差异。比如:土质较好,地下水位在 10 m 左右的基坑可能采用土钉墙支护或其他简易支护形式;而软黏土地基,采用土钉墙支护的极限高度就只有 5 m 以内了,且其变形也较大。

各类支护结构的适用条件如表 13.13 所示。

深基坑工程安全问题类型很多,成因也较为复杂。在水土压力作用下,支护结构可能发生破坏。支护结构类型不同,破坏形式也有差异。渗流可能引起流土、流砂、突涌,造成破坏。围护结构变形过大及地下水流失,则可能引起周围建筑物及地下管线破坏,这也属基坑工程事故。

表 13.13　各类支护结构的适用条件

<table>
<tr><th colspan="2" rowspan="2">结构类型</th><th colspan="3">适用条件</th></tr>
<tr><th>安全等级</th><th colspan="2">基坑深度、环境条件、土类和地下水条件</th></tr>
<tr><td rowspan="5">支挡式结构</td><td>锚拉式结构</td><td rowspan="5">一级、二级、三级</td><td>适用于较深的基坑</td><td rowspan="5">1. 排桩适用于可采用降水或截水帷幕的基坑;
2. 地下连续墙宜同时用作主体地下结构外墙,可同时用于截水;
3. 锚杆不宜用在软土层和高水位的碎石土、砂土层中;
4. 当邻近基坑有建筑物地下室、地下构筑物等,锚杆的有效锚固长度不足时,不应采用锚杆;
5. 当锚杆施工会造成基坑周边建(构)筑物的损害或违反城市地下空间规划等规定时,不应采用锚杆</td></tr>
<tr><td>支撑式结构</td><td>适用于较深的基坑</td></tr>
<tr><td>悬臂式结构</td><td>适用于较浅的基坑</td></tr>
<tr><td>双排桩</td><td>当锚拉式、支撑式和悬臂式结构不适用时,可考虑采用双排桩</td></tr>
<tr><td>支护结构与主体结构结合的逆作法</td><td>适用于基坑周边环境条件很复杂的深基坑</td></tr>
</table>

续表 13.13

<table>
<tr><th colspan="2" rowspan="2">结构类型</th><th colspan="3">适用条件</th></tr>
<tr><th>安全等级</th><th colspan="2">基坑深度、环境条件、土类和地下水条件</th></tr>
<tr><td rowspan="4">土钉墙</td><td>单一土钉墙</td><td rowspan="4">二级、三级</td><td>适用于地下水位以上或降水的非软土基坑，且基坑深度不宜大于12 m</td><td rowspan="4">当基坑潜在滑动面内有建筑物、重要地下管线时，不宜采用土钉墙</td></tr>
<tr><td>预应力锚杆复合土钉墙</td><td>适用于地下水位以上或降水质非软土基坑，且基坑深度不宜大于 15 m</td></tr>
<tr><td>水泥土桩复合土钉墙</td><td>用于非软土基坑时，基坑深度不宜大于12 m；用于淤泥土基坑时，基坑深度不宜大于 6 m；不宜用在高水位的碎石土、砂土层中</td></tr>
<tr><td>微型桩复合土钉墙</td><td>适用于地下水位以上或降水的基坑，用于非软土基坑时，基坑深度不宜大于 12 m；用于淤泥质土基坑时，基坑深度不宜大于 6 m</td></tr>
<tr><td colspan="2">重力式水泥土墙</td><td>二级、三级</td><td colspan="2">适用于淤泥质土、淤泥基坑，且基坑深度不宜大于 7 m</td></tr>
<tr><td colspan="2">放坡</td><td>三级</td><td colspan="2">1. 施工场地满足放坡条件；
2. 放坡与上述支护结构形式结合</td></tr>
</table>

注：1. 当基坑不同部位的周边环境条件、土层性状、基坑深度等不同时，可在不同部位分别采用不同的支护形式。

2. 支护结构可采用上、下部以不同结构类型组合的形式。

13.4.2 基坑监测意义

在深基坑开挖过程中，基坑内外的土体将由原来的静止土压力状态向被动和主动土压力状态转变，应力状态的改变引起围护结构承受荷载并导致围护结构和土体的变形，当变形中任一量值超过容许范围时，将造成基坑的失稳破坏或对周围环境、工程结构物等造成不利影响。深基坑工程往往在建筑密集的城市中心区，施工场地四周有建筑物和地下管线，基坑开挖所引起的土体变形将在一定程度上改变这些建筑物和地下管线的正常状态。当土体变形过大时，会造成邻近结构和设施的失效或破坏。同时，基坑相邻的建筑物又相当于较重的附加荷载，基坑周围的管线常发生渗漏，这些因素又是导致土体变形加剧的原因。因此，在深基坑施工过程中，只有对基坑支护结构、基坑周围的土体和相邻的构筑物进行全面、系统的监测，才能对基坑工程的安全性和对周围环境的影响程度有全面的了解，以确保工程的顺利进行，并在出现异常情况时及时反馈，以便调整施工工艺或修改设计参数，或者采取必要的工程应急措施，防止异常变形和工程事故。

为了确保基坑工程及邻近建筑物、地下管线的安全，近年来相继颁布实施了一些国家、行业技术标准，如《建筑基坑工程监测技术标准》(GB 50497—2019)、《建筑基坑支护技术规程》(JGJ 120—2012)、《建筑深基坑工程施工安全技术规范》(JGJ 311—2013)等。2014 年,河南省颁布省级地方标准《河南省基坑工程技术规范》(DBJ41/139—2014)。这些国家、行业和地方标准、规范、规程都对基坑监测做了具体规定,将其作为基坑工程施工中必不可少的组成部分。

基坑监测的目的可以归纳为以下三个方面:

(1)检验设计假设和参数取值的合理性,指导基坑开挖和支护结构施工。

基坑支护结构设计尚处于半理论半经验的状态,土压力计算大多采用经典的侧向土压力公式(通常是极限状态下),与现场实测值(实际作用在支护结构上,并非极限状态)相比较仍具有明显差异,还没有成熟的方法计算基坑周围土体的变形。因此,在施工过程中需要知道现场实际的受力和变形情况。基坑施工总是从点到面、从上到下分工况局部实施,可以根据由局部和前一工况的开挖产生的应力和变形实测值与预估值的分析,验证原设计假设和参数取值,确定施工方案正确性,同时可对基坑开挖到下一个施工工况时的受力和变形的数值及趋势进行预测,并根据受力及变形实测和预测结果与设计时采用的值进行比较,必要时对设计方案和施工工艺进行修正。

(2)确保基坑支护结构和相邻建筑物、市政管线安全。

在深基坑开挖与支护结构施工过程中,必须避免产生过大变形而引起邻近建筑物的倾斜或开裂,防止邻近市政管线的损伤等。在工程实际中,基坑在破坏前,往往会在基坑侧向的不同部位上出现较大的变形,或变形速率明显增大。在 20 世纪 90 年代初期,基坑失稳引起的工程事故比较常见;随着工程经验的积累,这种事故越来越少了。但由于支护结构及被支护土体的过大变形而引起邻近建筑物和管线破坏则仍然经常发生,而事实上大部分基坑围护的目的就是出于保护邻近建筑物和市政管线。因此,基坑开挖过程中应进行周密监测,当建筑物和管线的变形在正常范围内时可保证基坑顺利施工;当建筑物和管线的变形接近预警值时,可以及时采取对建筑物和管线本体进行保护的应急措施,在很大程度上避免或减轻破坏的后果。

(3)积累工程经验,为提高基坑工程设计和施工的整体水平提供依据。

支护结构上所承受的土压力及其分布,受地质条件、支护方式、支护结构刚度、基坑空间形状、开挖深度、施工工艺等的影响,并直接与侧向位移有关,而基坑的侧向位移又与挖土的空间顺序、施工进度等时间和空间因素等有复杂的关系,现行设计分析理论尚不能完全反映这些复杂因素。现场监测不仅确保了本基坑工程的安全,在某种意义上也是一次现场原位实体试验,所取得的数据是结构和土层在工程施工过程中的真实反映,是在各种复杂因素影响和作用下基坑系统的综合体现,因此工程监测成果也为该领域科学和技术发展积累了第一手资料。

13.4.3　基坑监测内容

《建筑基坑支护技术规程》(JGJ 120—2012)根据基坑工程破坏可能的严重程度,将基坑支护结构安全等级划分为一、二、三级(表 13.14)。《建筑基坑工程监测技术标准》(GB 50497—2019)针对不同安全等级,规定了土质及岩体基坑工程仪器监测项目(表 13.15、表 13.16)。

表 13.14　基坑支护结构安全等级划分

安全等级	破坏后果
一级	支护结构失效、土体过大变形对基坑周边环境或主体结构施工安全的影响很严重
二级	支护结构失效、土体过大变形对基坑周边环境或主体结构施工安全的影响严重
三级	支护结构失效、土体过大变形对基坑周边环境或主体结构施工安全的影响不严重

表 13.15　土质基坑工程仪器监测项目

监测项目		基坑工程安全等级		
		一级	二级	三级
围护墙(边坡)顶部水平位移		应测	应测	应测
围护墙(边坡)顶部竖向位移		应测	应测	应测
深层水平位移		应测	应测	宜测
立柱竖向位移		应测	应测	宜测
围护墙内力		宜测	可测	可测
支撑轴力		应测	应测	宜测
立柱内力		可测	可测	可测
锚杆轴力		应测	宜测	可测
坑底隆起		可测	可测	可测
围护墙侧向土压力		可测	可测	可测
孔隙水压力		可测	可测	可测
地下水位		应测	应测	应测
土体分层竖向位移		可测	可测	可测
周边地表竖向位移		应测	应测	宜测
周边建筑	竖向位移	应测	应测	应测
	倾斜	应测	宜测	可测
	水平位移	宜测	可测	可测
周边建筑裂缝、地表裂缝		应测	应测	应测
周边管线	竖向位移	应测	应测	应测
	水平位移	可测	可测	可测
周边道路竖向位移		应测	宜测	可测

表 13.16　岩体基坑工程仪器监测项目

监测项目		基坑设计安全等级		
		一级	二级	三级
坑顶水平位移		应测	应测	应测
坑顶竖向位移		应测	宜测	可测
锚杆轴力		应测	宜测	可测
地下水、渗水与降雨关系		宜测	可测	可测
周边地表竖向位移		应测	宜测	可测
周边建筑	竖向位移	应测	宜测	可测
	倾斜	宜测	可测	可测
	水平位移	宜测	可测	可测
周边建筑裂缝、地表裂缝		应测	宜测	可测
周边管线	竖向位移	应测	宜测	可测
	水平位移	宜测	可测	可测
周边道路竖向位移		应测	宜测	可测

基坑监测数据必须是真实、及时的,数据的可靠性由测试元件安装或埋设的可靠性、监测仪器的精度以及监测人员的专业素质来保证。监测数据真实性要求所有数据必须以原始记录为依据,任何人不得更改、删除原始记录。因为基坑开挖是一个动态施工过程,只有保证及时监测,才能及时发现隐患,及时采取措施,所以,监测数据必须是及时的。监测数据需在现场及时计算处理,发现异常时应复测,应做到当天报表当天出具。

13.4.4　基坑监测频率

基坑工程监测工作应贯穿于施工全过程。监测工作一般应从基坑工程施工前开始(需要降水的基坑工程应从降水施工前开始),直至地下工程完成为止。对有特殊要求的周边环境监测应根据需要延续至变形趋于稳定后才能结束;同时应考虑基坑安全等级、基坑不同施工阶段以及周边环境、自然条件变化等,适时调整。当监测值相对稳定时,可适当降低监测频率。对于应测项目,在无异常和无事故征兆的情况下,开挖后监测频率可按表 13.17 执行。

表 13.17　现场仪器监测的监测频率

基坑设计安全等级	施工进程		监测频率
一级	开挖深度 h	$\leq H/3$	1 次/(2～3)d
		$H/3$～$2H/3$	1 次/(1～2)d
		$2H/3$～H	1～2 次/d
	底板浇筑后时间/d	≤7	1 次/d
		7～14	1 次/3 d
		14～28	1 次/5 d
		>28	1 次/7 d
二级	开挖深度 h	$\leq H/3$	1 次/3 d
		$H/3$～$2H/3$	1 次/2 d
		$2H/3$～H	1 次/d
	底板浇筑后时间/d	≤7	1 次/2 d
		7～14	1 次/3 d
		14～28	1 次/7 d
		>28	1 次/10 d

注:1. h——基坑开挖深度;H——基坑设计深度。

2. 支撑结构开始拆除到拆除完成后 3 d 内监测频率加密为 1 次/d。

3. 基坑工程施工至开挖前的监测频率视具体情况确定。

4. 当基坑设计安全等级为三级时,监测频率可视具体情况适当降低。

5. 宜测、可测项目的仪器监测频率可视具体情况适当降低。

当出现下列情况之一时,应提高监测频率:

(1)监测值达到预警值。

(2)监测值变化较大或者变化速率加大。

(3)存在勘察未发现的不良地质状况。

(4)超深、超长开挖或未及时加撑等违反设计工况施工。

(5)基坑及周边大量积水、长时间连续降雨、市政管道出现泄漏。

(6)基坑附近地面荷载突然增大或超过设计限制。

(7)支护结构出现开裂。

(8)周边地面突发较大沉降或出现严重开裂。

(9)邻近建筑突发较大沉降、不均匀沉降或出现严重开裂。

(10)基坑底部、侧壁出现管涌、渗漏或流砂等现象。

(11)膨胀土、湿陷性黄土等水敏性特殊土基坑出现防水、排水等防护设施损坏,开挖暴露面有被水浸湿的现象。

(12)多年冻土、季节性冻土等温度敏感性土基坑经历冻、融季节。

(13) 高灵敏性软土基坑受施工扰动严重、支撑施作不及时、有软土侧壁挤出、开挖暴露面未及时封闭等异常情况。

(14) 出现其他影响基坑及周边环境安全的异常情况。

当出现可能危及工程及周边环境安全的事故征兆时，应实时跟踪监测。

13.4.5　基坑监测预警值

基坑及支护结构监测预警值应根据基坑设计安全等级、工程地质条件、设计计算结果及当地工程经验等因素确定；当无当地工程经验时，土质基坑可按表 13.18 确定。基坑工程周边环境监测预警值应根据监测对象主管部门的要求或建筑检测报告的结论确定，当无具体控制值时，可按表 13.19 确定。

表 13.18　土质基坑及支护结构监测预警值

序号	监测项目	支护类型	基坑设计安全等级								
			一级			二级			三级		
			累计值		变化速率/(mm/d)	累计值		变化速率/(mm/d)	累计值		变化速率/(mm/d)
			绝对值/mm	相对基坑设计深度 H 控制值		绝对值/mm	相对基坑设计深度 H 控制值		绝对值/mm	相对基坑设计深度 H 控制值	
1	围护墙（边坡）顶部水平位移	土钉墙、复合土钉墙、锚喷支护、水泥土墙	30 ~ 40	0.3% ~ 0.4%	3 ~ 5	40 ~ 50	0.5% ~ 0.8%	4 ~ 5	50 ~ 60	0.7% ~ 1.0%	5 ~ 6
		灌注桩、地下连续墙、钢板桩、型钢水泥土墙	20 ~ 30	0.2% ~ 0.3%	2 ~ 3	30 ~ 40	0.3% ~ 0.5%	2 ~ 4	40 ~ 60	0.6% ~ 0.8%	3 ~ 6
2	围护墙（边坡）顶部竖向位移	土钉墙、复合土钉墙、喷锚支护	20 ~ 30	0.2% ~ 0.4%	2 ~ 3	30 ~ 40	0.4% ~ 0.6%	2 ~ 4	40 ~ 60	0.6% ~ 0.8%	4 ~ 5
		水泥土墙、塑钢水泥土墙	—	—	—	30 ~ 40	0.6% ~ 0.8%	3 ~ 4	40 ~ 60	0.8% ~ 1.0%	4 ~ 5
		灌注桩、地下连续墙、钢板桩	10 ~ 20	0.1% ~ 0.2%	2 ~ 3	20 ~ 30	0.3% ~ 0.5%	2 ~ 3	30 ~ 40	0.5% ~ 0.6%	3 ~ 4
3	深层水平位移	复合土钉墙	40 ~ 60	0.4% ~ 0.6%	3 ~ 4	50 ~ 70	0.6% ~ 0.8%	4 ~ 5	60 ~ 80	0.7% ~ 1.0%	5 ~ 6
		型钢水泥土墙	—	—	—	50 ~ 60	0.6% ~ 0.8%	4 ~ 5	60 ~ 70	0.7% ~ 1.0%	5 ~ 6
		钢板桩	50 ~ 60	0.6% ~ 0.7%	2 ~ 3	60 ~ 80	0.7% ~ 0.8%	3 ~ 5	70 ~ 80	0.8% ~ 1.0%	4 ~ 5
		灌注桩、地下连续墙	30 ~ 50	0.3% ~ 0.4%		40 ~ 60	0.4% ~ 0.6%		50 ~ 70	0.6% ~ 0.8%	

续表 13.18

<table>
<tr><th rowspan="4">序号</th><th rowspan="4">监测项目</th><th rowspan="4">支护类型</th><th colspan="9">基坑设计安全等级</th></tr>
<tr><th colspan="3">一级</th><th colspan="3">二级</th><th colspan="3">三级</th></tr>
<tr><th colspan="2">累计值</th><th rowspan="2">变化速率/(mm/d)</th><th colspan="2">累计值</th><th rowspan="2">变化速率/(mm/d)</th><th colspan="2">累计值</th><th rowspan="2">变化速率/(mm/d)</th></tr>
<tr><th>绝对值/mm</th><th>相对基坑设计深度 H 控制值</th><th>绝对值/mm</th><th>相对基坑设计深度 H 控制值</th><th>绝对值/mm</th><th>相对基坑设计深度 H 控制值</th></tr>
<tr><td>4</td><td colspan="2">立柱竖向位移</td><td>20 ~ 30</td><td>—</td><td>2 ~ 3</td><td>20 ~ 30</td><td>—</td><td>2 ~ 3</td><td>20 ~ 40</td><td>—</td><td>2 ~ 4</td></tr>
<tr><td>5</td><td colspan="2">地表竖向位移</td><td>25 ~ 35</td><td>—</td><td>2 ~ 3</td><td>35 ~ 45</td><td>—</td><td>3 ~ 4</td><td>45 ~ 55</td><td>—</td><td>4 ~ 5</td></tr>
<tr><td>6</td><td colspan="2">坑底隆起(回弹)</td><td colspan="9">累计值 30 ~ 60 mm,变化速率 4 ~ 10 mm/d</td></tr>
<tr><td>7</td><td colspan="2">支撑轴力</td><td colspan="3">最大值:(60% ~ 80%)f_2</td><td colspan="3">最大值:(70% ~ 80%)f_2</td><td colspan="3">最大值:(70% ~ 80%)f_2</td></tr>
<tr><td>8</td><td colspan="2">锚杆轴力</td><td colspan="3">最小值:(80% ~ 100%)f_y</td><td colspan="3">最小值:(80% ~ 100%)f_y</td><td colspan="3">最小值:(80% ~ 100%)f_y</td></tr>
<tr><td>9</td><td colspan="2">土压力</td><td colspan="3" rowspan="2">(60% ~ 70%)f_1</td><td colspan="3" rowspan="2">(70% ~ 80%)f_1</td><td colspan="3" rowspan="2">(70% ~ 80%)f_1</td></tr>
<tr><td>10</td><td colspan="2">孔隙水压力</td></tr>
<tr><td>11</td><td colspan="2">围护墙内力</td><td colspan="3" rowspan="2">(60% ~ 70%)f_2</td><td colspan="3" rowspan="2">(70% ~ 80%)f_2</td><td colspan="3" rowspan="2">(70% ~ 80%)f_2</td></tr>
<tr><td>12</td><td colspan="2">立柱内力</td></tr>
</table>

注:1. H——基坑设计深度;f_1——荷载设计值;f_2——构件承载能力设计值,锚杆为极限抗拔承载力;f_y——钢支撑、锚杆预应力设计值。

2. 累计值取绝对值和相对基坑设计深度 H 控制值两者的较小值。

3. 当监测项目的变化速率达到表中规定值或连续 3 次超过该值的 70% 时应预警。

4. 底板完成后,监测项目的位移变化速率不宜超过表中速率预警值的 70% 。

表 13.19 基坑工程周边环境监测预警值

<table>
<tr><th colspan="4">监测对象</th><th>累计值/mm</th><th>变化速率/(mm/d)</th><th>备注</th></tr>
<tr><td>1</td><td colspan="3">地下水位变化</td><td>1000 ~ 2000
(常年变幅以外)</td><td>500</td><td>—</td></tr>
<tr><td rowspan="3">2</td><td rowspan="3">管线位移</td><td rowspan="2">刚性管道</td><td>压力</td><td>10 ~ 20</td><td>2</td><td rowspan="2">直接观察点数据</td></tr>
<tr><td>非压力</td><td>10 ~ 30</td><td>2</td></tr>
<tr><td colspan="2">柔性管线</td><td>10 ~ 40</td><td>3 ~ 5</td><td>—</td></tr>
<tr><td>3</td><td colspan="3">邻近建筑位移</td><td>小于建筑物地基变形允许值</td><td>2 ~ 3</td><td>—</td></tr>
<tr><td rowspan="2">4</td><td colspan="2" rowspan="2">邻近道路路基沉降</td><td>高速公路、道路主干</td><td>10 ~ 30</td><td>3</td><td>—</td></tr>
<tr><td>一般城市道路</td><td>20 ~ 40</td><td>3</td><td>—</td></tr>
</table>

续表 13.19

监测对象			累计值/mm	变化速率/(mm/d)	备注
5	裂缝宽度	建筑结构性裂缝	1.5～3(既有裂缝) 0.2～0.25(新增裂缝)	持续发展	—
		地表裂缝	10～15(既有裂缝) 1～3(新增裂缝)	持续发展	—

注:1. 建筑整体倾斜度累计值达到 2/1 000 或倾斜速率连续 3 d 大于 0.000 1H/d(H 为建筑承重结构高度)时应预警。

2. 建筑物地基变形允许值应按现行国家标准《建筑地基基础设计规范》(GB 50007—2011)的有关规定取值。

当出现下列情况之一时,必须立即进行危险报警,并应通知有关各方对基坑支护结构和周边环境保护对象采取应急措施。

(1)基坑支护结构的位移值突然明显增大或基坑出现流砂、管涌、隆起、陷落等。

(2)基坑支护结构的支撑或锚杆体系出现过大变形、压屈、断裂、松弛或拔出的迹象。

(3)基坑周边建筑的结构部分出现危害结构的变形裂缝。

(4)基坑周边地面出现较严重的突发裂缝或地下空洞、地面下陷。

(5)基坑周边管线变形突然明显增长或出现裂缝、泄漏等。

(6)冻土基坑经受冻融循环时,基坑周边土体温度显著上升,发生明显的冻融变形。

(7)出现基坑工程设计方提出的其他危险报警情况,或根据当地工程经验判断,出现其他必须进行危险报警的情况。

13.4.6　郑州绿地中央广场双子塔基坑监测实例

13.4.6.1　工程概况

郑州绿地中央广场双子塔项目位于郑东新区,为双塔超高层综合体,由两栋 285 m 塔楼构成。工程分南地块、北地块及中间地块,中间地块地上为 90 m 宽市政用地,地下为 4 层地下车库。工程分两期进行建设,一期为南、北地块,二期为中间地块。北地块 132 m×150 m,A 塔(北塔)为 72 层办公楼(长×宽约为 51 m×51 m),高度为 285 m,位于该地块东南角,基础埋深约 22.5 m;塔楼北侧和西侧为 14 层的裙房,整个地块通体地下 4 层,基础埋深约 20.5 m。南地块 140 m×160 m,B 塔(南塔)为 77 层办公及酒店综合楼(长×宽约为 51 m×51 m),高度为 285 m,位于该地块东北角,基础埋深约 22.5 m;塔楼南侧和西侧为 14 层裙房,整个地块为通体地下 4 层,基础埋深约为20.5 m。A 塔和 B 塔结构形式类同,均采用框架-核心筒结构体系;裙房采用框架剪力墙结构体系。基坑及周边环境平面如图 13.25 所示。

主楼基坑内核心筒电梯井基坑深度比主楼基坑深度增加 7 m,达到自然地面下 29.5 m。场地地下水较高,水位降深大。地下水类型为上层潜水和下部承压水,既要考虑潜水疏干,又要考虑承压水卸压,特别是主楼核心筒电梯井位置,水位降深达到 24.5 m,坑底主要揭露土层为含水量丰富的细砂。场地工程地质剖面见图 13.26,土层详细参数见表 13.20。

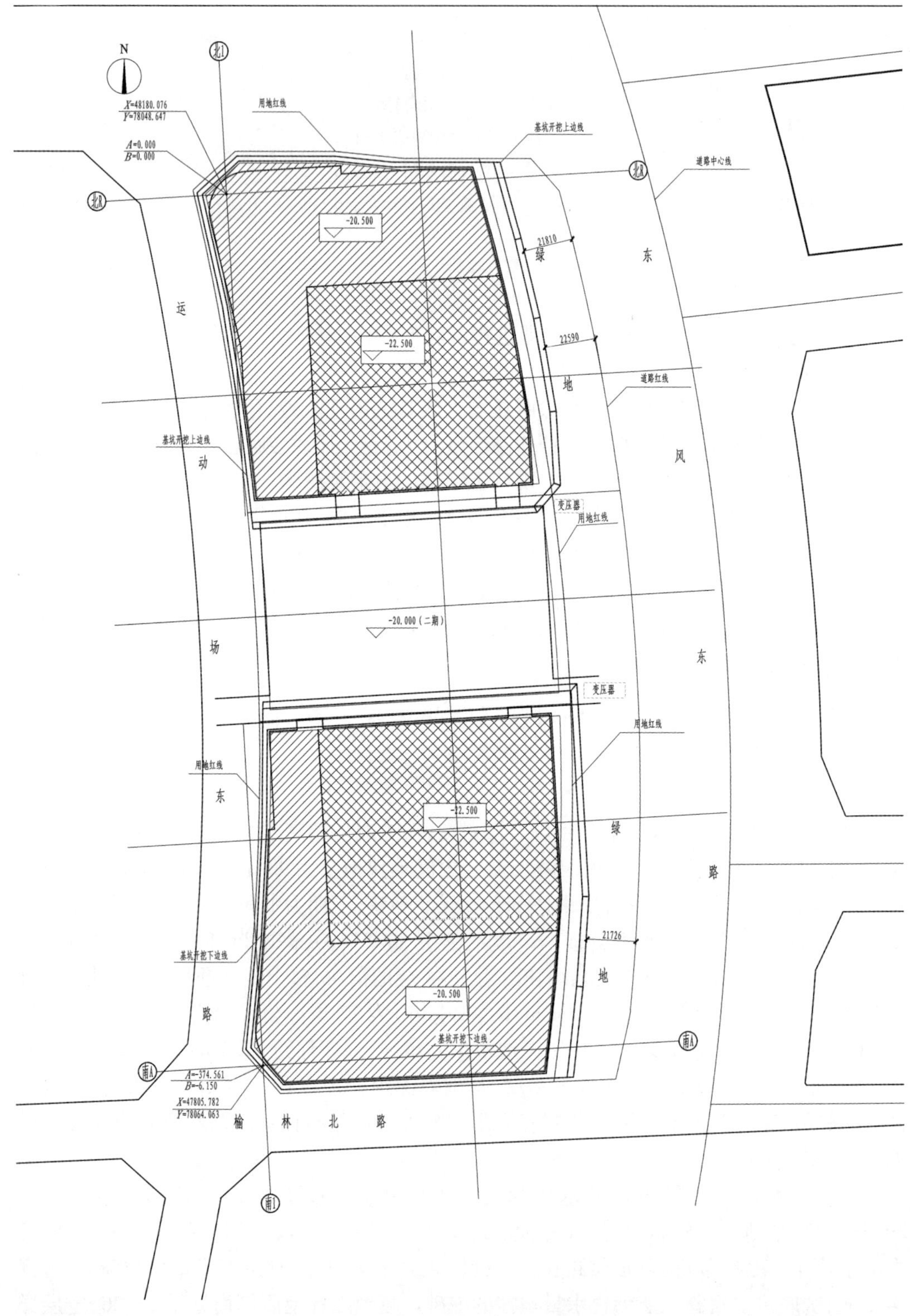

图 13.25 基坑周边环境平面图

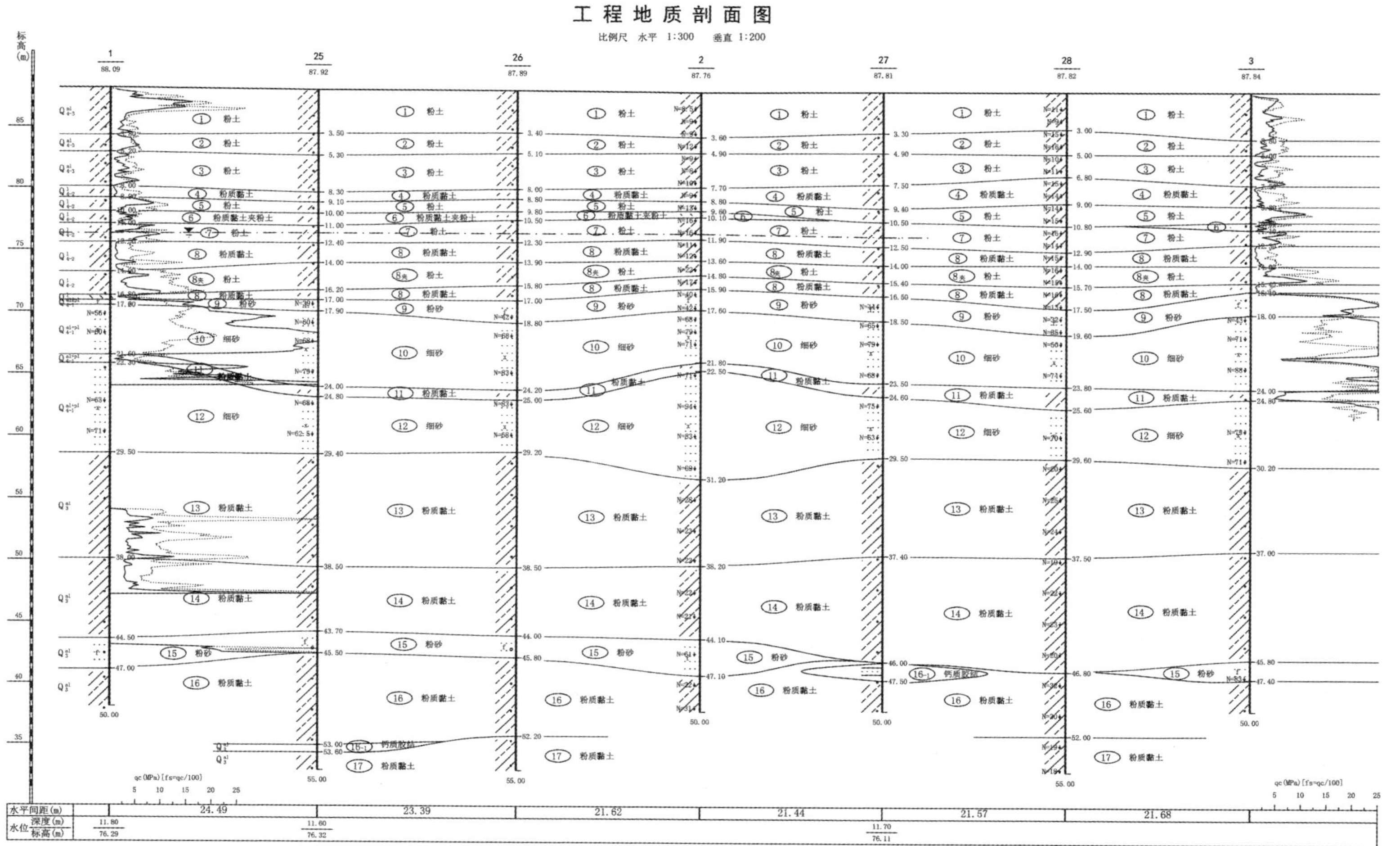

图 13.26 场地工程地质剖面

表 13.20　场地岩土工程参数

层序	土名	重度 γ/(kN/m^3)	含水率 w/%	孔隙比 e	液限指数 I_L	三轴抗剪强度		压缩模量 $E_{S0.1\sim0.2}$/MPa
						c/kPa	ϕ/(°)	
①	粉土	18.1	17.9	0.824	0.11	14.3	23.1	10.2
②	粉土	17.9	17.5	0.833	0.14	16.0	22.0	10.5
③	粉土	18.3	17.9	0.842	0.27	18.2	23.8	9.1
④	粉质黏土	18.2	19.7	0.825	0.21	26.9	22.0	4.2
⑤	粉土	18.4	17.7	0.076	0.476	20.7	26.9	12.9
⑥	粉质黏土夹粉土	18.1	19.9	0.859	0.36	20.5	16.0	4.6
⑦	粉土	18.8	17.3	0.793	0.690	20.8	26.5	14.5
⑧	粉质黏土	18.2	19.8	0.870	0.42	20.0	18.9	5.1
⑧夹	粉土	18.5	17.6	0.786	0.49	21.3	25.8	14.5
⑨	粉砂	18.8	—	—	—	3	27	22.0
⑩	细砂	19.0	—	—	—	0	30	31.0
⑪	粉质黏土	19.0	18.9	0.586	0.08	27	23	14.7
⑫	细砂	19.1	—	—	—	10	15	32.0
⑬	粉质黏土	19.4	21.1	0.720	0.03	27	23	14.3

本工程基坑采用可拆除锚杆、压力分散型锚杆及大直径拉力型锚杆、双排桩门式框架与锚杆复合支护体系等。基坑支护平面见图 13.27，典型支护断面图见图 13.28、图 13.29。

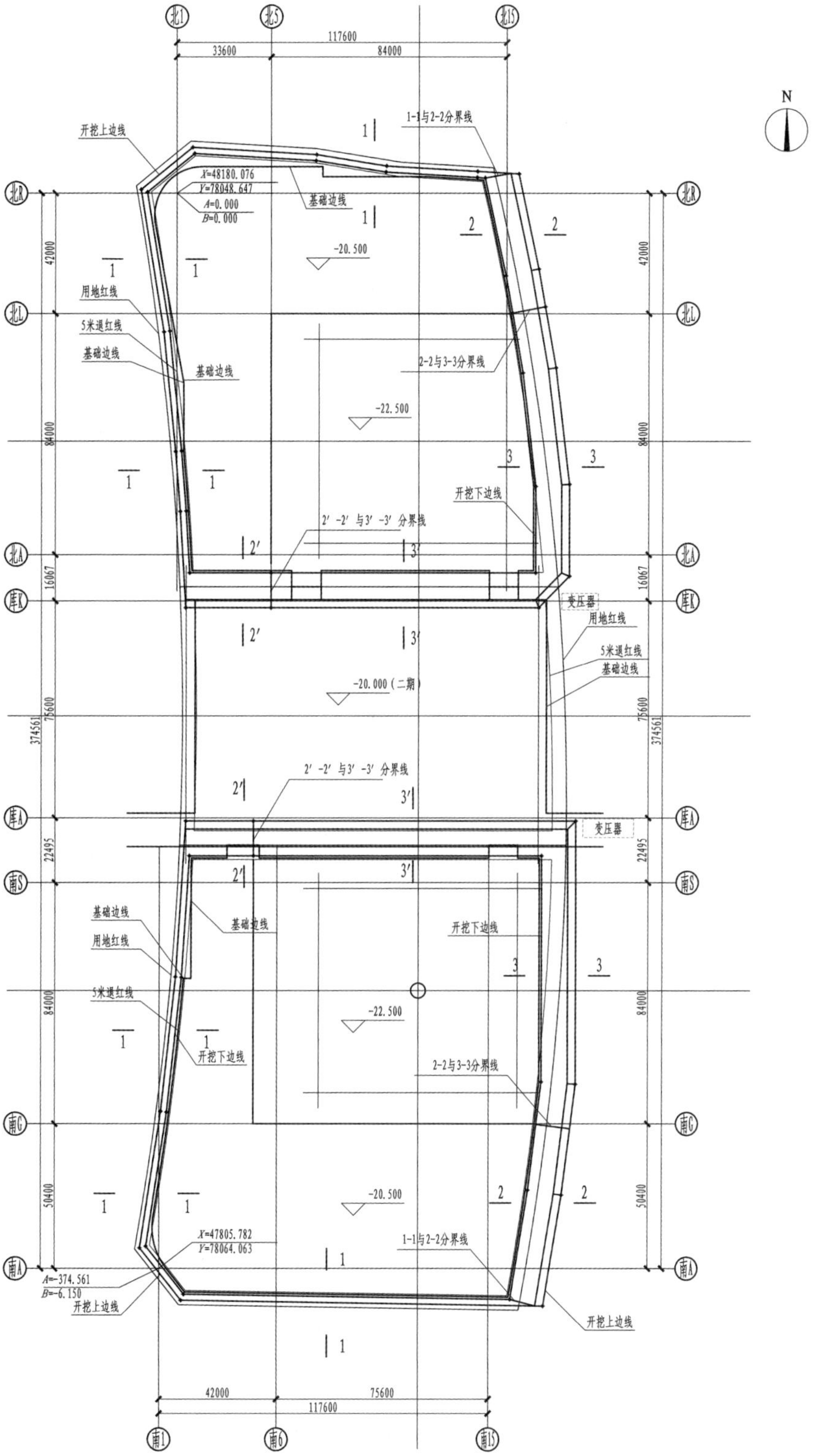

图 13.27　基坑支护平面图

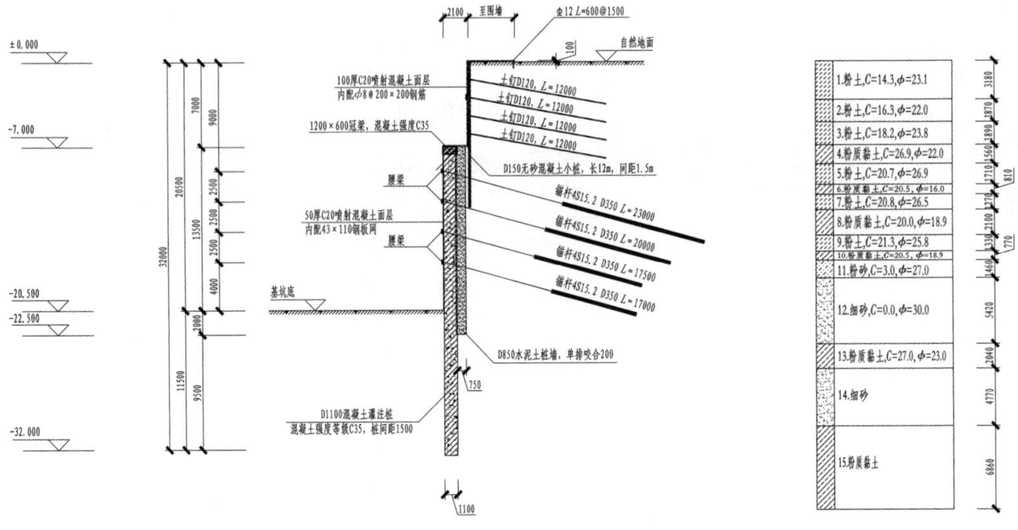

图 13.28 基坑支护断面图(1—1)

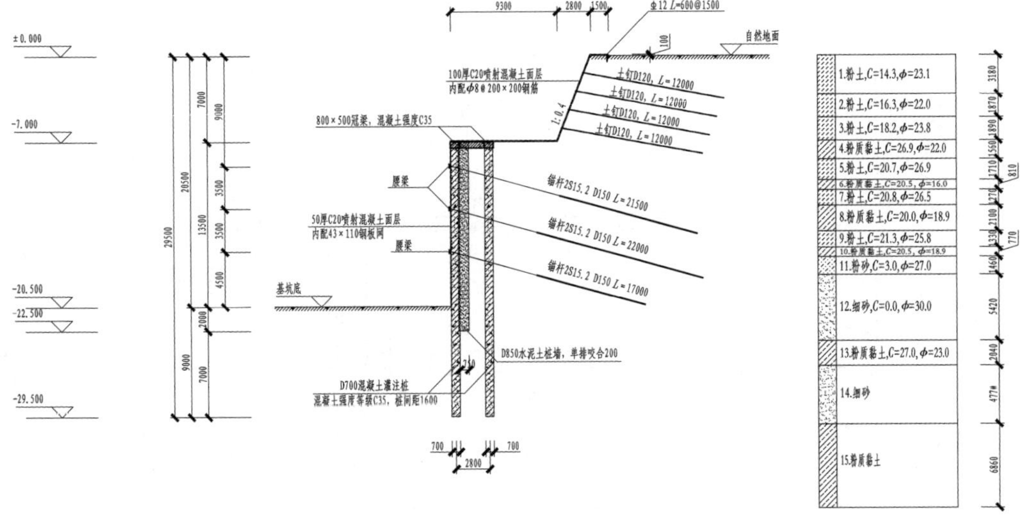

图 13.29 基坑支护断面图(2—2)

13.4.6.2 基坑施工过程

2011 年 9 月，施工单位进场施工，监测工作启动。

2012 年 2 月，基坑土方开挖至-7.0 m，桩基施工完成，大部分土钉墙施工完成。

2012 年 3 月，基坑土方开挖至-15 m。

2012 年 4 月，基坑土方开挖至-20 m。

2012 年 6 月，主楼筏板浇筑完成。

2012 年 9 月，裙楼筏板全部浇筑完毕。

2012 年 12 月，主楼地上 10 层完成，地下结构全部施工完成。

2013 年 2 月，地下结构防水工程施工结束，基坑肥槽开始回填。

2013 年 6 月下旬，基坑回填结束，基坑监测结束。

13.4.6.3　基坑监测主要成果

由于基坑降水深度大，基坑开挖深度大等，工程具有一定风险。施工全过程中对周边道路、市政工程及支护体系本身进行连续监测，主要监测项目包括坡顶沉降、坡顶水平位移、支护排桩桩顶沉降、桩身水平位移（桩身测斜）、地下水位、支护桩钢筋内力、锚杆拉力等项目。典型支护结果见图 13.30 ~ 图 13.32。

典型监测结果

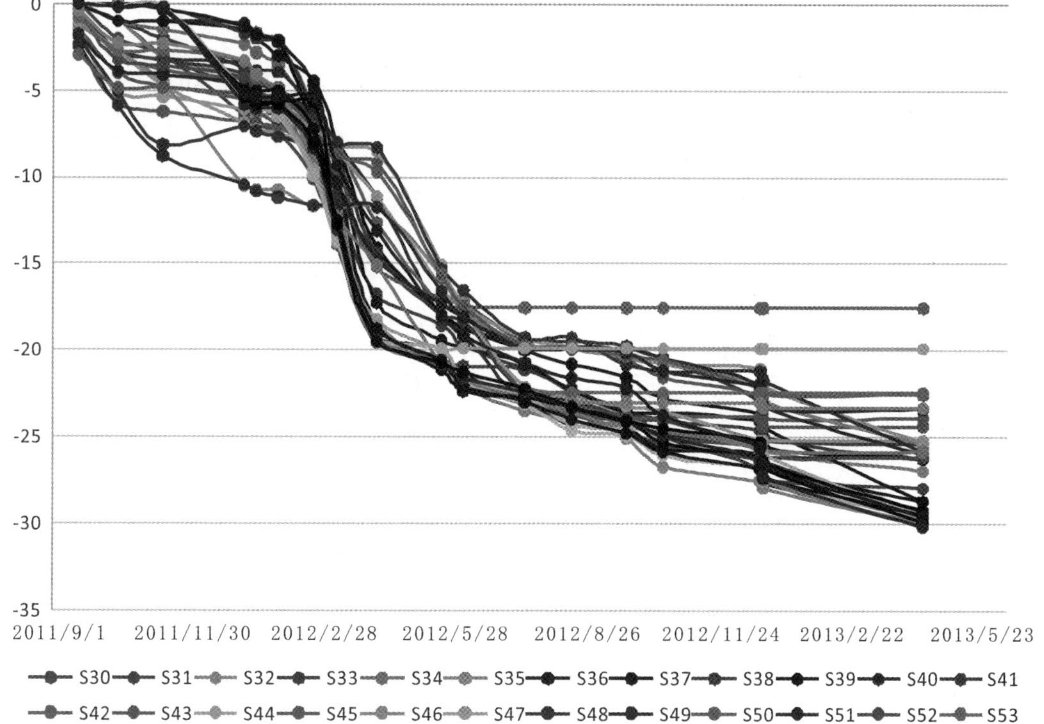

图 13.30　基坑坡顶沉降

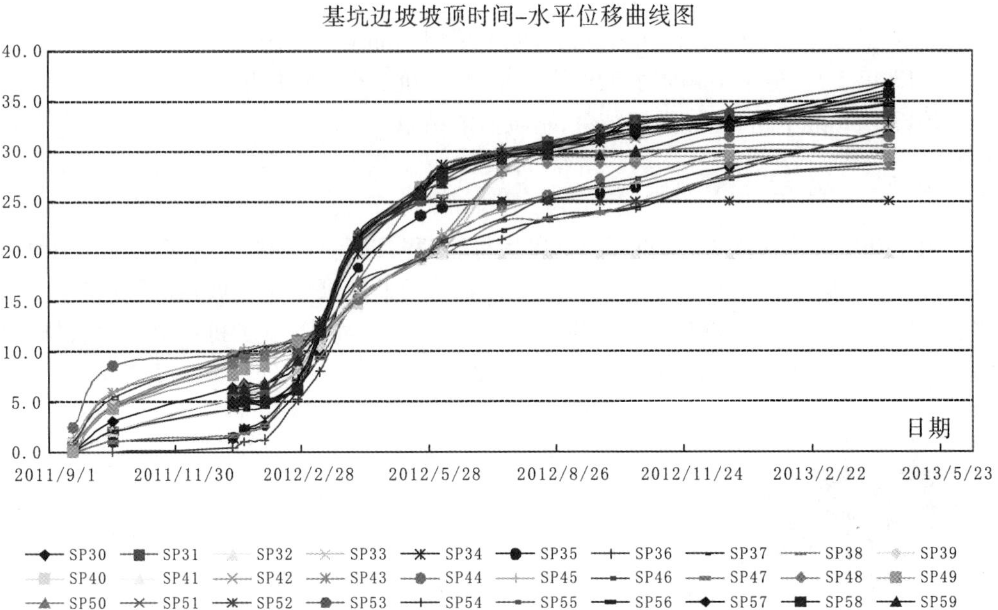

图 13.31 基坑坡顶水平位移

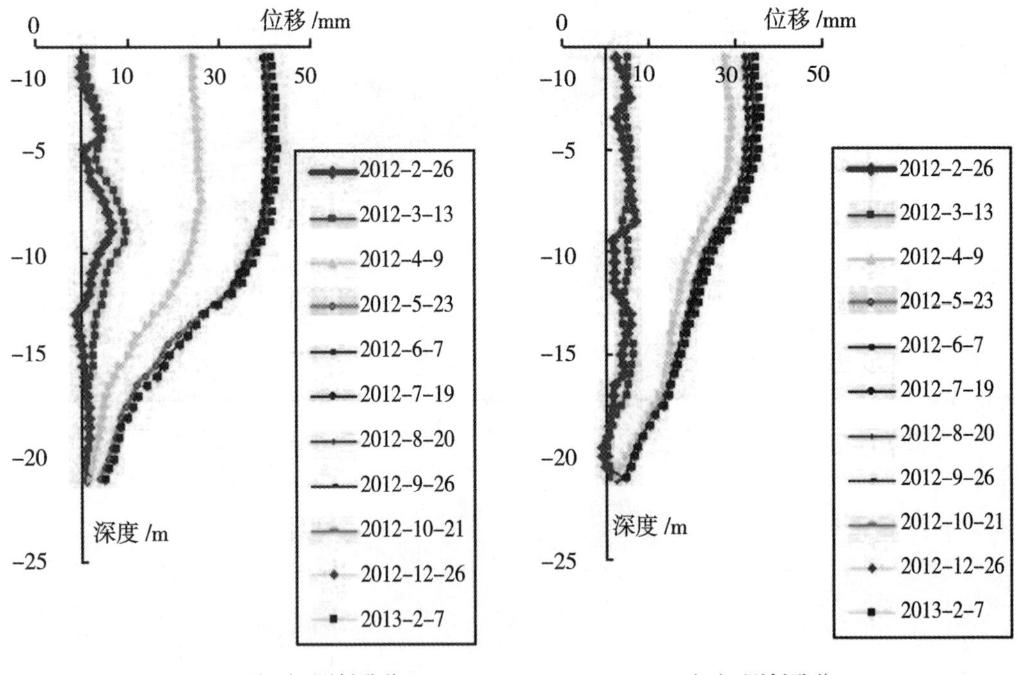

（a）测斜孔位 CX-1　　（b）测斜孔位 CX-2

图 13.32 支护桩桩身水平位移(测斜)

本工程总体上属于桩-锚支护体系(支护剖面上部有土钉支护或放坡段),安全等级一级。《建筑基坑工程监测技术标准》(GB 50497—2019)规定的预警指标如下:围护墙(边坡)顶部水平位移 20 ~ 30 mm,相对基坑设计深度 0.2% ~ 0.3%;围护墙(边坡)顶部竖向位移 10 ~ 20 mm,相对基坑设计深度 0.1% ~ 0.2%;深层水平位移 30 ~ 50 mm,相对基坑设计深度 0.3% ~ 0.4%。实测坡顶最大水平位移 37 mm,最大沉降 30 mm;桩身深层水平位移最大值 42 mm(桩顶之下 7.5 m 位置处)。本基坑实际开挖深度 22.5 m,当按预警指标绝对值控制时,坡顶水平位移和沉降均略超预警指标;但按相对基坑设计深度计算时,所有变形量均在预警指标之下。考虑到本基坑支护剖面上部有土钉墙(或放坡段),且沉降、水平位移发展平缓,均没有突变等异常情况,实际安全监测未进行预警处理。在采取坡面防水、清理堆载等措施后,基坑工程一直处于安全可控状态,直到回填。基坑监测数据直接支持了施工决策,基坑工程全过程安全。

第 13 章
习题集

第 14 章　卫星定位测量

全球导航卫星系统(global navigation satellite system,GNSS),又称卫星导航定位系统、定位导航授时系统(positioning navigation timing,PNT),是以人造卫星组网为基础的无线电导航定位系统,能够在全球范围内全天候提供时间、空间基准及与定位有关的实时信息。广义的 GNSS 泛指所有的导航卫星系统,包括全球型、区域型和增强型,以及相关的增强系统,还包括在建和计划建设的其他卫星导航系统。

自 20 世纪 70 年代全球定位系统(GPS)出现,经过 50 多年的快速发展,卫星导航定位技术及其产品已在车辆导航、工程测量、变形监测、地壳运动监测、市政规划控制、远洋船最佳航程航线测定、船只实时调度与导航、海洋救援、海平面升降监测、飞机导航、航空遥感姿态控制、低轨卫星定轨、导弹制导、航空救援和载人航天器防护探测等诸多领域得到广泛应用,发挥了重要作用。

14.1　卫星定位系统发展

目前,国际上共有六大卫星导航定位系统,包括美国的 GPS、俄罗斯的 GLONASS、欧洲的 GALILEO、中国的北斗卫星导航系统(Beidou navigation satellite System,BDS),以及印度区域导航卫星系统 (IRNSS)、日本准天顶卫星导航定位系统(QZSS)。其中,GPS、GLONASS、GALILEO 和 BDS 是全球范围的卫星导航定位系统,IRNSS 和 QZSS 是区域卫星导航定位系统。最近几年,世界各国纷纷加快了卫星导航定位系统的建设步伐,世界卫星导航正进入多频多星座服务的全球新时代。

14.1.1　美国 GPS

1957 年 10 月,苏联发射了人类历史上第一颗人造地球卫星,美国科学家通过对卫星发射的无线电信号多普勒频移进行研究,以及利用地面跟踪站的多普勒测量资料来确定卫星轨道后,得出了对已经精密确定轨道后的卫星进行多普勒测量可以确定用户的位置的结论。基于上述理论,美国于 1964 年建成了子午卫星系统,该系统于 1967 年解禁民用,但是子午卫星系统由于卫星数目少(6 颗)、卫星运行高度较低(平均高度约 1 000 km),从地面站观测到卫星的时间间隔较长(约 1.5 h)、不能进行三维连续导航、获得一次导航所需时间较长等多方面缺点,限制了该系统使用范用的进一步拓展。

1969 年 621B 计划研究验证美国空军的全球导航系统的概念。1972 年,完成 GPS 概念设计和 GPS 开发报告,启动 GPS 基金,并成立 GPS 联合计划办公室。然而,由于该系统太过庞大、投资过于巨大、建设期太漫长,组成星座的卫星从设计的 24 颗被减为 18 颗。

自第一次海湾战争中 GPS 大显身手后，GPS 又被核准建设 24 颗卫星的星座。经过 20 多年的建设，到 1995 年，美国 GPS 达到全工作能力。

自 1978 年首颗 GPS 卫星升空至今，GPS 共发展了三代，第一代为试验卫星；第二代为工作卫星和现代化改进卫星；第三代即为正在发展的 GPS Ⅲ系列卫星。截至 2020 年 11 月 5 日（成功发射第 4 颗 GPS Ⅲ卫星），GPS 共有 37 颗在轨卫星，其中 31 颗卫星在轨服务。随着 GPS 卫星不断升级换代，空间信号精度不断提升，目前定位精度提升至 0.52 m，抗干扰能力也大大提高。

未来几年，GPS 共计划发射 10 颗 GPS Ⅲ和 22 颗 GPS ⅢF 卫星，至 2034 年完成全面部署，并持续推动 GPS 与其他 GNSS 兼容共用，通过政策发布和更新保障其 PNT 体系发展，企图进一步保持 GPS 在 GNSS 应用领域的领导和优势地位。

14.1.2　俄罗斯 GLONASS

20 世纪 60 年代，苏联迫切需要一个卫星无线电导航系统用于规划中的新一代弹道导弹的精确导引。为此，1968—1969 年，苏联相关部门联合起来为海、陆、空、天武装力量建立一个统一的解决方案，并于 1970 年完成系统的需求文件编制。进一步研究之后，苏联在 1976 年颁布法令建立 GLONASS，并于当年正式启动了该项目。

1982 年 10 月 12 日，苏联成功发射第一颗 GLONASS 试验卫星，至 1987 年，GLONASS 共计成功发射了包括早期原型卫星在内的 30 颗卫星，实际平均寿命不超过 22 个月，最终在轨可用卫星只有 9 颗。从 1988 年开始，苏联进一步改进卫星版本（卫星重量1 400 kg，采用三轴稳定技术和精密铯原子钟，设计寿命提高到 36 个月），到 1996 年 1 月 18 日俄罗斯官方正式宣布完成由 24 颗 GLONASS 导航卫星构成的星座的组网工作。当时 GLONASS 没有加选择可用性干扰（SA），其民用精度优于加选择可用性干扰的 GPS，不过，俄罗斯方面迟迟都没有开发民用市场，再加上经济形势变化带来的后续卫星补足的搁置，使得其应用普及情况远不及 GPS。

在 21 世纪前几年，GLONASS 在轨可用卫星一度不足 10 颗，不能独立组网。随着 2003 年伊拉克战争爆发带来的冲击以及经济发展形势的逐渐好转，俄罗斯重启 GLONASS 星座组网进程。2009 年 1 月底，GLONASS 信号再次覆盖俄罗斯全境，在轨运行卫星数量达到 18 颗，全部都是第二代“GLONASS-M”卫星，正式开始为俄罗斯全境提供卫星导航定位服务。至 2012 年 2 月 1 日，共有 31 颗卫星在轨，俄罗斯正式建成 GLONASS，实现全球覆盖。

近 10 年来，俄罗斯加快推进 GLONASS 的现代化进程。2011 年 2 月 26 日成功发射了首颗“GLONASS-K”第三代全球导航系统卫星，比第二代“GLONASS-M”卫星服役期限更长。重量更轻、星载原子钟精度更高，同时增加了码分多址信号，实现了和 GPS 的兼容。截至 2020 年 10 月 26 日，GLONASS 共有 29 颗在轨卫星，其中 24 颗在轨服务，导航定位精度提升至约 0.6 m。

GLONASS 计划 2030 完成新一代卫星部署，强化与其他系统兼容互操作，配置激光和无线电星间链路以及更高精度原子钟，搭载激光发射器、搜救等载荷，增加精密单点定位（PPP）服务能力，同时更加注重接收机的抗干扰/抗欺骗能力。

14.1.3 欧洲 GALILEO

早在20世纪90年代后期,欧盟就着手制定伽利略卫星导航系统(GALILEO系统)计划(以下简称伽利略计划),原计划到2008年建成由27颗工作卫星+3颗备份卫星组成的全球卫星导航定位系统。2002年,伽利略计划被欧盟正式批准为战略科研项目。但是随后由于技术、资金等多方面问题,导致该项目进展缓慢。

GALILEO系统是世界上第一个基于民用的全球卫星导航定位系统,卫星设计寿命不少于12年。2005年12月28日,伽利略计划的首颗实验卫星"GIOVE-A"被顺利送入太空轨道。

目前,GALILEO系统共有26颗在轨卫星,包括22颗完全运行能力卫星和4颗在轨验证卫星,空间信号精度目前已达0.25 m。但是,GALILEO系统的多次异常使其系统和服务稳定性受到广泛质疑。

目前正加快发展第二代伽利略系统,计划2025年开始发射过渡卫星或第二代卫星,2035年完成第二代系统部署。届时,将提供更多特色服务,提升星座自主授时能力和系统服务精度。

14.1.4 印度 IRNSS

2006年7月4日,印度空间研究组织(ISRO)宣布将筹划研发本国卫星导航系统——IRNSS。IRNSS由3颗地球静止轨道(GEO)卫星(分别定位于东经34°、83°和132°)和4颗倾角为29°(近地点250 km,远地点24 000 km)的倾斜地球同步轨道(IGSO)卫星组成,卫星的设计寿命不少于7年,覆盖范围为东经40°~140°和纬度±40°之间大约1 500 km内的区域,包括南亚次大陆及周边地区,提供的标准服务定位精度优于10 m(境外2 000 km范围内20 m)。

IRNSS目前共有8颗卫星,都是地球同步卫星或者地面轨迹为对称8字的倾斜地球同步卫星。据ISRO官网介绍,能提供精度优于20 m的地区性导航定位服务。它虽然谈不上是一个全球系统,但能独立于GPS提供服务。

14.1.5 日本 QZSS

2000年6月,日本决定执行空间基础设施(I-SPACE)计划。QZSS正是I-SPACE计划要重点开发的三个系统之一,这是一个兼具导航定位、移动通信和广播功能的卫星系统,旨在为在日本上空运行的美国GPS卫星提供"辅助增强"功能,提高导航定位信号接收的质量和精度,使民用信号的精度从10.0 m级别提升至1.0 m以内。

2010年9月11日,日本发射了首颗本国自主研发的准天顶定位卫星"引路号",设计寿命为10年。QZSS完全兼容GPS,可视为GPS在日本天顶的一个增强子系统。目前,准天顶系统已经部署了4颗卫星,其中3颗不对称的倾斜地球同步轨道卫星(目的是保证总有1颗几乎在日本东京地区正上方)和1颗地球同步卫星。

日本计划扩大星座规模,从补充增强到独立服务。从2023年起增加3颗QZSS卫星,将现有星座扩展成由 7 颗卫星组成的星座，服务区域由日本及周边扩展到亚太地区。2036 年，当 7 颗卫星全部升级换代后空间信号精度将达到 0.3 m，定位精度将达到 1.0 m。

14.1.6　GNSS 发展趋势和特点

从世界主要卫星导航系统发展情况来看，各卫星导航国家和地区对 GNSS 的重视与日俱增，加速谋划系统能力升级换代，加快部署新技术、新卫星、新服务。GNSS 总体呈现以下趋势和特点：

（1）持续提升精度和完好性是 GNSS 始终追求的目标。各系统更加重视通过增加卫星数量、配置更高性能原子钟、扩展监测站数量和范围、优化改进精密定轨和时间同步算法等方面，不断提升空间信号精度和系统定位精度。同时，逐步提供精密定位服务，如 GALILEO 系统将提供全球 20 cm 高精度服务，GLONASS 将提供区域 10 cm 高精度服务，QZSS 已在本土和周边提供 10 cm 高精度服务。在完好性服务方面，各系统加快现有星基增强系统升级换代，由单频单星座向双频多星座发展，并注重星地完好性联合监测，更好保障用户安全可靠应用。

（2）不断推出多样化扩展服务成为 GNSS 发展新重点。为更好满足多元化用户需求，多功能高度聚合、提供特色服务，已成为未来赢得用户新的着力点。GPS 将在新一代卫星上搭载搜救和新设计的核爆探测载荷；GALILEO 系统未来还将逐渐推出安全认证、告警服务、电离层预测等特色服务；GLONASS 后续卫星也计划提供搜救服务；QZSS、IRNSS 也将陆续推出新服务、新功能。如何实现卫星导航系统的集约高效，实现一星多用、一系统多功能成为未来各系统挖潜增效、提升国际竞争力的新方向。

（3）构建弹性体系成为 GNSS 发展新要求。弹性是 PNT 体系的主要特征之一，GNSS 作为综合 PNT 体系的基石，更应该具备弹性特征，以实现系统可靠安全。通过高中低轨混合星座、高速星间链路等手段构建弹性体系，提升系统的安全性和服务可用性。如静止地球轨道可实现本土全时覆盖和操控，倾斜地球同步轨道可提升区域能力和遮挡环境下的服务可用性，中国地球轨道更加注重全球覆盖，低轨道卫星可完成导航增强和备份。美国 GPS 虽已有全球监测和操控能力，但还在积极发展基于星间链路的本土操控和自主运行能力；俄罗斯 GLONASS 也在发展混合星座体系和星间链路；GALILEO 系统也在积极研究引入低轨，提升复杂环境下服务的稳健性和系统能力的弹性。

14.2　卫星导航定位系统组成

通俗地讲，卫星导航定位系统就是以人造地球卫星作为导航台的星基无线电导航系统，为全球陆、海、空、天的各类载体提供实时、高精度的位置、速度和时间信息，因而又被称为 PNT 系统。GNSS 既是对 GPS、GLONASS、GALILEO、BDS、QZSS、IRNSS 等这些单个卫星导航定位系统的统一称谓，也指代它们的增强系统；同时，GNSS 还指代所有这些卫星导航定位系统及其增强系统的相加混合体，即 GNSS 是一个由多个卫星导航定位及其增强系统所组成的大系统，是一个系统的系统。从导航卫星系统运行原理的角度看，它们彼此之间存在许多共性。

尽管 GPS、GLONASS、Galileo 和 BDS 等在系统构成上可能有着各自略微不同的定义与特点,但是基本上可以将任何一个被动式 GNSS 视为由如图 14.1 所示的三个独立部分构成:空间星座部分、地面监控部分和用户设备部分。

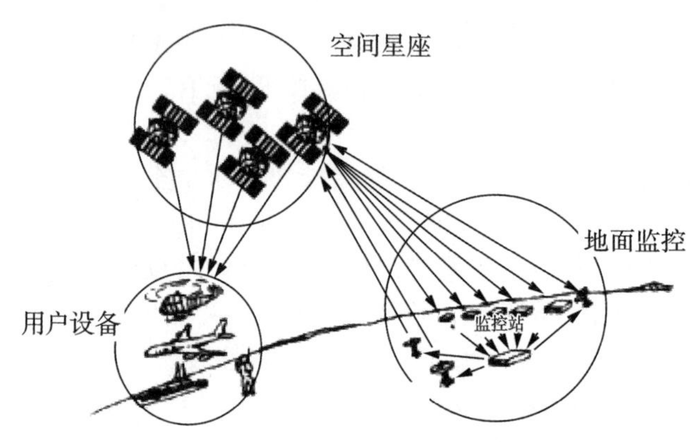

图 14.1 被动式 GNSS 组成

14.2.1 空间星座部分

空间星座部分的主体是分布在空间轨道中运行的导航卫星,它们通常分布在中圆地球轨道、静止地球轨道或倾斜地球同步轨道。作为导航定位卫星,GNSS 卫星的主要功能是持续向地球发射导航信号,使地球上任一点在任何时刻都能观察到足够多数目的卫星。卫星所发射的导航信号除了包含信号发射时间信息以外,还向外界传送卫星轨道参数等可用来帮助接收机实现定位的数据信息。GNSS 卫星的基本功能概括起来是:接收并存储由地面监控部分发来的导航信息,接收并执行从地面监控部分发射的控制指令,进行部分必要的数据处理,向地面连续不断地发射导航信号,以及通过推进器调整自身的运行姿态等。

GPS 空间星座设计为 21 颗工作卫星加 3 颗轨道备用卫星(实际已有近 30 颗在轨运行卫星),3 颗备用卫星可在必要时根据指令代替发生故障的卫星。卫星分布在 6 个轨道面上,每个轨道面上有 4 颗卫星,卫星轨道面相对地球赤道面的倾角约为 55°,各轨道平面升交点的赤经相差 60°,在相邻轨道上,卫星的升交距角相差 30°。轨道平均高度约为 20 200 km,卫星运行周期为 11 h 58 min。位于地平线以上的卫星颗数随时间和地点的不同而不同,最少可见 4 颗,最多可见 11 颗。

GLONASS 卫星均匀分布在 3 个轨道平面内,轨道倾角为 64.8°,每个轨道面上等间隔分布 8 颗卫星,卫星距地高度 19 100 km,卫星运行周期为 11 h 15 min。

建成后的 GALILEO 卫星星座将分布在 3 个圆形轨道面上,轨道倾角为 56°,两两轨道面之间相隔 120°。每个轨道面上安置 1 颗备用卫星,而 9 颗工作卫星则均匀地分布在轨道面上。卫星运行轨道长半径为 29 601 km,轨道高度为 23 222 km。在设定卫星仰角滤角为 10°和不计备用卫星的条件下,GALILEO 卫星星座能够保证全球各地在任何时刻都至少能看到 6 颗卫星。

为区分不同卫星(或者同一颗卫星)所发射的不同信号,GNSS 需要采用一种多址技术机制。多址技术一般分为码分多址(CDMA)、频分多址(FDMA)和时分多址(TDMA)三种。其中,CDMA 是将可播发在同一载波频率上的不同信号经不同的伪随机噪声码扩延调制;FDMA 是将不同信号播发在不同的载波频率上;TDMA 是将可播发在同一载波领率上的不同信号成分通过分时而共享一个信道。GPS、Galileo 采用 CDMA 机制, GLONASS 采用 FDMA 机制。

通过载波调制,GNSS 信号在某个波段的频率上被播发出去,不同 GNSS 的不同服务信号可能占用不同的频谱资源。国际电信联盟(ITU)对频谱资源的利用有着严格的规范,它将 L、S 和 C 波段分配给卫星导航服务,并将 GNSS 划分到无线电导航卫星服务(RNSS)和航空无线电导航服务(ARNS)频段,而其中的 ARNS 频段受到了 ITU 的严格控制与保护。频谱分配的基本原则是"先来先用"。

14.2.2　地面监控部分

地面监控部分负责整个系统的平稳运行,通常至少包括若干个组成卫星跟踪网的监测站、将导航电文和控制命令播发给卫星的注入站和一个协调各方面运作的主控站,其中主控站在某种程度上可成为整个 GNSS 的核心。地面监控部分主要执行如下一些功能:跟踪整个星座卫星,测量它们所发射的信号;计算各颗卫星的时钟误差,以确保卫星时钟与系统时间同步;计算各颗卫星的轨道运行参数;计算大气层延时等导航电文中所包含的各项参数;更新卫星导航电文数据,并将其上传给卫星;监视卫星发生故障与否,发送调整卫星轨道的控制命令;启动备用卫星,安排发射新卫星等事宜。

当前,GPS 地面监控部分包括 2 个主控站、16 个监测站和 12 个注入站,均由美国军方控制。

GLONASS 的地面监控部分由系统控制中心、中央同步器、遥测遥控站和外场导航控制设备组成。

GALILEO 的地面监控部分主要由 30 个监测站、5 个遥测遥控站、9 个上行站、2 个地面控制中心和高性能通信网络组成。

14.2.3　用户设备部分

用户设备部分指用户 GNSS 接收机,主要由主机、天线、电源及数据处理软件等组成,其主要功能是接收、跟踪 GNSS 卫星导航信号,通过对卫星信号进行频率变换、功率放大和数字化处理,从中测量出从卫星到接收机天线的信号传播时间,并解译出卫星所发送的导航电文,从而求解出接收机本身的位置、速度和时间。

根据用户被授予的不同身份,接收机可获准利用民用、商用和军用等多个不同用途与权限的 GNSS 信号。在当前 GNSS 服务发展状况下,民用接收机已经呈多频、多模形式,其中多频接收机一般指接收和利用单个 GNSS 所播发的多个频点上的信号，而多模接收机指的是接收和利用多个 GNSS 所播发的信号（比如 GPS/GLONASS 或 GPS/GLONASS/BDS 信号）。卫星所发射的信号是空间星座部分和用户设备部分的接口，所有 GNSS 通常向外公布关于免费民用信号的接口控制文件（ICD），以便于人们对民用 GNSS 信号的使用和对民用 GNSS 接收机的开发。

14.3 卫星导航定位系统定位原理

14.3.1 概述

从数学的角度来看，GNSS 定位的实质是空间距离后方交会法，其定位原理如下：处于天空中的 GNSS 卫星的三维坐标位置是已知的，而地面点（待定点）的三维位置是未知的。GNSS 卫星到地面点的空间距离可以通过 GNSS 卫星信号传播的速度及信号从 GNSS 卫星传送到地面点的时间差求得。而时间差是两个时刻之差，即 GNSS 卫星发出信号的时刻与地面点接收机收到信号的时刻之差。这两个时刻是两种钟测出来的：一个是卫星上装的原子钟；另一个是地面点上接收机的石英钟。两种钟的稳定度和精度不在同一量级，因此，必须将这个时间差（钟差）设为未知数。如此，每个地面点就有 4 个未知数（其中 3 个为地面点的空间三维坐标值，1 个为钟差），必须同时观测 4 颗卫星，并通过这 4 个空间距离建立 4 个方程，解出 4 个未知数，这时只有唯一解，如图 14.2 所示。在某一时刻，同时测定待测点至 4 颗空间卫星的距离。如果同时观测得到的 GNSS 卫星的数量超过了 4 颗，就会出现方程数大于未知数的情况，此时就要用最小二乘法进行平差求解。

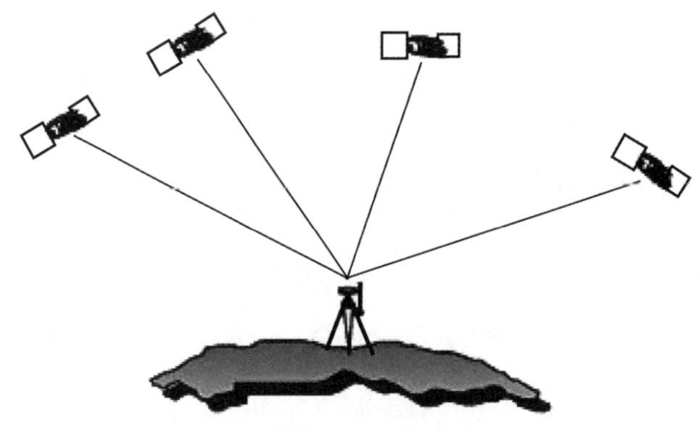

图 14.2 GNSS 定位原理

求出待定点的三维坐标后，利用坐标转换，将三维坐标转换为平面直角坐标（x,y）和高程 H。

在 GNSS 卫星定位中，按测距方式的不同，GNSS 卫星定位原理和方法主要分为伪距测量定位、载波相位测量定位和差分 GNSS 定位等；按接收机状态的不同，又分为静态定位和动态定位。静态定位是指待定点静止不动，GNSS 接收机安置其上，连续观测一段时长，以确定待定点的三维坐标。动态定位是指至少有一台 GNSS 接收机处于运动状态下所测定的各观测时刻运动中的 GNSS 接收机的位置(绝对位置或相对位置)。利用单台卫星定位接收机的观测数据确定观测点位置的定位方法，称为绝对定位；若同时用两台 GNSS 接收机分别安置在两个固定点上，连续观测一定时间，则可确定两点之间的相对位置(三维坐标差 Δx、Δy、Δz)，称为相对定位。

14.3.2　伪距测量

伪距法定位是指由 GNSS 接收机在某一时刻测得 4 颗以上 GNSS 卫星的伪距及已知的卫星位置，采用距离交会法求接收机天线所在点的三维坐标。所测伪距就是由卫星发射的测距码信号达到 GNSS 接收机的传播时间乘光速所得出的量测距离。由于卫星钟差、接收机误差及无线电信号经过电离层和对流层的延迟，实际测出的距离与卫星到接收机的几何距离有一定的差值，因此一般称测量出的距离为伪距。

14.3.3　载波相位测量

载波相位测量的观测量是 GNSS 接收机所接收的卫星载波信号与接收机振荡器产生的参考信号之间的相位差。由于载波信号是一种周期性的正弦信号，而相位测量只能测定其不足一个波长的部分，因而存在整周数不确定的问题，解算过程比较复杂。

载波相位理论上是 GNSS 信号在被接收机接收时刻的瞬时载波相位值。接收机接收时刻的瞬时载波相位值(φ_1)、载波相位的初始值(φ_0)、载波的波长(λ)与接收机到卫星的瞬间距离(L)之间的关系如式(14.1)。根据载波相位求出卫星到接收机的瞬时距离后，基于 GNSS 定位的基本原理即可求出接收机的位置。

$$L = \lambda(\varphi_0 - \varphi_1) \tag{14.1}$$

但是，实际上无法直接测量出任何信号的瞬时载波相位值，测量接收到的是具有多普勒频移的载波信号与接收机产生的参考载波信号之间的相位差。GNSS 信号被接收机接收后，首先实现对卫星信号的跟踪，跟踪成功后，接收机本地伪随机码与卫星的伪随机码严格对齐给出伪距观测量，之后通过锁相环实现相位的锁定，锁相后接收机本地信号相位与 GNSS 载波信号相位相同，此时接收机本地信号与初始相位的差即为载波相位观测量。

14.3.4　绝对定位

绝对定位又称单点定位，它利用一台 GNSS 接收机同时接收至少 4 颗 GNSS 卫星伪距，从卫星导航电文中获得卫星的瞬时位置(坐标)，采用距离交会法，确定用户接收机天线在协议地球坐标系中所对应的点位，即观测站的位置。

由于绝对定位只需要一台 GNSS 接收机就可以独立定位，因此观测方便，数据处理简单。根据接收机天线所处的运动状态，绝对定位又可分为静态绝对定位和动态绝对定位。动态绝对定位一般精度较低，通常为 10 ~ 40 m，只能用于导航定位。静态绝对定位是指接收机天线处于静止状态，对所有可见卫星进行同步连续观测，测定接收机天线与各卫星之间的伪距观测值，通过数据处理，计算出测站点的绝对坐标。

14.3.5 相对定位

相对定位也叫差分定位，是目前 GNSS 定位中精度最高的一种定位方法，广泛应用于国家基本控制测量、工程控制测量、精密工程测量、高精度变形测量和精密导航。

相对定位的基本方法如图 14.3 所示，将 2 台或 2 台以上的 GNSS 接收机分别安置在测线的两端（该测线称为基线），固定不动，同步观测相同的 GNSS 卫星。利用所获得的测码伪距或载波相位测量，确定基线两端点的相对位置或基线向量。如其中一个点的坐标已知，则可推算另一个待定点的坐标。

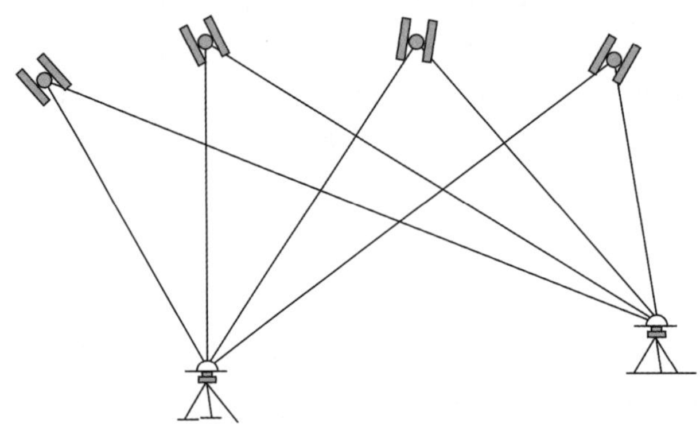

图 14.3 相对定位

由于多台接收机同步观测相同的卫星，卫星的轨道误差、卫星钟差、接收机钟差、卫星星历误差及电离层和对流层的折射误差等对电磁波的延迟效应几乎是相同的，所以利用这些观测量的不同线性组合（通常是求差）进行相对定位，便可有效消除或减弱上述误差的影响，从而提高相对定位的精度。

根据用户接收机在定位过程中所处的状态的不同，相对定位可分为静态相对定位和动态相对定位。

静态相对定位是指定位过程中测站接收机的天线位置固定不动，用多台接收机在不同的测站上进行相对定位的同步连续观测，取得足够的多余观测数据，以改善定位精度。在精度要求较高的测量工作中，如大地测量和地球动力学研究等领域，通常采取这一方法。

动态相对定位是将流动站接收机安置在运动载体上，两台接收机同步观测相同的卫星，以确定运动点相对于参考站的位置或轨迹。根据数据处理方式的不同，动态相对定位通常分为实时处理和测后处理两种方式。

RTK（real time kinematic）即为实时动态相对定位方法，它采用载波相位动态实时差分，能够在野外实时得到厘米级定位精度。它是 GNSS 应用的重大里程碑，它的出现为工程放样、地形测图等测量工作带来新曙光，极大地提高了测量外业作业效率。

14.4　卫星导航定位测量

同常规测量一样,GNSS 测量实施同样包括外业和内业两部分。其中,外业工作主要包括选点、建立标志和观测等。内业工作主要包括技术设计、数据处理及技术总结等。如果按照 GNSS 测量实施的工作程序,则大致分为以下阶段:GNSS 网的优化设计、选点及建立标志、外业观测、数据处理等。

14.4.1　GNSS 网的优化设计

GNSS 网的优化设计是实施 GNSS 测量的第一步,这项工作的主要内容包括精度指标的合理确定、网的网形设计和基准设计。对 GNSS 的精度要求主要取决于网的用途;而网形设计不仅要考虑网的用途,还要考虑到经费、时间和人力的消耗以及所需接收机的类型、数量和后勤保障条件等。

常用的 GNSS 网网形有三角形网、环形网、附合路线和星形网。

明确 GNSS 成果在平差计算中所采用的坐标系统,给出已知的起算数据,这项工作称为 GNSS 网的基准设计。GNSS 网的基准包括网的位置基准、方位基准和尺度基准。其中,位置基准一般由给定的起算点坐标确定;方位基准一般由给定的起算方位角确定,也可将 GNSS 基线向量的方位网作为方位基准;尺度基准一般由地面上的电磁波测距边确定,基准的确定是通过网的整体平差实现的。

14.4.2　选点及建立标志

由于 GNSS 测量时观测点之间不要求通视,故选点工作较传统测量大为简化,并省去了建立觇标的费用,降低了成本。但 GNSS 测量有其自身的特点,选点时应满足以下要求:观测站应设置在交通便利、易于安置接收机且视野开阔的地方;应远离大功率无线发射台和高压线,以免其磁场对信号产生干扰;应避开大面积的水面或完全平整的建筑表面,以减弱多路径效应的影响等。

点选定后,应按规定建立标志并绘制点的标记。

14.4.3　GNSS 测量作业模式

随着 GNSS 测量后处理软件的发展,用 GNSS 技术确定两点间基线向量的方法有很多种测量方案可供选择,这些不同的测量方案称为 GNSS 测量的作业模式。目前,GNSS 测量的作业模式主要有静态相对定位、快速静态相对定位、准动态相对定位、动态相对定位、实时动态(RTK)测量等模式。

(1)静态相对定位模式。

1)作业流程。采用 2 台以上的 GNSS 接收机,分别设置在待测基线的两端点上,同步观测 4 颗以上卫星,根据基线长度和精度要求,每时段长一般为 1 ~ 3 h。

2)定位精度。基线相对定位精度可达到 5 mm+ $D\times10^{-6}$,D 为基线长度(km)。

3)特点。网的布设形式如图14.4所示,可采用三角形网、环形网,有利于观测成果的检核,增加网的网形强度,提高观测成果的可靠性和精度。

4)适用范围。建立地壳监测和大型工程的变形监测网;建立国家或地方大地控制网;建立精密工程测量控制网;进行岛屿与大陆联测等。

(2)快速静态相对定位模式。

1)作业流程。在测区中部选择一个基准站,设置一台GNSS接收机,连续跟踪所有可见卫星;另一台GNSS接收机依次到周围各点流动设站,并静止观测数分钟,如图14.5所示。

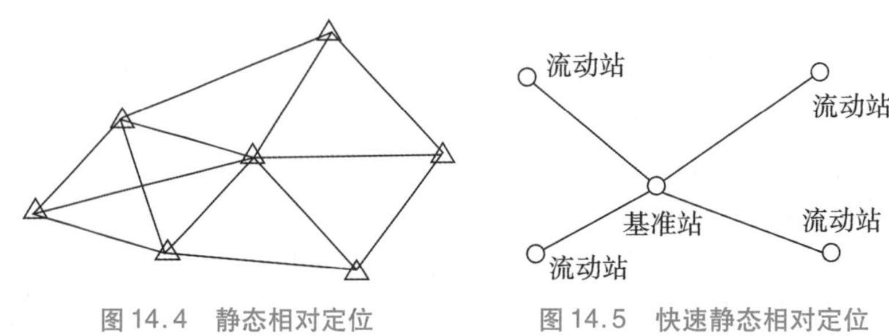

图14.4　静态相对定位　　图14.5　快速静态相对定位

2)定位精度。流动站相对于基准站的基线向量中误差为5 mm+ $D \times 10^{-6}$ 。

3)特点。用于流动站测量的接收机,在流动站之间移动的过程中,不必保持对所有卫星的连续跟踪,但在观测时应确保有5颗以上卫星可供观测,要求流动站与基准站之间的距离不超过20 km。本作业模式测量速度快、精度高,但直接观测边不能构成闭合环,可靠性差。

4)适用范围。小范围控制测量、工程测量、地籍测量、碎部测量等。

(3)准动态相对定位模式。

1)作业流程。在测区内选一基准站,设置一台GNSS接收机,连续跟踪所有可见卫星;另一台流动接收机在起点1处,静止观测数分钟;在保持对卫星跟踪的情况下,流动接收机依次在2、3、4等点观测数秒钟,如图14.6所示。

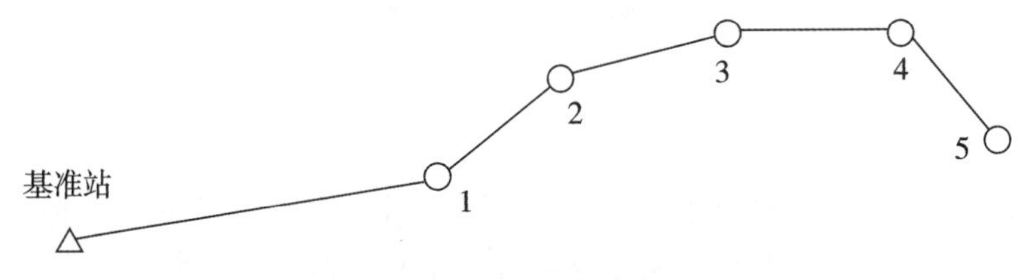

图14.6　准动态相对定位

2)定位精度。流动站相对于基准站的基线向量中误差为(10~20) mm+ $D \times 10^{-6}$ 。

3)特点。该作业流程工作效率极高。作业时至少有5颗卫星可供观测,流动接收机在移动时,应保持对卫星的跟踪,一旦卫星信号失锁,应在下一流动点上观测数分钟,要求基准站到流动站之间距离小于20 km。

4)适用范围。控制测量的加密、施工放样、碎部测量、线路测量、地籍测量等。

(4)动态相对定位模式。

1)作业流程。在测区内选一基准站,设置一台 GNSS 接收机,连续跟踪所有可见卫星;另一台接收机安置在运动载体上,在起始点 1 处,静止观测数分钟;在保持对卫星跟踪的情况下,安置接收机的运动载体从起点开始出发,接收机按照预定的采样间隔,依次在 2、3、4 等点自动观测,如图 14.7 所示。

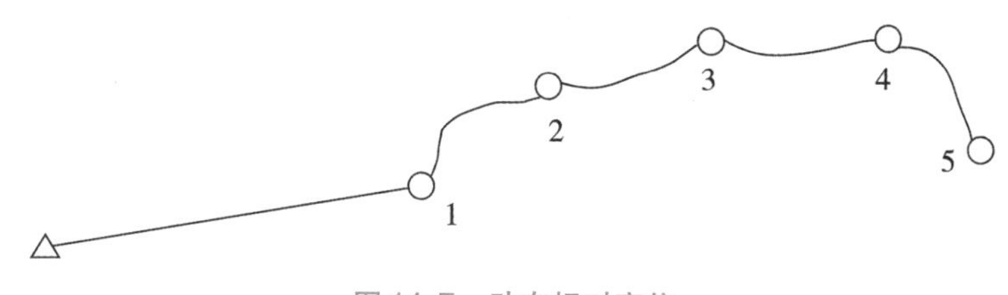

图 14.7　动态相对定位

2)定位精度。运动站相对于基准站的基线测量精度为(10 ~ 20) mm+$D\times10^{-6}$。

3)特点。本作业模式工作效率较高。作业时至少需要 5 颗卫星可供观测,接收机在运动过程中应保持对卫星的跟踪,一旦卫星信号失锁,应停止运动,静止观测数分钟,再继续测量。要求基准站到运动站之间的距离小于 15 km。

(5)实时动态测量模式。实时动态测量定位的基本思想是在基准站上设置一台 GNSS 接收机(基准站接收机),对所有可见 GNSS 卫星进行连续跟踪观测,并通过无线电发射设备,将观测数据实时地发送给流动的接收机(流动站接收机)。在流动站上,接收机在接收 GNSS 卫星信号的同时,通过无线电接收设备接收基准站发送的同步观测数据,然后以载波相位为观测值,按相对定位原理,实时地计算并显示流动站的三维坐标及精度。

14.4.4　外业观测

外业工作具体内容包括对中、整平、量取仪器高、开机、设置接收机参数、监视接收机的工作状态、关机等。另外,还需记录开关机时刻、点号、接收机号,以供数据处理时用。下面以广州南方测绘科技股份有限公司生产的“银河 6”GNSS 接收机为例,简单介绍采用 GNSS 接收机进行外业观测的作业流程。

该款 GNSS 接收机可以完成静态测量和 RTK 测量任务,其中 RTK 测量有电台工作模式、网络工作模式和 CORS(continuous operational reference system,连续运行卫星定位服务综合系统)模式等三种实现方式。由于该款接收机内置收发一体电台,故电台工作模式又细分为内置电台工作模式和外置电台工作模式,而内置电台工作模式下工作距离限定在 3 ~ 4 km,当采用网络工作模式进行作业时要特别注意提供开通网络流量的手机卡。CORS 模式下可以利用具有网络 RTK 技术的 CORS 系统,用户无须架设基准站,只需要将该款接收机作为移动站,即可进行地物点位坐标数据的采集工作,该款接收机可通过 Wi-Fi 或 GSM/GPRS 的方式登录网络,接入 CORS 系统进行外业工作。上述三种模式下的工

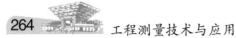

作流程都包括仪器架设、基准站参数设置、移动站参数设置等步骤。

静态模式下外业工作之前，要利用专用软件来设置接收机的采样率、高度截止角、数据记录方式、数据记录时段等参数，参数设置并保存后根据外业工作安排进行施测工作，施测工作结束后及时将数据进行下载存储。

14.4.5 数据处理

GNSS 数据处理的目的是从原始的观测结果测码伪距、载波相位观测值、卫星星历等数据出发，得到最终的 GNSS 定位结果。整个过程包括数据传输、预处理、基线向量解算和 GNSS 网平差计算等阶段。GNSS 外业观测数据是接收机记录的原始观测数据，内业用相应软件（后处理软件）将观测数据传输给计算机，并进行数据预处理和基线向量解算，进一步对基线向量网进行平差计算，最终获得定位结果。

目前国内外广泛应用的 GNSS 数据处理软件有瑞士伯尔尼大学天文研究院研制的 Bernese 软件、德国地学研究中心的 EPOS 软件、挪威的 GEOSAT 软件、武汉大学自主研发的 PANDA 软件等。

14.5 北斗卫星定位及导航系统

中国北斗卫星定位及导航系统（BDS），简称北斗卫星导航系统、北斗系统，是中国着眼于国家安全和经济社会发展需要，自主建设运行的全球卫星导航系统，是为全球用户提供全天候、全天时、高精度的定位、导航和授时服务的国家重要时空基础设施，是继 GPS、GLONASS 之后第三个成熟的卫星导航系统。中国 BDS 和美国 GPS、俄罗斯 GLONASS、欧盟 GALILEO 是联合国卫星导航委员会已认定的供应商。

14.5.1 BDS 发展历程

我国高度重视北斗卫星导航系统建设发展，自 20 世纪 80 年代开始探索适合国情的卫星导航系统发展道路，形成了“三步走”发展战略。

第一步，建设北斗一号系统。1994 年启动北斗一号系统工程建设；2000 年发射 2 颗地球静止轨道卫星，建成系统并投入使用，采用有源定位体制，为中国用户提供定位、授时、广域差分和短报文通信服务；2003 年发射第 3 颗地球静止轨道卫星，进一步增强系统性能。北斗一号系统解决了当时有与没有定位系统的问题。

第二步，建设北斗二号系统。2004 年启动北斗二号系统工程建设；2012 年年底，完成 14 颗卫星（5 颗地球静止轨道卫星、5 颗倾斜地球同步轨道卫星和 4 颗中圆地球轨道卫星）发射组网。北斗二号系统在兼容北斗一号系统技术体制基础上，增加无源定位体制，为亚太地区用户提供定位、测速、授时和短报文通信服务。

第三步，建设北斗三号系统。2009 年启动北斗三号系统建设，2020 年 6 月 23 日成功发射北斗三号最后一颗全球组网卫星，比原计划提前半年全面完成北斗三号全球卫星导航系统星座部署。2020 年 7 月 31 日北斗三号全球卫星导航系统正式开通。北斗三号系统在继承北斗有源服务和无源服务两种技术体制的基础上，进一步提升性能、扩展功能，能够面向全球用户提供基本导航（定位、测速、授时）、全球短报文通信、国际搜救服务；在中国及周边地区用户还可享有星基增强、地基增强、精密单点定位和区域短报文通信服务。

目前，北斗全球系统已全面建成，正式迈入全球服务新时代，以崭新的姿态走向世界。世界卫星导航系统的最新进展可以为北斗系统发展提供重要参考。随着各卫星导航系统全面服务，全球卫星导航进入新一轮竞技，2035 年也将成为下一个重要里程碑，届时我国将建成更加泛在、更加融合、更加智能的国家综合定位导航授时体系。未来，北斗系统作为国家综合 PNT 体系的基石，着眼世界卫星导航发展前沿，继续创新发展，可为全球用户提供基准统一、覆盖无缝、安全可靠、便捷高效的 PNT 服务，为未来智能化、无人化发展提供核心支撑。

14.5.2　BDS 基本组成

北斗卫星导航系统（BDS）由空间段、地面控制段和用户段三部分组成。

（1）空间段。北斗三号标称空间星座由 3 颗地球静止轨道（GEO）卫星、3 颗倾斜地球同步轨道（IGSO）卫星和 24 颗中圆地球轨道（MEO）卫星组成。GEO 卫星轨道高度 35 786 km，分别定点于东经 80°、110.5 °和 140°；IGSO 卫星轨道高度 35 786 km，轨道倾角 55°；MEO 卫星轨道高度 21 528 km，轨道倾角 55°，分布于 Walker24/3/1 星座。系统视情部署在轨备份卫星。

（2）地面控制段。负责系统导航任务的运行控制，主要由主控站、时间同步/注入站、监测站等组成。主控站是北斗系统的运行控制中心，主要任务包括：①收集各时间同步/注入站、监测站的导航信号监测数据，进行数据处理，生成并注入导航电文等；②负责任务规划与调度和系统运行管理与控制；③负责星地时间观测比对；④卫星有效载荷监测和异常情况分析等。时间同步/注入站主要负责完成星地时间同步测量，向卫星注入导航电文参数。监测站对卫星导航信号进行连续监测，为主控站提供实时观测数据。

（3）用户段。各种类型的北斗用户终端，包括北斗及兼容其他卫星导航系统的芯片、模块、天线等基础产品，以及终端设备、应用系统与应用服务等。

14.5.3　BDS 坐标系统

北斗系统采用北斗坐标系（BDCS）。BDCS 的定义符合国际地球自转参考系服务（IERS）规范，采用 2000 中国大地坐标系（CGCS 2000）的参考椭球参数，对准于最新的国际地球参考框架（ITRF），每年更新一次。

坐标系统的详细定义可参见北斗系统公开服务信号接口控制文件。

14.5.4　BDS 时间系统

北斗系统的时间基准为北斗时（BDT）。BDT 采用国际单位制秒，不闰秒，起始历元为 2006 年 1 月 1 日协调世界时（UTC）00 时 00 分 00 秒。BDT 通过 UTC 与国际 UTC 建立联系,BDT 与 UTC 的偏差保持在 50 ns 以内。BDT 与 UTC 之间的闰秒信息在导航电文中播报。

14.6 北斗卫星定位技术应用

正如“GNSS 的应用只受到人们想象力的限制”一样,北斗系统自提供服务以来,已在交通运输、基础测绘、搜救打捞、工程勘测、农林渔业、水文监测、气象测报、通信授时、电力调度、资源调查、地震监测、公共安全救灾减灾和国防建设等领域得到广泛应用,服务国家重要基础设施,产生了显著的经济效益和社会效益。

自 2020 年 7 月 31 日北斗三号全球系统建成并开通服务以来,北斗系统进入了持续稳定运行、规模应用发展的新阶段。当前,北斗系统对经济社会发展的辐射带动作用显著增强,应用深度广度持续拓展。北斗系统已广泛进入各行各业及大众消费、共享经济和民生领域,深刻改变着人们的生产生活方式。

14.6.1 赋能数字经济

2021 年我国卫星导航与位置服务产业总体产值达 4 690 亿元,较 2020 年增长 16.29%。其中,与卫星导航技术研发和应用直接相关的芯片、器件、算法、软件、导航数据、终端设备、基础设施等在内的产业核心产值同比增长约 12.28%,达 1 454 亿元。我国卫星导航与位置服务领域企事业单位总数量保持在 14 000 家左右,从业人员超过 50 万人。我国卫星导航与位置服务领域自主创新能力持续提升,2021 年,中国卫星导航专利申请累计总量(包括发明专利和实用新型专利)突破 9.8 万件,继续保持全球领先。

当前我国卫星导航与位置服务产业正以技术体系创新和应用模式创新为主线,积极推动“北斗+”融合创新和“+北斗”时空应用发展。在推进传统基础设施和新型基础设施建设,打造系统完备、高效实用、智能绿色、安全可靠的现代化基础设施体系,打造智能交通、智慧能源、智慧农业及水利、智能制造、智慧教育等数字化应用场景等方面,卫星导航与位置服务产业已发挥出重要的时空赋能作用,加快推动了产业数字化,为我国数字经济的发展赋予了强大的生命力。

目前,北京、上海、湖北、河北、江苏等地在其发展规划中,都已明确以发展数字经济为背景,积极鼓励支持北斗与 5G、物联网、人工智能、大数据等技术融合创新,突破关键引领技术,推动北斗在智能交通、智慧港口、智能网联汽车、智慧城市、应急保障、物流、养老、医疗、文旅等诸多领域的规模化应用,推动北斗数字化应用场景建设发展。

14.6.2 融入基础设施建设

2021 年我国国内卫星导航与位置服务市场需求继续保持稳定增长态势。以新基建、交通、能源、水利等为代表的现代基础设施体系建设对北斗应用的需求持续释放,北斗在智能交通、智慧能源、智慧农业及水利、智能制造等领域的应用所形成的数字化场景,正在不断形成新的细分市场,进一步扩大了我国卫星导航与位置服务的总体市场规模。

在此基础上，2021 年，北斗融入自然资源、通信、交通、电力、水利等行业的基础设施建设的步伐进一步加速。

在自然资源领域，北斗系统在测绘地理信息、耕地保护、自然保护地监管、地质矿产、海洋事务、国土空间规划、生态保护修复、灾害预警防范、调查监测、林草碳汇计量等领域的应用正不断深入。

在通信行业，中国移动在全国范围内建设超过 4 000 座北斗地基增强基准站，建成全球规模最大的"5G+"北斗高精度服务系统，可面向全国多个省份提供高精度定位服务。

在电力行业，超过 2 000 座电力行业北斗地基增强基准站的建设和部署，使无人机自主巡检、变电站机器人巡检，杆截监测等业务应用的智能设备得到了可靠、精准、稳定的高精度位置服务。

在农业领域，全国已有将北斗终端作为标准配置的农机企业 45 家，已安装农机自动驾驶系统超过 10 万台，安装农机定位、作业监测等远程运维终端超过 45 万台/套，全国接入国家精准农业综合数据服务平台的农机装备达到 25.8 万台，实现了跨企业农机作业数据整合，水稻、小麦、玉米等主粮作物收获和拖拉机作业的 24 h 动态监测。

14.6.3　服务大众生活

随着北斗产业化的不断推进，大众消费类应用正逐渐成为北斗应用规模最大的领域之一。目前，北斗系统已逐步形成深度应用、规模化发展的良好局面，全面赋能各行各业并实现显著效益，正在成为智能手机、可穿戴设备等大众消费产品定位功能的标准配置。

目前，国产智能手机厂商均全面支持北斗系统应用。北斗地基增强功能已进入智能手机，可实现 1 m 级高精度定位，正在中国多个城市开展车道级导航试点应用。与此同时，具备北斗三号短报文通信能力的大众手机即将面市，有望重新定义手机应用功能，并实现手机"不换 SIM 卡、不换手机号、不增加额外设备"即可同时享受北斗短报文和移动通信服务。目前，部分智能手机已搭载"高精度定位"服务，提供可达亚米级的定位精度，实现行驶车道的精准识别，并已在重庆、天津、深圳、广州、苏州、杭州、成都、东莞等地提供服务。

以北斗高精度定位技术为基础的电子围栏、入栏结算、停车指引、定点停放等功能的实现，在共享单车行业良性有序发展、城市管理效能提升及改善城市环境、提升居民生活品质等方面都具有重要意义。北斗芯片级高精度定位将更快速、更广泛地应用于以共享出行为代表的大众消费领域。

当前传统产业正面临数字化转型和智能升级的巨大浪潮。可以预见，未来两三年，伴随智能交通、智慧能源、智慧农业及水利、智慧教育、智慧医疗等十大数字应用场景的发展，北斗与 5G、云计算、区块链等技术的融合创新必将极大赋能传统行业领域，催生出更广阔的卫星导航与位置服务大市场。

第 14 章
习题集

参考文献

[1]宋建学.土木工程测量[M].郑州:郑州大学出版社,2005.

[2]付开隆,宋建学.现代公路测量技术[M].北京:科学出版社,2005.

[3]宋建学.工程测量[M].郑州:郑州大学出版社,2006.

[4]宋建学.新编土木工程测量[M].郑州:郑州大学出版社,2012.

[5]宋建学.工程监测技术与应用研究[M].北京:科学出版社,2014.

[6]宋建学.工程测量[M].郑州:郑州大学出版社,2015.

[7]宋建学.建筑变形与基坑安全监测技术[M].郑州:郑州大学出版社,2017.

[8]程鹏飞.国家大地坐标系建立的理论与实践[M].北京:测绘出版社,2017.

[9]覃辉.土木工程测量[M].4 版.上海:同济大学出版社,2013.

[10]中华人民共和国国家质量监督检验检疫总局,中国国家标准化管理委员会.国家基本比例尺地图图式　第 1 部分:1∶500 1∶1 000 1∶2 000 地形图图式:GB/T 20257.1—2017[S].北京:中国标准出版社,2017.

[11]王波,王修山.土木工程测量[M].北京:机械工业出版社,2018.

[12]宋建学.工程测量技术与应用[M].郑州:郑州大学出版社,2019.

[13] 全国北斗卫星导航标准化技术委员会.北斗卫星导航系统公开服务性能规范:GB/T 39473-2020[S].北京:中国标准出版社,2020.

[14]潘宠平,赵晓花,刘军进,等. CCTV 主楼施工全过程桩筏基础沉降监测技术[J]. 建筑科学,2009(11):78-81,98.

[15]宋进京,周同和,郭院成,等. 郑州绿地中央广场双子塔基坑工程[M]//龚晓南. 基坑工程实例 8. 北京:人民交通出版社,2020:464-475.

名词解释

第1章 绪 论

1.3.1 高程基准(height datum)

由特定验潮站平均海水面确定的测量高程的起算面以及依据该面所决定的水准原点高程。我国现行高程基准为1985国家高程基准。

1.3.1 水准原点(leveling origin)

国家高程控制网的起算点。中国永久性水准原点位于青岛市观象山山顶处,由中国人民解放军总参测绘局于1956年建成,作为中国的高程起点,全国各地的高程皆由此点起算。

1.3.1 1985国家高程基准(national vertical datum 1985)

采用青岛水准原点和根据青岛验潮站1952—1979年的验潮数据确定的黄海平均海水面所定义的高程基准,其水准原点的起算高程为72.260 m。

1.3.1 1956年黄海高程系(Huanghai vertical datum 1956)

采用青岛水准原点和根据青岛验潮站1950—1956年的验潮数据确定的黄海平均海水面所定义的高程基准,其水准原点的起算高程为72.289 m。

1.3.1 椭球定位(positioning of ellipsoid)

确定椭球中心的位置。可分为局部定位和地心定位,局部定位要求在一定范围内椭球面与大地水准面有最佳的符合,而对椭球的中心位置无特殊要求;地心定位要求在全球范围内椭球面与大地水准面有最佳的符合,同时要求椭球中心与地球质心一致或最为接近。

1.3.1 椭球定向(orientation of ellipsoid)

确定椭球旋转轴的方向。不论是局部定位还是地心定位,都应满足两个平行条件:①椭球短轴平行于地球自转轴;②大地起始子午面平行于天文起始子午面。

1.3.1 参考椭球(reference ellipsoid)

一个国家或地区为处理测量成果而采用的一种与地球大小、形状最接近的地球椭球,或最符合一定区域的大地水准面、具有一定大小和定位参数的旋转地球椭球。

由于地球椭球是一个数学表面,在其上可以做严密的计算,而且所推算的元素(如长度、角度)同大地水准面上的相应元素非常接近,因此,可以使用地球椭球作为地球的近似几何模型。

但是,在实际建立坐标系统的时候,还需要将这个椭球体与大地体联系起来。因为地球椭球体只是近似代表地球，为了尽量减少针对各个地区的近似误差，各地区都会通过大地基准面使得地球椭球体与地球体在某一区域尽量重合，建立自己的参考椭球。

地面上相同点在不同的参考椭球建立的坐标系统中的坐标是不一样的，这就需要建立不同坐标系统之间的相互转换参数，从而将某点的坐标从本坐标系换算到另一个坐标系。

1.3.1 平均地球椭球(mean earth ellipsoid)

符合全球大地水准面，具有与地球相同的质量、自转速率，中心位于地球质心，椭球旋转轴与地球自转轴重合的地球椭球，又称总地球椭球。

1.3.2 参心大地坐标系(reference-ellipsoid-centric geodetic coordinate system)

以参考椭球的几何中心为基准的大地坐标系。参心坐标系通常分为参心空间直角坐标系（以 x、y、z 为其坐标元素）和参心大地坐标系（以 B、L、H 为其坐标元素）。

建立参心坐标系，需要完成以下几个方面的工作：

(1)选择椭球的几何参数，包括长半径 a 和扁率 α；

(2)进行椭球定位，确定椭球中心的位置；

(3)进行椭球定向，确定椭球短轴的指向；

(4)建立大地原点。

1.3.2 大地原点(geodetic origin)

国家平面控制网的起算点。我国大地原点位于陕西省泾阳县永乐镇。

1.3.2 大地坐标系(geodetic coordinate system)

以参考椭球面为基准面建立的坐标系。地面点的位置用大地经度、大地纬度和大地高度表示。大地坐标系如图所示：

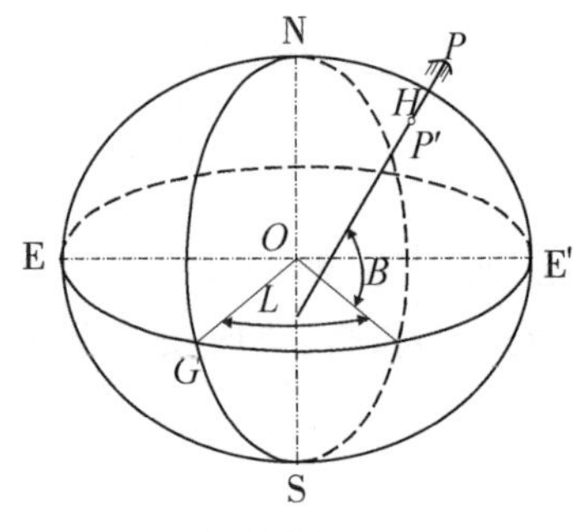

大地坐标系

其中，大地经度 L 为过 P 点的大地子午面与起始大地子午面之间的夹角，大地纬度 B 为过 P 点的参考椭球面法线与大地赤道面的夹角，大地高度 H 是 P 点沿参考椭球面法线至参考椭球面的距离。

1.3.3 广播星历(broadcast ephemeris)

定位卫星发播的无线电信号上载有预报一定时间内卫星轨道参数的电文信息。用于计算任意时刻的卫星位置及其速度。

1.3.3 天文子午面(astronomic meridian plane)

过地面一点的重力线且平行于地球自转轴的平面。

1.3.3 零子午面(zero meridian)

通过英国格林尼治天文台的天文子午面,也称本初子午面。

1.3.4 历元(epoch)

观测数据所对应的观测时刻。指一个时期和一个事件的起始时刻或者表示某个测量系统的参考日期。

在天文学中,历元是为指定天球坐标或轨道参数而规定的某一特定时刻,因为这些会受到摄动(天体实际运行轨道相对于正常轨道的偏离现象)而随着时间变化。

历元 2000.0,它指的时刻是 2000 年 1 月 1 日 12 时。

由于地球表面的物质运动(如洋流、海潮等)以及地球内部的物质运动(如地幔的运动),会使地极的位置产生变化。因此,本书中历元 2000.0 的地球参考极,就是历元 2000.0 时刻的地极指向。该历元的指向由国际时间局给定的历元为 1984.0 的初始指向推算。

1.4.4 高斯-克吕格投影(Gauss-Krueger projection)

一种等角横切椭圆柱投影。其投影带中央子午线投影呈直线且长度不变,赤道投影也为直线,并与中央子午线正交。如图所示:

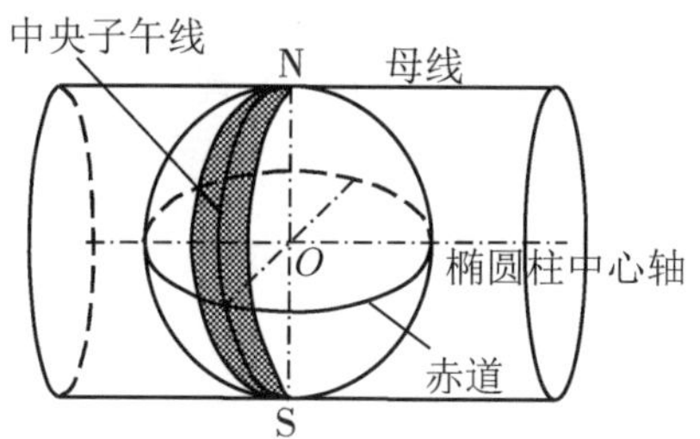

高斯-克吕格投影

1.5.1 地球曲率(curvature of the earth)

地球外形的弯曲程度。

第 2 章 水准测量

2.3.3 视差(parallax)

像平面与指标平面不重合所产生的读数或照准误差。

2.4.1 水准点(benchmark)

沿水准路线每隔一定距离布设的高程控制点。

2.4.3 测段(leveling section)

两相邻水准点间的水准测线。

2.5.1 图根点(mapping control point)

直接用于地形测图的控制点。

2.5.1 图根水准测量(mapping control leveling)

用水准测量方法测定图根点高程的测量工作。

2.6 水准测量偶然中误差(accident mean square error of leveling)

假定水准测量仅含有偶然误差所计算的中误差。

水准测量偶然中误差,也称每千米高差偶然中误差、每千米往返测高差中数的中误差。它是指根据测段往返测不符值估计一条水准路线的水准测量中,每千米水准观测的偶然性中误差。

每千米水准测量偶然中误差 M_Δ 可按下式计算:

$$M_\Delta = \pm\sqrt{[\Delta\Delta/R]/(4\cdot n)}$$

式中,Δ 为测段往返高差不符值,单位为 mm;R 为测段长度,单位为 km;n 为测段数。

第 3 章 角度测量

3.4.1 光学对中器(optical plummet)

使仪器中心和点位标志中心在铅垂方向对准的光学装置。

3.4.1 偏心(eccentric)

仪器中心或观测目标中心偏离其标志中心的现象。

3.7 光栅度盘(incremental circle,incremental disk)

用两光栅产生的莫尔条纹的亮度变化周期数作为角度计量的度盘。

3.7 编码度盘(binary coded circle,binary coded disk)

在光学玻璃上刻制同心等间隔的透光和不透光的白区和黑区,以获得二进制数变化的光电信号作为角度计量的度盘。

第 4 章 距离测量与直线定向

4.0 视距测量(stadia survey)

利用光学测量仪器内的分划装置和目标点上的标尺测定距离的测量方法。

原理:与横丝平行且等距有上、下两条短横丝,从这两根视距丝引出的视线在竖直面内所夹的角度是固定角,该角的两边在尺上截得一段距离 l。如图所示:

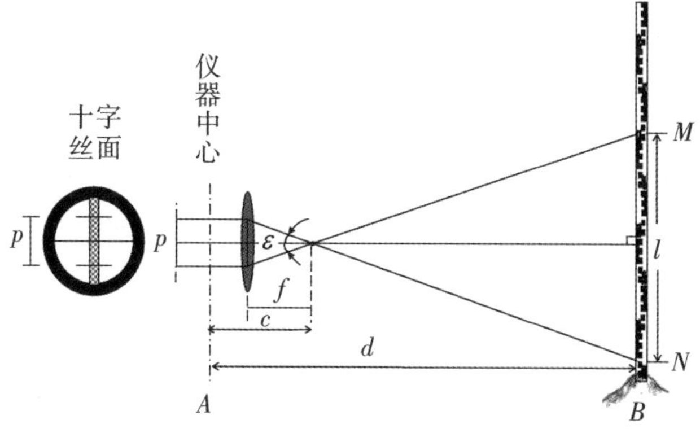

$$\frac{d-c}{f}=\frac{l}{p}$$

$$d=\frac{f}{p}l+c=kl+c$$

$$k=\frac{1}{2}\cot\left(\frac{\varepsilon}{2}\right)$$

式中，k、c 分别称为视距乘常数和视距加常数。目前常用的内对光望远镜的视距常数，设计时已使 $k=100$，$c=0$，因此视距测量就是 $d=100l$。

第 5 章　全站仪测量

5.2.2　天顶角（zenith angle）

从测站点铅垂线向上方向到观测目标的方向线的夹角，也称天顶距。

5.2.3　全站仪距离测量（total station distance measurement）

以电磁波在两点间往返的传播时间（t_{2D}）确定两点间距离 D 的测量方法，即电磁波测距。

$$D=\frac{1}{2}ct_{2D}$$

式中，$c=c_0/n$ 为光在大气中的传播速度；c_0 为光在真空中的传播速度；n 为大气折射率，n 是光波长、大气温度和气压的函数，$n\geqslant 1$。

因此，全站仪距离测量时，需要输入测量时的温度和气压进行气象改正。又由于光在空气中和棱镜中的传播速度不一样，所以，还需要输入棱镜常数。

5.2.3　棱镜（reflecting prism，prism）

用光学玻璃制成的透明多面体。其反射面围成一定角度，其入射光线和反射光线平行，且具有自准直性。

5.2.3　反射片（paper prism，reflecting patch）

一种由多个复合面组成的、能够通过其底面反射光线的片状测距标志。

5.2.4　后视点(back sight point)

一般为具有已知数据的点,后面的数据是以此为基础进行传递的。因为大部分时候仪器是架在已知点和待定点之间,相对于前进的方向来说,是向后看的,所以形象地称为后视点。前视点和后视点是相对的,在这一站上是前视点,到了下一站就成了后视点(因为它经过测量后,成了已知点)。

工程测量上后视点分两种:一种是水准测量的后视点,作为高程传算的基础;另一种是平面测量的后视点,和测站点一起使用,后视点是方位传算的基础,也称定向点。

5.3.2　通视(intervisibility)

视线相通。如果两点之间可以相互看到,就称两点相互通视。

第7章　小地区测图

7.1　控制点(control point)

具有地面固定标志和坐标或高程数据且有起算功能的点。包括平面控制点和高程控制点。

7.1　测量控制网(surveying control network)

由控制点以一定几何图形所构成的具有一定可靠性的网,简称控制网。

7.1　三角网(triangulation network)

相邻控制点之间用三角形相连的平面控制网。

7.1　水准网(leveling network)

由一系列水准点按照水准测量路线所构成的一种高程控制网。

7.1　独立网(independent control network)

只有必要起算数据的测量控制网。

7.1　加密网(densified control network)

在高等级测量控制网中,为增加控制点的密度而布设的测量控制网。

7.2.2　连测(connect leveling)

将高等级控制点包含在导线中的观测。

7.2.2　点之记(description of station)

记载控制点位置和结构等情况的资料。包括点名、等级、点位略图及与周围固定地物的相关尺寸等内容。

7.2.2　图根导线测量(mapping traverse survey)

采用导线测量的方法测定图根点平面位置的工作。

7.5.1　地形图图式(specification for topographic map symbols)

对地形图上表示地物、地貌及其他地理要素符号的样式、规格、颜色、注记和图廓整饰等所做的统一规定。

7.5.1 地形图分幅(subdivision of topographic map)

按一定规格将广大地区的地形图划分成一定尺寸的若干单幅地图,分为梯形分幅、正方形分幅和矩形分幅。

7.6.2 全站仪极坐标法(polar coordinate method with total station)

在已知点上设置全站仪,观测待定点的水平方向和距离,从而确定其点位平面位置的方法。

7.6.2 交会法(intersection method)

根据两个以上已知点,用方向和距离交会,确定待定点坐标或高程的方法。

7.6.2 极坐标法(polar coordinate method)

如图所示,A、B 为已知点,其坐标为(x_A,y_A)、(x_B,y_B)。水平角 β、水平距离 D 是观测值,根据 β、D 可求出点 P 的平面坐标:

$$\left.\begin{aligned} x_P &= x_A + \Delta x_{AP} = x_A + D\cos\alpha_{AP} = x_A + D\cos(\alpha_{AB} + \beta) \\ y_P &= y_A + \Delta y_{AP} = y_A + D\sin\alpha_{AP} = y_A + D\sin(\alpha_{AB} + \beta) \end{aligned}\right\}$$

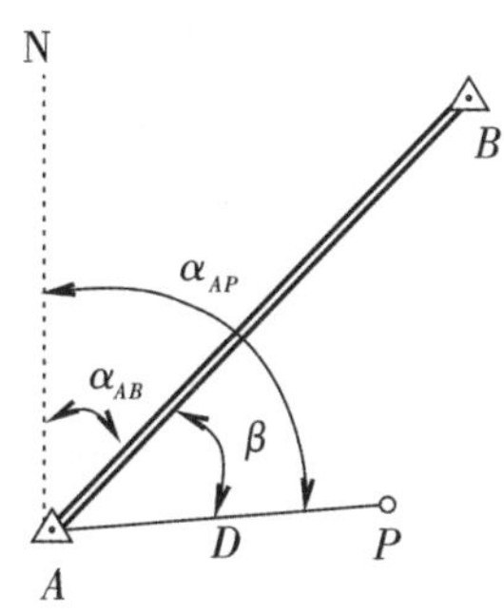

极坐标法定点

设角度测量中误差为 m_β,距离测量相对中误差为 $\dfrac{m_D}{D}$,则 P 点的点位中误差为

$$m_P = \pm\sqrt{\left(\frac{m_\beta}{\rho}D\right)^2 + m_D^2} = \pm\sqrt{\left(\frac{m_\beta}{\rho}\right)^2 D^2 + \left(\frac{m_D}{D}\right)^2 D^2}$$

7.6.2 前方交会(intersection)

在至少两个已知点上设站,分别对待定点进行水平角观测,确定待定点平面位置的方法。

如图所示,A、B 为已知点,其坐标为(x_A,y_A)、(x_B,y_B)。两个水平角 α、β 是观测值,点 P 平面坐标为

$$x_P = \frac{x_A\cot\beta + x_B\cot\alpha + (y_B - y_A)}{\cot\alpha + \cot\beta}$$

$$y_P = \frac{y_A\cot\beta + y_B\cot\alpha - (x_B - x_A)}{\cot\alpha + \cot\beta}$$

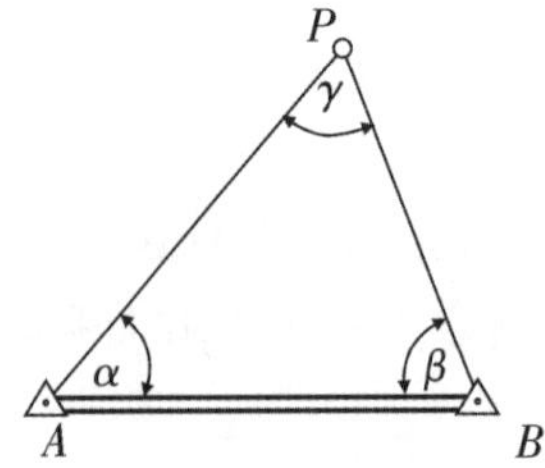

角度交会法定点

设角度测量中误差为 m_β，则 P 点的点位中误差为

$$m_P = \frac{\sqrt{D_{AP}^2 + D_{BP}^2}}{\sin\gamma} \cdot \frac{m_\beta}{\rho}$$

7.6.2 后方交会(resection)

在待定点上设站，对至少三个已知点进行水平角观测，确定待定点平面位置的方法。

如图所示，A、B、C 为已知点，其坐标为 (x_A, y_A)、(x_B, y_B)、(x_C, y_C)。在待定点 P 上对已知点 A、B、C 分别观测了两个水平角 α、β。由此计算点 P 平面坐标为

$$x_P = x_B + \Delta x_{BP}\ ,\ y_P = y_B + k \cdot \Delta x_{BP}$$

$$a = (x_A - x_B) + (y_A - y_B)\cot\alpha$$

$$b = -(y_A - y_B) + (x_A - x_B)\cot\alpha$$

$$c = -(x_C - x_B) + (y_C - y_B)\cot\beta$$

$$d = (y_C - y_B) + (x_C - x_B)\cot\beta$$

$$k = \frac{a + c}{b + d}\ ,\ \Delta x_{BP} = \frac{a - bk}{1 + k^2}$$

设角度测量中误差为 m_β，则 P 点的点位中误差为

$$m_P = \frac{D_{PB}}{\left|\sin(\beta + \alpha + \angle CBA)\right|}\sqrt{\frac{D_{PA}^2}{D_{AB}^2} + \frac{D_{PC}^2}{D_{BC}^2}}\frac{m_\beta}{\rho}$$

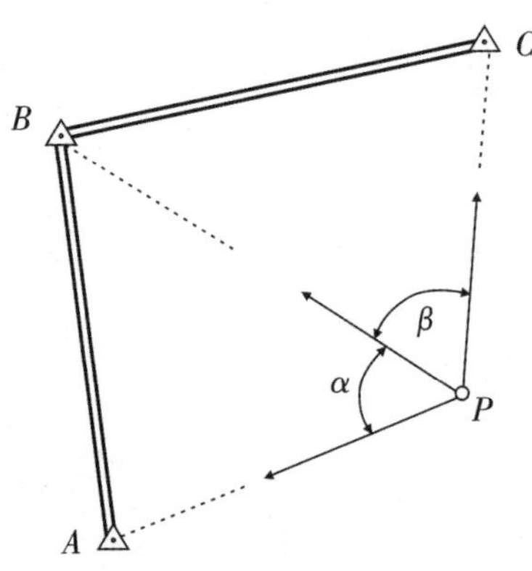

后方交会法定点

7.6.2 侧方交会(side intersection)

在一个已知点和待定点上设站，分别对另一个已知点进行水平角观测，确定待定点平

面位置的方法。

如图所示,A、B 为已知点,其坐标为(x_A,y_A)、(x_B,y_B)。水平角 α、γ 是观测值。如果把观测值看成 α 和 $\angle PBA=180°-\alpha-\gamma$,则点 P 的平面坐标可按前方交会法进行计算。

设角度测量中误差为 m_β,则 P 点的点位中误差为

$$m_P=\frac{D_{PA}}{\sin\beta}\cdot\frac{m_\beta}{\rho}\sqrt{\left(\frac{D_{PA}}{D_{AB}}\right)^2+1}$$

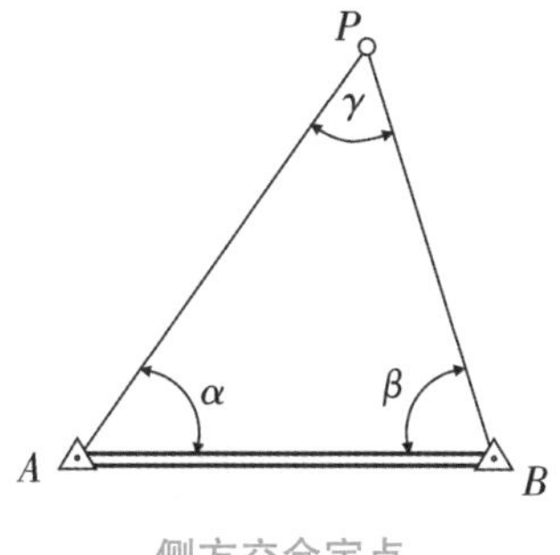

侧方交会定点

7.6.2 边交会法(linear intersection)

分别测量两个已知点至待定点的水平距离,确定待定点平面位置的方法,也称距离交会法。

如图所示,A、B 为已知点,其坐标为(x_A,y_A)、(x_B,y_B)。水平距离 a、b 是观测值,根据 a、b 可求出点 P 的平面坐标为

$$x_P=x_A+a\cos\alpha_{AP}$$
$$y_P=y_A+a\sin\alpha_{AP}$$

设距离测量相对中误差为 $\frac{m_D}{D}$,则 P 点的点位中误差为

$$m_P=\frac{\sqrt{a^2+b^2}}{\sin\gamma}\cdot\frac{m_D}{D}$$

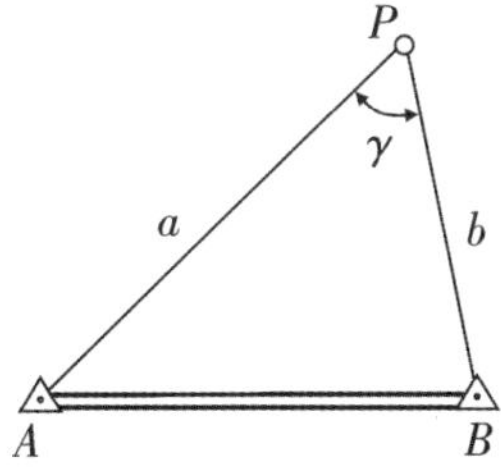

边交会法定点

7.6.2 边角交会法(linear-angular intersection)

测量待定点与两个已知点间的夹角和到其中一个已知点的距离,确定待定点平面位置的方法。

如图所示,A、B 为已知点,其坐标为(x_A,y_A)、(x_B,y_B)。水平角 γ、水平距离 a 是观测

值。点 P 平面坐标可按下述方法进行计算：

由正弦定理

$$\frac{a}{\sin\angle A}=\frac{D_{AB}}{\sin\gamma}$$

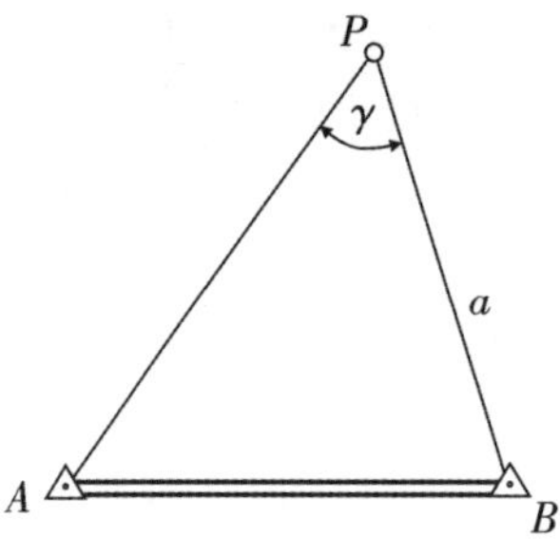

边角交会定点

可得

$$\angle A=\arcsin\left(\frac{a}{D_{AB}}\sin\gamma\right)$$

接下来，可按角度前方交会法算出点 P 的坐标。

设角度测量中误差为 m_α 和 m_γ，则 P 点的点位中误差为

$$m_P=\pm\frac{1}{\cos\alpha}\sqrt{\left(\frac{D_{PA}D_{PB}}{D_{AB}}\frac{m_\gamma}{\rho}\right)^2+m_a^2}$$

7.7.1　数字地形图(digital topographic map)

将地形信息按一定的规则和方法采用计算机生成、存储及应用的地形图。

7.7.2　地理信息系统(geographic information system,GIS)

在计算机软硬件支持下，把各种地理信息以一定格式，进行输入、存储、管理、检索、更新、显示、制图和综合分析的技术系统。

7.8.1　地形图注记(topographic map lettering)

地形图上表示地物名称、意义、数量等属性的文字和数字的统称。

7.8.4　地性线(terrain line)

地貌坡面变化的特征线，如山脊线、山谷线等。

7.8.4　规则格网(grid)

由全等的矩形或三角形形成的网格。

7.8.4　矢量数据(vector data)

以坐标或有序坐标串表示的空间点、线、面等图形数据及与其相联系的有关属性数据的总称。在矢量数据结构中，地理实体的形状和位置由一组坐标对所确定。数字地形图就是一种矢量数据。

7.8.4　空间分析(spatial analysis)

基于位置和形态特征，对地理对象进行空间数据分析的技术，其目的在于提取和传输空间信息。

第 9 章　建筑工程施工测量

9.1.1　建筑红线(property line)

根据规划确定的建筑区域或建筑物的用地限制线。

9.1.2　建筑方格网(building square grids)

各边组成矩形或正方形且与拟建的建(构)筑物轴线平行的施工平面控制网。

9.2　安装测量(installation survey)

为建筑构件或设备部件的安装所进行的测量工作。

9.2　找平(marking level)

又称抄平,指用水准测量的方法确定某一设计标高的测量工作。

9.3.2　轴线控制桩(offset pegs of axis)

建筑物定位后,在基槽外墙或柱列轴线延长线上,表示墙或柱列轴线位置的桩。

9.3.2　龙门板(sight rail,batter board)

在基槽外设置的表示建筑轴线位置的门形水平木板。其顶面高程通常为建筑±0.000。

9.4.2　轴线投测(building axis transfer)

将建(构)筑物轴线由基础引测到上层边缘或柱子上的测量工作。

9.4.3　标高传递(elevation transfer)

建筑施工时,根据下一层的标高值用测量仪器或钢尺测出另一层标高并做出标记的测量工作。

9.5.3　垂直度测量(plumbing survey,verticality survey)

确定建(构)筑物中心线偏离其铅垂线的距离及其方向的测量工作。

第 10 章　公路工程测量

10.1　平面曲线(horizontal curve)

线路转向时所设置的曲线,包括圆曲线、缓和曲线和由这两种曲线组成的其他形状的平面曲线,简称平曲线。

10.1.1　交点(intersection point)

线路改变方向时,两相邻直线段的中线延长线相交的点,也称为转向点。

10.1.1　带状地形图(strip topographic map)

一般用于线路工程,测区形状为长条状的地形图。

10.1.1　地物点(planimetric point)

地形图中确定地物形状和位置的特征点。

10.5.1　复曲线(compound curve)

由两个或两个以上不同半径的同向圆曲线连接组成的曲线。

第 11 章　桥涵工程测量

11.4.1　跨河水准测量(cross-river leveling)

为跨越超过一般水准测量视线长度的江河(或湖塘、沟壑、洼地、山谷等),采用特殊的测量方法测定两端高差的水准测量。

第 12 章　市政工程测量

12.1.1　独立坐标系(independent coordinate system)

相对独立于国家坐标系外的局部测量平面直角坐标系。

12.1.1　高斯投影面(Gauss projection plane)

按照高斯投影公式确定的地球椭球面的投影展开面。

12.1.1　抵偿高程面(compensation height plane)

为使地面点间的高斯投影长度改正与归算到基准面上的改正大致抵消而确定的长度归化高程面。

12.1.1　首级网(primary control network)

为某个工程项目建立的最高等级平面和高程控制网。

12.1.1　最弱点(weakest point)

控制网中点位中误差最大的点。

12.1.1　最弱边(weakest side)

控制网中相对中误差最大的边。

12.1.1　测量平差(survey adjustment)

采用某种估计理论处理各种测量数据,求得测量值和参数的最佳估值,并进行精度计算的理论和方法。

12.1.1　定线测量(alignment survey)

城市规划道路定线测量的简称,指将线路工程设计图纸上的线路位置测设于实地或在实地直接选定线路的测量工作。

12.1.1　拨地测量(allocation survey)

建设用地钉桩测量的简称,指标定建设用地范围的测量工作。

12.1.4　竣工测量(as-built survey,acceptance survey)

为获得各种建(构)筑物及地下管网等施工完成后的平面位置、高程及其他相关尺寸而进行的测量。

第 13 章　工程变形测量

13.2.1　变形监测(deformation monitoring)

对被监测对象的形状或位置变化及相关影响因素进行监测,确定监测体随时间的变化特征,并进行变形分析的过程。

13.2.1 变形分析(deformation analysis)

根据变形观测资料,通过计算确定变形的大小和方向,分析变形值与变形因素的关系,找出变形规律和原因,判断变形的影响,并做出变形预报等工作。

13.2.1 变形监测基准网(deformation monitoring reference network)

由基准点、校核基准点和工作基点组成的定期复测的测量控制网。

13.2.1 基准点(datum point)

在变形测量中,作为测量工作基点及变形观测点起算依据的稳定可靠的控制点。

13.2.1 校核基准点(checking datum point)

用于校核基准点或工作基点稳定性而特别建造的控制点。

13.2.1 工作基点(operating control point, working base point)

作为直接测定变形观测点的比较稳定的控制点。

13.2.1 变形观测点(deformation observation point)

设置在监测体上,能反映其变形特征的固定标志。

13.2.1 变形监测网(deformation monitoring network)

由基准点、工作基点、变形观测点组成的按一定周期对监测体进行重复观测而建立的观测网。

13.2.1 深埋钢管标(deep buried steel-pipe benchmark)

以钢管制成,其底部埋在基岩中或稳定可靠的土层中,有保护套管与周围土层隔离的水准点。如图所示:

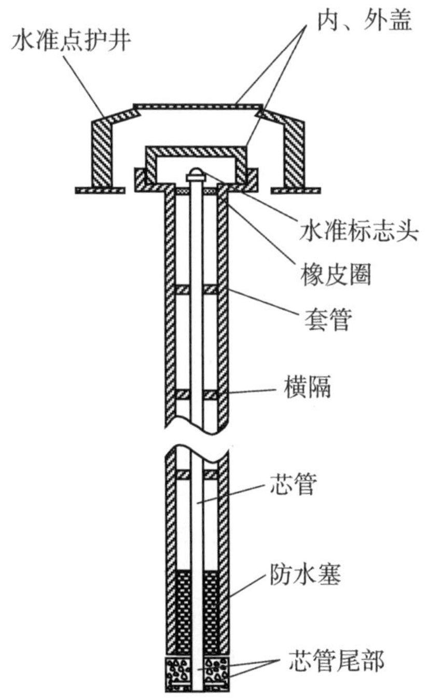

深埋钢管标

13.2.1 深埋双金属标(deep buried bimetal benchmark)

用线膨胀系数不同的两根金属管,底部埋在基岩中或稳定可靠的土层中,用套管与周围土层隔离,能根据温度变化修正标志点高程的水准点。如图所示:

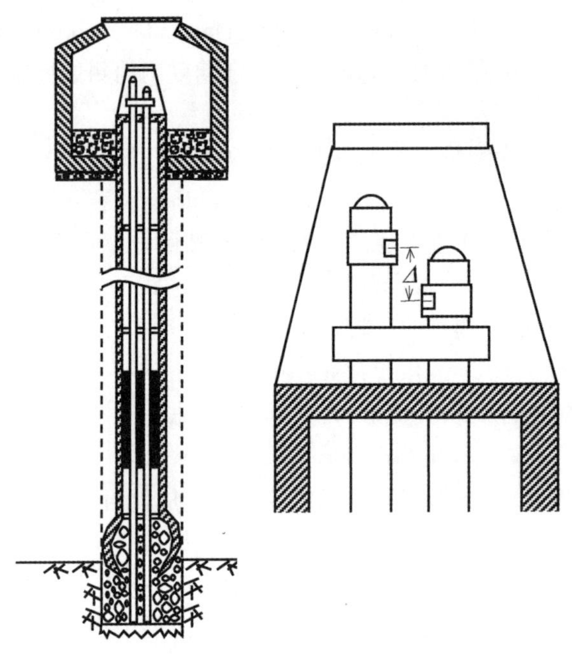

深埋双金属标

13.2.2 变形灵敏度(deformation sensitivity)

在一定置信水平和检验功效下,变形测量可发现的最小变形值,分为沉降灵敏度、水平位移灵敏度、倾斜灵敏度、挠度灵敏度等。

在变形测量中,现在一般以无变形作为原假设。实际没变形,最后判断为有变形,称为第一类错误,其发生概率称为弃真概率,常用 α 表示,$1-\alpha$ 称为置信水平;实际发生了变形,而最后判断为没发生变形,称为第二类错误,其发生概率称为纳伪概率,常用 β 表示,$\gamma=1-\beta$ 称为检验功效。按照荷兰学者 W. Baarda 的建议,取 $\alpha=0.1\%$,$\gamma=80\%$。当检验控制网的稳定性时,应以无变形为原假设;当检验建筑物的变形值是否超过某值时,应以变形值大于该值作为原假设。

13.2.4 挠度测量(deflection survey)

对建(构)筑物及其构件等受力后随时间产生的弯曲变形而进行的测量工作。

13.2.4 小角度法(minor angle method, method of small angle measurement)

在测站上测量视准线方向与位移点方向间的微小角度,以求得偏离值的一种测量方法。

13.2.4 经纬仪投点法(method of transit projection, theodolite projecting method)

用经纬仪在两个正交的方向将建(构)筑物顶部的观测点投影到底部观测点的水平

面上,以测定位移大小、位移方向及倾斜度的方法。

13.2.4　引张线法(method of tension wire alignment)

在两固定点间,利用一根拉紧的金属丝作为基准线,测量变形观测点到基准线的距离,确定偏离值的方法。

13.2.4　正垂线法(method of direct plummet observation)

在固定点下,以金属丝悬挂重锤作为竖向基准线,测量建(构)筑物不同高度处的观测点与基准线的距离,确定偏离值的方法。

13.2.4　倒垂线法(method of inverse plummet observation)

以下端固定在变形体下基岩内,上端连接在油箱内的自由浮体上拉紧的金属丝作为竖向基准线,测量建(构)筑物不同高度处的观测点与基准线间的距离,确定偏离值的方法。

13.2.4　激光准直法(method of laser alignment)

以激光发射系统发出的激光束作为基准线,在需要准直的点上放置激光束的接收装置,确定偏离值的方法。

13.2.4　测斜仪法(method of inclinometer)

在预埋设的测斜管内,使用测斜仪按固定间隔读取数据,经数据处理获取不同深度的水平位移、方向等变形信息的方法。

第 14 章　卫星定位测量

14.2.1　导航电文(navigation message)

调制在载波上的数据码,包括卫星星历、时钟改正、电离层时延改正、工作状态信息及测距码等。

14.3.4　协议地球坐标系统(conventional terrestrial coordinate system)

采用协议地极方向 CTP(conventional terrestrial pole)作为 Z 轴指向的地球坐标系。由于地球的地极在不断变化,Z 轴指向的定义,一种是协议地球坐标系,一种是瞬时地球坐标。协议地球坐标系的 Z 轴由协议地极方向确定。1984 世界大地坐标系(WGS-84)和 2000 国家大地坐标系(CGCS2000)都属于协议地球坐标系。

14.3.5　基线(baseline)

GNSS 相对定位中的观测边。

14.3.5　基准站(reference station)

在一定的观测时间内,一台或几台接收机分别固定在一个或几个测站上,一直保持跟踪观测卫星,其余接收机在这些测站的一定范围内流动设站作业,这些固定测站就称为基准站。

14.3.5　流动站(roving station)

在基准站的一定范围内流动作业的接收机所设立的测站。

14.3.5　整周模糊度(ambiguity of whole cycles)

接收机开始跟踪卫星时,卫星载波信号在传播路线上未知的整周波长数。

14.4.2 多路径效应(multipath effect)

直接进入天线的卫星信号和经地面反射物反射间接进入天线的卫星信号相干涉所引起的时延现象。

14.4.4 截止高度角(elevation mask angle)

为了减少对流层折射对定位结果的影响所设定的观测最低的卫星高度角。

14.4.4 卫星高度角(satellite elevation angle)

卫星定位接收机天线和卫星连线方向与测站水平面间的垂直角。

14.4.4 连续运行参考站(continuously operating reference station,CORS)

连续运行参考站可以定义为由配备了若干个固定的、连续运行的 GNSS(全球导航卫星系统)接收机等设备及数据处理软件的台站(参考站、数据处理中心、数据播发中心等)所组成的,利用现代计算机、数据通信和互联网技术组成的网络,实时地通过无线电话或互联网向不同类型、不同需求、不同层次的用户自动地提供经过检验的不同类型的 GNSS 观测值(载波相位、伪距)、各种改正数、状态信息以及其他有关 GNSS 服务项目的系统。

连续运行参考站通常为城市建设快速提供高精度坐标信息。有了 CORS,用户只需要一台 GNSS 接收机作为移动站即可进行定位测量,不用再单独设置基准站,CORS 就相当于一个连续运行的基准站,可大大提高工作效率。

14.4.5 基线向量解算(baseline vector solution)

指在卫星定位中,利用载波相位观测值或其差分观测值,求解两个同步观测的测站之间的基线向量坐标差的过程。

(注:名词前序号仅表示关联知识点章节)